35년 강의 경험의 명품 노하우 해설서
다양한 예제를 중심으로 머시닝센터 정복하기

본서의 특징
- 컴퓨터응용밀링기능사 이론 · 실기
- 컴퓨터응용가공산업기사 이론 · 실기
- 사출금형산업기사 실기
- 기계가공기능장 실기
- 기능사 시험대비 NC DATA 출력
  - Solid CAM
  - Hyper MILL
  - Catia CAM

기계기능사 시리즈

실기시험 완벽대비

컴퓨터응용밀링(머시닝센터)
프로그램과 가공

윤경욱 저

도서출판 건기원 고객 만족 센터

질의응답 카페 운영

본서로 공부하면서 내용에 의문점이나 이해가 되지 않는 부분에 관하여 질의응답을 원하는 분은 위 고객 만족센터로 문의하시면 항상 감사하는 마음으로 정성껏 답하여 드리겠습니다.

도서출판 건기원

책머리에...

급격하게 변화하는 산업 현장과 국경 없는 치열한 경쟁 속에서, 개인의 능력은 회사의 운명과 본인의 장래 성공 여부의 열쇠로 자리매김하는 요즘, 제품의 정밀성과 생산 원가의 절감을 통하여 양질의 제품을 생산하는 것이 아주 중요하다.

최근에 여러 가지 좋은 CNC 책들이 많이 보급되어 있지만, 머시닝센터의 기초에서부터 중급, 고급까지 프로그램을 이해하기는 쉽지가 않다. 이러한 이유로 본 저자가 교육현장에서 30년의 교육 경험을 토대로 머시닝센터를 쉽게 이해할 수 있도록 예제를 적절히 배합하여 각 과정마다 충분히 이해하고 소화할 수 있도록 책을 편집하였고, 컴퓨터응용밀링 기능사로 개편된 머시닝센터 이론 및 실기에 대비하였으며, 실기의 경우는 기능사, 산업기사, 기능장의 머시닝센터 실기과제도 준비하여 프로그램하여 가공할 수 있도록 편집하였다.

책의 특징을 간략히 설명하면 다음과 같다.

1. 예제를 통한 충분한 이해가 되도록 편집하였으며, 국가기술 머시닝센터 시험장에 많이 보급되어 있는 TNV 계열의 Series를 기준으로 프로그램하였으며, 다른 기종의 기계도 이와 거의 유사한 코드이므로, 이 책의 프로그램으로 이해한다면 모두 소화할 수 있다고 하겠다.
2. 컴퓨터응용밀링 기능사, 컴퓨터응용가공 산업기사, 사출금형 산업기사, 기계가공 기능장의 머시닝 실기문제도 충분히 해결할 수 있도록 편집하였고, 부록편의 문제들을 하나하나 풀어 보면 실기시험에도 충분히 대비할 수 있게 하였다.
3. 부록편에 각 종목의 실기시험 및 답을 실어 이해를 도모하였으며, 머시닝센터 이론 문제는 2002년도부터 2013년도까지 출제된 모든 머시닝센터 기출문제를 수록하고 자세한 해설을 하여 출제 경향을 이해할 수 있도록 하였다.

이 교재를 통하여 머시닝센터의 기초부터 중급, 고급 프로그램을 학습하고, 국가자격 검정의 실기시험에서 알찬 참고서로서 많은 도움이 되길 간절히 바라며, 앞으로도 더욱 보완하여 여러분의 기대에 부응하도록 하겠습니다.

끝으로 이 책이 나오기까지 도와주신 건기원의 직원 여러분께 진심으로 감사 드립니다.

저 자 씀

Contents

제1장 NC의 개요 ·· 013

    1.1 CNC 공작기계의 개요 ·· 014
        (1) CNC의 정의 ··· 014
        (2) NC의 분류 ·· 014
        (3) CNC 공작기계의 발전과정 ······························· 015
        (4) CNC 공작기계의 필요성 ·································· 015
        (5) 자동화와 CNC 공작기계 ································· 015
        (6) CNC 공작기계의 구성 ····································· 016
        (7) 데이터의 기억 ·· 016
        (8) CNC System 구동장치 ·································· 016
    1.2 서보기구(Servo System)의 형식 ····························· 018
        (1) 개방회로 방식(Open Loop System) ······················ 018
        (2) 반폐쇄회로 방식(Semi-Ciosed Loop System) ·············· 019
        (3) 폐쇄회로 방식(Closed Loop System) ······················ 019
        (4) 복합회로 서보방식(Hybrid Servo System) ················ 020

제2장 머시닝센터의 개요 ································ 021

    2.1 머시닝센터의 특징 ·· 022
    2.2 머시닝센터의 가공품 및 생산현장 ··························· 022
        (1) 머시닝센터의 가공품 ····································· 022
        (2) 생산현장의 머시닝센터 ··································· 023
    2.3 머시닝센터의 구조 ·· 023
        (1) 주축대 ·· 023
        (2) 베이스와 컬럼 ·· 024
        (3) 테이블 및 이송기구 ······································ 024

(4) 조작반 ··· **024**
  (5) 제어장치 및 서보기구 ··· **024**
  (6) 전기회로 장치 ·· **024**
 2.4 공구대, ATC 및 APC ·· **024**
  (1) 공구 매거진(Tool Magazine) ··································· **025**
  (2) ATC(Automatic Tool Changer) ································ **025**
  (3) APC(Automatic Pallet Changer) ······························ **025**
 2.5 머시닝센터의 절삭조건 ·· **026**
  (1) 절삭속도 ·· **026**
  (2) 이송속도 ·· **027**
 2.6 각종 작업의 절삭조건 ·· **027**
  (1) 페이스 밀링 ·· **027**
  (2) 엔드밀 작업 ·· **028**
  (3) 드릴 작업 ··· **028**
  (4) 카운터 싱킹(Counter sinking) ································ **029**
  (5) 카운터 보링(Counter boring) ································ **030**
  (6) 리머 작업(Reaming) ··· **031**

제3장 머시닝센터 프로그래밍 ································ 033

 3.1 좌표축과 운동 기호 ·· **034**
 3.2 CNC 프로그램의 구성 ··· **034**
  (1) 주소(Address) ·· **035**
  (2) 수치(Data) ··· **036**
  (3) 단어(Word) ·· **037**
  (4) 지령절(Block) ·· **037**
  (5) 프로그램 번호(O) ··· **037**

(6) 전개번호(N) ··· 037
　　　(7) 준비 기능(G) ··· 038
　　　(8) 주축 기능(S) ··· 038
　　　(9) 이송 기능(F) ··· 039
　　　(10) 드웰 기능(G04) ··· 039
　　　(11) 공구 기능(T) ··· 040
3.3　일반적인 프로그램의 구성형식 ··· 041
　　　(1) G54~G59 : 공작물 좌표계 선택 ··· 041
　　　(2) G92 : 공작물 좌표계 설정 ··· 043
3.4　프로그램 원점과 기계 원점 복귀 ··· 044
　　　(1) 프로그램 원점 ·· 044
　　　(2) 기계 원점 복귀 ·· 044
　　　(3) 공작물 좌표계 설정, 선택 ··· 046
　　　(4) 구역 좌표계(G52) ··· 050
　　　(5) 기계 좌표계 선택(G53) ·· 055
3.5　좌표치의 지령방법 ·· 056
　　　(1) 절대 지령(G90) ··· 056
　　　(2) 증분 지령(G91) ··· 056
3.6　준비 기능 ·· 057
　　　(1) G코드(준비 기능) ··· 059
　　　(2) 위치결정 및 직선 보간(G00, G01) ··· 061
　　　(3) 원호 보간(G02, G03) ··· 065
3.7　원점 복귀 ·· 071
　　　(1) 자동 기계 원점 복귀 ·· 071
　　　(2) 수동 기계 원점 복귀 ·· 073
　　　(3) 원점 복귀 확인 ·· 073
　　　(4) 원점에서 자동 복귀 ·· 073
　　　(5) 제2 원점 복귀, 제3 원점 복귀, 제4 원점 복귀 ·· 074

    3.8　주축 기능(S) ·· **074**
        (1) 절삭속도 일정제어(G96) ··· **074**
        (2) 절삭속도 일정제어 취소(G97) ··· **075**
    3.9　이송 기능(F) ·· **075**
    3.10　보조 기능(M) ·· **075**

제4장　공구 보정 ·· 077

    4.1　공구 지름 보정 ·· **078**
        (1) 스타트 업 블록과 오프셋 모드 ·· **080**
        (2) 공구경 보정 시 주의사항 ·· **083**
        (3) 원호가공의 공구경 보정 시의 공구의 위치 ···················· **084**
        (4) 공구 위치 보정 ··· **084**
        (5) 프로그램에 의한 보정량의 입력(G10) ····························· **087**
        (6) I, J, K를 이용한 원호가공 ·· **087**
        (7) 평면선택에 따른 I, J, K의 부호 ······································· **088**
    4.2　공구 길이 보정 ·· **106**
        (1) 공구 길이 보정(G43, G44, G49) ······································ **106**
        (2) 다양한 공구 길이 예제 종류 및 I, J 지형 ······················ **112**
        (3) 공구 길이 보정 평면선택 기능(G17, G18, G19) ············· **123**

제5장　극좌표 지령(G16) 및 극좌표 지령 취소(G15) ············ 129

    5.1　공작물 좌표계의 원점을 극좌표의 중심으로 하는 경우 ············ **131**
    5.2　현재 위치를 극좌표의 중심으로 하는 경우 ······························· **131**

제6장 보조 프로그램 ········· 135

- **6.1** 보조 프로그램 ········· 136
  - (1) 보조 프로그램의 형식 ········· 136
  - (2) 보조 프로그램의 호출 방법 ········· 137
- **6.2** 다양한 보조 프로그램의 예제 종류 ········· 138

제7장 고정 사이클 ········· 175

- **7.1** 고정 사이클의 개요 ········· 176
  - (1) 지령방식 ········· 176
  - (2) 복귀점 위치 ········· 177
  - (3) 구멍 가공 모드 ········· 177
- **7.2** 고정 사이클의 종류 ········· 178
  - (1) 드릴링, 스폿 드릴링 사이클(G81) ········· 179
  - (2) 드릴링, 카운터 보링, 보링 사이클(G82) ········· 180
  - (3) 팩 드릴링 사이클(G83) ········· 181
  - (4) 고속 팩 드릴링 사이클(G73) ········· 182
  - (5) 태핑 사이클(G84) ········· 185
  - (6) 역 태핑 사이클(G74) ········· 192
  - (7) 정밀 보링 사이클(G76) ········· 193
  - (8) 보링 사이클(G85) ········· 194
  - (9) 보링 사이클(G86) ········· 195
  - (10) 백 보링 사이클(G87) ········· 197
  - (11) 보링 사이클(G88) ········· 198
  - (12) 보링 사이클(G89) ········· 198
  - (13) 고정 사이클 취소(G80) ········· 199

제8장 좌표회전(G68) ··· 201

    8.1 좌표회전의 의의 ·· **202**
    8.2 다양한 좌표회전의 예제 종류 ································ **202**

제9장 미러 이미지(Mirror Image) 기능(G50, G51) ··············· 229

제10장 스켈링(Scaling) 기능(G50, G51) ···························· 235

제11장 미터 단위(G21)와 인치 단위(G20)의 변환 ··············· 241

제12장 금지구역 설정(G22, G23) ···································· 243

    12.1 제 1 금지구역 ·· **244**
    12.2 제 2 금지구역 ·· **244**
    12.3 금지구역 설정 구분 ··· **245**

제13장 DNC 가공 ··· 247

    13.1 DNC의 개요 ·· **248**
    13.2 통신 규격 ·· **248**

부록 1

1. 머시닝센터 셋팅에서 가공하기 ·· 254
   (1) 모드 레버 설명 ··· 254
   (2) 기계 작동 순서 ··· 255
   (3) 원점 복귀 ··· 255
   (4) 공작물 셋팅 순서 ··· 255
   (5) 공작물 가공하기 ··· 260
2. 툴 프리셋을 이용하여 공구 길이 보정하기 ··· 262
3. 각 공구의 절삭 조건표 ··· 272
   (1) 밀링 페이스 커터 ··· 272
   (2) 일반적인 드릴, 태핑, 엔드밀, 리머, 센터드릴의 절삭 조건표 ········ 273
   (3) 드릴 절삭 조건 ··· 275
   (4) 엔드밀 절삭 조건 ··· 277
   (5) 탭 절삭 조건 ··· 282

부록 2

1. 컴퓨터응용밀링 기능사 과제 ··· 284
2. 컴퓨터응용가공 산업기사 과제 ··· 322
3. 사출금형 산업기사 과제 ··· 332
4. 기계가공 기능장 과제 ··· 338
5. 컴퓨터응용밀링 기능사 이론대비 머시닝센터 예상문제 ····························· 350
6. 삼각함수 ··· 402

부록 3 TNV - 40A Alarm Message ·· 403

부 록 4 CAM SOFT에서 NC DATA 출력하기 ··· 411

1. 솔리드웍스로 도면 그린 후에 솔리드캠에서 NC DATA출력하기 ················· 412
    가. SolidCAM 환경 설정하기 ·· 412
    나. SolidCAM 실행하기 ·· 414
    다. 작업환경 설정하기 ··· 415
    라. 공구 테이블 설정하기 ··· 419
    마. 가공데이타 생성 ··· 422
    바. 시뮬레이션 및 NC 출력, 저장 ··· 439
2. CAD에서 도면 그린 후에 솔리드캠에서 NC DATA출력하기 ························ 441
    가. CAD 도면 불러오기 ··· 441
    나. 원점정의 인식하기 ··· 444
    다. 공구 정의하기 ··· 446
    라. 작업 정의하기 ··· 447
3. Hyper CAD에서 그린 후에 Hyper Mill에서 NC DATA출력하기 ··················· 456
    가. 좌표계를 이동한다 ··· 456
    나. 피소재 정의 ·· 460
    다. 공구 생성하기 ··· 462
    라. 가공공정 만들기 ··· 464
    마. 포켓가공 ·· 469
    바. NC DATA 출력 ··· 475
4. CATIA에서 그린 후에 CATIA에서 NC DATA출력하기 ································ 478
    가. 초기조건 설정 ··· 478
    나. 소재 만들기 ·· 482
    다. 공작물의 원점 인식시키기 ·· 484
    라. 드릴 작업하기 ··· 489
    마. 포켓 및 윤곽 가공하기 ··· 499
    바. NC DATA 출력하기 ··· 507

참고문헌 ·· 511

제1장

NC의 개요

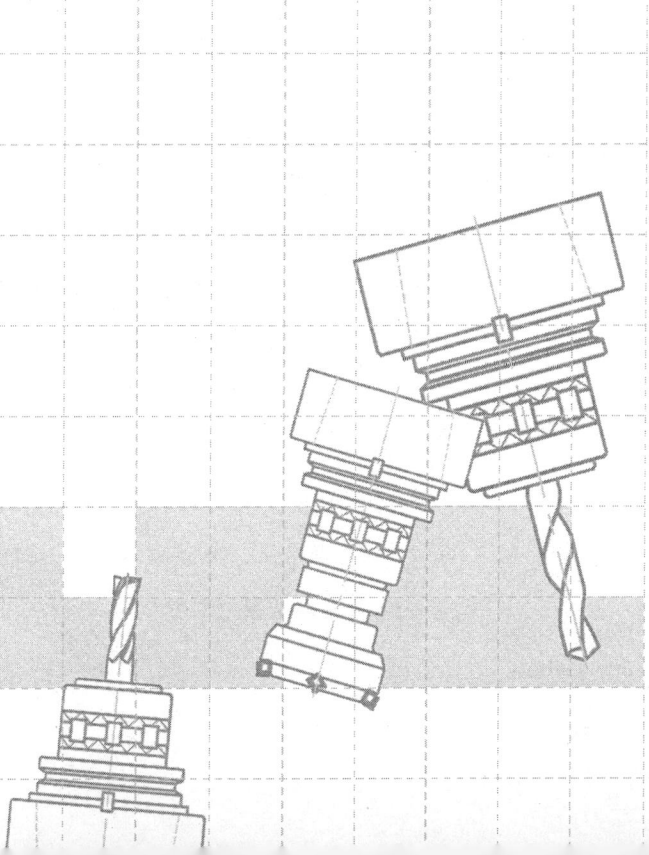

1.1 CNC 공작기계의 개요

(1) CNC의 정의

① NC(Numerical Control : 수치제어) : 공작물에 대한 공구의 위치를 그에 대응하는 수치정보를 지령하는 제어. (KSB 0125에 규정)

② CNC(Computerical numerical Control) : 컴퓨터를 내장한 NC(수치제어)를 말하며 CNC장치가 부착된 공작기계를 CNC공작기계라 한다.

CNC를 통상 NC라 부르고 NC와 CNC를 쉽게 구별하는 방법으로 모니터가 있는 것 과 없는 것으로 구별 할 수 있다.

(2) NC의 분류

NC는 공구 이동경로와 형상에 따라 다음 3가지로 분류할 수 있다.

① 위치결정 NC(Positioning NC)

공구의 최후 위치만을 제어하는 것으로 도중의 경로는 무시하고 다음 위치까지 얼마나 빠르고, 정확하게 이동 시킬 수 있는가 하는 것이 문제가 된다.

정보처리 회로는 간단하고 프로그램이 지령하는 이동거리 기억회로와 테이블의 현재위치 기억회로, 그리고 이 두 가지를 비교하는 회로로 구성되어 있다.

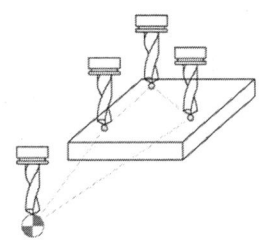

[그림 1-1] 위치결정

② 직선절삭 NC(Straight Cutting Control NC)

위치결정 NC와 비슷하지만 이동중에 소재를 절삭하기 때문에 도중의 경로가 문제가 된다. 단, 그 경로는 직선에만 해당 된다.

공구 치수의 보정, 주축의 속도변화, 공구의 선택등과 같은 기능이 추가되기 때문에 정보처리회로는 위치 결정 NC보다 복잡하게 구성되어 있다.

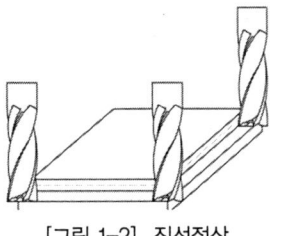

[그림 1-2] 직선절삭

③ 연속절삭 NC(Contour Control NC)

S자형 경로나 크랭크형 경로 등 어떠한 경로라도 자유 자재로 공구를 이동시켜 연속 절삭을 한다.

위치결정 NC, 직선절삭 NC의 정보처리회로는 가감산을 할 수 있는 회로에 불과하지만, 연속절삭 NC는 가감산은 물론 승제산까지 할 수 있는 회로를 갖추고 있다.

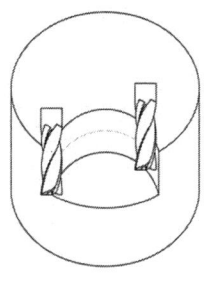

[그림 1-3] 연속절삭

(3) CNC 공작기계의 발전과정

- 1947년 : 미국의 John C. Parson씨가 NC개념 제안.
- 1948년 : 미공군이 Parsons Co.와 NC의 가능성 조사연구를 계약.
- 1952년 : MIT공대에서 최초의 NC밀링 공개 운전(시제품 생산)
- 1955년 : 최초 자동프로그램 시스템 발표(공업화)
- 1973년 : 한국 KIST에서 연구 시작.
- 1976년 : KIST에서 NC선반 발표.
- 1977년 : 화천기공사에서 WNCL-300을 한국 기계전에 출품.
- 1981년 : 통일산업에서 국산 머시닝센터 한국 기계전에 출품.
  (FMS를 위한 자동 소프트웨어 공동연구 계획발표)

(4) CNC 공작기계의 필요성

최근에는 제품의 라이프 사이클이 짧아지고, 제품의 고급화로 부품의 고정밀화와 복잡한 형상들로 이루어진 다품종 소량생산 방식이 요구되어, 모든 산업전반에 생산체계의 자동화가 급속히 이루어지므로 이에 적합한 기계가 CNC공작기계이다.

(5) 자동화와 CNC 공작기계

- 제1단계(NC) : 공작기계 1대로 단순제어
- 제2단계(CNC) : 공작기계 1대를 CNC 1대로 제어하며 복합기능수행
- 제3단계(DNC) : 여러대의 CNC공작기계를 컴퓨터로 제어

- 제4단계(FMC) : 하나의 공작기계에 공작물을 자동으로 공급하는 장치 및 가공물을 탈착하는 장치(자동화된 치공구, 로봇 등)를 가지고 소수의 작업자만 있으면 무인운전 가능
- 제5단계(FMS) : 여러대의 공작기계를 컴퓨터로 생산관리 수행

(6) CNC 공작기계의 구성

① 유압유닛 : 인체의 심장　　④ 정보처리회로(CNC장치) : 인체의 두뇌
② 서보모터 : 인체의 손과 발　⑤ 데이터 입출력 장치 : 인체의 눈
③ 기계본체 : 인체의 몸체　　⑥ 강전 제어반 : 굵은 신경에서 가는 신경으로 에너지 전달

(7) 데이터의 기억

초기에는 천공테이퍼에 저장하였으며, 현재는 많이 사용하지 않으며, 폭이 1인치이며 폭 방향에는 8개의 채널에 숫자, 문자, 부호등을 저장하고 길이방향의 열을 트랙이라 한다. NC테이프의 지령은 2진법(0, 1)으로 나타내며 0은 off, 1은 on을 의미하며 구멍이 뚫리면 1을 나타내고, 구멍이 없을 때는 0을 나타내도록 되어 있다.

① EIA 코드

가로방향의 구멍수가 홀수, 패리티 체크를 하는 채널은 5번째 채널이며, 공작기계에 많이 사용된다.

② ISO 코드

가로방향의 구멍수가 짝수, 패리티 체크를 하는 채널은 8번째 채널이다.

※ **패리티체크** : 테이프상에 천공된 구멍의 숫자가 짝수인지 홀수인지에 따라 그 작성된 테이프의 오류를 검사하는 방법을 패리티 체크(parity check)라 한다.

(8) CNC System 구동장치

① DC 서보 모터(DC Servo motor)

공작기계의 제어를 위해 NC용 DC모터는 특별한 토크 및 속도특성을 가지고 있다.

가. 큰 출력을 낼 수 있어야 한다.

나. 가감속 및 응답성이 우수해야 한다.
다. 넓은 속도 범위에서 안정한 속도제어가 필요하다.
라. 연속운전 및 빈번한 가감속이 가능하다.
마. 온도상승이 적고 내열성이 우수하다.
바. 진동이 적고 소형이며 견고해야 한다.
사. 높은 회전각도를 얻을 수 있어야 한다.
아. 신뢰도와 수명이 길고 보수가 용이해야 한다.

② 서보기구와 Encoder

서보기구는 범용기계와 비교해 보면, 핸들을 돌리는 손에 해당하는 부분으로, 머리에 해당되는 정보처리회로(CPU)의 명령에 따라 공작기계 테이블(Table)등을 움직이게 하는 모터(Motor)이다. 일반 3상 모터와는 달리 저속에서도 큰 토오크(Torque)와 가속성, 응답성이 우수한 모터로서 속도와 위치를 동시에 제어한다. 일반적으로 모터 뒤에 붙어 있다.

③ 볼 스크류(Ball Screw)

제어 가능한 회전력을 발생시키는 것이 servomotor이고, 볼스크류는 회전을 직선운동으로 변환시킬 수 있는 기계요소이다. 서보모터의 회전을 받아서 테이블을 움직이는 것, 서보모터에 연결되어, 서보모터의 회전운동을 받아, NC공작기계의 테이블을 직선운동시키는 일종의 정밀한 나사로서 백래쉬(Backlash)가 0에 가까우며 높은 정밀도로 이송을 할 수 있으나 강성이 낮은 단점이 있다.

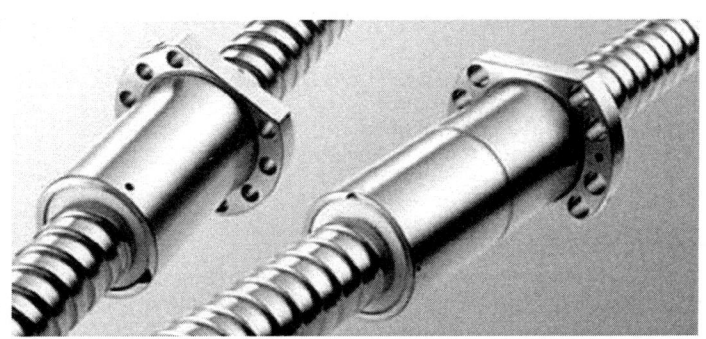

[사진 1-1] 볼 스크류

④ 리졸버(Resolve)

CNC공작기계의 각도(角度) 검출용 모터의 일종으로서, 코일이 감긴 스테이터와 로터를 갖추고 있다.

NC공작기계의 움직임을 전기적인 신호로 표시하는 일종의 회전 피드백 장치이다.

- **펄스** : 정보처리회로에서 서보기구로 보내는 신호의 형태로서 맥박처럼 짧은 시간에 생기는 진동현상, 극히 짧은 시간만 흐르는 전류를 말한다. 일반적으로는 신호로서의 기능을 완수하는 비교적 약한 간헐전류를 말한다.

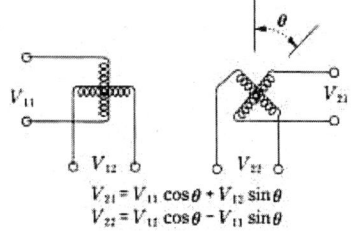

[그림 1-4] 리졸버의 원리

⑤ 엔코드

기계에 사용되는 CNC모터 같은 정밀기계 및 움직임이 발생하는 각종 기기에는 모터와 그 모터의 움직임을 측정하는 계측기가 필요한데, 이때 엔코더는 움직임이 발생하는 각종 기기에서 회전량 등의 변위를 정확히 측정하기 위한 정밀 계측기이다.

1.2 서보기구(Servo System)의 형식

사람의 손과 발에 해당하는 것으로써 사람의 두뇌에 해당하는 정보처리회로로 부터의 지령을 받아 CNC기계의 테이블을 움직이는 역할을 한다. 구동모터의 회전에 따른 속도와 위치를 피이드백시켜 입력된 량과 출력된 량이 같아지도록 제어할 수 있는 구동기구로서, 피드백 장치의 유무와 검출위치에 따라 다음과 같이 나눈다.

(1) 개방회로 방식(Open Loop System)

피이드백 장치 없이 스태핑 모터(전기펄스 모터, 전기 유압 펄스모터)를 사용한 방식. (현재 거의 사용 안함)

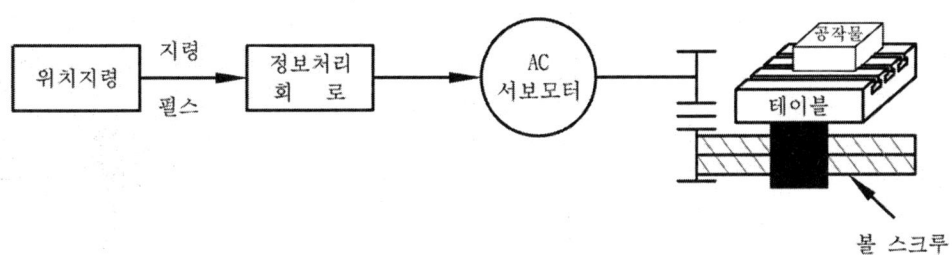

[그림 1-5] 개방회로 방식

(2) 반폐쇄회로 방식(Semi-Ciosed Loop System)

AC 서보 모터에 내장된 디지털형 검출기인 로터리 엔코더에서 위치정보를 피이드백하고, 타코제너레이터에서 전류를 피이드백하여 속도를 제어하는 방식으로, 최근 고정도의 볼스크류 등에 의해 실용적으로 많이 사용된다.

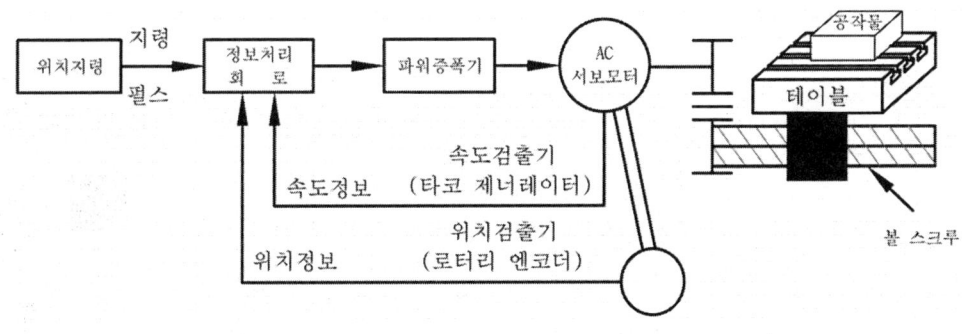

[그림 1-6] 반폐쇄회로 방식

(3) 폐쇄회로 방식(Closed Loop System)

서보모터의 엔코더에서 나오는 펄스열의 주파수로부터 속도를 제어하고, 기계의 테이블에 위치검출 스케일을 부착하여 위치정보를 피드백시키는 방식이다.
(고정밀도의 대형 공작기계에 주로 사용)

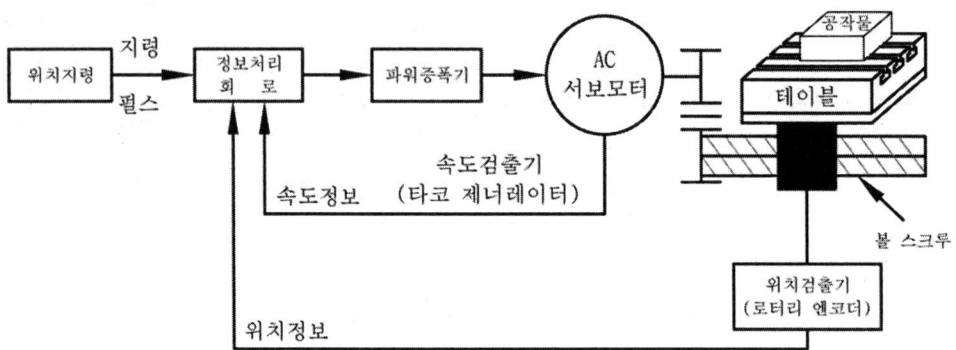

[그림 1-7] 폐쇄회로 방식

(4) 복합회로 서보방식(Hybrid Servo System)

반 폐쇄회로와 폐쇄회로 방식을 결합하여 고정밀도로 제어하는 방식이다.
(가격이 고가이고 고정밀도를 요구하는 기계에 사용)

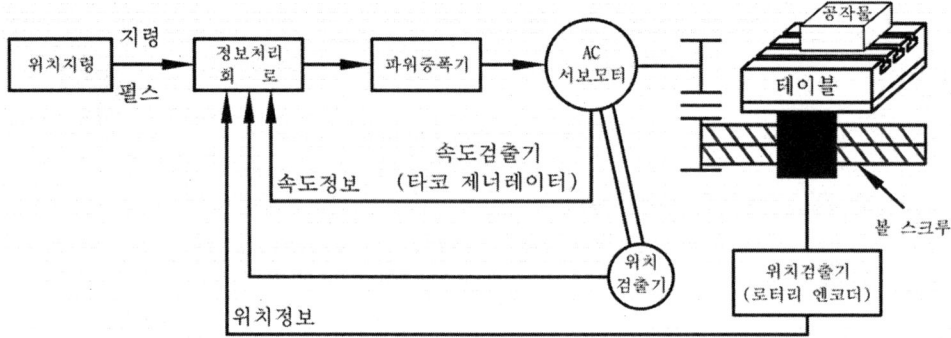

[그림 1-8] 복합회로 방식

제2장

머시닝센터의 개요

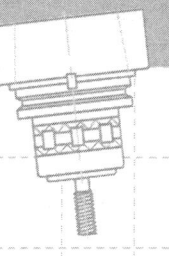

2.1 머시닝센터의 특징

머시닝센터는 CNC밀링머신에 ATC를 부착한 기계를 말하며, 주로 부품의 평면, 원호, 홈, 드릴링, 보링, 태핑 및 캠과 같은 입체절삭, 복합곡면으로 구성된 면 등의 다양한 작업을 할 수 있다. 일반적으로 수직형(Vertical type)과 수평형(Horizontal type)이 있으며 최근 대형 머시닝센터에는 수평형이 많이 사용되고 있으나, 본 교재에서는 통일중공업(주)의 TNV-40A 모델의 수직형을 기준으로 설명하기로 한다.

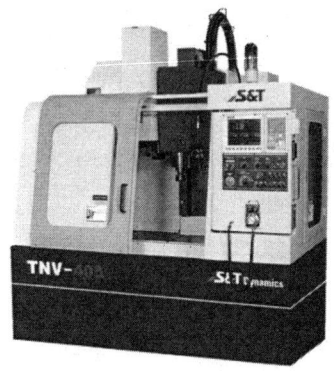 

[사진 2-1] 수직 머시닝센터   [사진 2-2] 수평 머시닝센터

2.2 머시닝센터의 가공품 및 생산현장

(1) 머시닝센터의 가공품

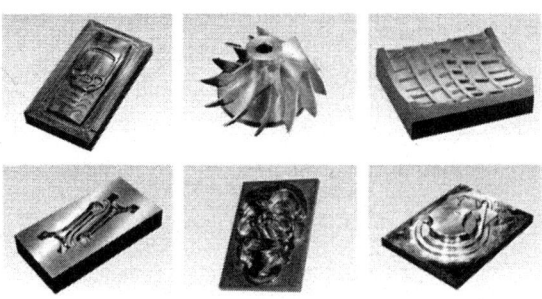

[사진 2-3] 머시닝센터 가공품 1

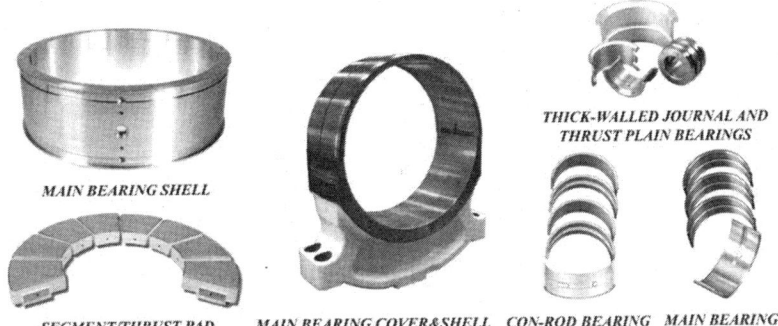

[사진 2-4] 머시닝센터 가공품 2

(2) 생산현장의 머시닝센터

[사진 2-5] 현장의 머시닝센터 작업모습

2.3 머시닝센터의 구조

주요 구성요소는 주축대, 베이스와 컬럼, 테이블 및 이송기구, 조작반, 제어장치 및 서보 기구, 전기 회로장치, ATC(Automatic tool changer)및 APC(Automatic pallet changer)로 구성되어 있다.

(1) 주축대

공구를 고정하고 회전력을 주는 부분으로, 보통 공압을 이용하여 공구를 고정한다.

(2) 베이스와 컬럼

주축대와 테이블을 지지하는 새들이 부착되어 있는 부분을 말한다.

(3) 테이블 및 이송기구

T홈이 가공되어 있어 바이스 및 각종 고정구를 이용하여 가공물을 고정하기 용이한 구조로 되어 있는 테이블과, 서보기구의 구동에 의하여 테이블을 이송하는 이송기구가 있으며, 이송기구는 일반적으로 볼 스크루를 사용한다.

(4) 조작반

기계를 움직이며 프로그램을 입력 및 편집할 수 있는 각종 키로 구성되어 있다.

(5) 제어장치 및 서보기구

조작반이나 기타 입력장치에서 입력된 정보를 처리하는 제어장치와 서보기구 및 스핀들모터, 기타 주변장치를 제어하는 컨트롤 장치로 구성되어 있다.

(6) 전기회로 장치

대부분 기계의 뒤나 측면에 부착되어 있으며, 전기회로 및 강전반으로 구성되어 있다.

2.4 공구대, ATC 및 APC

자동 공구교환 장치(ATC)는 공구를 교환하는 ATC아암과 많은 공구가 격납되어 있는 공구메거진(Tool magazine)으로 구성되어 있다. 메거진의 공구를 호출하는 방법에는 순차방식(Sequence type)과 랜덤방식(Random type)이 있다.

순차방식은 메거진의 포트번호와 공구번호가 일치하는 방식이며, 랜덤방식은 지정한 공구 번호와 교환된 공구번호를 기억할 수 있도록 하여, 메거진의 공구와 스핀들의 공구를 동시에 맞

교환 하여 교환되므로, 메거진 포트번호에 있는 공구와 사용자가 지정한 공구번호가 다를 수 있다.

가공의 고정시간을 줄여 생산성을 높이기 위하여 자동 팰릿 교환장치(APC)를 부착하기도 한다.

(1) 공구 매거진(Tool Magazine)

공구대는 형상에 따라 드럼형 터릿 공구대, 데스크형 공구대, 수평형 공구대로 분류한다.

[사진 2-6] 공구 매거진의 종류

(2) ATC(Automatic Tool Changer)

공구를 프로그램의 반자동 지령으로 자동 교환하여 주는 장치를 말하며 자동 공구교환 장치라고 한다.
ATC가 있으면 머시닝센타라고 하며, ATC가 없는 것을 CNC밀링이라고 한다.

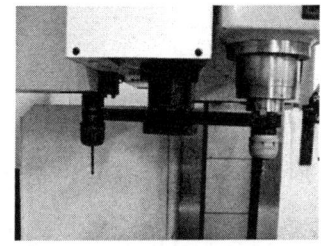

[사진 2-7] ATC 형태

(3) APC(Automatic Pallet Changer)

머시닝센터의 부가장치의 하나로 자동 팔레트 교환 장치라고 한다.
기계내의 팔레트에 고정되어 있는 공작물을 기계가공중에 기계밖에 있는 팔레트에 다음 가공 소재를 장착한 후, 현재의 가공품이 작업이 완료되면, 자동으로 즉시 바꾸어 줌으로

써 기계의 가동율을 높이고, 생산성을 향상 시킬 수 있다.

[사진 2-8] APC 형태

2. 5 머시닝센터의 절삭조건

(1) 절삭속도

절삭속도 V는 공구와 공작물 사이의 최대 상대속도를 말하며 단위는 m/min 또는 ft/min 를 사용한다.

절삭속도는 공구수명에 중대한 영향을 끼치며, 가공면의 거칠기, 절삭률 등에도 밀접한 관계가 있는 절삭현상에서 기본적 변수이다.

프로그램을 작성할 때에는 부록편의 절삭 조건표를 참고하여 사용하는 공구와 가공물의 재질에 적합한 절삭속도를 선택하여 지령하여야 한다.

머시닝센터는 공구가 회전하며 절삭이 이루어지므로 절삭속도(V)는

$$V = \frac{\pi DN}{1,000}$$

여기서 V : 절삭속도(m/min), D : 커터지름(mm), N : 회전수(rpm)

(2) 이송속도

이송속도 F는 절삭 중 공구와 공작물 사이의 상대운동의 크기를 말하며, CNC공작기계에 대한 이송속도는 보통 분당 이송거리(mm/min)로 표시된다.

$$F = f_z \times Z \times N$$

여기서 F : 분당 이송(mm/min), f_z : 날당 이송(mm/tooth), Z : 날수, N : 회전수(rpm)

만일 절삭 조건표에 이송속도가 회전당 이송거리(mm/rev)로 주어질 경우, 분당 이송거리(mm/min)로 환산하여야 한다.

① 밀링 커터의 경우

$$F(mm/min) = N(rpm) \times 커터의 날수 \times f_z(mm/tooth)$$

② 드릴, 리머 카운터 싱크의 경우

$$F(mm/min) = N(rpm) \times f(mm/rev)$$

③ 태핑 및 머시닝센터의 나사절삭의 경우

$$F(mm/min) = N(rpm) \times 나사의 피치$$

2.6 각종 작업의 절삭조건

(1) 페이스 밀링

페이스 밀링은 주로 초경합금 공구를 사용하므로 사용하는 공구의 지름과 날이 몇 개 인가 확인하여, 이에 적합한 절삭 조건은 부록편을 참고하여 프로그래밍 한다.

(2) 엔드밀 작업

엔드밀은 초경합금, 고속도강 및 코팅된 고속도강 공구를 일반적으로 사용하므로 [표 2-1]를 참고하여 프로그래밍 한다.

[표 2-1] 엔드밀 절삭조건

공구 재종 및 작업종류		가공물 재료 및 조건	강		주철		알루미늄	
			절삭속도 (m/min)	이송속도 (mm/rev)	절삭속도 (m/min)	이송속도 (mm/rev)	절삭속도 (m/min)	이송속도 (mm/rev)
엔드밀	HSS	황삭	25~29	0.1~0.25	25~29	0.1~0.25	30~60	0.1~0.3
		정삭	25~29	0.08~0.12	25~29	0.08~0.15	30~60	0.1~0.12
	초경합금	황삭	30~50	0.1~0.25	42~46	0.1~0.25	50~80	0.15~0.3
		정삭	45~50	0.08~0.12	45~50	0.08~0.15	50~80	0.1~0.12

(3) 드릴작업

드릴이나 카운터 싱킹 등과 같은 공구는 [그림 2-1]과 같이 드릴끝점의 길이 h를 구해야 정확한 가공을 할 수 있다.

h는 다음과 같이 구할 수 있다. h = 드릴지름(d) × k 이다.

[표 2-2]는 드릴 각도별 k의 값이며, 이 k를 이용하여 h를 쉽게 구할 수 있다.

[표 2-2] 드릴각에 대한 상수 k의 값

각도	k	비 고
60	0.87	
90	0.50	
118	0.29	표준드릴의 날끝각(118°)
125	0.26	
145	0.16	
150	0.13	

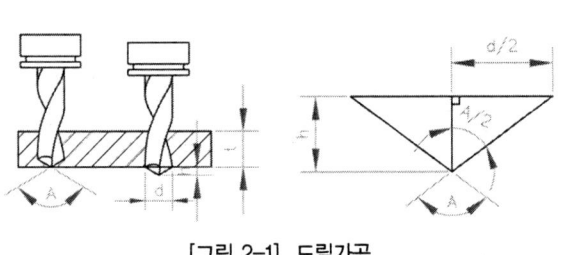

[그림 2-1] 드릴가공

예제 2-1 ø12mm인 표준드릴의 드릴 끝점의 길이는 얼마인가?

길이 h는

h = 12 × 0.29 = 3.48mm이다.

실제 작업에서는 드릴 끝점의 길이보다 약간 길게 적용해야 작업 거스러미가 생기지 않으므로, 표준 드릴의 경우 h를 드릴지름의 약 1/3로 계산하여 사용해도 무방하다. 드릴작업의 절삭속도는 [표 2-3]을 참고하되 구멍의 깊이가 드릴지름의 6배 이상이 되면 15-30%적게 적용하는 것이 바람직하다.

[표 2-3] 드릴, 태핑의 절삭 조건표

공구 및 작업의 종류		강		주철		알루미늄	
드릴지름	재종	절삭속도 (m/min)	이송속도 (mm/rev)	절삭속도 (m/min)	이송속도 (mm/rev)	절삭속도 (m/min)	이송속도 (mm/rev)
드릴	5~10	HSS	25	0.1~10	22	0.2	30~45	0.1~0.2
		초경	50	0.15~10	42	0.2	50~80	0.25
	5~10	HSS	25	0.25	25	0.25	50	0.25
		초경	50	0.25	50	0.25	80~100	0.25
	5~10	HSS	25	0.3	25	0.3	50	0.25
		초경	50	0.3	50	0.3	80~100	0.3
태핑	일반탭		8~12		8~12			
	테이퍼 탭		5~8		5~8			

(4) 카운터 싱킹(Counter sinking)

접시머리 나사의 머리가 들어갈 부분을 60°, 90°, 120°의 원추형으로 가공하는 작업을 말하며, 절삭 깊이는 [표 2-4]와 같은 접시머리 나사의 규격을 참조하여 깊이를 정한다.

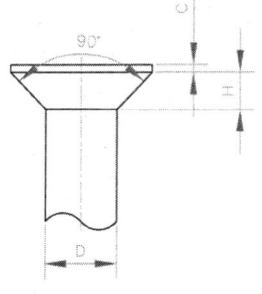

[그림 2-2] 접시머리 나사

[표 2-4] 접시머리 나사의 규격(KS B 1021, KS B 1017)

D의 치수	H	C	비고
M3×0.5	1.75	0.25	접시 작은나사
M4×0.7	2.3	0.3	접시 작은나사
M5×0.8	2.8	0.3	접시 작은나사
M6×1.0	3.4	0.4	접시 작은나사
M8×1.25	4.4	0.4	접시 작은나사
M10×1.5	5.3	0.5	접시머리 볼트
M12×1.75	6.7	0.5	접시머리 볼트
M16×2.0	8.6	0.5	접시머리 볼트

(5) 카운터 보링(Counter boring)

볼트로 조립되는 부품의 경우 볼트의 머리가 표면으로 나오지 않도록 볼트머리 안내 구멍을 파는 작업을 말하며, 밀링머신이나 드릴링머신에서 작업할 경우에는 구멍과 머리 부분 동심도를 높이기 위하여 카운터보어 공구를 이용하였으나, 머시닝센터에서는 엔드밀을 이용하여 작업하는 것이 더 효과적이다.

카운터 싱킹(Counter sinking)이나 카운터 보링(Counter boring) 자리파기 작업은 가공 접촉면이 넓으므로 절삭속도를 드릴링 절삭속도의 20%정도로 낮추어 가공한다.

[표 2-5] 6각 구멍 붙이 볼트의 자리파기 치수(KS B 1003의 부속서)

기호\규격	M3	M4	M5	M6	M8	M10	M12	M16
d	3.4	4.5	5.5	6.6	9	11	14	18
D	6.5	8	9.5	11	14	17.5	20	26
H	3.3	4.4	5.4	6.5	8.6	10.8	13	17.5

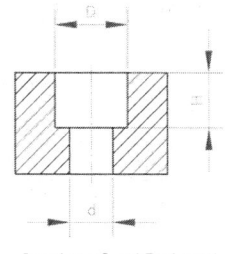

[그림 2-3] 카운터 보링

(6) 리머 작업(Reaming)

① 리머의 다듬질 여유

리머작업의 다듬질 여유는 가공물의 재질, 리머의 종류에 따라 다르나 드릴 가공면이 남지않을 정도로 하여야 하며, 구멍의 지름에 따라 [표 2-6]과 같은 다듬질 여유를 두어야 한다. 즉, 구멍의 지름보다 다듬질 여유만큼 작게 드릴링 하여야 한다.

② 리머의 절삭속도와 이송

리머는 날이 많고 절삭량이 적으므로 날의 마모와 떨림이 적도록 부록편의 조건을 사용하는 것이 좋다.

[표 2-6] 리머의 다듬질 여유

구멍의 지름(mm)	다듬질 여유(mm)
0.8~1.2	0.05
1.2~1.6	0.1
1.6~3	0.15
3~6	0.2
6~18	0.3
18~30	0.4
30~100	0.5

제3장

머시닝센터 프로그래밍

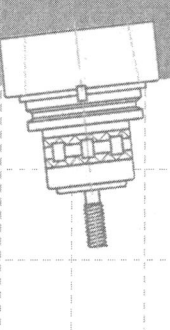

3.1 좌표축과 운동 기호

CNC에 사용되는 좌표축은 기준축으로 X, Y, Z축을 사용하며 보조축으로는 [표 3-1]과 같이 사용되며 X, Y, Z축 주위에 대한 회전운동은 A, B, C의 3개의 회전축을 사용한다.

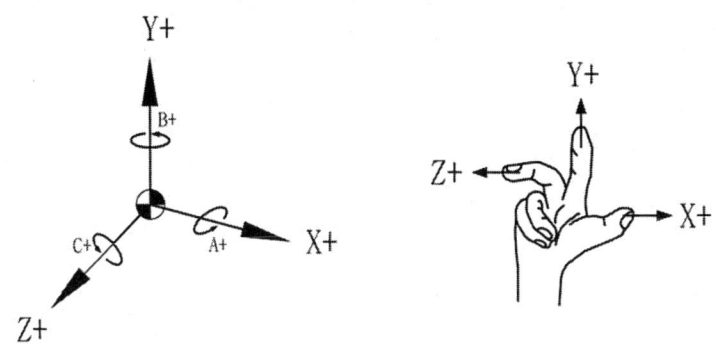

[그림 3-1] 오른손 직교 좌표계와 운동 기호

[표 3-1] CNC 공작기계에 사용되는 좌표축

기준축 \ 구분	보조축(1차)	보조축(2차)	회전축	기준축의 결정방법
X축	U축	P축	A축	가공의 기준이 되는 축
Y축	V축	Q축	B축	X축과 각을 이루는 이송축
Z축	W축	R축	C축	절삭동력이 전달되는 스핀들 축

※ 모든 기계의 회전축 방향은 항상 Z축이 되어야 한다.

3.2 CNC 프로그램의 구성

CNC 프로그램은 여러 개의 블록으로 구성되며 한 개의 블록은 한 개의 기계동작을 나타낸다. 일반적으로 프로그램은 다음과 같은 내용으로 구성되어 있다.

① 좌표계 설정   ② 공구 교환   ③ 주축의 회전   ④ 위치결정(X, Y, Z축)
⑤ 절삭가공(직선절삭 및 원호절삭)   ⑥ 귀환   ⑦ 프로그램 정지

NC프로그램은 주소(address)와 수치(data)의 조합으로 이루어진 단어(word)들이 조합되어 지령절(block)을 구성한다.

- NC프로그램

  주 프로그램(main program)

  보조프로그램(sub program)
  - **호출** : M98로 호출 명령
  - **종료** : M99로 종료 명령후 주 프로그램으로 복귀함.

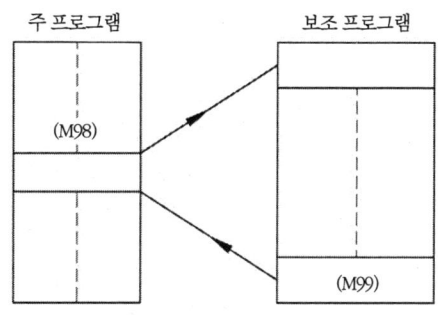

[그림 3-2] 주 프로그램과 보조 프로그램의 실행

(1) 주소(Address)

주소는 영문 대문자(A-Z)중의 한 개로 표시되며, 각 주소의 기능은 [표 3-1]과 같다.

> 예 G01, M08, ── (G, M이 주소임)

[표 3-2] 각종 주소의 기능

기능	주소(address)			의 미
프로그램 번호	O			프로그램 번호
전개번호	N			전개번호(작업순서)
준비기능	G			이동형태(직선, 원호 등)
좌표어	X	Y	Z	각 축의 이동위치 지정(절대 방식 = G90)
	U	V	W	각 축의 이동 거리와 방향 지정(증분 방식 = G91)
	A	B	C	부가축의 이동 명령
	I	J	K	원호 중심의 각 축 성분, 모따기량 등
	R			원호 반지름, 코너R
이송 기능	F, E			이송속도, 나사리드
보조 기능	M			기계 각부위 지령
주축 기능	S			주축 속도
공구 기능	T			공구 번호 및 공구 보정번호
휴지	X, P, U			휴지 시간(dwell)
프로그램번호 지정	P			보조 프로그램 호출 명령
전개번호 지정	P, Q			복합 반복 사이클에서의 시작과 종료 번호
반복 횟수	L			보조 프로그램 반복 횟수
매개 변수	D, I, K			주기에서의 파라미터(절입량, 횟수 등)

※ I, J, K : 반드시 G91로만 사용, R대신 사용가능함.

[표 3-3] CNC기계에 사용되는 좌표축

머시닝센타 G90, G91	CNC선반 G90	CNC선반 G91
X, Y, Z	X, Z	U, W

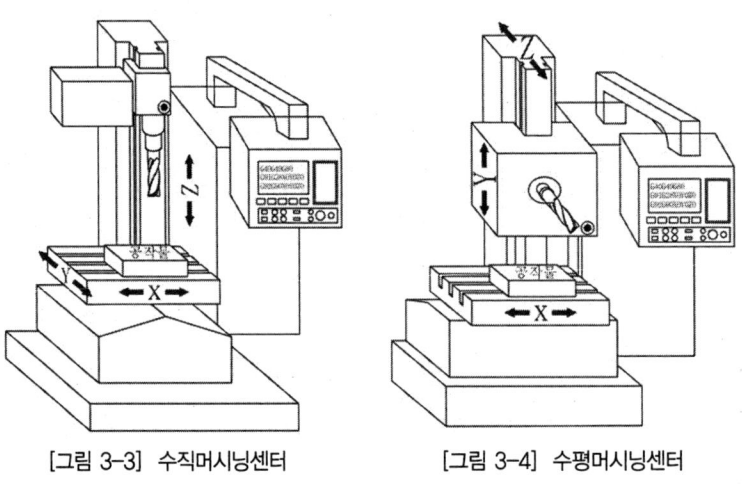

[그림 3-3] 수직머시닝센터 [그림 3-4] 수평머시닝센터

(2) 수치(Data)

주소의 기능에 따라 2자리에서 4자리까지의 수치를 사용한다.

수치의 최소 지령단위는 0.001[mm]까지 표시한다.

예 G00, G01, G02 또는 G0, G1, G2 : 2자리수

(수치값 처음에 나오는 0은 생략 가능함)

T0101 : 4자리수

X20.015 Y1234.005 : 소수점 이상 4자리, 소수점 이하 3자리, 총 8자리까지 가능함.

X100000 = X100.000mm = X100.mm(소수점 다음의 마지막에 나오는 0은 생략 가능)

X20. = 20mm

X100. = 100mm

(CNC에 사용되는 최소 지령 단위가 0.001mm이므로 소수점이 없으면 뒤쪽에서 3번째에 소수점이 있는 것으로 간주한다.)

X10.02 = 10.02mm

S2000. : 알람 발생(길이를 나타내는 수치가 아니므로 소수점 입력 에러임)

소수점 : 거리와 시간 속도의 단위를 갖는 것에 사용

※ 주의 : 파라미터 설정에 따라 소수점 없이 사용 가능함
　　　　소수점 사용 가능한 것 : X, Y, Z, U, V, W, A, B, C, I, J, K, R, F

(3) 단어 = 워드(Word)

지령절을 구성하는 가장 작은 단위로 주소와 수치의 조합이다.

예) G　　50　　X　　100.0
　 주소　수치　주소　수치

(4) 지령절(Block)

몇 개의 단어가 모여 구성된 한 개의 지령단위를 지령절이라 하며, 지령절의 끝을 EOB(end of block)로 구분하고 회사에 따라 ";" 또는 "#"과 같은 부호로 표시한다.

■ 지령절의 구성

N	G	X	Y	Z	F	S	T	M	;
전개번호	준비기능		좌표어		이송기능	주축기능	공구기능	보조기능	EOB

(5) 프로그램 번호(O)

주소 영문자 "O" 다음에 4자리수 즉, 0001~9999까지를 임의로 정할 수 있다.

예) O　□□□□(화낙)　　　P　□□□□(한국산전)
　 주소　프로그램번호　　　주소　프로그램번호

(6) 전개번호(N : Sequence number)

영문자 "N" 다음에 4자리 이내의 숫자로 번호를 표시한다.
매 지령절마다 붙이지 않아도 프로그램의 수행에는 지장이 없으나 특정 지령절을 탐색하고자 할 때에는 반드시 필요하다.

> N10 G50 X150.0 Z200.0 S1500 T0100 M41 ;
> N20 G96 S120 M03 ;
> N30 G00 X62.0 Z0.0 T0101 M08 ;

(7) 준비 기능(G : Prepararation function)

준비 기능은 제어장치의 기능을 동작하기 위한 준비를 하는 기능으로 영문자 "G" 와 두 자리의 숫자로 구성되어 있다.

G00, G01, G02, G03 G04, G10, G20, G21, G28, G30,

G40, G41, G42 G50 G71, G70, G74, G92, G94

G96(절삭속도 일정 제어 m/min)

G97(주축 회전수 일정 제어 rpm)

G98(분당 이송 지정 mm/min)

G99(회전당 이송 지정 mm/rev)

(8) 주축 기능(S : Spindle speed function)

주축의 회전속도를 지령하는 기능으로, 영문자 "S"를 사용하며, 준비 기능 G96(주축속도 일정제어)과 G97(주축 회전수 일정제어)을 함께 사용하여 지령하여야 하나, 머시닝센터는 사용공구의 지름 정보를 CNC장치에 제공할 수 없으므로 프로그래머가 사용공구에 적합한 절삭속도를 얻을 수 있는 주축 회전수를 계산하여 G97로 지령하여야 한다.

머시닝센터는 전원을 공급할 때에 G97이 설정되도록 파라미터에 지정되어 있으므로 G97을 생략할 수 있다.

또한 보조 기능인 M03, M04와 함께 지령하여 스핀들의 회전방향을 지정해야 한다.

단, 선행 블록에 M03, M04가 지령되어 있으면 S값만 지정해도 된다.

> 예 G97 S1200 M03 ; 주축 1200rpm으로 정회전
> 또는 S1200 M03 ;

(9) 이송 기능(F : Feed function)

준비 기능의 G95(회전당 이송)나 G94(분당이송)중 하나와 함께 사용하여 F를 지령해야 한다. 머시닝센터에서는 사용공구의 지름이나 날의 수에 대한 정보를 CNC장치에 알려주는 기능이 없으므로 프로그래머가 사용하는 공구에 적합한 분당이송 속도를 계산하여 G94와 함께 지령한다.

단, 전원을 공급할 때에 G94가 설정되도록 파라미터에 지정되어 있으므로 G94는 생략할 수 있다.

(10) 드웰 기능 = 휴지시간(Dwell : G04)

G04 X(P 또는 U) ;

지령한 시간 동안 이송이 정지되는 기능을 휴지(Dwell: 일시정지) 기능 이라고 한다.
머시닝센터에서는 모서리 부분의 치수를 정확히 가공하거나, 드릴작업, 카운터 싱킹, 카운터 보링, 스폿 페이싱 등에서 목표점에 도달한 후, 즉시 후퇴할 때 생기는 이송만큼의 단차를 제거하여 진원도의 향상 및 깨끗한 표면을 얻기 위하여 사용한다. 어드레스 X, U 또는 P와 정지하려는 시간을 수치로 입력한다.

P는 소수점을 사용할 수 없으며 X, U는 소수점이하 세 자리까지 유효하다.
일반적으로 1.5~2회 공회전하는 시간을 지령하며, 정지시간(Dwelltime)과 스핀들축 의 회전수(rpm)와의 관계는 다음과 같다.

$$\text{정지시간(초)} = \frac{60}{\text{스핀들 회전수}(rpm)} \times \text{공회전수(회)} = \frac{60}{N(rpm)} \times n(\text{회})$$

> 예
> G4 X7. ; 7초간 휴지시간 수행
> G4 U7. ; 7초간 휴지시간 수행
> G4 P7000 ; 7초간 휴지시간 수행
> P는 소숫점을 사용할 수 없다.

예제 3-1 ø30-2날 엔드밀을 이용하여 절삭속도 30m/min로 카운터 보링 작업을 할 때 구멍 바닥에서 2회전 일시정지(Dwell)를 주려고 한다.

정지시간을 구하고, NC 프로그램을 작성하시오.

- 정지시간(초) = $\dfrac{60}{N(rpm)} \times n(회)$ $N = \dfrac{1000 \times V}{\pi \times D}$

- 정지시간(초) = $\dfrac{60}{N(rpm)} \times n(회) = \dfrac{3.14 \times 30 \times 60 \times 2}{1000 \times 30} = 0.377(초)$

- **NC프로그램 작성시 표현** : G04 X0.377 = G04 U0.377 = G04 P377

(11) 공구 기능(T : Tool fuction)

T는 공구를 선택하는 기능을 담당하며, M06(공구교환)과 함께 지령하여야 한다.
소수점을 사용할 수 없다.
선행블록에 M06이 있어도 M06 지령 없이 T 지령을 하게되면 에러가 된다.
단, 공구를 교환하려면 공구길이 보정이 취소된 상태에서 공구 교환 지점(일반적으로 제2원점)에 위치해 있어야 한다.

공구를 교환할 때 공구의 선택과 보정을 하는 기능으로 어드레스는 T로, 연속되는 숫자는 4자리수로 지정한다.

① 머시닝센타

    T □□   M06
    공구선택번호   공구교환

② CNC선반

    T □□   ▲▲
  공구선택번호(01~99)   공구보정번호(01~09) 단, 00은 보정취소

> 예) T0100 : 공구번호 1번, 보정번호 0번으로 1번공구 호출의 의미
>   T0101 : 1번공구에, 보정번호 1번의 보정을 지령(가공시작)
>   T0100 : 1번공구의 보정을 취소시키는 지령(가공완료)

참고

(1) 센트롤 등 화낙계열
반자동에서
G91 G30 Z0 M19 ;
T01 M06 ;
자동개시

(2) 현장 사용방식
반자동에서
G91 G30 Z0 M19 T01 ;
M06 ;
자동개시

(3) 삼성머시닝센터
반자동에서
G91 G28 X0 Y0 Z0 M19 ;
T01 ;
M06 ;
자동개시

※ 작업의 시간을 절약하기 위하여 G91 G30 Z0. M19 T01을 사용하는 것이 좋다.
이렇게 하면 공구의 교환위치로 공구가 이동하는 동안 다음 공구가 툴 테이블에서 회전을 하면서 공구 대기상태로 대기한다. 삼성의 경우 기계 원점에서 공구가 교환된다.

3.3 일반적인 프로그램의 구성형식

(1) G54~G59 : 공작물 좌표계 선택

각 축의 기계 원점에서 각각의 공작물 원점까지의 거리를 공작물 보정(Work offset) 화면의 (01)~(06)에 직접입력 또는 파라미터에 입력하여 공작물 좌표계의 원점을 정해 놓고 G54~G59의 지령으로 선택하여 사용한다.

이때 X _ Y _ Z _ 에 입력되는 수치는 기계 원점에서 공작물 원점까지의 거리이다.

(00)은 공작물 좌표계 이동(Shift)량으로 입력된 수치만큼 공작물 좌표계 전체가 이동되어 기계 원점에서 보았을때 공작물 원점까지의 거리를 공작물 보정(Work offset)에 직접 입력하는 방식이다. G92와 X, Y, Z값은 똑 같고 단지 −값으로 입력한다.

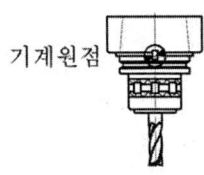

기계원점

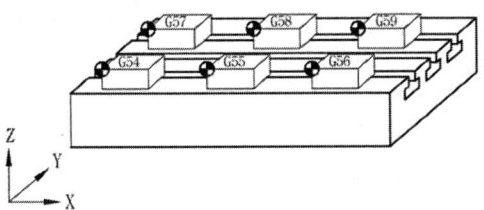

[그림 3-5] G54~G59 : 공작물 좌표계 선택

[표 3-4] 프로그램의 구성(G54 : 공작물 좌표계 선택)

프로그램 내용	프로그램 설명
% ;	데이터 전송을 위한 %(End of record)
G40 G49 G80 ;	공구보정해제, 길이보정 해제, 고정사이클 해제
G54 G90 G00 X0. Y0. Z150. ;	공작물 좌표계 선택후 위치결정
	(MDI 모드를 설정하는 경우에는 생략)
G91 G30 Z0. ;	제2원점(공구교환점)으로 복귀
T02 M06 ;	2번 공구로 교환(사용하려는 공구 번호 지정)
G01 G90 X0. Y0. Z5. G43 H02 ;	위치 결정(공구 길이 보정하며 가공이 시작되는 지점으로 급속 이송)
S1000 M03 ;	주축 1000rpm으로 정회전
G01 Z-5. F80 M08 ;	Z축 -5위치까지 이송속도 80mm/min직선절삭하며, 절삭유 ON
G01 X8. G41 D02 ;	공구경 좌측보정하며 X8.까지 직선절삭
↓	↓
↓	↓
G90 G00 G49 Z150. M09 ;	공구 길이 보정 취소하며 Z150.까지 급속 이송, 절삭유 OFF
G40 M05 ;	공구경 보정 취소, 주축 정지
M02 ;	프로그램 끝
% ;	데이터 전송을 위한 %(End of record)
	(데이터 전송이 불필요한 경우에는 생략 가능)

(2) G92 : 공작물 좌표계 설정

공작물 원점에서 시작점까지의 각 축의 거리를 측정하여 G92 G90 X Y Z ;와 같이 지령하여 공작물 좌표계를 정하는 방법을 말한다.

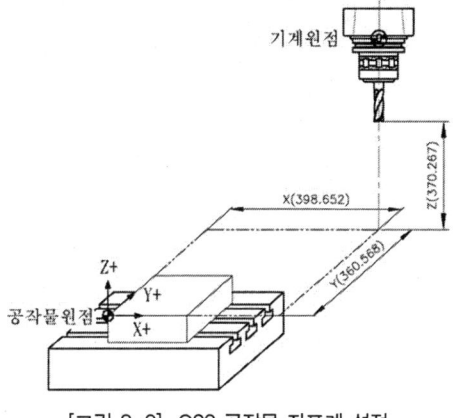

[그림 3-6] G92 공작물 좌표계 설정

[표 3-5] 프로그램의 구성(G92 : 공작물 좌표계 설정)

프로그램 내용	프로그램 설명
% ;	데이터 전송을 위한 %(End of record)
G40 G49 G80 ;	공구보정해제, 길이보정 해제, 고정사이클 해제
G91 G28 X0. Y0. Z0. ;	기계 원점 복귀
G92 G90 X100. Y200. Z150. ;	공작물 좌표계 설정
G91 G30 Z0 ;	제2원점(공구교환점)으로 복귀
T02 M06 ;	2번 공구로 교환(사용하려는 공구 번호 지정)
G90 G00 X0. Y0. Z5. G43 H02 ;	위치 결정(공구 길이 보정하며 가공이 시작되는 지점으로 급속 이송)
	(MDI 모드를 설정하는 경우에는 생략)
S1000 M03 ;	주축 1000rpm으로 정회전
G01 Z-5. F80 M08 ;	Z축 -5위치까지 이송속도 80mm/min직선절삭 하며, 절삭유 ON
G01 X8. G41 D02 ;	공구경 좌측보정하며 X8.까지 직선절삭
↓	↓
↓	
G90 G00 G49 Z150. M09 ;	공구 길이 보정 취소하며 Z150.까지 급속 이송, 절삭유 OFF
G40 M05 ;	공구경 보정 취소, 주축 정지
M02 ;	프로그램 끝
% ;	데이터 전송을 위한 %(End of record)
	(데이터 전송이 불필요한 경우에는 생략 가능)

3.4 프로그램 원점과 기계 원점 복귀

(1) 프로그램 원점

가공시 편리한 임의의 점을 프로그램 원점으로 한다.

보통 교육기관에서는 공작물의 위쪽 좌측 하단을 지정한다.

현장에서는 바이스 조오의 상단, 즉 고정측의 좌측 위를 지정하는 경우가 많다.

프로그램 원점은 도면을 분석하여 프로그래밍이 편리하고, 가공이 편리한 임의의 점을 프로그램 원점으로 지정한다.

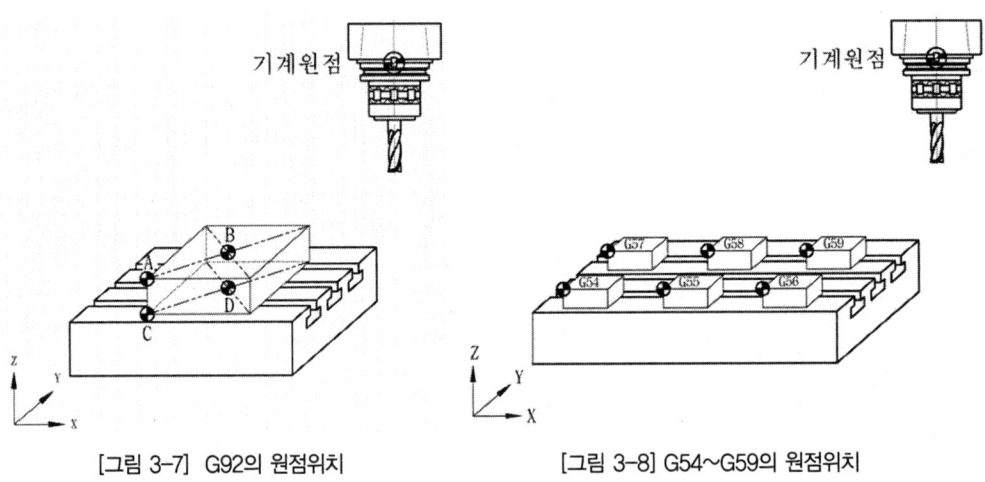

[그림 3-7] G92의 원점위치   [그림 3-8] G54~G59의 원점위치

(2) 기계 원점 복귀

머시닝센터도 CNC선반과 같이 전원을 공급하면 기계 원점 복귀를 시켜 기계좌표를 인식시켜야 한다. 머시닝센터에도 CNC선반에서 사용하는 기계 원점 복귀(G28), 제2, 제3, 제4 원점 복귀(G30), 원점 복귀 확인(G27), 원점으로부터 자동복귀(G29)의 G-코드와 동일한 코드를 사용하여 다음과 같이 지령함으로써 같은 기능을 수행할 수 있다. 중간 경유점을 지정할 때에는 증분 지령으로 지령하는 것이 안전하다.

(1) 기계 원점 복귀

- 반자동에서 지령
  ① CRT화면에 다음과 같이 지령한다.
  ② G91 G28 X0. Y0. Z100. ; 를 입력한다.
  ③ 자동개시를 누른다.
  ④ 현 위치에서 X0. Y0. Z100.인 위치를 경유하여 자동 원점 복귀가 된다.

- 수동에서 지령
  ① 이송은 0.1mm로 조정한다.
  ② (-X) 누르고 → -(마이너스)방향으로 3바퀴 회전한다.
  ③ (-Y) 누르고 → -(마이너스)방향으로 3바퀴 회전한다.
  ④ (-Z) 누르고 → -(마이너스)방향으로 3바퀴 회전한다.
  ⑤ REF를 지정한다.
  ⑥ 8(+X), 4(+Y), 1(+Z)을 차례로 누른다.
  ⑦ 기계 원점 복귀가 된다.

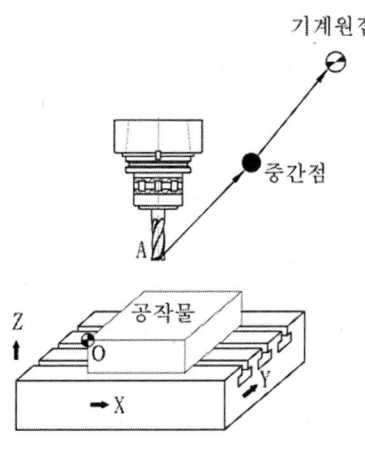

[그림 3-9] G91 G28 X0. Y0. Z0. 원점 복귀 방식

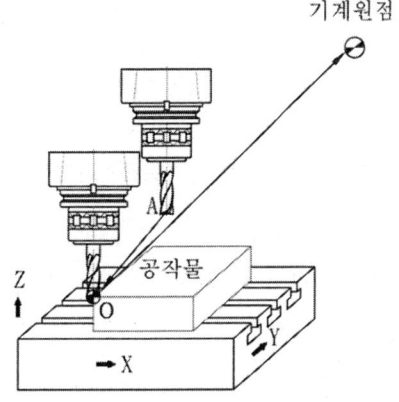

[그림 3-10] G90 G28 X0. Y0. Z0. 원점 복귀 방식

단, 이때 원점 복귀를 실행하려고 할 때는 반드시 공구길이보정 취소(즉 G49)를 한 후에 하여야 한다. 그렇지 않으면 알람이 발생한다.

> 예) 프로그램 상의 원점 복귀 위치(G92로 공작물 좌표계 설정시)
> G40 G49 G80 ;
> G91 G28 X0. Y0. Z0. ; 프로그램 원점 복귀
> G92 G90 X0. Y0. Z0. ;

(2) 제2, 제3, 제4 원점 복귀(G30)

- 형식 : G91 G30 Z100. ;
  증분값으로 Z100.인 위치를 경유하여 Z축만 제2원점으로 복귀.
  일반적으로 공구 교환 위치로 보낼 때의 명령으로 많이 사용한다.

(3) 공작물 좌표계 설정, 선택

시작점은 작업시 공구가 출발하는 지점이므로 가공물과 공구와의 충돌을 일으키지 않는 안전한 위치를 선택해야 한다. 프로그램의 원점과 시작점의 위치 관계를 NC에 알려 주어 프로그램의 원점을 절대좌표의 기준점(X0, Y0, Z0)으로 설정하여 주는 공작물 좌표계 설정은 다음과 같이 2가지가 있다.

가공물의 원점에서 보았을 때 공구의 위치가 어디에 있는지 기계에 알려주는 것으로 작업시 공구가 출발하는 지점이므로 가공물과의 안전을 고려하여 지정하여야 한다.

① G92를 이용한 방법 : 공작물 좌표계 설정

공작물 원점에서 시작점까지의 각 축의 거리를 측정하여 G92G90 X Y Z ;와 같이 지령하여 공작물 좌표계를 정하는 방법을 말하며, 반자동(MDI)모드 또는 프로그램에 아래의 지령방법과 같은 좌표계 설정 블록을 입력하고 운전을 개시하면 된다.

공구와 가공물의 위치가 [그림 3-7]과 같을 때 지령방법은 아래와 같다.

- 형식 : G92 G90 X398.652. Y360.568. Z370.267. ;

가. 프로그램 상의 지령방법(G92로 공작물 좌표계 설정시)

G40 G49 G80 ;

G91 G28 X0. Y0. Z0. ;

<u>G92 G90 X398.652 Y360.568 Z370.267 ;</u>

G91 G30 Z0. M19 ;

T01 M06(ø3 센터드릴) ;

G90 G00 X20. Y20. ;

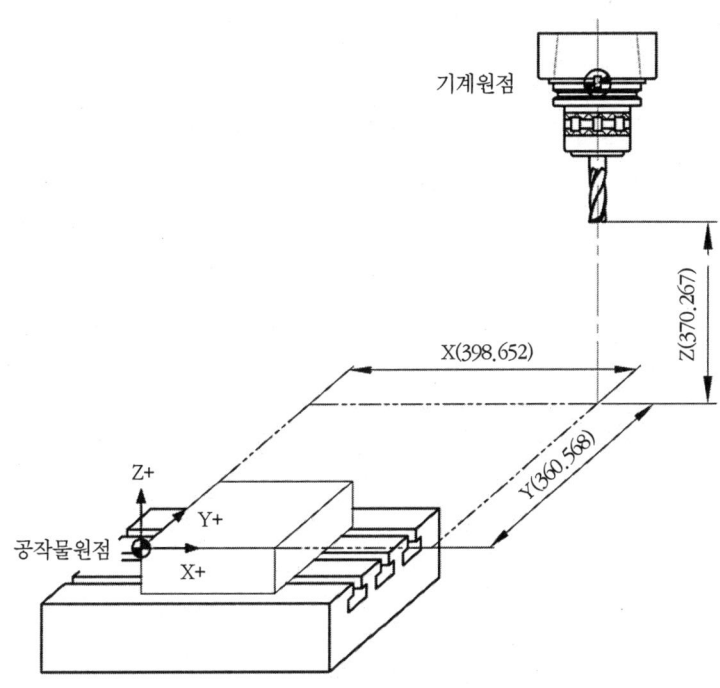

[그림 3-11] G92로 공작물 좌표계를 설정할 시 공작물의 원점위치 및 좌표값

② **G54-G59 공작물 좌표계를 선택하는 방법**

각 축의 기계 원점에서 각각의 공작물 원점까지의 거리를 공작물 보정(Work offset)화면의 (01)~(06)에 직접입력 또는 파라미터에 입력하여 공작물 좌표계의 원점을 정해 놓고 G54~G59의 지령으로 선택하여 사용한다.

이때 X_Y_Z_에 입력되는 수치는 기계 원점에서 공작물 원점까지의 거리이다.

(00)은 공작물 좌표계 이동(Shift)량으로 입력된 수치만큼 공작물 좌표계 전체가 이동되어 기계 원점에서 보았을때 공작물 원점까지의 거리를 공작물 보정(Work offset)에 직접 입력하는 방식이다. G92와 X, Y, Z값은 똑 같고 단지 −값으로 입력한다.

G54-G59의 코드로 다음과 같이 지령하면 공작물 보정(Work offset)화면(01)~(06)에 입력 되어있는 좌표계를 선택하여 공작물 좌표계가 설정되며, 지령된 위치로 급속 위치결정 한다.

- **형식** : G54 G00 G90 X0. Y0. Z200. ;

G54에 입력되어 있는 수치만큼 길이보정하여 좌표계를 설정한 후 절대좌표 X0. Y0. Z200.인 위치에 급속 위치결정

프로그램 상의 지령방법

(G54 공작물 좌표계 선택시)
G40 G49 G80 ;
G54 G90 G00 X20. Y30. ;
G91 G30 Z0. M19 ;
T01 M06(ø3 센터드릴) ;
G90 G00 X20. Y20. ;
G43 Z50. H001 S1500 M03 ;
Z5. M08 ;

G54값을 CRT 화면에 입력하는 방법

편집(EDIT) 또는 핸들(MPG)에서 화면을 누른다.
보정(F5) 누른다.
워크(F2) 누른다.
NO. 1(G54)에 다음과 같이 입력한다.
(F3, F4로 커어서 이동하여 화면에 수치 입력한다.)
X -398.652 입력하고 ENTER 누른다.
Y -Y360.568 입력하고 ENTER 누른다.
Z -370.267 입력하고 ENTER 누른다.

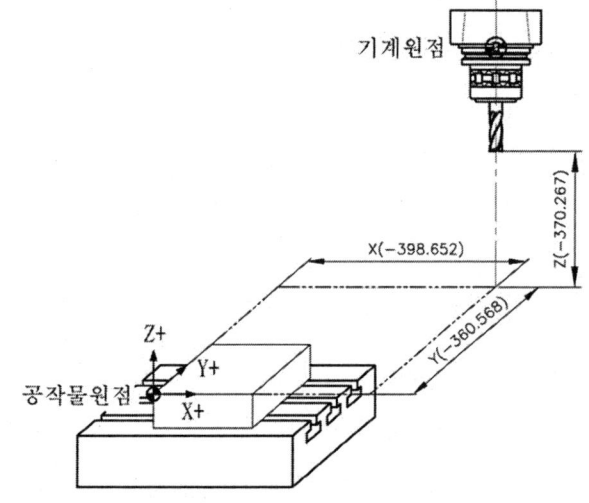

[그림 3-12] G54로 공작물 좌표계를 선택시 공작물의 원점위치 및 좌표값

G54와 G92의 프로그램 작성상의 비교

G40 G49 G80 ;
G91 G30 Z0. M19 ;
T01 M06(ø3 센터드릴) ;
G54 G90 G00 X20. Y20 ;
G43 Z50 H001 S1500 M03 ;
Z5. M08 ;

G40 G49 G80 ;
G91 G28 X0. Y0. Z0. ;
G92 G90 X70. Y100. Z30. ;
G91 G30 Z0. M19 ;
T01 M06(ø3 센터드릴) ;
G90 G00 X20. Y20. ;
G43 Z50. H001 S1500 M03 ;
Z5. M08 ;

③ G10을 지정하는 경우(DATA 입력)

- 형식 : G90 G10 L2 P1 X_ Y_ Z -

공작물 보정(1)에 각 축의 기계 원점에서의 각각 공작물 원점까지의 거리입력

G40 G49 G80 ;
G91 G30 Z0. M19 ;
T01 M06(ø3 센터드릴) ;
G90 G10 L2 P0 X0. Y0. Z0. ;
G10 L2 P01 X-398.652 Y-360.568 Z-370.267 ;
G54 G00 X20. Y20. ;
G43 Z50. H001 S1500 M03 ;
Z5. M08 ;

(4) 구역 좌표계(Local coordinate system) = G52

G92나 G54-G59 지령에 의하여 공작물 좌표계를 설정하고 작업할 때, 극좌표로 지령하면 편리한 작업을 할 수 있다. 이러한 경우 공작물 좌표계를 기준으로 새로운 구역 좌표계를 설정하여, 극좌표의 원점으로 사용하고자 할 때 G52를 사용하며, 다음과 같이 지령한다. 일단 G52가 설정되면 취소할때까지 절대좌표(G90)로 지령하는 좌표값은 이 구역좌표를 기준으로 한다.

① 구역 좌표계 설정(G52)

- 형식 : G52 X_ Y_ Z_ ;

지령하는 X_ Y_ Z_ 의 좌표는 구역좌표계의 원점위치를 공작물 좌표계상에서 본 좌표이다. 즉, 구역 좌표계의 지령은 좌표계의 원점(절대좌표 X0 Y0)에서 지령된다. 일

단 설정하면 취소할 때까지 절대좌표(G90)로 지령하는 좌표값은 이 구역좌표를 기준으로 한 좌표이다.

② 구역 좌표계의 변경

가. 새로운 구역 좌표계 입력으로 변경할 수 있다.

　　예 G52X_ Y_ Z_ ; 를 새로 입력

나. G52 X0. Y0. Z0. ;를 입력하거나 리셋(Reset)하면 구역좌표가 취소되며, 이후의 절대 좌표값은 공작물 좌표계를 기준으로 한 좌표계이다.

다. 새로운 공작물 좌표계를 설정하면 구역 좌표계는 취소된다.

　　예 G92X Y Z ;를 새로 입력하면 새로운 공작물 좌표계가 설정된다.

◀)) 주의 사항

(a) 위(다)의 경우 X, Y, Z의 값 중에 좌표치를 입력하지 않은 축은 그 앞의 구역 좌표계의 값으로 유지된다.
(b) G52블록 직후의 이동 지령은 반드시 절대 지령으로 해야 한다.
(c) 공구지름 보정에서는 G52에 의해 일시적으로 보정 취소가 된다.
(d) 구역 좌표계를 설정해도 공작물 좌표계나 기계좌표계는 변하지 않는다.

예제 3-2 다음 그림은 G54의 공작물 좌표계 선택에 의해 설정된 공작물 좌표계에서 X55. Y55. 떨어진 위치에 구역좌표계를 설정하여 원점을 재지정하고, A-B-C-D를 위치결정 하는 프로그램을 작성하고, 다시 구역좌표계를 취소하고, G54에 의한 원점을 원위치 시키는 프로그램을 작성하시오. (단, Z의 위치는 변화가 없으므로 X, Y의 원점 만을 변경한다. 공작물의 깊이는 22mm이다.)

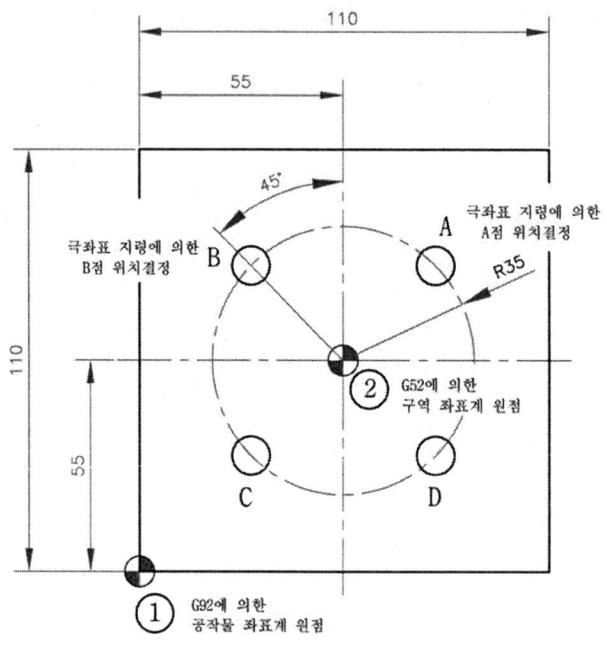

[그림 3-13] 구역 좌표계설정

주 프로그램

O1310 ;
G40 G49 G80 ;
G91 G30 Z0. M19 ;
T01 M06(ø3 센터드릴) ;
G54 G90 G00 X0. Y0. ;
G52 G90 X55. Y55. ;
G16 ;
X35. Y45. ;
G43 Z200. H01 S1500 M03 ;
Z10. M08 ;
G81 G99 G90 Z-5. R3. F80 ;
M98 P1311 ;
G00 Z200. G49 G80 M09 ;

보조 프로그램

O 1311 ;
G90 Y135. ;
Y225. ;
Y315. ;
M08 ;
M99 ;

```
M05 ;
G91 G30 Z0. M19 ;
T02 M06(ø8 드릴) ;
G90 G00 X35. Y45. ;
G43 Z200. H02 S800 M03 ;
Z10. M08 ;
G73 G99 G90 Z-26. Q3. R3. F80 ;
M98 P1311 ;
G00 Z200. G49 G80 M09 ;
M05 ;
G15 ;
G91 G28 X0. Y0. Z0. ;
M02 ;
```

만약, 보조 프로그램을 사용하지 않고 프로그램 작성시

다음과 같이 프로그램하면 공구의 공정수가 많아지며 프로그램이 길어지고 잘못 입력하는 오류가 발생할 수 있다.

G81 G99 G90 Z-5. R3. F80 ;	G73 G99 G90 Z-26. Q3. R3. F80 ;
Y135. ;	Y135. ;
Y225. ;	Y225. ;
Y315. ;	Y315. ;

예제 3-3 다음 그림은 G54의 공작물 좌표계 선택에 의해 설정된 공작물 좌표계에서 X50. Y50. 떨어진 위치에 구역좌표계를 설정하여 원점을 재지정하고, A부터 반시계방 향으로 가공하는 프로그램을 작성하고 다시 구역좌표계를 취소하고, G54에 의한 원점을 원위치 시키는 프로그램을 작성하시오. (단, Z의 위치는 변화가 없으므로 X, Y의 원점만을 변경한다.)

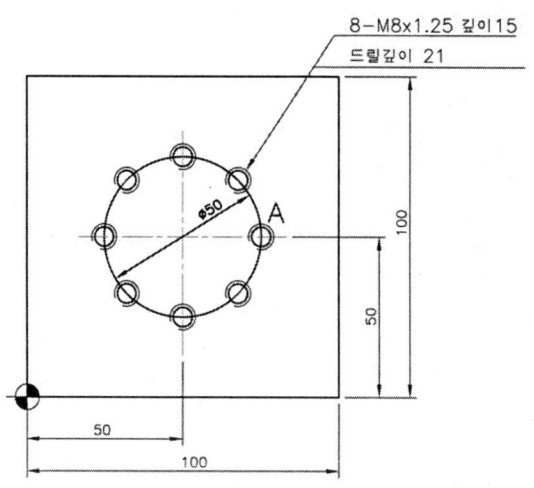

[그림 3-14] 구역 좌표계설정

주 프로그램

O1320 ;
G40 G49 G80 ;
G91 G30 Z0. M19 ;
T01 M06(ø3 센터드릴) ;
G54 G90 G00 X0. Y0. ;
G52 G90 X50. Y50. ;
X0. Y0. ;
G43 Z200. H01 S1000 M03 ;
Z10. M08 ;
G16 ;
G81 G99 G90 X25. Y0. Z-5. R3. F80 ;
M98 P1321 ;
G00 Z200. G49 G80 M05 ;
M09 ;
G91 G30 Z0. M19 ;
T02 M06(ø6.8 드릴) ;

보조 프로그램

O1321 ;
G90 Y45. ;
Y90. ;
Y135. ;
Y180. ;
Y225. ;
Y270. ;
Y315. ;
M99 ;

원래는 d = 8 - 1.25 = 6.75

```
G90 G00 X30. Y0. ;                    6.75이지만 6.8mm 드릴을 선택한다.
G43 Z200. H02 S800 M03 ;
Z10. M08 ;
G81 G99 G90 Z-21. R3. F80 ;
M98 P1321 ;
G00 Z200. G49 G80 M05 ;
M09 ;
G91 G30 Z0. M19 ;
T03 M06(M8 탭) ;
G90 G00 X30. Y0. ;
G43 Z200. H03 S200 M03 ;
Z10. M08 ;
G84 G99 G90 Z-12. R3. F250 ;
M98 P1321 ;
G15 ;
G52 X0. Y0. ;
M09 ;
G91 G28 X0. Y0. Z0. ;
M02 ;
```

(5) 기계 좌표계 선택(G53)

기계고유의 위치나 공구교환 위치로 이동하고자 할 때 사용한다. 절대 지령(G90)에서만 유효하고 상대 지령(G91)에서는 무효가 되므로, G90G53X_ Y_ Z_ ;와 같이 지령하며 X, Y, Z는 이동하려는 끝점의 기계좌표값이다. G53은 지령한 블록에서만 유효하다. 기계좌표는 전원을 공급한 후 원점 복귀를 하여야 인식되므로 원점 복귀 완료 후 지령하여야 한다. 또한 공구지름 보정, 공구길이 보정, 공작물 위치의 보정은 미리 취소해야 한다. 그렇지 않으면 보정된 상태로 이동한다.

3.5 좌표치의 지령방법

공구의 이동량을 지령하는 방법에는 절대(Absolute) 지령과 증분(Incremental) 지령의 2가지 방법이 있다.

(1) 절대 지령(Absolute : G90)

프로그램 원점을 기준으로 직교 좌표계의 좌표값을 입력하는 방식으로(G90)과 함께 X, Y, Z의 끝점의 위치를 지령한다.

(2) 증분 지령(Incremental : G91)

현재의 공구위치를 기준으로 끝점까지의 X, Y, Z의 증분값을 입력하는 방식으로 G91과 함께 X, Y, Z의 증분값을 지령한다. 쉽게 표현하면 공구의 이동시작점이 좌표의 원점이 된다.

예제 3-4 [그림 3-15]를 보고 G90, G91로 프로그램을 하시오.

A점에서 B점으로 이동할 때
절대 지령 : G00 G90 X40. Y40. ;
증분 지령 : G00 G91 X30. Y30. ;

B점에서 A점으로 이동할 때
절대 지령 : G00 G90 X10. Y10. ;
증분 지령 : G00 G91 X-30. Y-30. ;

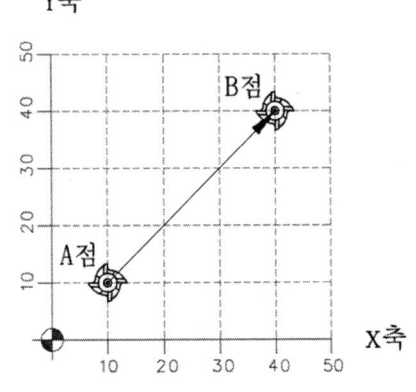

[그림 3-15] 절대, 증분 지령 표현

예제 3-5 [그림 3-16]를 보고 G90, G91로 프로그램을 하시오.

A점에서 B점으로 이동할 때
절대 지령 : G00 G90 X120. Y50. ;
증분 지령 : G00 G91 X90. Y-30. ;

B점에서 A점으로 이동할 때
절대 지령 : G00 G90 X30. Y80. ;
증분 지령 : G00 G91 X-90. Y30. ;

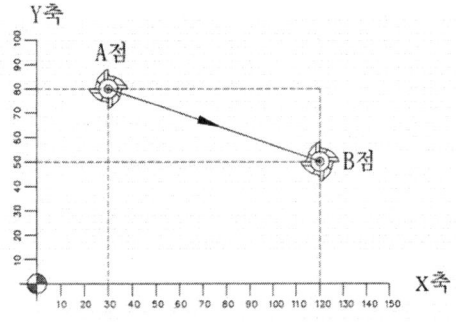

[그림 3-16] 절대, 증분 지령 표현

3.6 준비 기능

[표 3-6] 머시닝 센터의 G-코드 일람표   * : 전원 투입시 자동으로 설정됨

G - 코드	그룹	기능	관련 기능	비고
G00	01	급속 위치결정		*
G01		직선 보간(절삭)	G94, G95	*
G02		원호 보간(시계방향) CW	G17, G18, G19	헬리컬보간
G03		원호 보간(반시계방향) CCW		헬리컬보간
G04	00	Dwell(휴지)	P는 소수점사용 불가	
G09		Exact stop	G01, G02, G03	
G10		데이터 설정	G54~G59 보정량 입력	
G15	17	극좌표 지령 취소		*
G16		극좌표 지령	고정사이클	
G17	02	X-Y평면	원호 보간, 공구경 보정	*
G18		Z-X평면	좌표회전, 고정사이클	
G19		Y-Z평면		단독블럭으로
G20	06	inch 입력		지령
G21		Metric 입력		

G - 코드	그룹	기능	관련 기능	비 고
G22	04	금지영역 설정	파라미터	*
G23		금지영역 설정 취소		
G27	00	원점 복귀 Check		
G28		자동 원점 복귀		
G30		제2, 3, 4 원점 복귀	파라미터	P3 = 제3원점 P4 = 제4원점
G31		Skip 기능		
G33	01	나사절삭		
G37	00	자동 공구길이 측정	공구보정	
G40	07	공구경 보정 취소	G00, G01	*
G41		공구경 보정 좌측	G00, G01	D_ : 보정번호
G42		공구경 보정 우측	G00, G01	D_ : 보정번호
G43	08	공구길이 보정 "+"		H_ : 보정번호
G44		공구길이 보정 "-"		H_ : 보정번호
G49		공구길이 보정 취소		*
G50	08	스켈링, 미러 기능 무시		*
G51		스켈링 미러 기능	I, J, K에 " "부호가 지령되면, 미러 기능 단독블럭으로 지령	
G52	00	로칼좌표계 설정	G52 X0 Y0 Z0; 로칼좌표계 취소	
G53		기계좌표계 선택	G00	
G54	G14	공작물좌표계 1번 선택		
G55		공작물좌표계 2번 선택		
G56		공작물좌표계 3번 선택		
G57		공작물좌표계 4번 선택		
G58		공작물좌표계 5번 선택		
G59	14	공작물좌표계 6번 선택		
G60	00	한방향 위치결정	G00	
G61		Exact sto check 모드	절삭 기능	
G62		자동 코너 오버라이드	내측 G02, G03	
G64		연속절삭 모드	절삭 기능	
G65	00	매크로 호출	P = 프로그램 번호	
G66	12	매크로 모달 호출	p = 프로그램 번호	
G67		매크로 모달 호출 취소		
G68	16	좌표회전	G17, G18, G19	
G69		좌표회전 취소	단독블록으로 지령	

G - 코드	그룹	기능	관련 기능	비고
G73	09	고속 심공 드릴 사이클	G17, G18, G19	R = R점 P = 드웰시간 Q = 1회 절입량 또는 도피량 L = 반복회수 (1회 반복은 생략한다) ※ 0M에서는 L 대신 K를 사용한다
G74		왼 나사 탭 사이클	G17, G18, G19	
G76		정밀 보링 사이클	G17, G18, G19	
G80		고정 사이클 취소		
G81		드릴 사이클	G17, G18, G19	
G82		카운터 보링 사이클	G17, G18, G19	
G83		심공드릴 사이클	G17, G18, G19	
G84		탭 사이클	G17, G18, G19	
G85		보링 이클	G17, G18, G19	
G86		보링 사이클	G17, G18, G19	
G87		백보링 사이클	G17, G18, G19	
G88		보링 사이클	G17, G18, G19	
G89		보링 사이클	G17, G18, G19	
G90	03	절대 지령		
G91		증분 지령		
G92	00	공작물좌표계 설정		
G94	05	분당 이송(mm/min)	G01, G02, G3, G33, 고정 사이클	
G95		회전당 이송(mm/rev)	G01, G02, G3, G33, 고정 이클	
G96	13	주축 속도 일정제어	M03, M04	
G97		주축 회전수 일정제어	M03, M04	
G98	10	고정사이클 초기점 복귀	G73~G89	
G99		고정사이클 R점 복귀	G73~G99	

(1) G코드(준비 기능)

G코드는 준비 기능으로서 CNC의 여러가지 모드의 프로그램동작을 정의한다.

G코드는 2자리수로 나타내며 모달(Modal) 기능의 G코드와 원샷(One-Shot)G코드가 있다.

- 모달 G코드 : 한번 지령하면 그 코드를 취소하는 G코드를 프로그램 할 때까지 가공 프로그램 내에서 유효한 것을 의미함.
- 원샷 G코드 : 프로그램된 데이타 블록 내에서만 유효한 것을 의미함.

① 모달 G코드

생략하지 않고 프로그램 작성시   모달 G코드 지령법
G90 G00 X20. Y30. ;   G90 G00 X20. Y30. ;
G90 G00 Z250. ;   Z250. ; (앞에 G90 G00 모달 기능)
G90 G00 Z5. ;   Z5. ; (앞에 G90 G00 모달 기능)

② 원샷 G코드

생략하지 않고 프로그램 작성시   원샷 G코드 지령법
G90 G00 X20. Y30. ;   G90 G00 X20. Y30. ;
G90 G00 Z250. ;   Z250. ;
G90 G00 Z5. ;   Z5. ;
G90 G01 Z-5. F80 ;   G01 Z-5. F80 ;
G90 G00 Z20. ;   G04 U1. ;
                                       Z20. ;

 참고

위의 원샷 G코드 지령법의 해설

G01 Z-5. F80 ;
G04 U1. ;
Z20. ;

Z20.의 의미는 위의 G04로 인하여 Z20.의 코드에는 전혀 영향을 받지 않는다.
G04 자체가 원샷 G코드이므로 G04는 그 블록에서만 영향을 주고 다른 블록에는 전혀 영향을 주지 않는다. 그러므로 **Z20. = G01 Z20.의 의미와 같으므로** 프로그램 작성시 주의하여야 한다.

(2) 위치결정 및 직선 보간(G00, G01)

① 급속 위치결정(G00)

급속 위치결정은 가공을 하기 위하여 공구를 일정한 위치로 이동하는 지령을 말하며, 파라미터에서 지정된 급속이송 속도로 빠르게 움직이므로 공구가 가공물이나 기계에 충돌하지 않도록 특히 주의 하여야 한다.

- **형식** : G00 { G90, G91 } X_ Y_ Z_ ;

G90, G91 : 절대, 증분 지령(2개중 하나만 지령)
X, Y, Z, : X, Y, Z, 축의 급속이동 끝점

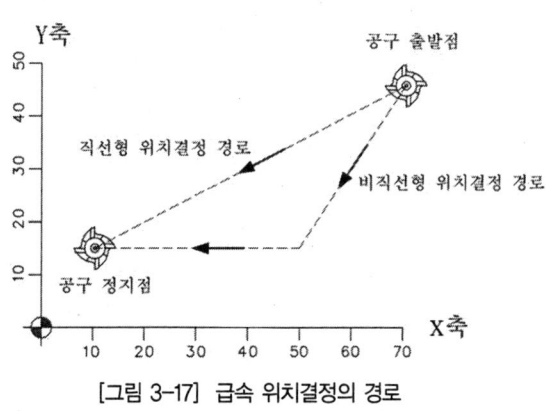

[그림 3-17] 급속 위치결정의 경로

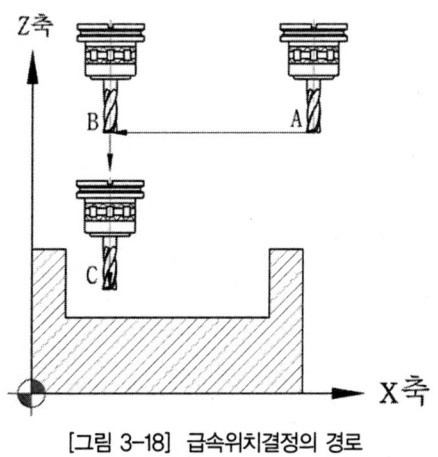

[그림 3-18] 급속위치결정의 경로

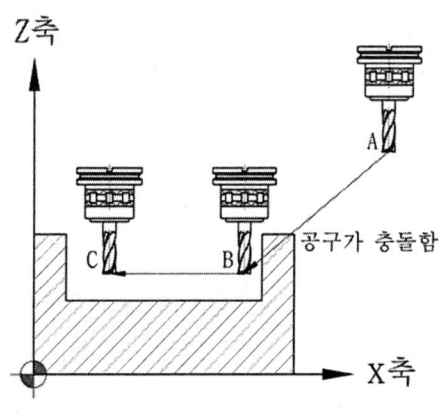

[그림 3-19] 프로그램상의 급속위치결정의 경로
(실제 프로그램 작성시의 경로임)

급속위치 결정은 2차원 공구의 이동은 [그림 3-18]과 같이 비직선형 위치로 이동을 하므로 충돌의 우려가 없지만, [그림 3-19]과 같이 3차원형상의 이동을 할 때에는 특히 급속위치 결정의 이동 경로를 생각하고 프로그램을 하여야 한다. 3차원 형상의 프로그램을 지정할 시에는 반드시 X, Y로 이동을 하고 Z방향으로 이동을 지령한다.

3차원 형상의 프로그램은 [그림 3-19]와 같이 A → B → C의 이동 경로로 프로그램을 지정한다.

② 직선 보간(G01)

프로그램에서 지령된 끝점으로 F의 이송속도로 직선으로 이동하며 가공할 때 사용한다.

- **형식** : G00 { G90, G91 } X_ Y_ Z_ F_ ;

G90, G91 : 절대, 증분 지령(2개중 하나만 지령)
X, Y, Z, : X, Y, Z, 축의 가공 끝점의 좌표
F : 이송속도

직선 보간 이송속도의 지령은 분당 이송(G94)과 회전당 이송(G95)으로 지령할 수 있으나, 머시닝센터의 경우에는 분당 이송으로 선택되도록 파라미터에 설정하여 사용한다.

예제 3-6 아래 도면에서 A점부터 E점까지의 프로그램을 절대, 증분 지령으로 작성하시오. (단, 현재의 공구위치는 X10. Y40.의 위치에 있다.)

가. 절대 지령
   G90 G01 X10. Y20. ; B점
   G90 G01 X30. Y40. ; C점
   G90 G01 X50. Y40. ; D점
   G90 G01 X60. Y10. ; E점

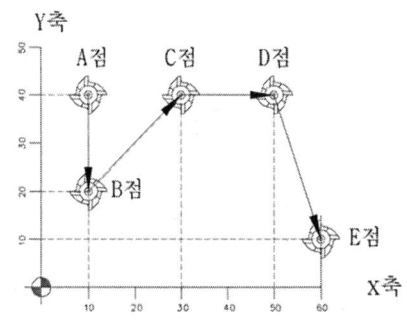

[그림 3-20] 직선 보간(1)

나. 증분(상대) 지령

　　G91 G01 X0. Y-20. ; B점

　　G91 G01 X20. Y20. ; C점

　　G91 G01 X20. Y0. ; D점

　　G91 G01 X10. Y-30. ; E점

예제 3-7 아래 도면을 A점의 P1위치로 이동하여 P2위치까지 절삭하고, 계속하여 B점, C점 까지 절삭하는 프로그램을 절대, 증분 지령으로 작성하시오. (단, 이송속도는 100mm/min 절삭깊이는 절대 지령으로 표현하고, 공구의 현재 위치는 X0. Y0. Z12.이다. A → B → C 이동은 절대, 증분으로 작성한다.)

가. 절대 지령

　　A점이동　G90 G00 X20. Y30. Z12. ;
　　P2점절삭　G90 G01 Z-7. F50 ;
　　P1점 이동　G90 G01 Z12. F50 ;
　　B점 이동　G90 G00 X90. Y80. ;
　　P2점절삭　G90 G01 Z-7. F50 ;
　　P1점 이동　G90 G01 Z12. F50 ;
　　C점 이동　G90 G00 X120. Y30. ;
　　P2점절삭　G90 G01 Z-7. F50 ;
　　P1점 이동　G90 G01 Z12. F50 ;

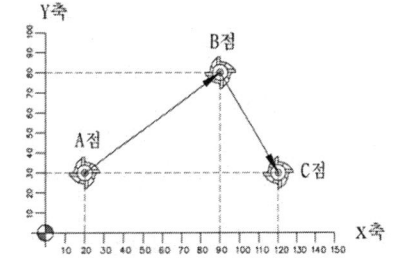

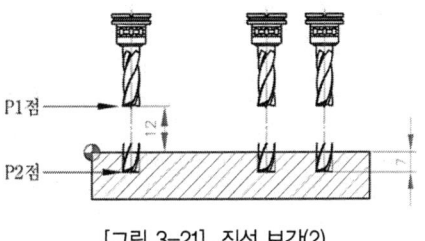

[그림 3-21] 직선 보간(2)

나. 증분 지령

　　A점이동　G91 G00 X20. Y30. Z0. ;
　　P2점절삭　G91 G01 Z-19. F50 ;
　　P1점 이동　G91 G01 Z19. F50 ;
　　B점 이동　G91 G00 X70. Y50. ;
　　P2점절삭　G91 G01 Z-19. F50 ;

P1점 이동 G91 G01 Z19. F50 ;
C점 이동   G91 G00 X30. Y-50. ;
P2점절삭 G91 G01 Z-19. F50 ;
P1점 이동 G91 G01 Z19. F50 ;

③ 직선 구간의 임의의 면취 및 코너 R 기능

직선과 직선 사이에 교차하는 곳의 면취 = C(chamfering)나 코너(corner)R 가공을 모든 좌표를 지정하면, 프로그램도 길어지므로 간단히 한 블록으로 지령할 수 있다.

직선가공 지령의 블록 끝에 면취 가공시에는 ,C_를 지정하면 되고, 코너R 가공시에는 ,R_를 지령하면 간단히 프로그램을 할 수 있다.

- **지령 형식** : G01 { G90, G91 } X_ Y_ F_ ; $\begin{Bmatrix} ,C\_ \\ ,R\_ \end{Bmatrix}$ F_ ;

C_ : C 다음의 숫자값은 가상 교점에서 면취 개시점 및 종료점까지의 거리이다.

R_ : R다음의 숫자값은 반경값을 의미한다.

※ 보통 임의의 ,C_ 및 ,R_ 평면에서의 가공을 말하며 3차원 가공에서의 가공은 Z값이 존재하므로 이 기능을 사용하지 않는다.

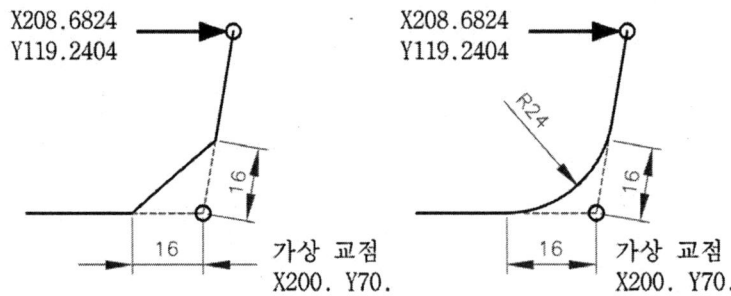

[그림 3-22] 임의의 ,C 및 ,R 지령

[표 3-7] ,C 및 ,R 지령방법

,C 지령방법	,R 지령방법
G01 X200. Y70. ,C16. F80 ;	G01 X200. Y70. ,R16. F80 ;

가공시 주의할 사항
1. 이 기능은 자동운전에서만 사용이 가능하다.
2. 두직선 사이에서만 사용이 가능하다.
3. 면취 = C나 코너R 가공의 주소 C, R 앞에는 ' , '를 반드시 사용하여야 한다.

예제 3-8 면취 ,C와 코너 ,R 기능을 사용하여 다음을 프로그램 하시오. (단, 현재의 공구위치는 X-15. Y-15.점에 있다.)

가공경로 : O → A → B → C → D → E → O

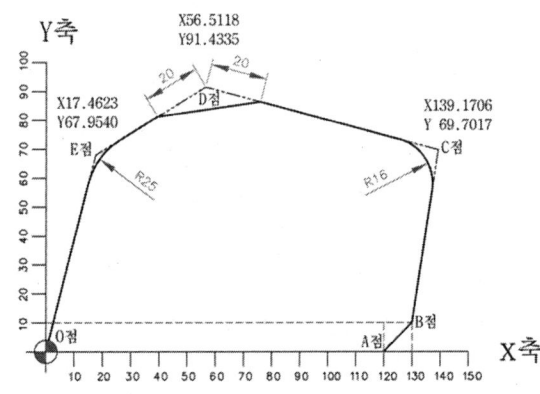

O점 G90 G42 G01 X0. Y0. F100 ;
A점-B점   G90 G01 X130. ,C10. ;
C점 G01 X139.170 Y69.701 ,R16. ;
D점 G01 X56.511 Y91.433 ,C20. ;
E점 G01 X17.462 Y67.954 ,R25. ;
     G01 X0. Y0. ;
     G01 Y-10. ;
     G40 G00 X-15. Y-15. ;

(3) 원호 보간(G02, G03)

지령된 시작점에서 끝점까지 반지름 R로 시계방향(G02)과 반시계방향(G03)으로 원호를 가공한다.

G02 = CW : Clock Wise
G03 = CCW : Counter Clock Wise

- **형식** : G17
  G18 { G02, G03 } { G90, G91 } X_ Y_ Z_ F_ {R_}F_ ;
  G19   I_ J_ K_

여기서, G17, G18, G19 : 작업평면을 의미한다.

R 또는 I, J, K : 원호 반지름 또는 시작점에서 원호 중심까지의 벡터량을 입력한다.

I, J, K의 값 중에서 0인 값은 생략할 수 있다.

F : 이송속도

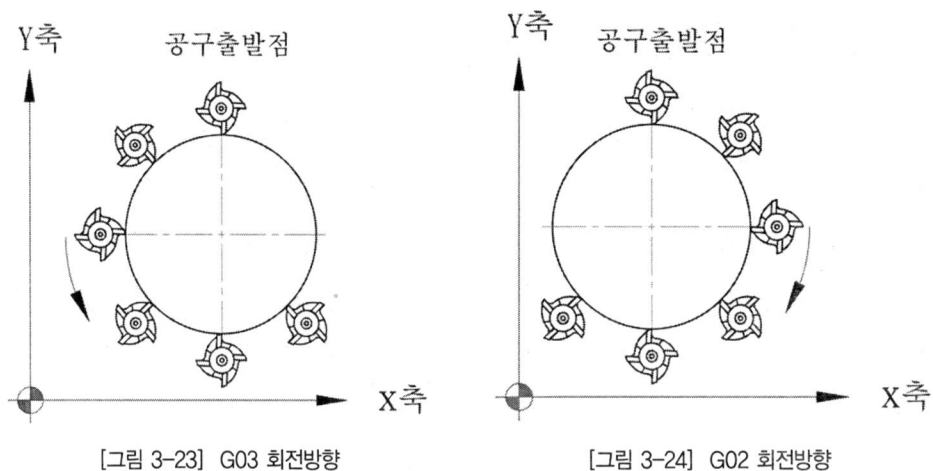

[그림 3-23] G03 회전방향　　　　　　　[그림 3-24] G02 회전방향

R대신 I, J, K를 사용하는 이유

원호가공시 R로 지령하면 좌표의 시작점에서 종점까지 R의 값 만큼 서로를 연결하여 주는 가공이 되지만, I, J, K의 지령은 시작점에서 종점 및 원호 R의 중심점을 서로 연결하여 내부적으로 원호가 정확하게 성립되는지를 판독하여 가공을 시작한다. 만약 값이 틀려서 원호가 정확히 성립하지 않으면 알람을 발생하여 새로운 값을 요구한다. 보통 R 지령보다 I, J, K의 지령이 정밀한 경우가 많으며 특히 와이어컷 방전가공의 경우는 원호가공을 G17평면에서는 I, J를 주어야 정밀한 원호가공을 할 수 있다.

I, J, K의 지령에 대해서는 뒷장에서 상세히 설명하겠다.

① R 지령의 부호 결정

A좌표점 : 원호 가공의 시작점

B좌표점 : 원호 가공의 끝점

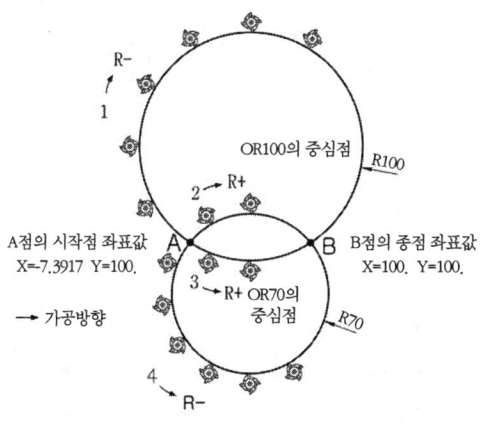

- 원호의 부호 결정

  R+ : 원호의 시작점에서 종점까지의 각도를 계산하여 180° 까지

  R- : 원호의 시작점에서 종점까지의 각도를 계산하여 180° 이상

[그림 3-25] 원호가공의 R 지령 부호

예제 3-9 [그림 3-25]를 참고하여 1, 2, 3, 4의 원호 가공 프로그램을 완성하시오.
(각도를 구하는 방법은 → 표시대로 따라가 보면 각도를 구할 수 있다.)

1 : G02 X100. Y100. R-100. ; A에서 → R100.의 중심점 → B점까지 시계방향각도 180° 이상

2 : G02 X100. Y100. R70. ; A에서 → R70.의 중심점 → B점까지 시계방향각도 180° 이하

3 : G03 X100. Y100. R100. ; A에서 → R100.의 중심점 → B점까지 반시계방향각도 180° 이하

4 : G03 X100. Y100. R-70. ; A에서 → R70.의 중심점 → B점까지 반시계방향각도 180° 이상

② 작업평면 선택(G17, G18, G19)

원호가공은 가공물의 형상에 맞는 작업평면을 선택하고 회전방향을 지령하여야 하는데, 수직형 머시닝센터의 경우에는 가장 많이 사용하는 평면인 XY평면이 초기에 설정

되도록 파라미터에 지정하여 사용하므로, X-Y평면이 아닌 다른 평면을 선택할 때에만 지정하면 된다.
오른손 좌표계에서의 작업평면과 회전방향은 XY평면, YZ평면, YZ평면에 대하여 Z축, Y축, X축의(+)방향에서 바라보며 회전방향을 정한다.

작업평면 선택	
G17	X - Y 평면
G18	Z - X 평면
G19	Y - Z 평면

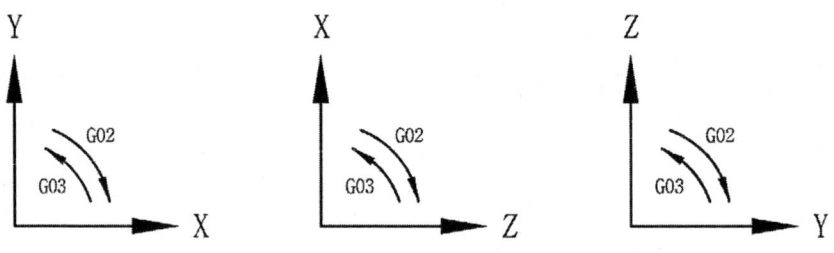

[그림 3-26] G17, G18, G19의 평면 선택과 원호방향 표시

③ 헬리컬(Helical)절삭 = (나선 가공)

- 형식 : { G02, G03 } { G90, G91 } X_ Y_ {R_} Z_ F_ ;
                                            I_ J_ K_

원호절삭을 이용하는 평면 외에 그 평면과 수직인 축을 동시에 움직이게 하여 헬리컬(Helical) 절삭을 수행할 수 있는 기능이며, 지령방법은 원호절삭의 지령에서 원호를 만드는 평면에 포함되지 않는 다른 한축에 대한 이동 지령을 한다.

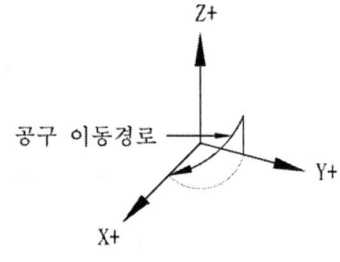

[그림 3-27] 나사 헬리컬 절삭

[그림 3-27]은 헬리컬 절삭을 나타내고 있으며, F는 원호의 이송속도를 의미하며 직선으로 움직이는 축의 속도는 다음과 같다.

직선으로 움직이는 축의 속도는 $F \times \dfrac{직선축\ 길이}{원호의\ 길이}$

④ 나사절삭

수직 머시닝센터로 일정한 간격 리드의 평행나사를 절삭하는 기능이다.

주축 회전수를 주축에 부착된 포지션 코더(Position coder)에서 시시각각 읽어들여, 분당 이송의 절삭 이송속도로 변환되어 공구가 이송된다.

- **형식** : G33 { G90, G91 } Z_ F_ ;

Z : 나사길이(증분 지령 시)또는 나사끝점 위치(절대 지령 시)
F : 나사의 리드(mm또는 inch)

주의 사항

① 나사절삭 기능은 지정된 리드(Lead)의 나사를 절삭하는데 사용되며 주축의 회전수 N은 다음과 같다. 1≤N≤ 이송속도/나사의 리드
② 황삭에서 정삭까지 변환된 절삭 이송속도에 대하여 절삭 이송속도 Override는 걸리지 않고 100%로 고정된다.
③ 변환된 절삭 이송속도에 대하여 절삭 이송속도 Clamp가 걸린다.
④ Feed hold는 나사 절삭 중에는 무효이며, Feed hold 버튼을 누르면 나사절삭을 종료후 정지한다.

[그림 3-28]을 보고 외경 나사를 가공하는 프로그램을 G33 기능을 이용하여 작성하시오. (단, M40피치4.0 절삭속도는 약 80m/min로 한다.)

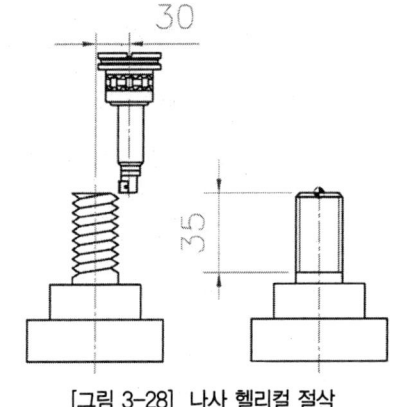

[그림 3-28] 나사 헬리컬 절삭

프로그램	해설
G90 G00 X30. Y0. S500 M03 ;	나사의 산과 절삭공구 끝이 일치하도록 위치 결정
Z3.0 ;	Z축의 위치 결정
G33 Z-37. F4. ;	1회째 나사절삭, F는 리드
M19 ;	주축 정위치 정지
G00 X35. ;	X방향으로 공구이동
Z3. M00 ;	Z방향으로 공구이동
X30. ;	처음 위치 복귀 및 작업자의 절삭공구 조정
G33 Z-37. F4. ;	2회째 나사절삭

예제 3-10 [그림 3-29]를 보고 내경 나사를 가공하는 프로그램을 G33 기능을 이용하여 작성하시오. (단, M40피치4.0 절삭속도는 약 80m/min으로 한다)

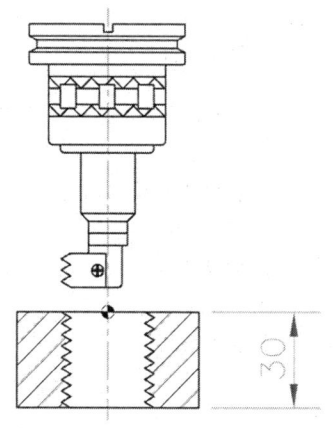

[그림 3-29] 나사 헬리컬 절삭

프로그램	해설
G90 G00 X0. Y0. S500 M03 ;	구멍중심과 공구중심이 일치하도록 위치 결정
Z3.0 ;	Z축의 위치 결정
G33 Z-32. F4. ;	1회째 나사절삭, F는 리드
M19 ;	주축 정위치 정지
G00 X3. ;	X방향으로 공구이동
Z3. M00 ;	Z방향으로 공구이동
X0. ;	처음 위치 복귀 및 작업자의 공구 조정
G33 Z-32. F4. ;	2회째 나사절삭

3.7 원점 복귀

머시닝센터는 X, Y, Z의 각 축마다 고유의 기계 원점을 보유하고 있다. 기계 제작시에 지정이 되어 만들어지므로, 이 위치는 기계 기준점으로 공구의 교환위치나 바이스나 테이블에 장착되어 있는 공작물과의 상대 위치를 결정하는 중요한 기준점이 된다.

일반적으로 기계에 전원을 투입하고 조작반의 ON S/W를 켰을 때나, 이상 발생시 비상정지(emergency stop) S/W를 눌렀을 때에는 반드시 기계의 원점을 다시 복귀한 후에 새롭게 작업을 시작하여야 한다.

(1) 자동 기계 원점 복귀

- **지령 형식** : G28 { G90, G91 } X_ Y_ Z_ ;

현재의 위치에서 공구를 기계 원점으로 복귀시키는 방법이며 이 원점 복귀를 반자동에서 프로그램으로 지령하여 수행할 수 있는 기능을 말한다.

자동이나 반자동에서 G28코드를 사용하여야 하며, 다음에 중간 경유점을 지령하여야 하고 각 축을 기계 원점까지 급속 복귀하는 기능이다.

- **워드의 의미**

  G90, G91 : 절대 지령, 증분 지령

  X, Y, Z : 원점 복귀 축을 지령하고, 코드 뒤의 숫자값은 중간 경유점의 좌표값이다.
  　　　　　지령을 하지 않는 축은 원점 복귀를 하지 않는다.

① **G28 G91 X0. Y0. Z0. ;**

　반자동에서

　G28 G91 X0. Y0. Z0. ; 입력

　자동개시를 누른다.

　결과 : 현재의 공구 위치에서 바로 원점 복귀 한다. (일반적으로 사용하는 기능이다.)

반자동에서

G28 G91 Y70. 입력

자동개시를 누른다.

결과: 현재의 공구 위치에서 Y축만 Y방향으로 70mm이동 후에 원점 복귀 한다.

② G28 G90 X0. Y0. Z0. ;

반자동에서

G28 G90 X0.Y0. Z0. ; 입력

자동개시를 누른다.

결과 : 현재의 공구 위치에서 X0. Y0. Z0.인 점 즉, 공작물 좌표계의 원점까지 이동후에 원점 복귀 한다.

반자동에서

G28 G90 Y70. 입력

자동개시를 누른다.

결과 : 현재의 공구 위치에서 Y축만 Y방향으로 70mm이동 후에 원점 복귀 한다.

 참고

자동 기계 원점 복귀시 특히 주의사항

① 원점 가까이 지점에서 원점 복귀하면 알람이 발생한다.
② 테이블의 중간정도까지 각 축을 이동을 하고 원점 복귀시킨다.
③ 급속으로 원점 복귀가 이루어지므로 머시닝안에서 셋팅후 사람이 있는 상태에서는 절대로 원점 복귀하지 않는다. 즉 공작물 셋팅후 원점 복귀를 시행하는 경우에는 2인 1조로 하여 원점 복귀하지 않는다.

(2) 수동 기계 원점 복귀

이 기능은 핸들운전으로 X, Y, Z의 각축을 기계 원점에서 일정한 거리만큼 이동후에 원점을 복귀한다.

- 수동 원점 복귀 방법

    가. 모드를 핸들에 놓는다 → RANGE를 0.1로하고
    → 수동펄스기를 X로 하고 → 반시계 방향으로 3바퀴 이상 돌린다.
    → 수동펄스기를 Y로 하고 → 반시계 방향으로 3바퀴 이상 돌린다.
    → 수동펄스기를 Z로 하고 → 반시계 방향으로 3바퀴 이상 돌린다.

    나. 모드를 원점에 놓는다.
    → 조작판의 8누른다 → 4누른다 → 1누른다 → 원점이 복귀된다.

(3) 원점 복귀 확인

각 축을 기계 원점에 복귀 한 후에 정확히 원점에 복귀하였는지 확인을 하는 기능이다. 지령된 원점이 기계 원점이면 원점 복귀 램프가 점등을 하고, 원점 위치가 아니면 알람이 발생한다.

- 지령 형식 : G27 { G90, G91 } X_ Y_ Z_ ;

X, Y, Z : 중간 경유점을 표시한다.

(4) 원점에서 자동 복귀

원점 복귀 후에 G28, G30(제2원점 복귀, 제3 원점 복귀, 제4 원점 복귀)과 같이 함께 지령된 중간점을 경유하여 G29 다음의 좌표값으로 위치 결정을 하는 기능이다.

- 지령 형식 : G29 { G90 } X_ Y_ Z_ ;

X, Y, Z : 중간 경유점을 표시한다.

(5) 제2 원점 복귀, 제3 원점 복귀, 제4 원점 복귀

제1 원점 복귀와 같이 중간점을 경유하여 지령된 원점에 급속으로 복귀한다.
이 명령은 기계 원점 복귀를 사전에 완료한 후에 수행하여야 한다.

- **지령 형식** : G30 { G90, G91 } { P2, P3, P4 }X_ Y_ Z_ ;

P2, P3, P4 : 제2 원점 선택, 제3 원점 선택, 제4 원점 선택

기계 원점은 기계를 제작시에 제작사에서 원점을 고정하는 경우이지만 제2 원점, 제3 원점, 제4 원점은 기계의 내부 파라미터에서 다르게 설정을 할 수 있는 특징이 있다. 보통 제2 원점은 공구의 교환 위치로 사용한다.

3. 8 주축 기능(S : Spindle speed function)

S 기능은 주축을 제어하는 기능이다.
S 파라메타는 주축속도를 주축 회전속도인 RPM 또는 최대속도의 백분율로 정의하며 최대치는 65,535rpm이다.

(1) 절삭속도 일정제어(G96)

이 기능에서 S 값은 절삭속도(V)로 나타낸다.

> 예) G96 S150 M03 ; S150의 의미는 절삭속도 값임.
>
> G96 S120 M03 ; 절삭속도가 120[m/min]가 되도록 공작물 직경(지름)의 차이에 따라 달라지는 절삭속도를 일정하게 유지시켜 주는 기능. (계단 축 및 단면가공에 주로 사용)

(2) 절삭속도 일정제어 취소(G97)

이 기능에서 S값은 회전수(RPM)로 나타낸다.

> 예) G97 S500 M03 ; S500의 의미는 주축의 회전수 값임.
> G97 S500 M03 ; 주축은 항상 500[rpm]으로 회전.

회전수만 일정하게 제어하는 기능(드릴작업, 나사작업등에 사용)

3.9 이송 기능(F : Feed fuction)

이송을 지령하는 기능으로 전원 투입과 동시에 위치결정 데이타 블록에서 직선축 이송속도를 나타낸다.

F 파라메타로 프로그램한 이송속도는 모달로 설정된 이후의 블록에 적용되며 다른 F값을 가진 데이타 블럭이 프로그램될 때까지 유효한다.

- MPM(형식 : F5) : mm 방식(G71) 　예) F32767 〈최대범위임〉
- IPM(형식 : F4.1) : inch방식(G70) 　예) F3276.7 〈최대범위임〉

　　　CNC선반　　　　G99 자동설정됨
　　　머시닝센타　　　G94 자동설정됨

3.10 보조 기능(M : Miscellaneous fuction)

공구교환, 주축의 시동, 정지, 프로그램의 스톱, 절삭유의 ON/OFF 등의 기계의 동작을 보조해 주는 기능이다. 즉, 주축 제어에 사용하는 전기적 회로 기능이다. KS로 규정되어 있다.

[표 3-8] 보조 기능(M코드)의 기능

코드	기능 내용	비고
M00	Program Stop	
M01	Optional Program Stop	
M02	Program End(Reset)	
M03	주축 정회전(CW)	
M04	주축 역회전(CCW)	
M05	주축 정지	
M06	공구 교환	
M08	절삭유 ON	
M09	절삭유 OFF	
M16	Tool Into Magazine	
M19	주축 Orientation Stop	
M28	Magazine 원점 복귀	
M30	Program End(Reset) & Rewind	
M48	Spindle Override Cancel OFF	
M49	Spindle Override Cancel ON	
M60	APC Cycle Start	
M80	Index테이블 정회전	
M81	Index테이블 역회전	
M98	Sub-Program 호출	
M99	End of Sub-Program	

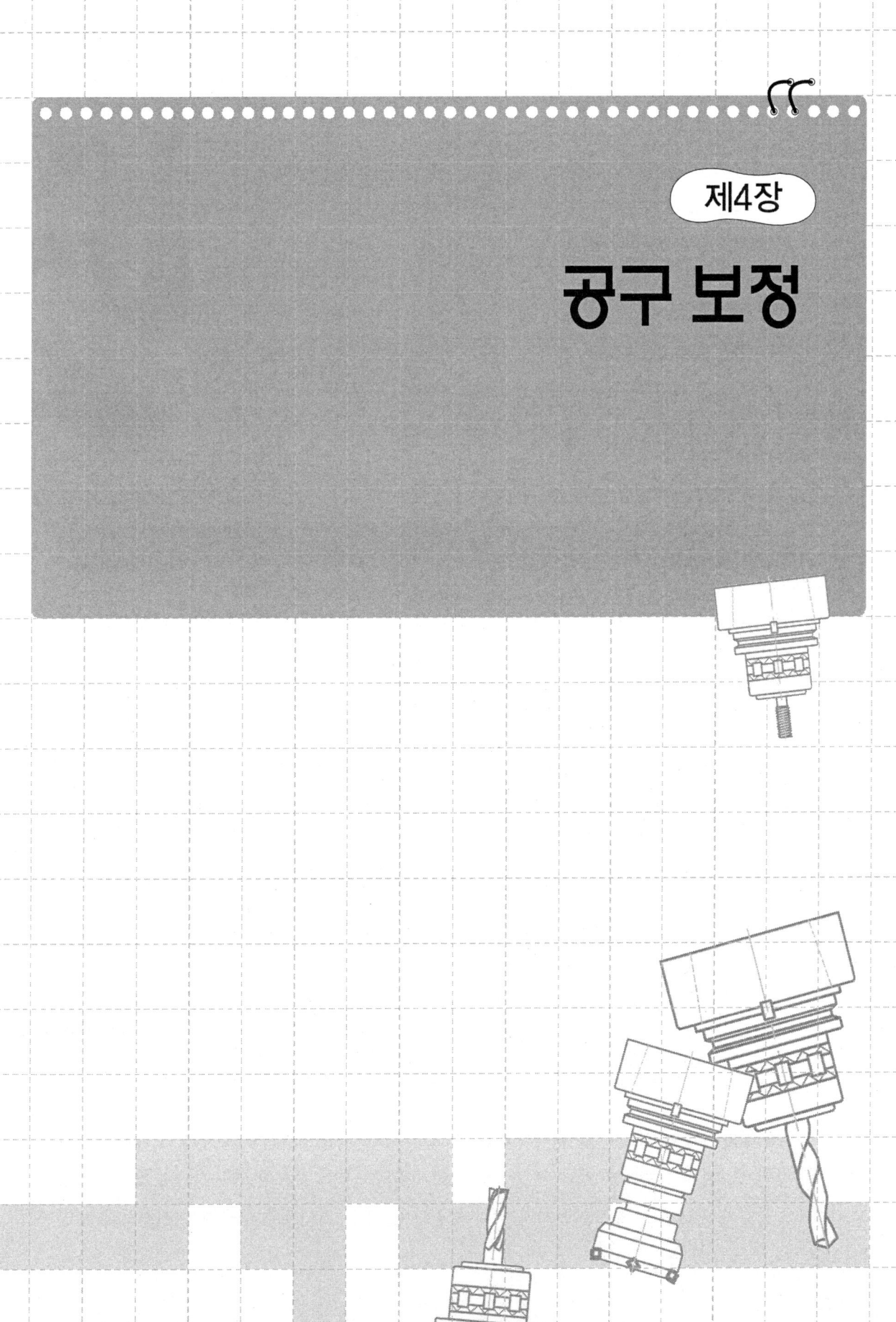

제4장
공구 보정

공작물을 가공할 때 공구의 중심은 가공을 할때 아주 중요하다. 좌표선상에서 공구의 중심이 어디에 있는가에 따라서 공작물의 형태가 다르게 가공되어지므로 프로그램을 작성할 때는 좌표선상에서 공구의 중심 위치를 반드시 알려 주어야 한다.

가공시에는 사용하는 공구가 많고 공구의 지름과 길이도 일정하지 않다. 어떤 부품을 가공하기 위해 사용되는 공구의 지름과 길이를 생각하며 프로그램을 한다면 복잡한 부품의 경우에는 많은 시간이 소요되거나 프로그램을 할 수 없을 것이다. 그러므로 공구의 크기와 상관없이 프로그램을 작성하고, 공구의 지름과 길이의 차이를 CNC기계의 공구 보정값 입력란에 입력하고 그 값을 불러 보정하여 사용한다.

4.1 공구 지름 보정

[그림 4-1]과 같은 공작물을 절삭할 경우, 공구 중심의 통로는 공구 반지름(R)만큼 떨어진 점선 부분으로 이동하여 가공을 하게된다. 이 경우 공구중심으로부터 떨어진 거리를 오프셋(Offset)이라고 한다. [그림 4-1]과 같이 공구를 가공형상으로부터 일정거리만큼 떨어지게 하는 것을 공구 지름 보정이라 한다.

공구 지름 보정은 G00, G01과 함께 지령하여야 하며, 공구의 진행방향에 따라서 3가지의 G-코드로 분류하며 이중에서 가공물의 가공형상를 생각하여 하나를 선택하여 사용한다.

- **형식** : (G17, G18, G19) G90(G91) G00(G01) G41(G42) X_ Y_ D_ ;
- **취소** : G00(G01) G40 X_ Y_ ;

D : 보정화면에 공구 지름 보정값을 입력한 번호
공구 보정시 G02, G03과 함께 지령하면 알람이 발생한다.
보정량이 D코드로 한번 선택되면 다른 보정량이 선택될 때까지 변하지 않는다.

공구경의 보정 G코드는 평면선택기능(G17, G18, G19)의 기능에 따라 1축 이상의 이동 지령과 함께 사용하며 가능하면 1축(X, 또는 Y축)으로 지령하는 것이 좋으며, 공구경의 보정 이동량도 공구경의 반경 이상으로 이동시키는 것이 좋으며, 짧은 거리에서 공구경을 지령하다 보면

Offset의 알람이 발생하면 공구의 이동거리를 변경하여 다시 보정을 하면 알람이 해제 된다.

보정량 코드는 공구 지름을 보정할 때 D를 사용하고, 공구 길이를 보정할때 H를 사용한다.
공구 지름 보정의 기능으로 2개의 축을 동시에 이동시킬 경우 공구 보정은 2축에 모두 유효하다. 공구 지름 보정을 할 때 이동 지령값보다 보정량이 더 클 경우 공구의 실제 이동은 프로그램의 반대방향으로 이동한다.

공구 지름 보정 G - 코드	
G41	공구 지름 좌측 보정
G42	공구 지름 우측 보정
G40	공구 지름 보정 취소

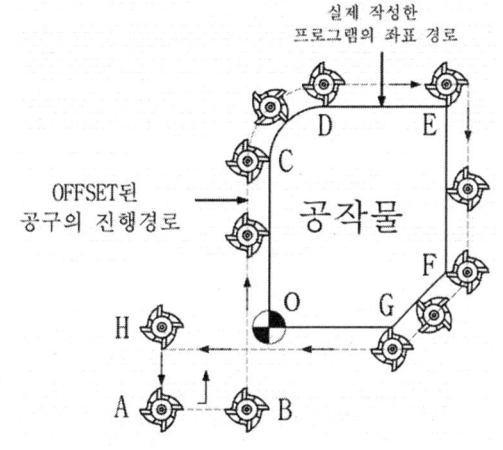

[그림 4-1] Offset된 가공경로

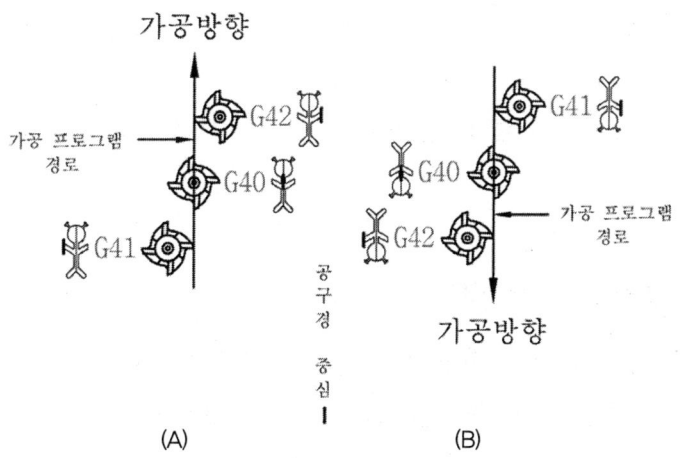

[그림 4-2] 공구 보정에 따른 공구의 위치(1)

[그림 4-2]에서(A)와 같이 공구의 진행방향에서 보았을때, 공구의 중심이 좌표선상에서 좌측에 있으면 좌측보정이라고 하고, 좌표선상에서 우측에 있으면 우측보정이라고 한다.

(B)와 같이 위에서 아래로 가공을 할 때에도 공구의 진행 방향을 생각하여야 하며, 반드시 가공 경로 프로그램을 보고 공구의 중심 위치를 생각하는 것이 중요하다고 할 수 있다.

그리고 현장에서는 수동 프로그램을 작성할 때에에는 공구의 보정값을 이용하여 황삭, 중삭, 정삭의 가공을 많이 하며, 공구는 1개를 사용하더라도 황삭은 D01 = 5.5, 중삭 D02 = 5.01, 정삭은 D03 = 5.0의 방법으로 가공을 하면 아주 좋은 가공이 될 수 있으며 대부분의 2차원 가공은 보정값을 잘 이용하면 훌륭한 프로그램 기술자가 될 수 있다.

[그림 4-3]에서와 같이 수평으로 가공을 할 때도 가공프로그램의 경로를 먼저 생각하고 보정을 주어야 하며, 보통 좌측보정(G41)의 경우에는 하향 절삭의 방식이며, 우측보정(G42)의 경우에는 상향절삭의 방식으로 가공이 이루어지므로 공작물의 저항을 고려하여 가공시에는 적절한 가공방법을 선택하는 것도 아주 중요한 기술적인 문제이다.

그리고 보정을 줄 때에는 X, Y, Z중 한 개의 값만을 사용하여야 하며, 절대로 Z방향으로 이동하면서 보정을 주면 가공물의 형태에 따라 가공물이 오작일 경우가 많으므로 절대로 피해야 한다.

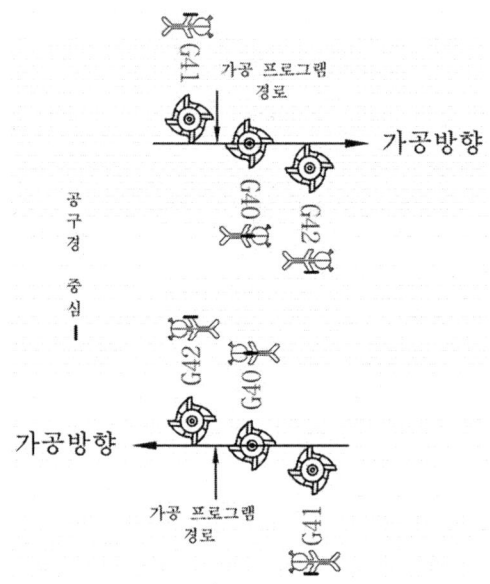

[그림 4-3] 공구 보정에 따른 공구의 위치(2)

(1) 스타트 업 블록과 오프셋 모드

프로그램 작성시 공구경 보정을 하지 않은 상태(G40의 상태)에서 공구경 보정(G41, G42)을 시작하는 블록을 스타트 업(start up)블록이라고 하며, 다음 블록부터 다른 보정이 지정되지 않고 계속 보정이 유효한 블록을 오프셋(offset mode)라 한다.

G41, G42의 보정 코드는 모달(Modal) 지령으로서 한번 지령하면 취소(G40)될 때까지 계속

하여 유효하다.

예) G41 G90 G01 X5. D01 F60 ;　　공구경 보정 시작(스타트 업 블록)
　　Y70. ;　　　　　　　　　　　G41이 계속 보정중(오프셋 모드)
　　X70. ;　　　　　　　　　　　G41이 계속 보정중(오프셋 모드)
　　Y10. ;　　　　　　　　　　　G41이 계속 보정중(오프셋 모드)
　　X-20. ;　　　　　　　　　　 G41이 계속 보정중(오프셋 모드)
　　G40 G00 Y-20. ;　　　　　　 공구경 보정 취소

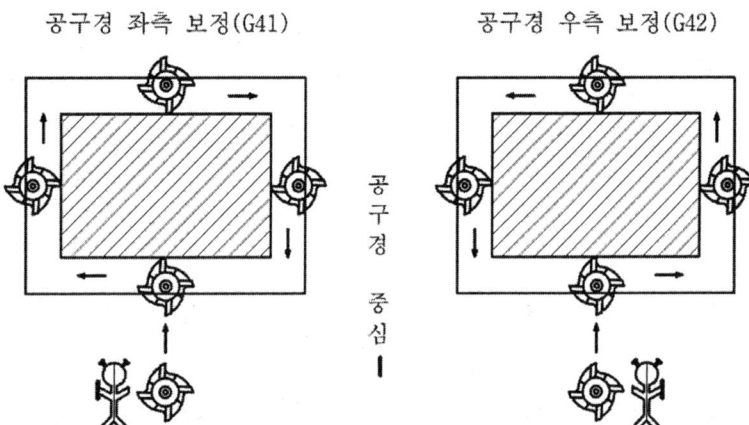

[그림 4-4] 공구 보정에 따른 공구의 위치(3)

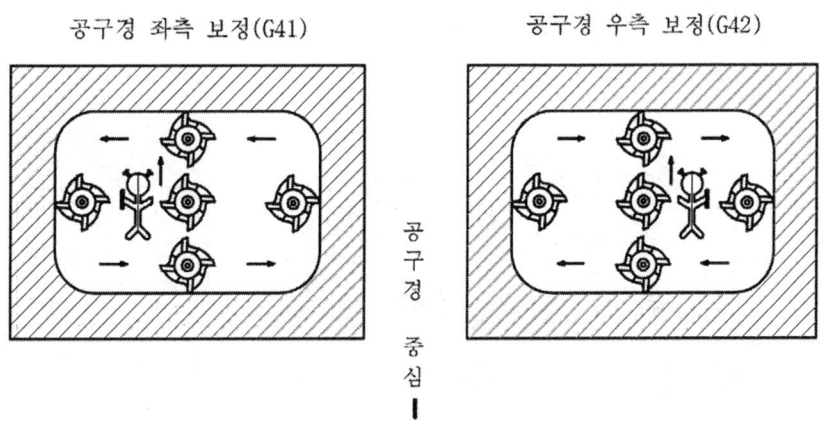

[그림 4-5] 공구 보정에 따른 공구의 위치(4)

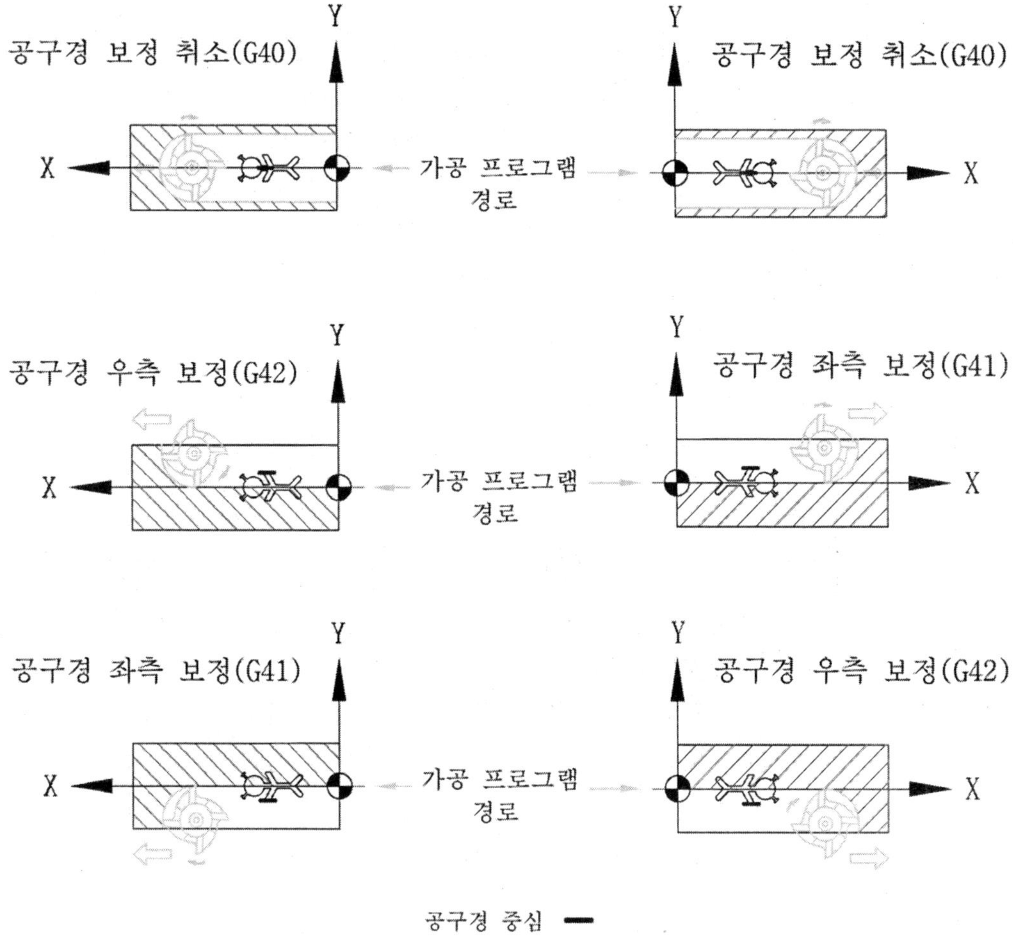

컴퓨터응용밀링(머시닝센터) 프로그램과 가공

공구경 보정 취소(G40)　　　　　　　　　공구경 보정 취소(G40)

공구경 우측 보정(G42)　　　　　　　　　공구경 좌측 보정(G41)

공구경 좌측 보정(G41)　　　　　　　　　공구경 우측 보정(G42)

　　　　　　　　　　　공구경 중심　━

[그림 4-6] 공구 보정에 따른 공구의 위치(5)　　　　[그림 4-7] 공구 보정에 따른 공구의 위치(6)

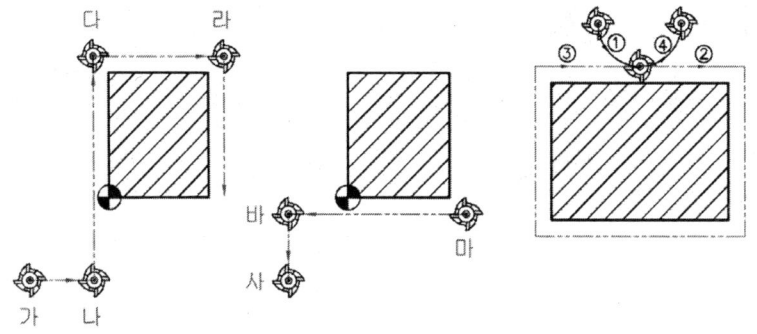

[그림 4-8] 직선면의 공구 접근 및 도피 방법

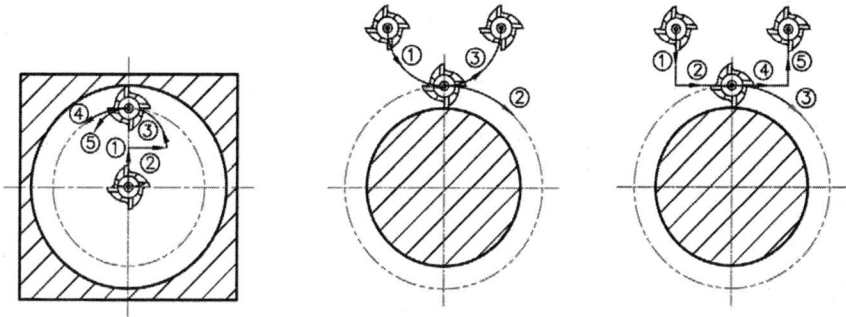

[그림 4-9] 내측 원호 및 외측 원호의 접근 및 도피 방법

[그림 4-10]과 같이 360° 원호가공을 하면 원호의 가공 시작점과 가공 끝점이 2회 가공되므로 시작부분에 거스러미가 발생하여 부품의 끼워 맞춤시 조립이 되지 않는 경우가 많다. 그러므로 보통 2번을 돌려서 가공을 하는데 이렇게 하면 시간도 많이 걸리고 또한 시작부분은 항상 파팅라인이 생기기 쉬우므로 [그림 4-8, 4-9]와 같이 공구를 접근시키고 도피 하면 더욱 정밀한 진원(가공시작점과 끝점)을 얻을 수 있다.

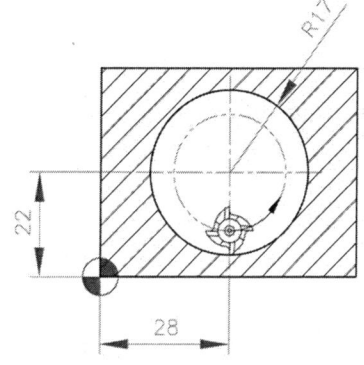

[그림 4-10] 일반적인 원호가공

(2) 공구경 보정 시 주의사항

① 보정량은 양수(+)로 입력하는 것이 정상이나, 음수로 지령하면 지령하는 코드와 반대로 지령이 되므로 가능하면 양수를 사용하는 것이 좋다.

② 공구경 보정이 지령되어 있는 상태에서 다시 공구경 보정을 하면, 2배의 보정이 지령된다.

③ 공구경의 반경보다 작은 원호나 작은 홈을 가공하려고 하면 알람이 발생한다.

④ 머시닝센터에서는 프로그램 선두에 G40 G49 G80의 코드를 지령하는 경우가 일반적인데, 이중의 보정을 피하기 위하여 G40, G49를 지령하는 것이 좋다.

⑤ 공구경의 해제 시에는 보통 G00, G01로 지령을 하여야 하며, G02, G03으로 지령을 하면 알람이 발생한다.

(3) 원호가공 공구경 보정 시의 공구의 위치

🔍 **예** 다음과 같은 원호가공에서 G41, G42의 가공시 공구의 위치는 어떻게 이동하는가?

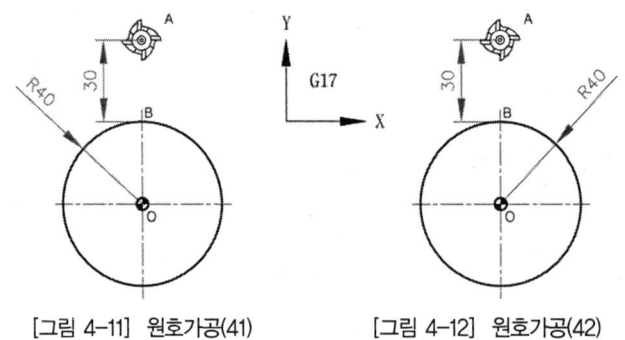

[그림 4-11] 원호가공(41)   [그림 4-12] 원호가공(42)

 풀이

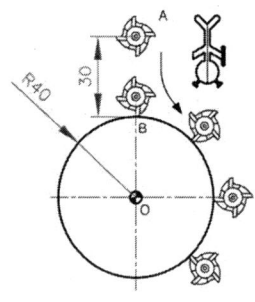

[그림 4-13] 원호가공(41)   [그림 4-14] 원호가공(42)

(4) 공구 위치 보정

G45~G48까지의 공구 위치 보정은 공구경 보정기능(G41, G42)의 기능이 머시닝에 없을때 사용된 기능으로, G45~G48의 지령에 의해서 지령된 축의 이동거리를 보정란에 지정한 값만큼 신장, 축소 또는 2배 신장, 2배 축소하여 이동할 수 있으며, 공구경 보정을 One Shot의 코드로 지

G45	공구 보정량 신장
G46	공구 보정량 축소
G47	공구 보정량 2배 신장
G48	공구 보정량 2배 축소

령을 하여야 한다. 이 기능으로 공구 위치 보정시 이동 지령값보다 보정량이 클 경우에는 실제의 공구 이동은 이동 지령의 반대방향으로 진행되며, 공구가 절삭되는 도중에 공구 위

치 보정을 지령하면 절입과다 또는 절입부족으로 인하여 작업자가 원하는 가공물의 형상이 생성되지 않으므로 특히 주의하여야 한다.

공구의 위치 보정 지령방법 및 이동의 프로그램의 예는 다음과 같이 표현한다.

- **지령방법** : G45 G00 X200.0 Y300. D01 ;

이동의 예

범례) 이동지령값 ～～～～～→

　　　오프셋량　　-------→

　　　실제 이동량 ─────→

① **G45 지령(보정량 신장)**

가. 이동 지령 + 12.34
　　보정량 + 5.67

나. 이동 지령 + 12.34
　　보정량 - 5.67

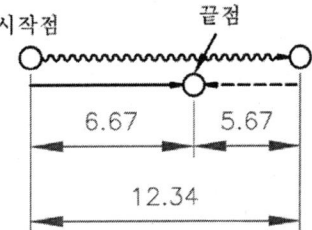

다. 이동 지령 - 12.34
　　보정량 - 5.67

라. 이동 지령 - 12.34
　　보정량 + 5.67

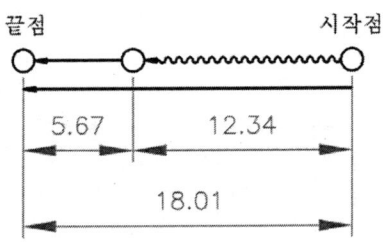
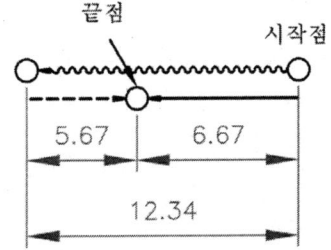

② G46 지령(보정량 축소)

가. 이동 지령 + 12.34
보정량 + 5.67

나. 이동 지령 + 12.34
보정량 − 5.67

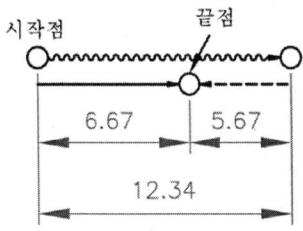
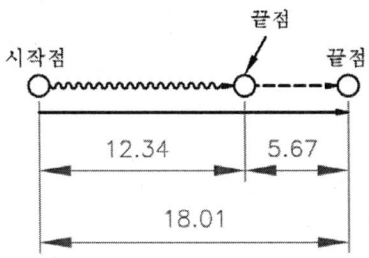

③ G47 지령(보정량 2배 신장)

가. 이동 지령 + 12.34
보정량 + 1.23

나. 이동 지령 + 12.34
보정량 − 1.23

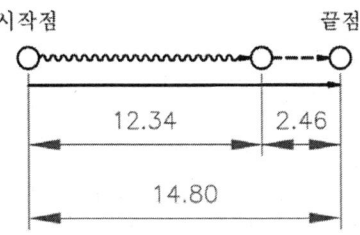
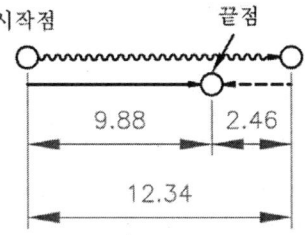

다. 이동 지령 − 12.34
보정량 + 1.23

라. 이동 지령 − 12.34
보정량 − 1.23

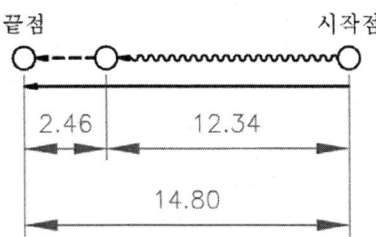
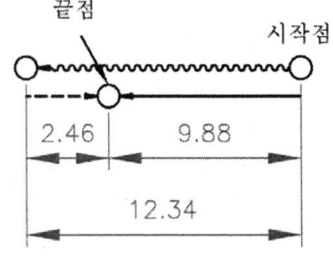

④ G48 지령(보정량 2배 축소)

가. 이동 지령 + 12.34
　　보정량 + 1.23

나. 이동 지령 + 12.34
　　보정량 − 1.23

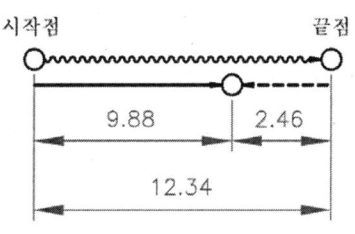
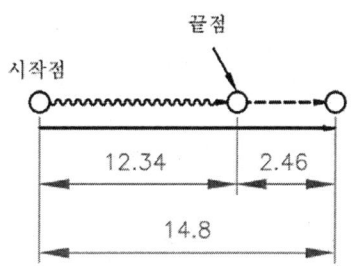

(5) 프로그램에 의한 보정량의 입력(G10)

- G10 P_ R_ ;

P: 보정번호　　R: 보정량

공구 길이 보정, 공구 위치 보정, 공구 지름 보정량을 프로그램에 의해 설정할 수 있다.

(6) I, J, K를 이용한 원호가공

원호반경을 R대신 I, J, K를 이용할 시에는 특히 부호에 주의하여야 한다.

부호지정의 원칙

① I, J, K는 항상 증분으로만 사용 가능하다.
② 원호의 시작점을 G17인 경우에는 I0. J0. 주고 시작한다.
　　　　　　　　　G18인 경우에는 I0. K0. 주고 시작한다.
　　　　　　　　　G19인 경우에는 J0. K0. 주고 시작한다.
③ 원호의 시작점에서 보았을때 원호의 중심을 보고 +, −값을 지정한다.
　원호의 중심이 우측에 있으면 +, 좌측에 있으면 −부호를 준다.
　원호의 중심이 위쪽에 있으면 +, 아래에 있으면 −부호를 준다.

(7) 평면선택에 따른 I, J, K의 부호

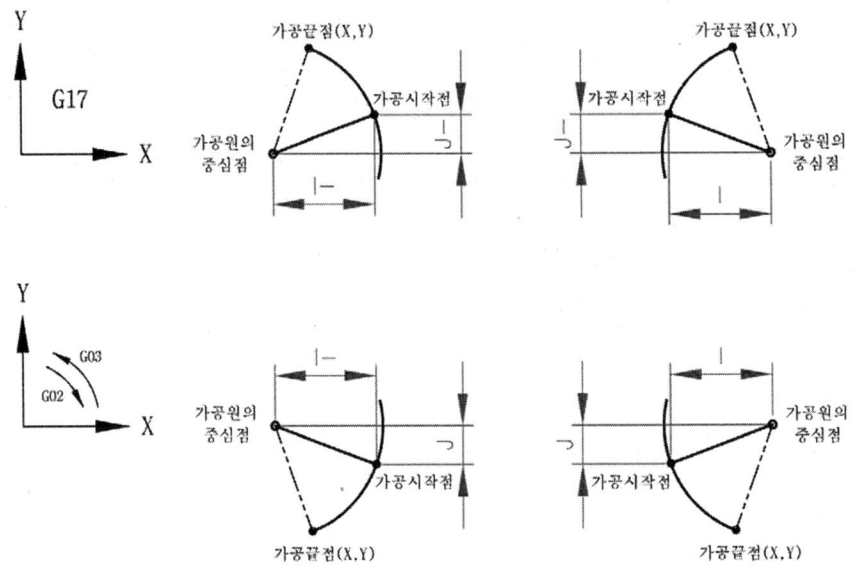

[그림 4-15] G17 평면에서의 I, J 부호

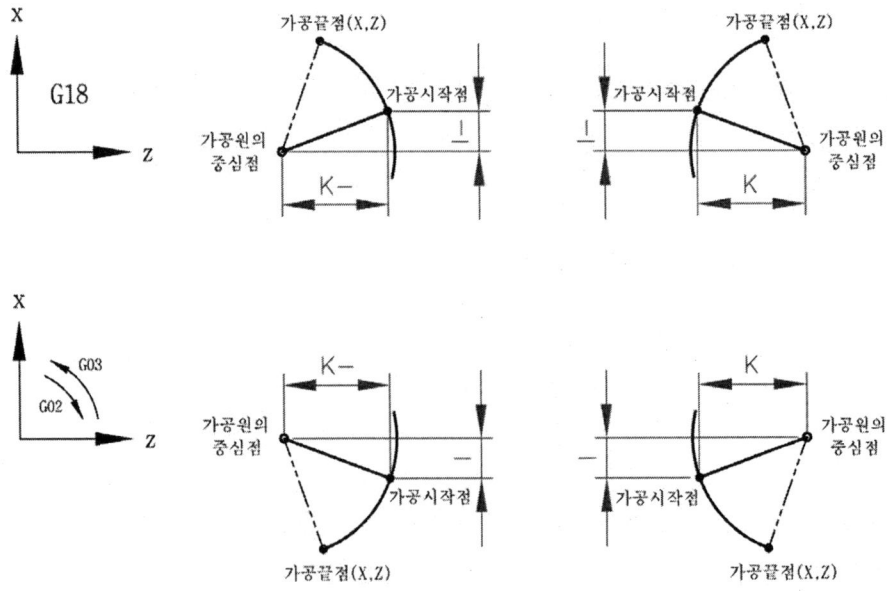

[그림 4-16] G18 평면에서의 I, K 부호

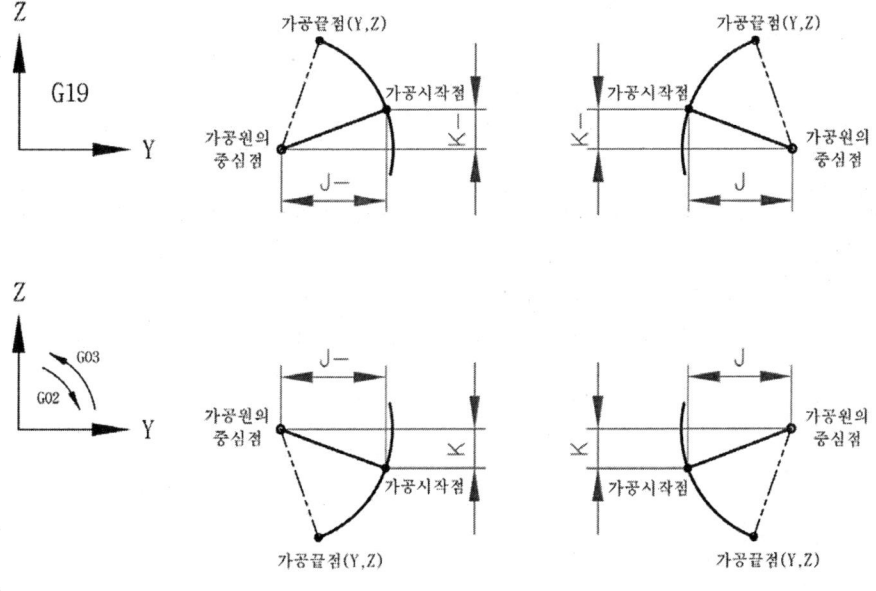

[그림 4-17] G19 평면에서의 J, K 부호

예제 4-1 다음과 같은 원호가공에서 J를 사용하여 원호가공하는 프로그램을 작성하시오. (단, 공구는 현재 기계원점에 있다.)

조건 1. 가공물의 깊이는 15mm, 원의 중심에는 8mm예비 구멍이 뚫려 있다.
    2. 공구는 ø16mm 2날 엔드밀이다.   3. 원가공은 1회를 원칙으로 한다.

```
G40 G49 G80 ;
G91 G30 Z0. M19 ;
T01 M06 ;
G54 G90 G00 X28. Y22. ;
G43 Z200. H01 S1000 M03 ;
Z5. M08 ;
Z-17. ;
G41 G01 Y5. D01 F80 ;
G03 J17. ;
G40 G01 Y22. ;
```

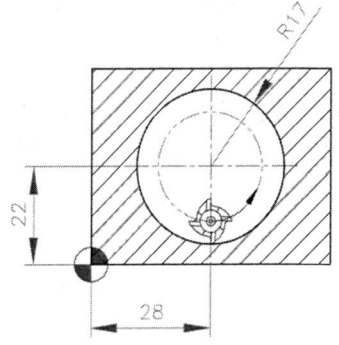

[그림 4-18] 360° 원호가공

G00 Z200. M09 ;

G49 M05 ;

M02 ;

예제 4-2 다음과 같은 원호가공에서 I를 사용하여 원호가공하는 프로그램을 작성하시오. (단, 공구는 현재 기계원점에 있다.)

조건 1. 가공물의 깊이는 15mm이다.
　　　2. 공구는 ø16mm 2날 엔드밀이다.　　3. 원가공은 1회를 원칙으로 한다.

G40 G49 G80 ;

G91 G30 Z0. M19 ;

T01 M06 ;

G54 G90 G00 X-35. Y0. ;

G43 Z200. H01 S1000 M03 ;

Z5. M08 ;

Z-17. ;

G41 G01 X17. D01 F80 ;

G02 I17. ;

G40 G01 X-35. ;

G00 Z200. M09 ;

G49 M05 ;

M02 ;

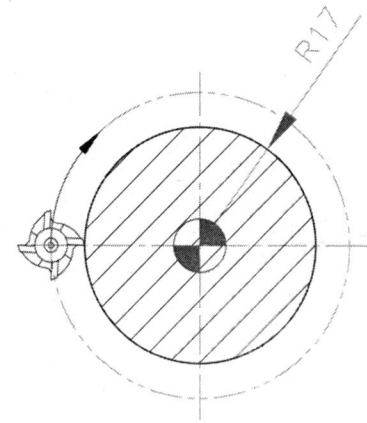

[그림 4-19] 360° 원호가공

예제 4-3 그림을 보고 R프로그램과 I, J의 프로그램을 선택평면에 맞게 프로그램 하시오.
(단, 공구의 위치는 A에 있는 상태에서 출발한다.)

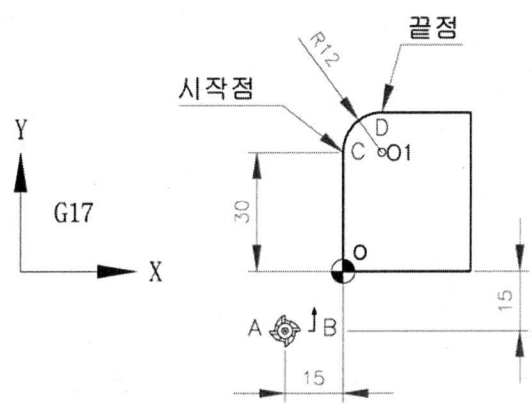

[그림 4-20] 일반 원호가공 및 I, J 원호가공

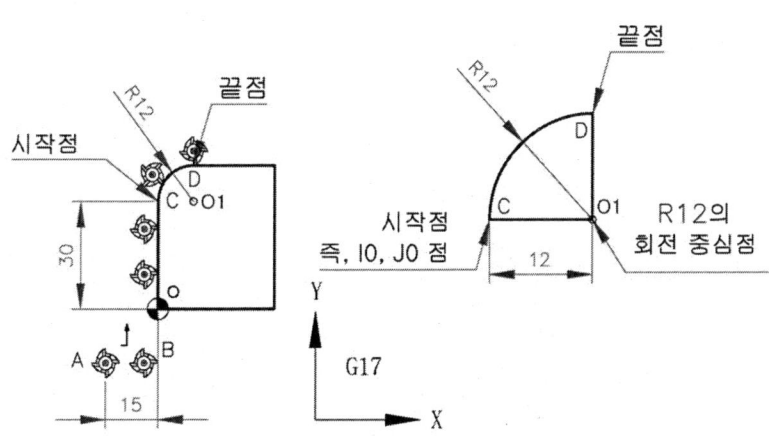

[그림 4-21] 일반 원호가공 및 I, J 원호가공

R 프로그램 작성

G90 G41 G01 X0. D01 ;
                Y30. ;
G02 X12. Y42. R12. ;

I, J로 프로그램 작성

G90 G41 G01 X0. D01 ;
                Y30. ;
G02 X12. Y42. I12. J0. ;
(= G02 X12. Y42. I12. ;)

예제 4-4 그림을 보고 R프로그램과 I, K의 프로그램을 선택평면에 맞게 프로그램 하시오.
(단, 공구의 위치는 A에 있는 상태에서 출발한다.)

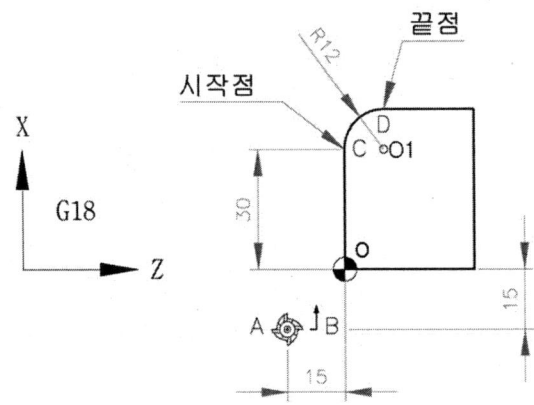

[그림 4-22] 일반 원호가공 및 I, K 원호가공

풀이

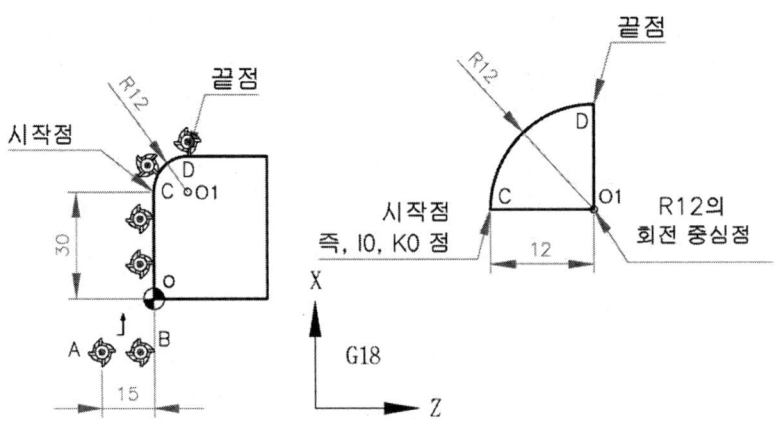

[그림 4-23] 일반 원호가공 및 I, K 원호가공

R 프로그램 작성
G90 G41 G01 Z0. D01 ;
X30. ;
G02 X42. Z12. R12. ;

I, K로 프로그램 작성
G90 G41 G01 Z0. D01 ;
X30. ;
G02 X42. Z12. I0. K12. ;
(= G02 X42. Z12. K12. ;)

예제 4-5 그림을 보고 R프로그램과 J, K의 프로그램을 선택평면에 맞게 프로그램 하시오.
(단, 공구의 위치는 A에 있는 상태에서 출발한다.)

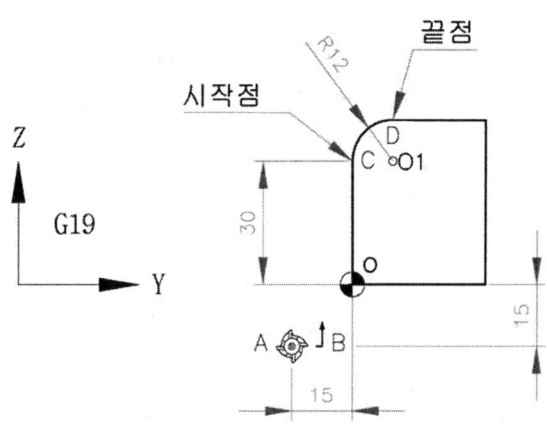

[그림 4-24] 일반 원호가공 및 J, K 원호가공

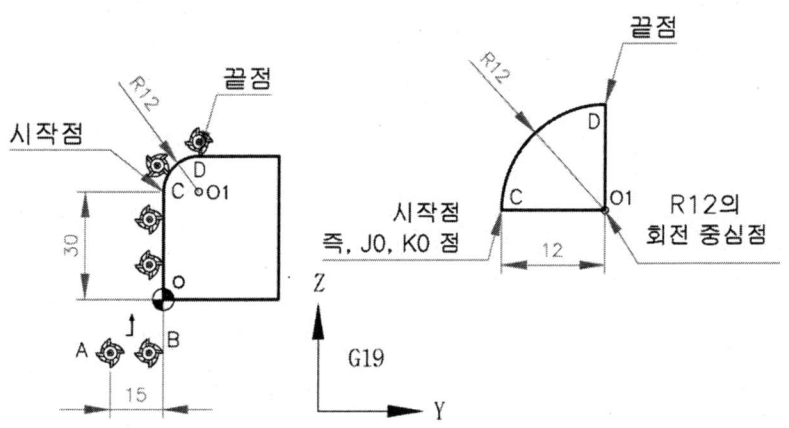

[그림 4-25] 일반 원호가공 및 J, K 원호가공

R 프로그램 작성	J, K로 프로그램 작성
G90 G41 G01 Y0. D01 ;	G90 G41 G01 Y0. D01 ;
Z30. ;	Z30. ;
G02 Y12. Z42. R12. ;	G02 Y12. Z42. **J12. K0.** ;
	(= G02 Y12. Z42. J12. ;)

예제 4-6 그림을 보고 R프로그램과 I, J의 프로그램을 선택평면에 맞게 프로그램 하시오.
(단, 공구의 위치는 A에 있는 상태에서 출발한다.)

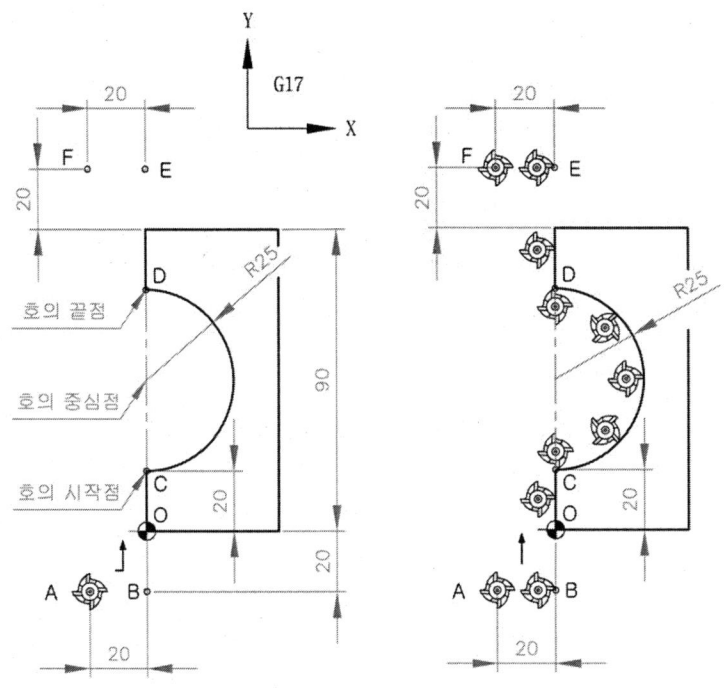

[그림 4-26] 일반 원호가공 및 I, J 원호가공

R 프로그램 작성	I, J로 프로그램 작성
G90 G41 G01 X0. D01 ;	G90 G41 G01 X0. D01 ;
Y20. ;	Y20. ;
G03 Y70. R25. ;	G03 X0. Y70. **I0. J25.** ;
	(= G03 X0. Y70. J25. ;)

예제 4-7 그림을 보고 R프로그램과 I, K의 프로그램을 선택평면에 맞게 프로그램 하시오.
(단, 공구의 위치는 A에 있는 상태에서 출발한다.)

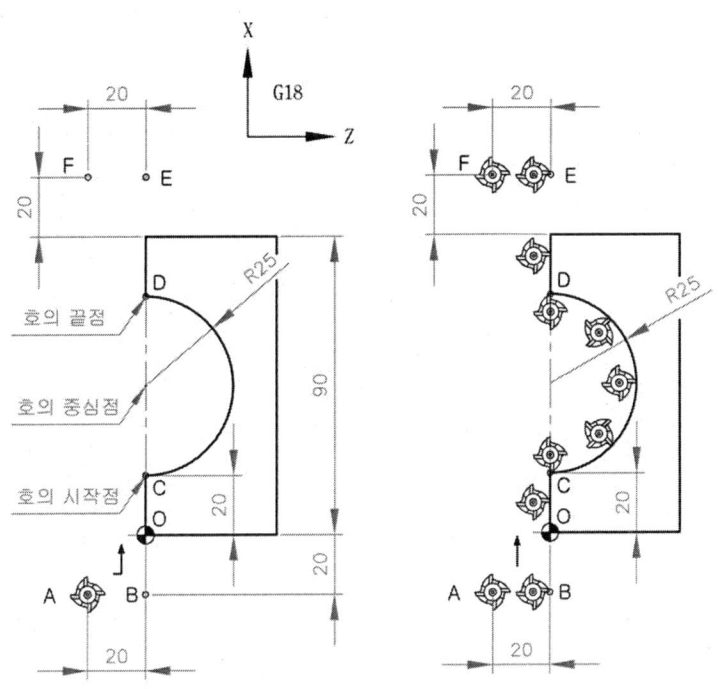

[그림 4-27] 일반 원호가공 및 I, K 원호가공

R 프로그램 작성

G90 G41 G01 Z0. D01 ;
    X20. ;
G03 X70. Z0. R25. ;

I, K로 프로그램 작성

G90 G41 G01 Z0. D01 ;
    X20. ;
G03 X70. Z0. **I25. K0.** ;
(= G03 X70. Z0. I25. ;)

예제 4-8 그림을 보고 R프로그램과 J, K의 프로그램을 선택평면에 맞게 프로그램 하시오.
(단, 공구의 위치는 A에 있는 상태에서 출발한다.)

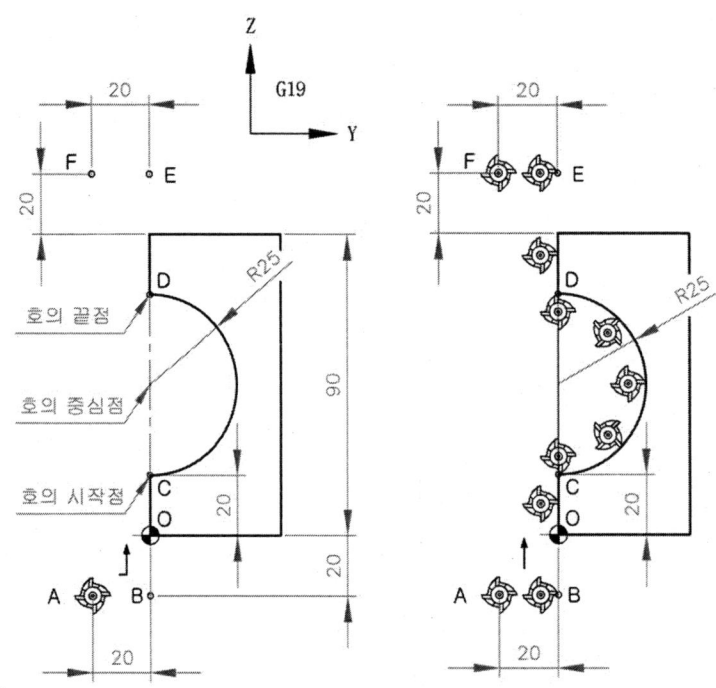

[그림 4-28] 일반 원호가공 및 J, K 원호가공

 풀이

R 프로그램 작성

G90 G41 G01 Y0. D01 ;
　　　　　　　Z20. ;
G03 Y0. Z70. R25. ;

J, K로 프로그램 작성

G90 G42 G01 Y0. D01 ;
　　　　　　　Z20. ;
G03 Y0. Z70. **J0. K25.** ;
(= G03 Y0. Z70. K25. ;)

예제 4-9 그림을 보고 R프로그램과 I, J의 프로그램을 선택평면에 맞게 프로그램 하시오.
(단, 공구의 위치는 A에 있는 상태에서 출발한다.)

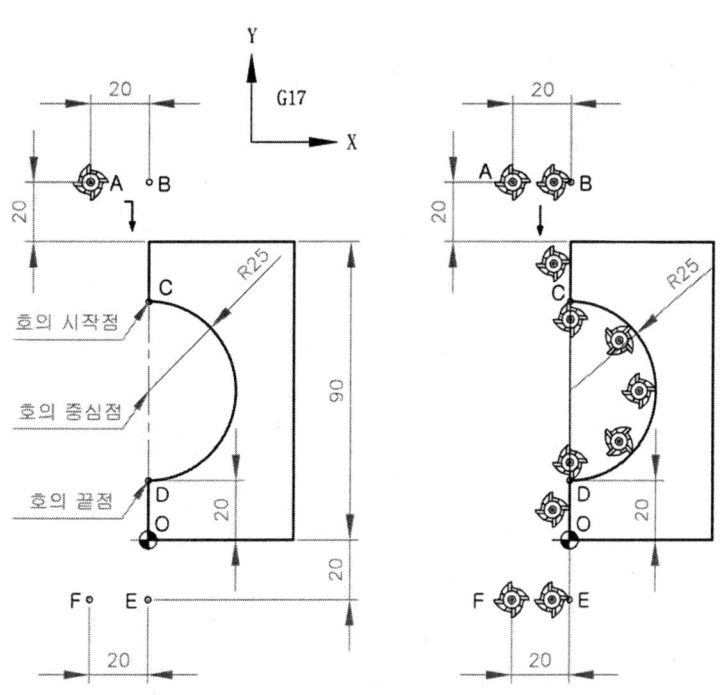

[그림 4-29] 일반 원호가공 및 I, J 원호가공

풀이

R 프로그램 작성

G90 G42 G01 X0. D01 ;
     Y70. ;
G02 X0. Y20. R25. ;

I, J로 프로그램 작성

G90 G42 G01 X0. D01 ;
     Y70. ;
G02 X0. Y20. **I0. J-25.** ;
(= G02 X0. Y20. J-25. ;)

예제 4-10 그림을 보고 R프로그램과 I, K의 프로그램을 선택평면에 맞게 프로그램 하시오.
(단, 공구의 위치는 A에 있는 상태에서 출발한다.)

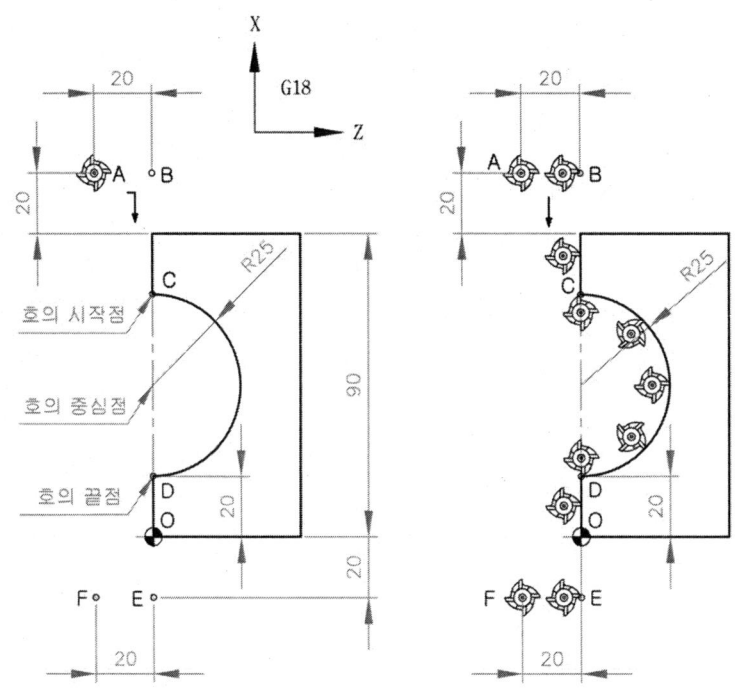

[그림 4-30] 일반 원호가공 및 I, K 원호가공

R 프로그램 작성	I, K로 프로그램 작성
G90 G42 G01 Z0. D01 ;	G90 G42 G01 Z0. D01 ;
X70. ;	X70. ;
G02 X20. Z0. R25. ;	G02 X20. Z0. **I-25. K0.** ;
	(= G02 X20. Z0. I-25. ;)

예제 4-11 그림을 보고 R프로그램과 J, K의 프로그램을 선택평면에 맞게 프로그램하시오. (단, 공구의 위치는 A에 있는 상태에서 출발한다.)

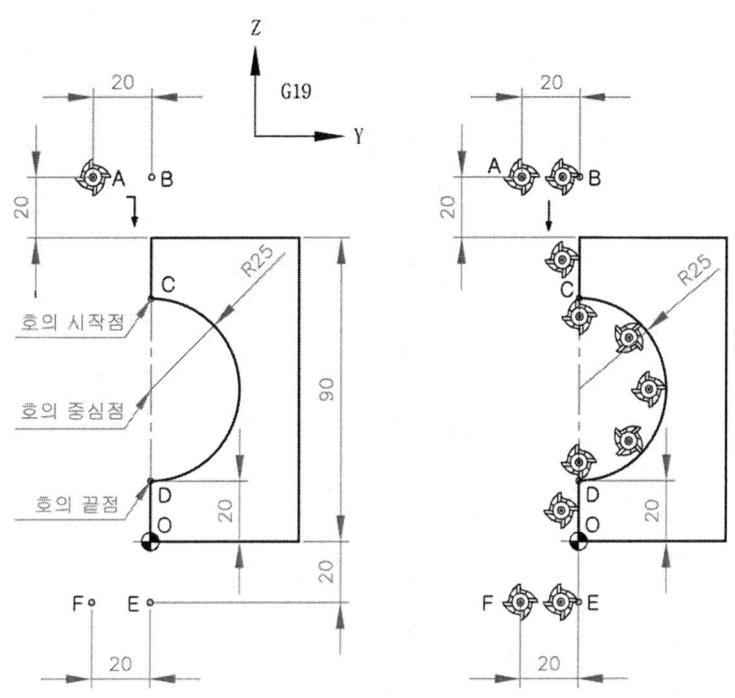

[그림 4-31] 일반 원호가공 및 J, K 원호가공

R 프로그램 작성	J, K로 프로그램 작성
G90 G42 G01 Y0. D01 ;	G90 G42 G01 Y0. D01 ;
Z70. ;	Z70. ;
G02 Y0. Z20. R25. ;	G02 Y0. Z20. **J0. K-25.** ;
	(= G02 Y0. Z20. K-25. ;)

예제 4-12 그림을 보고 R프로그램과 I, J의 프로그램을 선택평면에 맞게 프로그램 하시오.
(단, 공구의 위치는 A에 있는 상태에서 출발한다.)

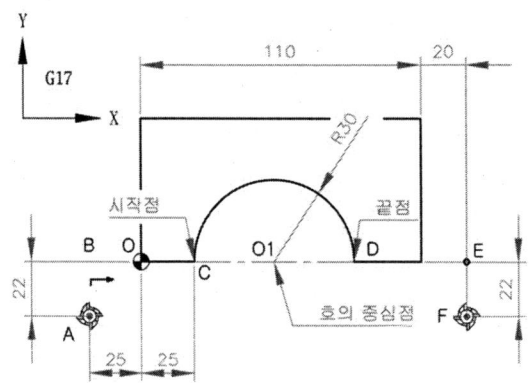

[그림 4-32] 180°의 일반 원호가공 및 I, J 원호가공

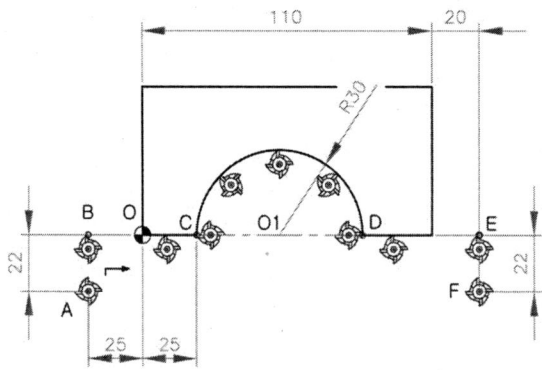

[그림 4-33] 180°의 일반 원호가공 및 I, J 원호가공 경로

R 프로그램 작성	I, J 프로그램 작성
G90 G42 G01 Y0. D01 ;	G90 G42 G01 Y0. D01 ;
X25. ;	X25. ;
G02 X85. Y0. R30. ;	G02 X85. Y0. I30. J0. ;
	(= G02 X85. Y0. I30. ;)

예제 4-13 그림을 보고 R프로그램과 I, J의 프로그램을 선택평면에 맞게 프로그램 하시오.
(단, 공구의 위치는 A에 있는 상태에서 출발한다.)

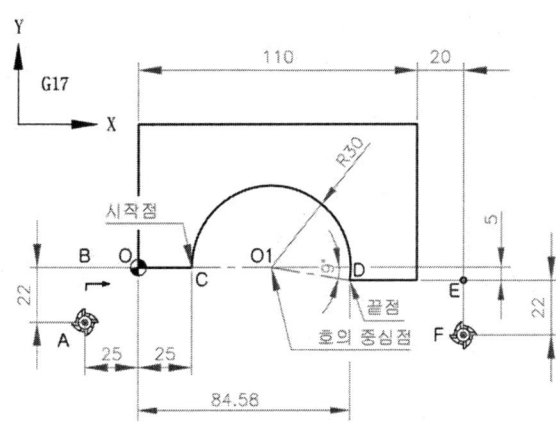

[그림 4-34] 180° 이상의 일반 원호가공 및 I, J 원호가공

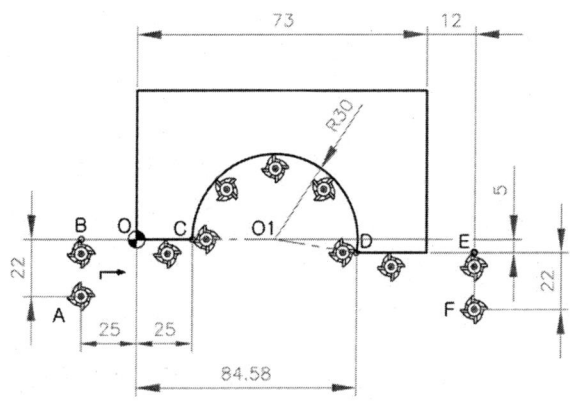

[그림 4-35] 180° 이상의 일반 원호가공 및 I, J 원호가공 경로

R 프로그램 작성	I, J로 프로그램 작성
G90 G42 G01 Y0. D01 ;	G90 G42 G01 Y0. D01 ;
X25. ;	X25. ;
G02 X84.58 Y-5. R-30. ;	G02 X84.58 Y-5. I30. J0. ;
	(= G02 X84.58 Y-5. I30. ;)

예제 4-14 그림을 보고 R프로그램과 I, J의 프로그램을 선택평면에 맞게 프로그램 하시오.
(단, 공구의 위치는 A에 있는 상태에서 출발한다.)

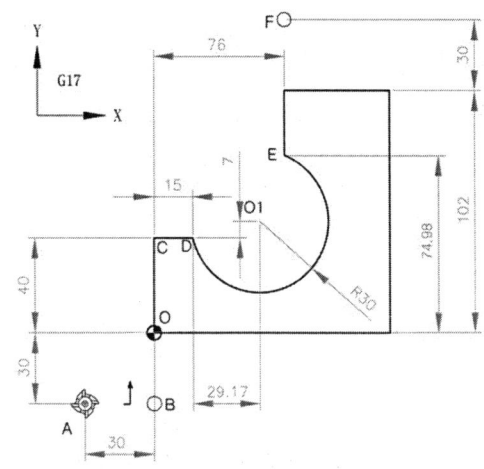

[그림 4-36] 180° 이상의 일반 원호가공 및 I, J 원호가공

R 프로그램 작성	I, J로 프로그램 작성
G90 G41 G01 X0. F80 D01 ;	G90 G41 G01 X0. F80 D01 ;
Y40. ;	Y40. ;
X15. ;	X15. ;
G03 X76. Y74.98 R-30. ;	G03 X76. Y74.98 I29.17 J7. ;
G01 Y132. ;	G01 Y132. ;

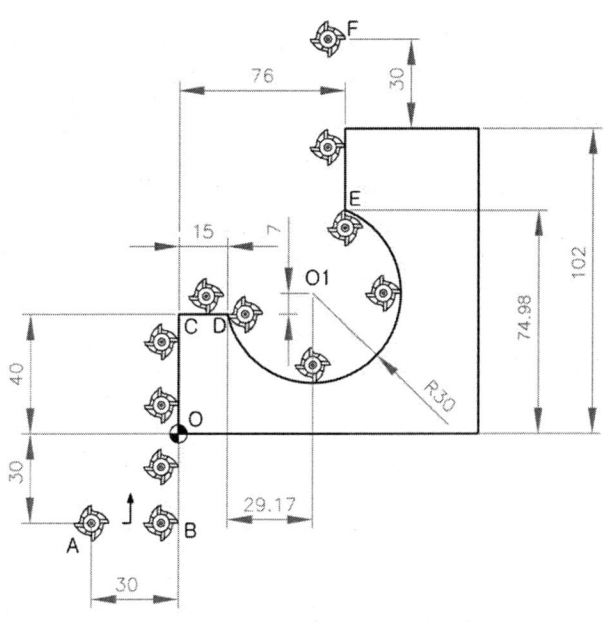

[그림 4-37] 180° 이상의 일반 원호가공 및 I, J 원호가공 경로

위의 [그림 4-37]에서 I, J의 지령방법에 대하여 다시 한번 강조하면 I, J, K는 반드시 R대신에만 사용할 수 있으며 증분으로만 사용 가능하다.

G17 X, Y 평면에서 R대신 사용할 수 있는 좌표어는 I, J이다.
G18 X, Z 평면에서 R대신 사용할 수 있는 좌표어는 I, K이다.
G19 Y, Z 평면에서 R대신 사용할 수 있는 좌표어는 J, K이다.

일반공장에서 정밀한 진원가공을 하려면 R대신 I, J, K중 2개 또는 1개를 사용하여 프로그램을 하면 더욱 진원도가 좋은 보링 작업을 할 수 있다. 다음의 원칙에 따르면 된다.

> **부호지정의 원칙**
>
> 1. I, J, K는 항상 증분으로만 사용 가능하다.
> 2. 원호의 시작점을 G17인 경우에는 I0. J0.로 주고 시작한다.
>   G18인 경우에는 I0. K0. 주고 시작한다.
>   G19인 경우에는 J0. K0. 주고 시작한다.
> 3. 원호의 시작점에서 보았을때 원호의 중심을 보고 +, -값을 지정한다.
>   원호의 중심이 우측에 있으면 +, 좌측에 있으면 -부호를 준다.
>   원호의 중심이 위쪽에 있으면 +, 아래에 있으면 -부호를 준다.

 **4-15** 그림을 보고 R프로그램과 I, J의 프로그램을 선택평면에 맞게 프로그램 하시오.
(단, 공구의 위치는 A에 있는 상태에서 출발한다.)

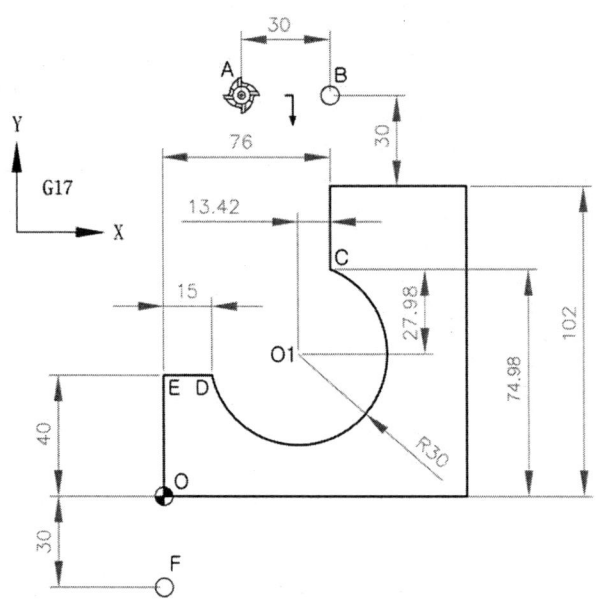

[그림 4-38] 180° 이상의 일반 원호가공 및 I, J 원호가공

풀이

| R 프로그램 작성 | I, J로 프로그램 작성 |

G90 G42 G01 X57. F80 D01 ;
Y74.98 ;
G02 X15. Y40. R-30. ;
G01 X0. ;
Y-30. ;

G90 G42 G01 X76. F80 D01 ;
Y74.98 ;
G02 X15. Y40. I-13.42 J-27.98 ;
G01 X0. ;
Y-30. ;

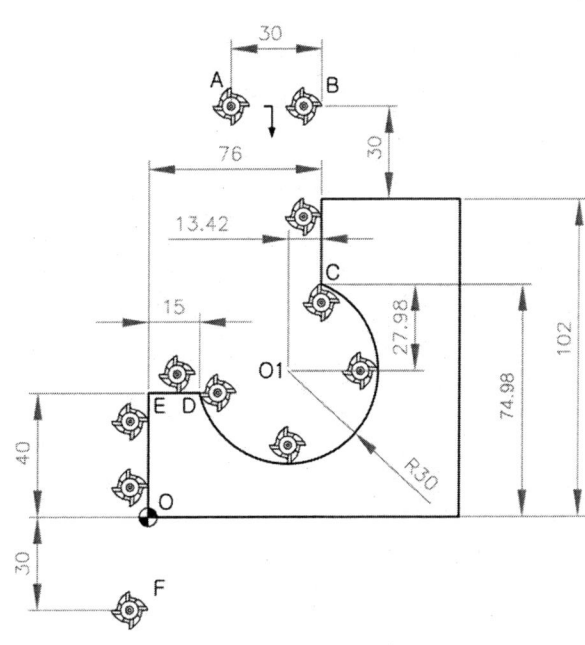

[그림 4-39] 180° 이상의 일반 원호가공 및 I, J 원호가공 경로

4.2 공구 길이 보정

(1) 공구 길이 보정(G43, G44, G49)

공구 길이 보정이라는 것은 공작물을 가공할 시 모든 공구를 길이를 같게 툴에 장착 한다는 것은 기술적으로 상당히 난해한 문제이다, 이러한 문제를 해결하기 위하여 공구 길이 보정을 하는데 간단히 설명하면, 공구의 길이가 다르더라도 공구의 끝이 기준공구와 같은 위치에 오도록 각 공구의 길이를 측정하여 해당공구에 알려주는 것으로 이해하면 된다.

즉, 기준이 되는 공구와 각각의 공구 길이의 차이를 공구 길이 보정란(오프셋 화면 이라는 곳에 입력 되어 있다)에 입력해 두고 작업 프로그램에서 사용공구의 보정값을 불러들여 보정하여 사용함으로서 공구 길이의 차이를 해결할 수 있도록 하는 작업을 공구 길이 보정이라 한다.

[표 4-1] 공구 길이 보정 G코드

공구 길이 보정에 사용되는 G-코드43	각 평면에 따른 지령형식
G43(+ 방향보정)	G17(G43, G44) Z_ H_ ;
G44(- 방향보정)	G18(G43, G44) Y_ H_ ;
G49(공구 길이 보정 취소)	G19(G43, G44) X_ H_ ;

[그림 4-48]을 참조로 설명하겠다.

범례) 엔드밀 : T01   페이스커터 : T03
       드릴 : T02   탭 : T04

[그림 4-40]을 보면서 설명하면 T01, T02, T03, T04를 비교하면, 모두 공구의 길이가 다르다. 여기서는 G92의 기준공구방식에 대하여 설명하겠다.

기준공구방식이란 여러개의 공구중 기준공구를 1개 정하고 나머지 공구를 기준공구와의 길이차를 측정하여 G43, G44에 입력하는 방식으로 보통 학교에서 많이 사용한다.

나머지는 툴프리셋을 사용하여 모든 공구의 길이를 구하여 길이 보정창에 입력하여 작업하는 방식으로 산업현장에서 많이 사용하는데 이것에 대하여는 부록창에 상세히 설명되어 있으므로 참고하길 바란다.

[그림 4-40]을 길이 보정을 하지 않고 그대로 사용하면 길이가 긴 것은 충돌이 일어나고 길이가 짧은 것은 원하는 위치에 가지 않아 작업을 할 수가 없다.

따라서 길이 보정이란? 쉽게 표현하면 어떠한 공구라도 Z 좌표값을 주면, 예를 들어 Z0.를 주면 모두 공작물 상면에 접촉하므로 길이의 장단에 관계없이 작업을 할 수 있다.

기준공구를 공작물 좌표계를 설정한 후에 길이가 긴 공구는 G43으로 길이가 짧은 것은 G44에 길이 보정을 하여 주면 된다.

그런데 보통 작업시 G43과 G44의 개념에 혼돈이 있으므로, 교육현장및 산업현장에서도 G43만을으로 사용하는데, 기준 공구를 기준으로 기준공구보다 길이가 긴 것은 +값을 주고, 길이가 기준공구보다 짧은 것은 -값을 주면 된다.

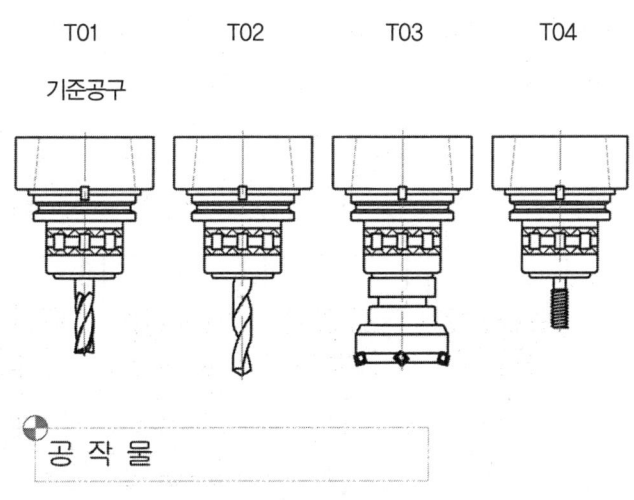

[그림 4-40] 기계좌표계 Z0.의 위치에서 볼 때 기준공구와 다른 공구와의 길이차

[그림 4-41]에서 보는바와 같이 기준공구로 공작물 좌표계를 설정하여 G92 G90 X_ Y_ Z_ 를 구한후, 다른공구는 길이 보정을 하지 않고, 기준공구를 공작물의 제일 상면 즉, Z0점에 일치시키고 나머지공구를 모두 Z0.로 하여 공작물에 접촉시켜보면 그림과 같이 충돌하는 경우도 있고, Z0.에 못 미치는 경우도 있다. [그림 4-41]와 같이 되면 프로그램으로 정확한 가공을 하기가 어렵다. 이것을 방지하기 위해서는 G43을 사용하여 기준공구보다 길이가 긴 것은 +값, 기준공구보다 짧은 것은 -값으로 보정을 하여야 한다.

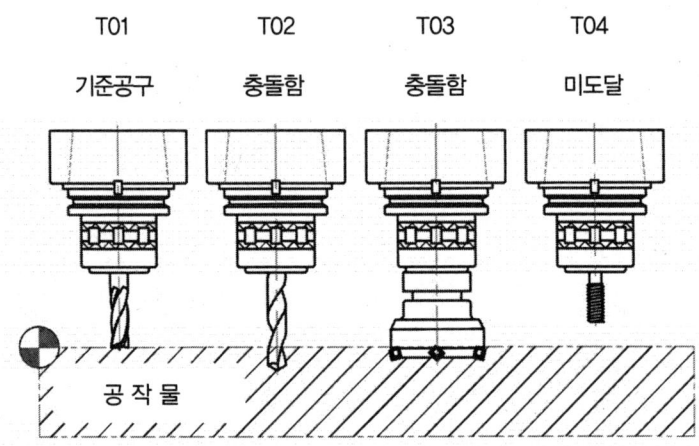

[그림 4-41] G92 설정후 기준공구를 Z0.에 위치시키고 나머지 공구를 Z0.으로
프로그램시의 각 공구의 가상 상태(단, 기준공구만 공작물 상면에서 보정한 상태임)

[그림 4-42]에서 보는 바와 같이 T02는 기준공구보다 11mm길고, T03 공구는 기준공구보다 8mm길며, T04공구는 기준공구보다 12mm 짧다.

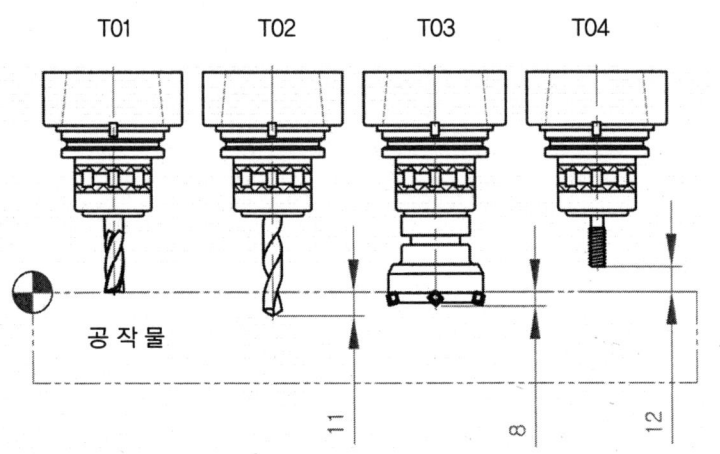

[그림 4-42] 각 공구의 공구 길이 보정차 값(가상의 상태)

[그림 4-42]의 상태에서 프로그램을 주는 방식은 다음과 같이 주면 된다. (단, 공구 길이 보정차 값은 [그림 4-42]를 참고하여 보정한다.)

```
T01 Z0. ;
T02 G43 H02 ;
T03 G43 H03 ;
T04 G43 H04 ;
```

[표 4-2] 공구 길이 보정값

핸들 운전	보정	상대	기계 좌표	O0002 N0000	07/22 09.32
		번호	DATA	번호	DATA
		H001	0.000	D001	0.000
		H002	11.000	D002	0.000
		H003	8.000	D003	0.000
		H004	-12.000	D004	0.000
		H005	0.000	D005	0.000

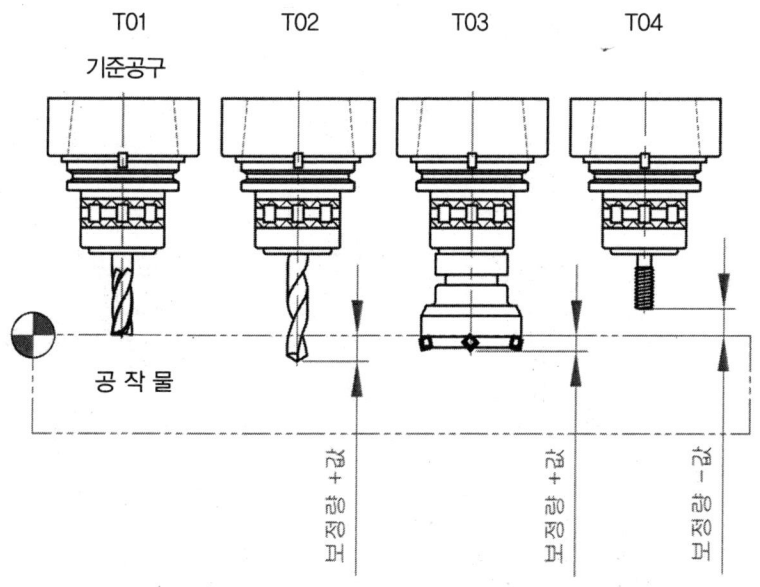

[그림 4-43] 기준공구와 다른 공구의 길이 보정시 부호 적용

[그림 4-44]에서의 그림은 T02를 길이 보정후 Z150.에 이동할 때 기준공구와의 공구 위치를 보여주는 것으로 H002 11.000 보정값을 확인하면서 설명하겠다. (단, 공구 길이 보정차

는 [그림 4-42]를 참고하고, [표 4-2]를 참고한다.)

G91 G30 Z0. M19 ;
T02 M06 ;
G43 Z150. H02 ;   길이 보정 적용상태임
．
．
G49 Z150. ;   길이 보정 취소상태임

길이 보정을 하면 기준공구외는 모두 기준공구와 같은 끝면을 유지하지만, 길이 보정을 해제하면 기준공구보다 길이가 긴 공구는 아래로, 기준공구보다 길이가 짧은 공구는 위로 보정차 만큼 이동한다. [그림 4-44]에서 보는 바와같이 G49로 보정해제하면 아래로 보정차 11mm만큼 내려온다. 그리고 공구를 교체하려면 반드시 공구 길이 보정해제(G49)를 하여야 한다.

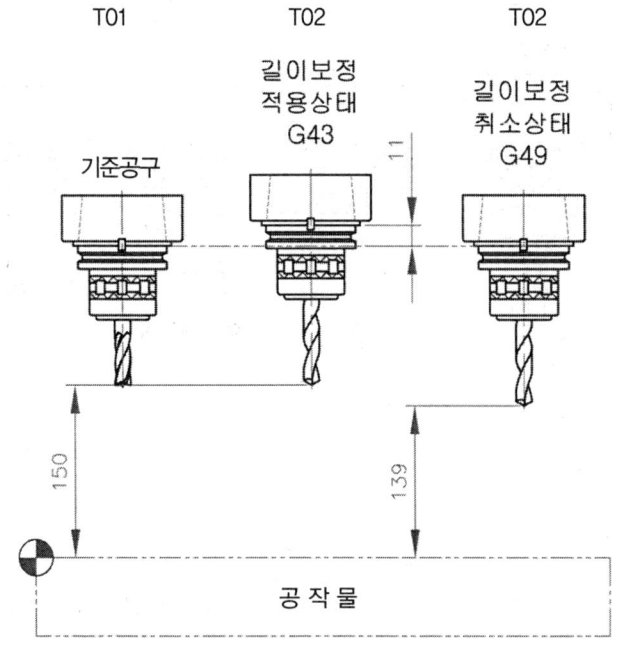

[그림 4-44] 보정적용시와 보정해제시의 공구의 위치(기준공구보다 긴 공구)

[그림 4-45]에서의 그림은 T04를 길이 보정후 Z150.에 이동할 때 기준공구와의 공구 위치를 보여주는 것으로 H004 -12.000 보정값을 확인하면서 설명하겠다. (단, 공구 길이 보정차는 [그림 4-42]를 참고하고, [표 4-2]를 참고한다.)

G91 G30 Z0. M19 ;
T04 M06 ;
G43 Z150. H04 ;   길이 보정 적용상태임
.
.
G49 Z150. ;   길이 보정 취소상태임

길이 보정을 하면 기준공구외는 모두 기준공구와 같은 끝면을 유지하지만, 길이 보정을 해제하면 기준공구보다 길이가 긴 공구는 아래로, 기준공구보다 길이가 짧은 공구는 위로 보정차 만큼 이동한다. [그림 4-45]에서 보는 바와같이 G49로 보정해제하면 위로 보정차 12mm만큼 올라간다. 그리고 공구를 교체하려면 반드시 공구 길이 보정해제(G49)를 하여야 한다.

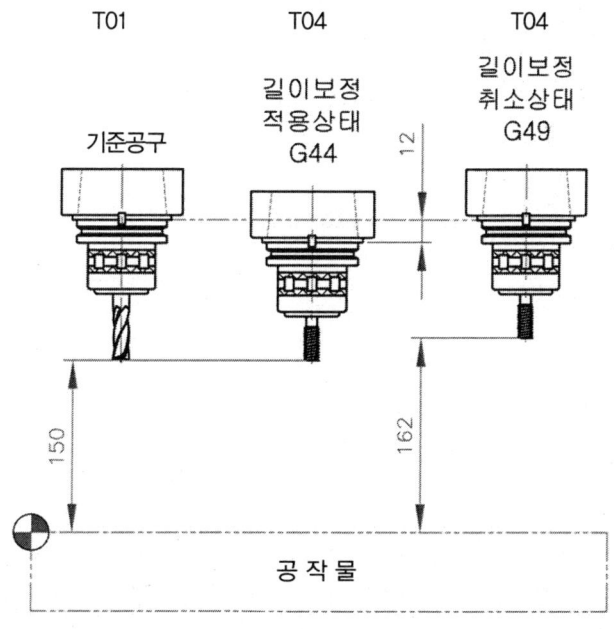

[그림 4-45] 보정적용시와 보정해제시의 공구의 위치(기준공구보다 짧은 공구)

(2) 다양한 공구 길이 예제 종류 및 I, J 지형

예제 4-16 [그림 4-46]을 보고 길이 보정을 적용하여 선택평면에 맞게 프로그램 하시오.
(단, 공구의 위치는 기계원점에 있고 가공시작점은 A에서부터 시작이다.)

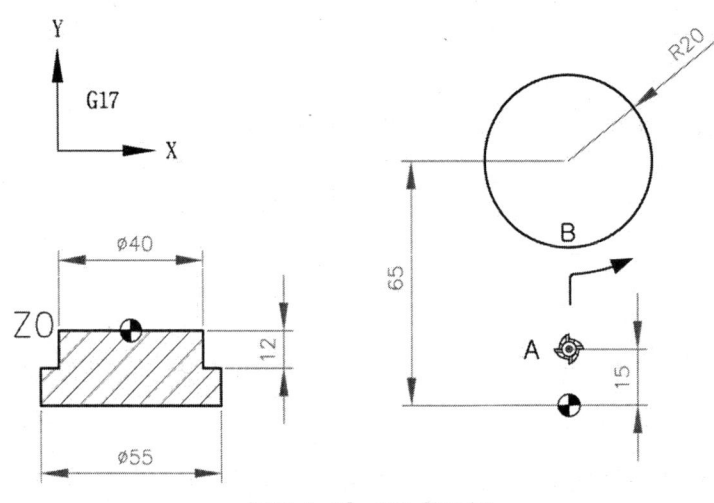

[그림 4-46] J+로 원호가공

J+값으로 프로그램 작성

G40 G49 G80 ;

G91 G30 Z0. M19 ;

T01 M06(ø12 엔드밀) ;

G54 G90 G00 X0. Y15. ;

G43 Z200. H01 S1200 M03 ;

Z5. ;

Z-12. ;

G42 G01 Y45. F80 D01 ;

G03 J20. ;

※ 주의점 : J의 부호 지령은 원의 가공시작점인 B에서 보았을 때, 가공원의 중심점을 보면 R20.인데 부호가 +, -인지 구분은, 시작점인 B점에서볼 때 원의 중심점이 위쪽에 있으므로 I, J, K는 반드시 증분만 사용하므로 J+가 된다.

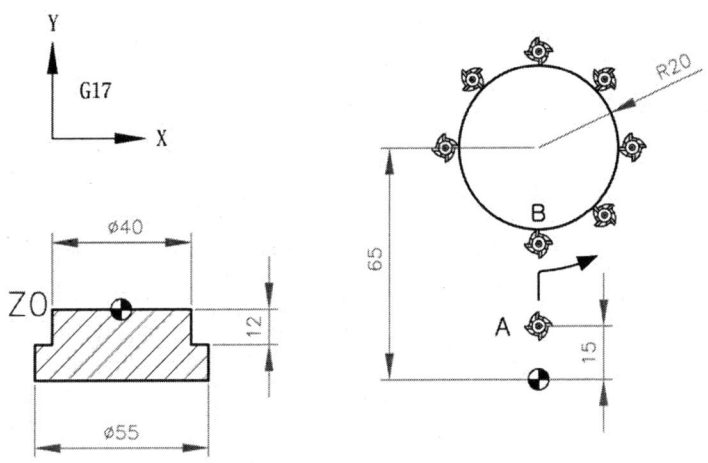

[그림 4-47] J+로 원호가공시의 공구의 이동경로

예제 4-17 [그림 4-48]을 보고 길이 보정을 적용하여 선택평면에 맞게 프로그램 하시오.
(단, 공구의 위치는 기계원점에 있고 가공시작점은 A에서부터 시작점이다.)

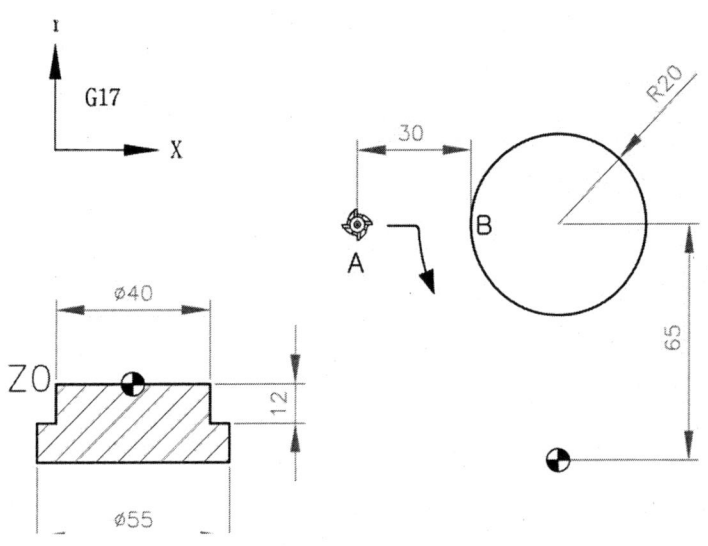

[그림 4-48] I+로 원호가공

컴퓨터응용밀링(머시닝센터) 프로그램과 가공

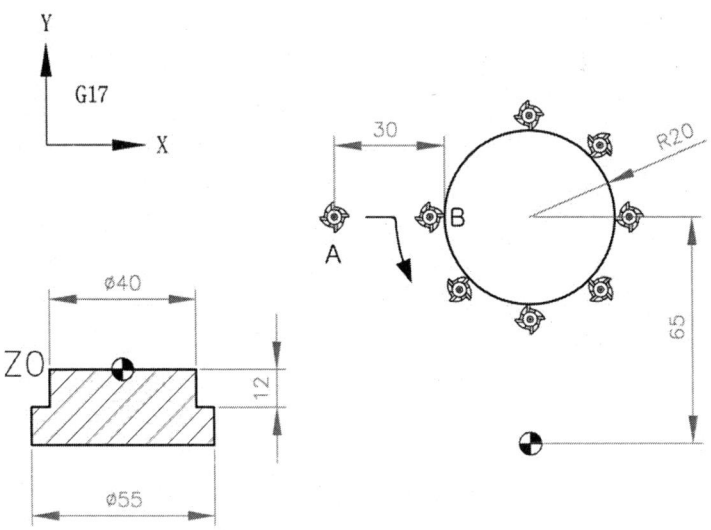

[그림 4-49] I+로 원호가공시의 공구의 이동경로

I+값으로 프로그램 작성

G40 G49 G80 ;

G91 G30 Z0. M19 ;

T01 M06(ø 12 엔드밀) ;

G54 G90 G00 X-50. Y65. ;

G43 Z200. H01 S1200 M03 ;

Z5. ;

Z-12. ;

G42 G01 X-20. F80 D01 ;

G03 I20. ;

※ **주의점** : I의 부호 지령은 원의 가공시작점인 B에서 보았을 때, 가공원의 중심점을 보면 R20.인데 부호가 +, -인지 구분은, 시작점인 B점에서볼 때 원의 중심점이 우측에 있으므로 I, J, K는 반드시 증분만 사용하 므로 I+가 된다.

예제 4-18 [그림 4-50]을 보고 길이 보정을 적용하여 선택평면에 맞게 프로그램 하시오.
(단, 공구의 위치는 기계원점에 있고 가공시작점은 A에서부터 시작점이다.)

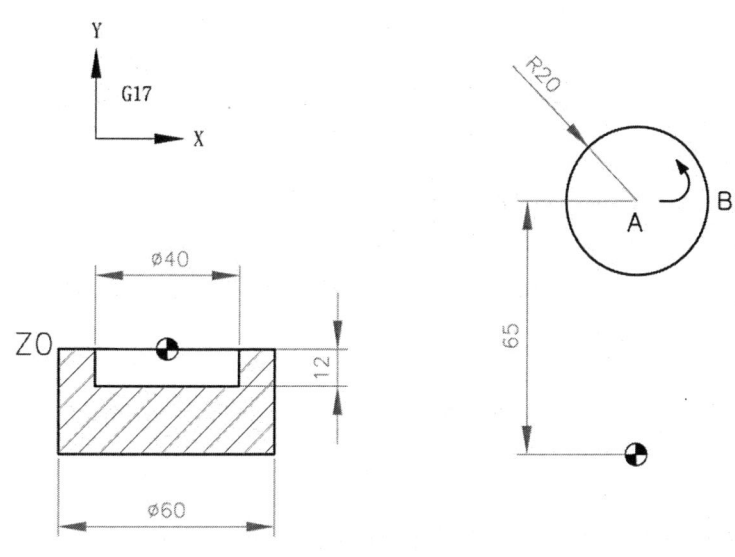

[그림 4-50] 내경 I-로 원호가공

풀이

I-값으로 프로그램 작성

G40 G49 G80 ;

G91 G30 Z0. M19 ;

T01 M06(ø12 엔드밀) ;

G54 G90 G00 X0. Y65. ;

G43 Z200. H01 S1200 M03 ;

Z5. ;

Z-12. ;

G41 G01 X20. F80 D01 ;

G03 I-20. ;

※ **주의점** : I의 부호 지령은 원의 가공시작점인 B에서 보았을 때, 가공원의 중심점을 보면 R20.인데 부호가 +, -인지 구분은, 시작점인 B점에서볼 때 원의 중심점이 좌측에 있으므로 I, J, K는 반드시 증분만 사용하므로 I-가 된다.

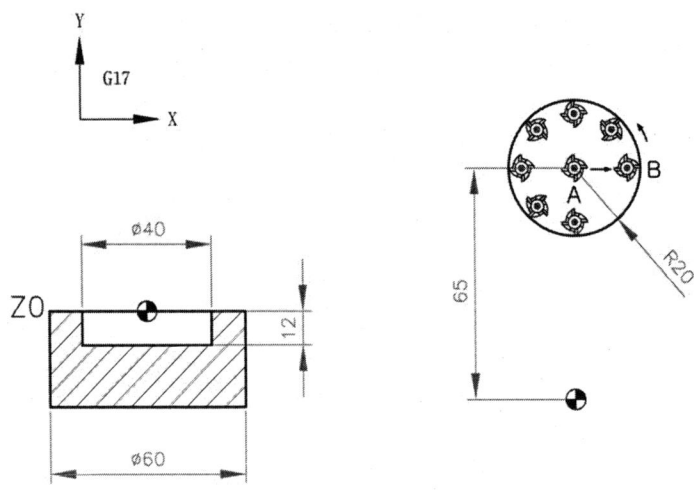

[그림 4-51] 내경 I-로 원호가공시의 공구의 이동경로

예제 4-19 [그림 4-52]를 보고 길이 보정을 적용하여 선택평면에 맞게 프로그램 하시오.
(단, 공구의 위치는 기계원점에 있고 가공시작점은 A에서부터 시작점이다.)

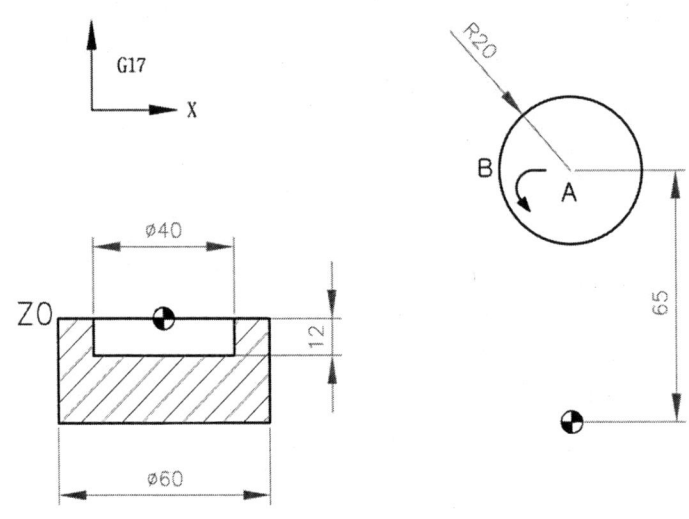

[그림 4-52] 내경 I+로 원호가공

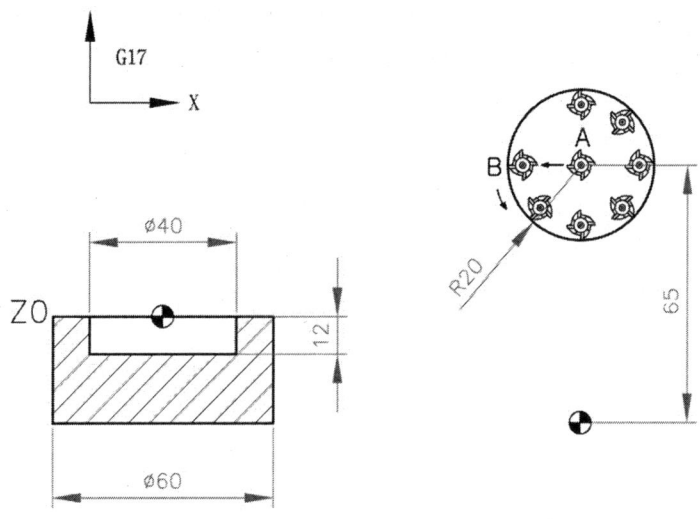

[그림 4-53] 내경 I+로 원호가공시의 공구의 이동경로

풀이

I+값으로 프로그램 작성

G40 G49 G80 ;

G91 G30 Z0. M19 ;

T01 M06(ø12 엔드밀) ;

G54 G90 G00 X0. Y65. ;

G43 Z200. H01 S1200 M03 ;

Z5. ;

Z-12. ;

G41 G01 X-20. F80 D01 ;

G03 I20. ;

※ **주의점** : I의 부호 지령은 원의 가공시작점인 B에서 보았을 때, 가공원의 중심점을 보면 R20.인데 부호가 +, -인지 구분은, 시작점인 B점에서볼 때 원의 중심점이 우측에 있으므로 I, J, K는 반드시 증분만 사용하므로 I+가 된다.

예제 4-20 [그림 4-54]를 보고 길이 보정을 적용하여 선택평면에 맞게 프로그램 하시오.
(단, 공구의 위치는 기계원점에 있고 가공시작점은 X35. Y26.이다.)

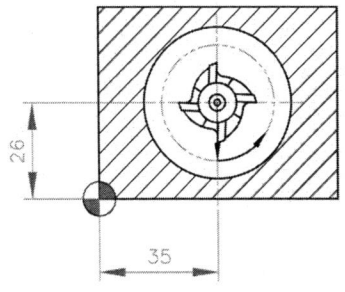

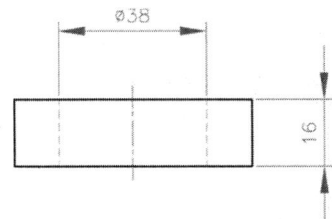

[그림 4-54] 내경 J+로 원호가공

J+값으로 프로그램 작성

G40 G49 G80 ;

G91 G30 Z0. M19 ;

T01 M06(ø20 엔드밀) ;

G54 G90 G00 X35. Y26. ;

G43 Z200. H01 S1200 M03 ;

Z5. ;

Z-18. ;

G41 G01 Y7. F80 D01 ;

G03 J19. ;

※ 주의점 : J의 부호 지령은 원의 가공시작점인 X35. Y7.에서 보았을 때, 가공원의 중심점을 보 면 R19.인데 부호가 +, -인지 구분은, 원의 가공시작점인 X35. Y7.에서볼 때 원의 중심점이 위쪽에 있으므로 I, J, K는 반드시 증분만 사용하므로 J+가 된다.

예제 4-21 [그림 4-55]를 보고 길이 보정을 적용하여 선택평면에 맞게 프로그램 하시오.
(단, 공구의 위치는 기계원점에 있고 가공시작점은 X35. Y26.이다.)

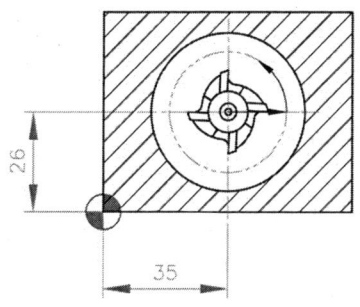

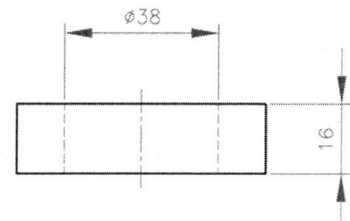

[그림 4-55] 내경 I-로 원호가공

I-로 프로그램 작성

G40 G49 G80 ;

G91 G30 Z0. M19 ;

T01 M06(ø20 엔드밀) ;

G54 G90 G00 X35. Y26. ;

G43 Z200. H01 S1200 M03 ;

Z5. ;

Z-18. ;

G41 G01 X54. F80 D01 ;

G03 I-19. ;

※ 주의점 : I의 부호 지령은 원의 가공시작점인 X54. Y26.에서 보았을 때, 가공원의 중심점을 보 면 R19.인데 부호가 +, -인지 구분은, 원의 가공시작점인 X54. Y26.에서볼 때 원의 중심점이 좌측에 있으므로 I, J, K는 반드시 증분만 사용하므로 I-가 된다.

예제 4-22 [그림 4-56]을 보고 길이 보정을 적용하여 선택평면에 맞게 프로그램 하시오.
(단, 공구의 위치는 기계원점에 있고 가공시작점은 X0. Y53.이다.)

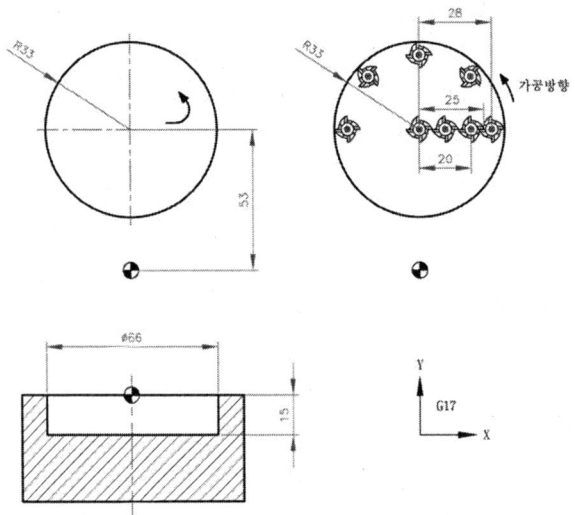

[그림 4-56] 내경 I-로 원호가공 경로

I로 프로그램 작성

G40 G49 G80 ;

G91 G30 Z0. M19 ;

T01 M06(ø10 엔드밀) ;

G54 G90 G00 X0. Y53. ;

G43 Z200. H01 S1200 M03 ;

Z5. ;

Z-15. ;

G41 G01 X15. F80 D01 ;

G03 I-15. ;

G01 X25. ;

G03 I-25. ;

G01 X33. ;

G03 I-33. ;

예제 4-23 [그림 4-57]을 보고(I, J, K)중 선택평면에 맞게 프로그램 하시오.
(단, 공구의 위치는 기계원점에 있고 가공시작점은 X35. Y-10.이다. 1회 완성가공으로 하며, 공구는 ø15 엔드밀을 사용한다.)

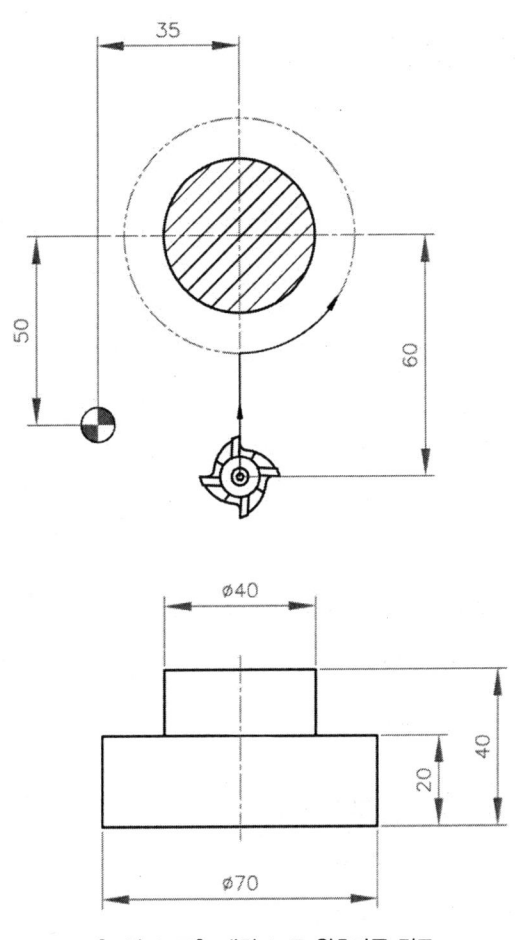

[그림 4-57] 내경 J+로 원호가공 경로

※ **주의점** : J의 부호 지령은 원의 가공시작점인 X35. Y30.에서 보았을 때, 가공원의 중심점을 보면 R20.인데 부호가 +, -인지 구분은, 원의 가공시작점인 X35. Y30.에서볼 때 원의 중심점이 위쪽에 있으므로 I, J, K는 반드시 증분만 사용하므로 J+가 된다.

풀이

J+로 프로그램 작성

G40 G49 G80 ;

G91 G30 Z0. M19 ;

T01 M06(ø12 엔드밀) ;

G54 G90 G00 X0. Y-10. ;

G43 Z200. H01 S1200 M03 ;

Z5. ;

Z-20. ;

G42 G01 Y30. F80 D01 ;

G03 J20. ;

예제 4-24 그림을 보고 공구 길이 보정 및 취소 프로그램을 작성하시오.

① **G43을 사용한 공구 길이 보정**

(H02의 보정량 = 70.5)

G00 G91 Z-250. G43 H02 ;

② **G44를 사용한 공구 길이 보정**

(H02의 보정량 = -70.5)

G00 G91 Z-250. G44 H02 ;

③ **공구 길이 보정의 취소**

G00 G91 Z250. G49 ;

(또는 G00 G91 Z250. H00 ;)

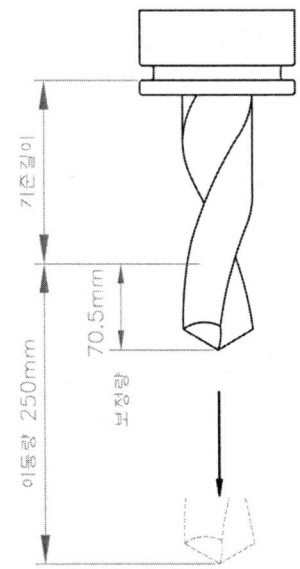

(3) 공구 길이 보정 평면선택 기능(G17, G18, G19)

보통 수직형 머시닝센터에서는 X – Y좌표계의 평면에서 원호보간 작업을 하지만, 볼 엔드밀을 이용한 곡면 가공은 Z – X 또는 Y – Z평면에서도 가공을 할 수 있다.

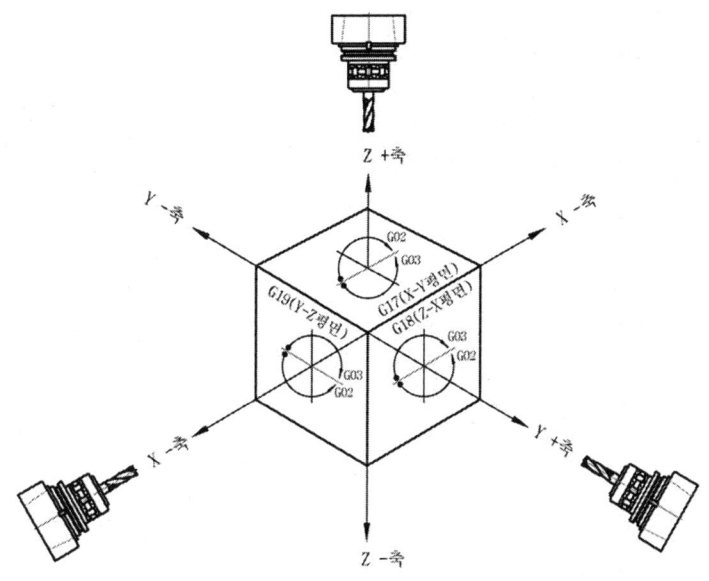

[그림 4-58] 각 좌표계 평면에 대한 원호보간 방향

① G17 X – Y 평면지정

[그림 4-59]와 같이 G17평면에서는 Z축은 절입가공을 하고 X축, Y축은 원호의 종점까지 지령된 반지름(R)크기로 G02(시계방향 CW : clock wise), G03(반시계방향 CCW : counter clock wise)으로 원호를 가공한다.

- **지령방법** : G17

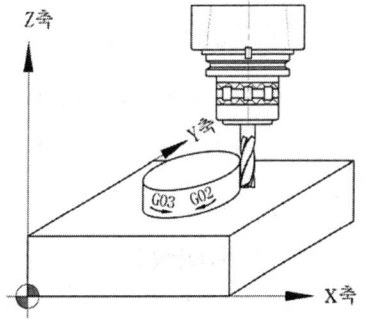

[그림 4-59] G17 X – Y 평면

예제 4-25 다음 그림을 보고 G17을 이용하여 프로그램을 작성하시오.
(단, 깊이는 5mm이다.)

```
G40 G49 G80 ;
G91 G30 Z0. M19 ;
T01 M06(ø12 엔드밀) ;
G54 G90 G00 X-15. Y-15. ;
G43 Z200. H01 S1200 M03 ;
Z5. ;
Z-5. ;
G41 G01 X15.6 F80 D01 ;
Y31.2 ;
G03 X65.559 Y47.199 R32. ;
```

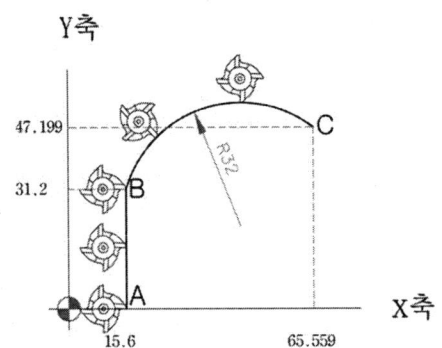

② G18 Z - X 평면지정

[그림 4-60]과 같이 G18평면에서는 Y축은 절입가공을 하고 X축, Z축은 원호의 종점까지 지령된 반지름(R)크기로 G02(시계방향 CW : clock wise), G03(반시계방향 CCW : counter clock wise)으로 원호를 가공한다.

• **지령방법** : G18

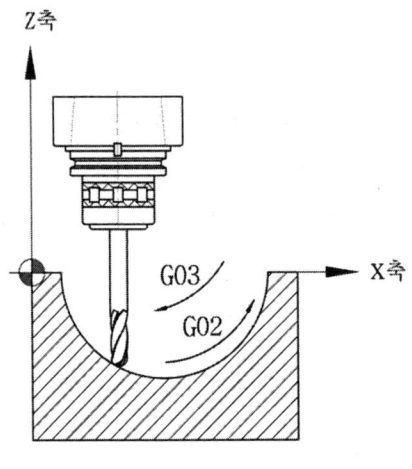

[그림 4-60] G18 Z - X 평면

예제 4-26 다음 그림을 보고 G18을 이용하여 프로그램을 작성하시오.

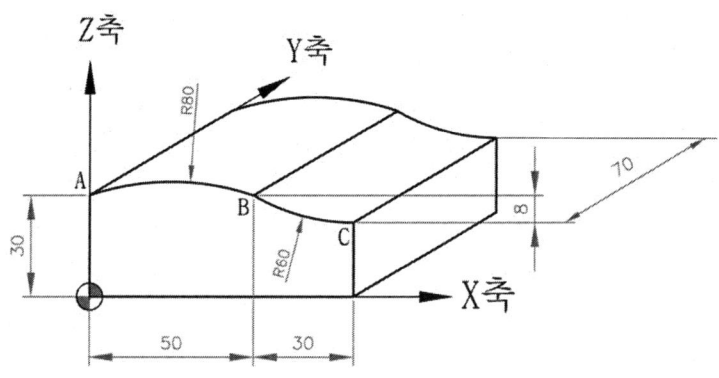

- A – B – C의 경로 프로그램

주 프로그램

O0001 ;

G40 G49 G80 ;
G91 G30 Z0. M19 ;
T01 M06(ø12 엔드밀) ;
G54 G90 G00 X-15. Y-1. ;
G43 Z200. H01 S1200 M03 ;
Z35. ;
G01 Z30. F100 ;
M98 P181001 ;
G00 Z200. ;
G49 M09 ;
M05 ;
M02 ;

보조 프로그램

O1001 ;
G90 G01 X0. F150 ;
G18 G03 X50. R80. ;
G02 X80. R60. ;
G01 X83.
G91 Y2. ;
G90 X80. ;
G03 X50. R60. ;
G02 X0. R80. ;
G01 X-5. ;
G91 Y2. ;
M99 ;

③ G19 Y - Z 평면지정

[그림 4-61]과 같이 G19평면에서는 X축은 절입가공을 하고 Y축, Z축은 원호의 종점까지 지령된 반지름(R)크기로 G02(시계방향 CW : clock wise), G03(반시계방향 CCW : counter clock w(ise)으로 원호를 가공한다.

• 지령방법 : G19

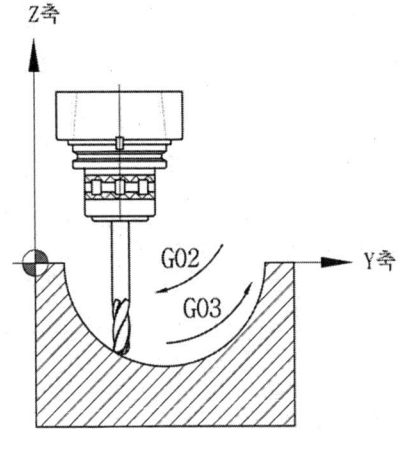

[그림 4-61] G19 Y - Z 평면

예제 4-27 다음 그림을 보고 G18을 이용하여 프로그램을 작성하시오.

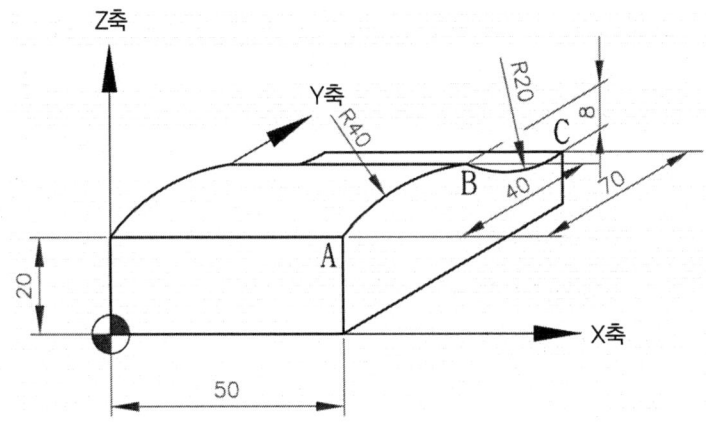

- A – B – C의 경로 프로그램

주 프로그램

O0002 ;

G40 G49 G80 ;
G91 G30 Z0. M19 ;
T01 M06(ø12 엔드밀) ;
G54 G90 G00 Y-15. X-1. ;
G43 Z200. H01 S1200 M03 ;
Z25. ;
G01 Z20. F100 ;
M98 P182001 ;
G00 Z200. M09 ;
G49 M05 ;
M05 ;
M02 ;

보조 프로그램

O2001 ;
G90 G01 Y0. F150 ;
G19 G02 Y40. R40. ;
G03 Y70. R20. ;
G01 Y73. ;
G91 X2. ;
G90 Y70. ;
G03 Y40. R20. ;
G02 Y0. R80. ;
G01 Y-3. ;
G91 X2. ;
M99 ;

제5장

극좌표 지령(G16) 및 극좌표 지령 취소(G15)

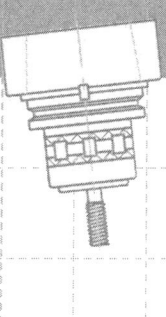
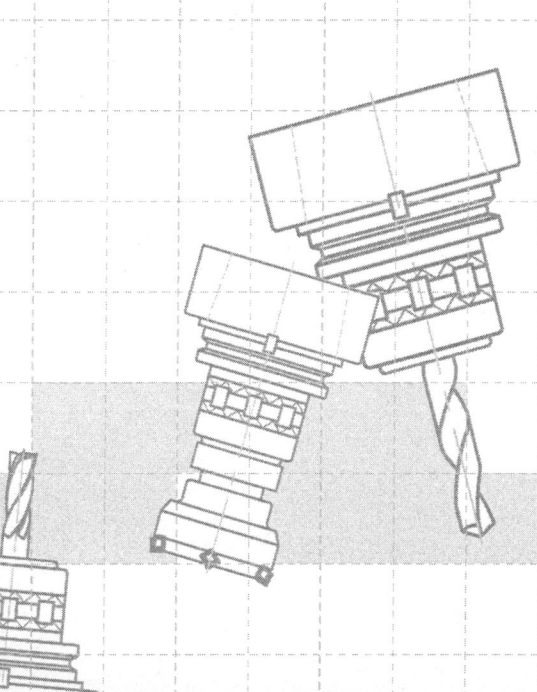

원주상의 X, Y, Z좌표점을 찾아서 삼각함수로 좌표점을 구한다는 것은, 아주 까다롭고 또한 삼각함수이므로 정수로 떨어지지 않아서 정확한 작업을 하려면 곤란하다.
이때는 극좌표의 원점을 기준으로 이용하여 좌표점을 주면 정확한 작업이 가능하다.

- **지령방법** : G16 X_ Y_ ;
- **취소명령** : G15 ;

- 워드의 의미

    X : 원주의 원호반경

    Y : 각도

    각도의 기준점은 3시 방향이 0°이며, 반시계방향이 +이며, 시계방향이 -값이다.

    45도의 경우는 Y45.로 표현한다.

    G15를 입력하면 극좌표지령(G16)이 취소되고 직교좌표 지령으로 된다.

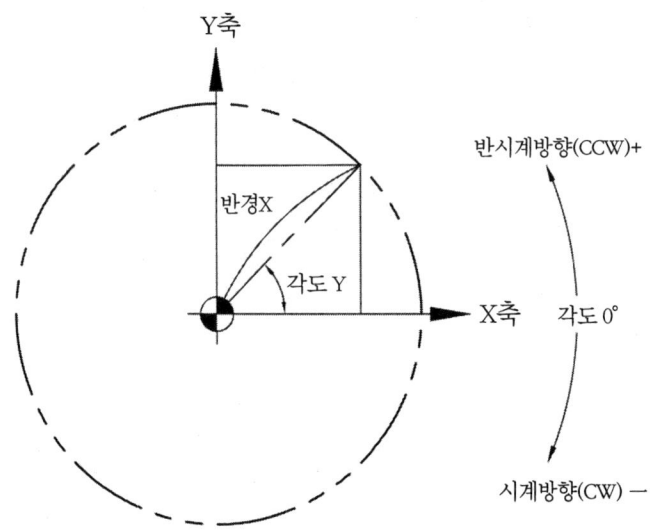

[그림 5-1] 직교 좌표 및 극좌표의 부호

5.1 공작물 좌표계의 원점을 극좌표의 중심으로 하는 경우

지령방법은 반지름을 절대값으로 지령하며, 공작물좌표계의 원점이 극좌표의 중심이 된다. 단, 구역 좌표계(G52)를 사용하는 경우에는 구역좌표계의 원점이 극좌표의 중심이 된다.

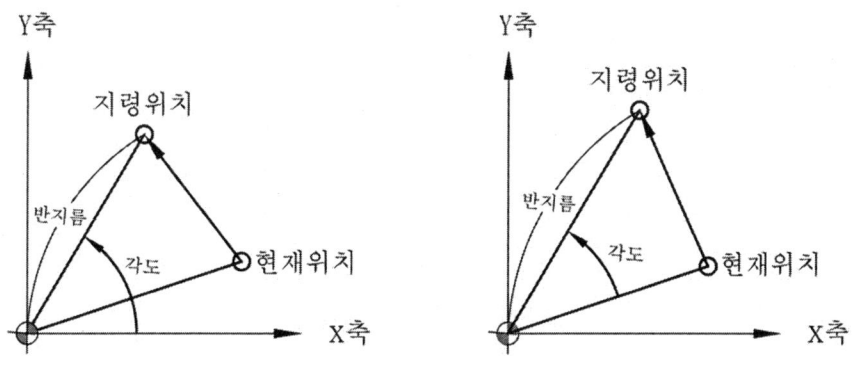

[그림 5-2] 공작물 좌표계의 원점을 극좌표의 중심으로 인식

5.2 현재 위치를 극좌표의 중심으로 하는 경우

반지름을 증분값으로 지령하며, 현재의 위치가 극좌표의 중심이 된다.

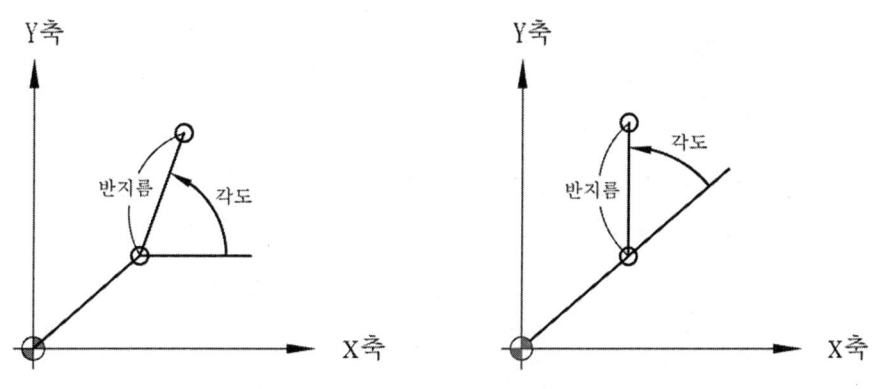

[그림 5-3] 현재 위치를 극좌표의 중심으로 인식

> **예제 5-1** 다음 그림을 보고 극좌표로 프로그램을 작성하시오.

- 반지름과 각도가 절대지령인 경우

G16 ;
G81 G90 X40. Y45. Z-15. R3. F80 ;
Y135. ;
Y225. ;
Y315. ;
G15 G80 ;

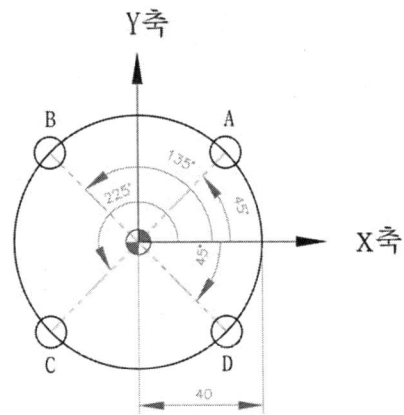

- 반지름은 절대지령, 각도는 증분지령

G16 ;
G81 G90 X40. Y45. Z-15. R3. F80 ;
G91 Y90. ;
Y90. ;
Y90. ;
G15 G80 ;

- 제한 사항

  극좌표 모드에서의 반경 지령

  극좌표 모드에서 원호보간, 헬리컬 보간의(G02, G03) 반경값 지령은 R로 한다.

- 극좌표 모드에서 극좌표 지령으로 간주할 수 없는 축 지령

  다음의 지령에 동반하는 축 지령에 대해서는 극좌표 지령으로 간주하지 않는다.

  - 휴지(G04)   - Programable 입력(G10)
  - 구역 좌표계 설정(G52)   - 공작물 좌표계 변경(G92)
  - 기계좌표계 선택(G53)   - 좌표 회전(G68)

예제 5-2 다음 그림을 보고 극좌표로 프로그램을 작성하시오.

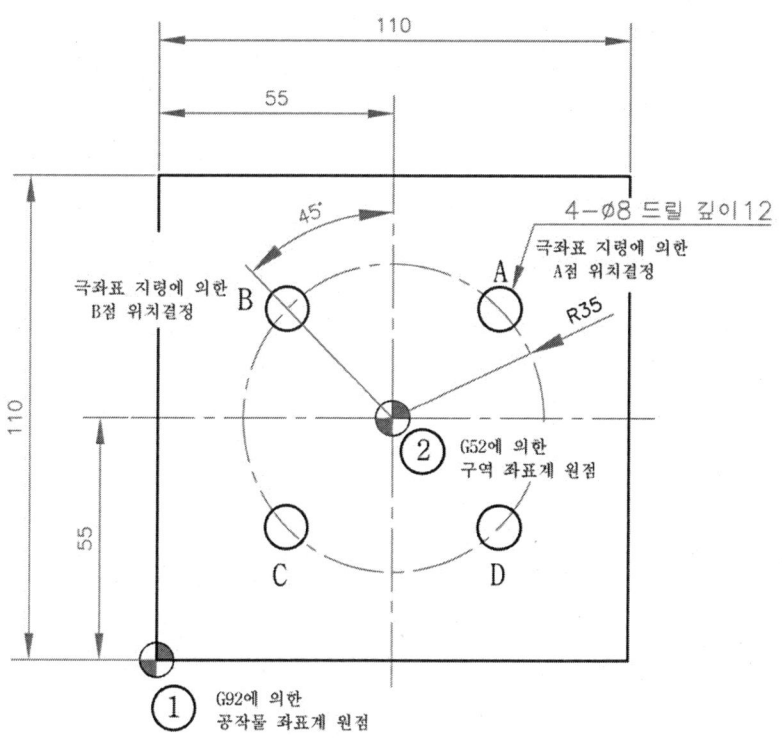

G40 G49 G80 ;	직경보정 해제, 길이보정 해제, 고정사이클 해제
G91 G30 Z0. M19 ;	제2원점인 공구 교환 위치로 이동
T01 M06(ø 8 드릴) ;	1번공구인 드릴 교체
G54 G90 G00 X0. Y0. ;	X0. Y0. 점으로 급속 이송
G52 G90 X55. Y55. ;	②의 위치가 로컬좌표계(구역좌표계)로 원점이 설정됨
G16 G90 G00 X35. Y45. ;	G16의 극좌표로 인하여 A의 위치로 이동함
G43 Z200. H01 S1000 M03 ;	길이보정하면서 Z250.까지 이동함
Z5. M08 ;	가공위치 근처까지 이동함
G01 Z-12. F60 ;	Z-12. 까지 구멍가공함
Z5. ;	Z5. 안전위치까지 이동
G00 X35. Y135. ;	G16의 극좌표로 인하여 B의 위치로 이동함

G01 Z-12. ;	Z-12. 까지 구멍가공함
Z5. ;	Z5. 안전위치까지 이동
G00 X35. Y225. ;	G16의 극좌표로 인하여 C의 위치로 이동함
G01 Z-12. ;	Z-12. 까지 구멍가공함
Z5. ;	Z5. 안전위치까지 이동
G00 X35. Y315. ;	G16의 극좌표로 인하여 D의 위치로 이동함
G01 Z-12. ;	Z-12. 까지 구멍가공함
Z5. ;	Z5. 안전위치까지 이동
G00 Z200. M09 ;	길이보정을 해제하기 위하여 안전위치까지 이동, 절삭유 OFF
G49 M05 ;	길이보정 해제함, 공구회전 정지
M02 ;	프로그램 끝

- 선두 부분을 G92의 공작물 좌표계를 사용하여 프로그램할 경우의 예

G40 G49 G80 ;	직경보정 해제, 길이보정 해제, 고정사이클 해제
G91 G28 X0. Y0. Z0. ;	기계원점 복귀
G92 G90 X154. Y170. Z156. ;	공작물 좌표계 설정
G91 G30 Z0. M19 ;	제2원점인 공구 교환 위치로 이동
T01 M06(ø8 드릴) ;	1번공구인 드릴 교체
G52 G90 G00 X55. Y55. ;	②의 위치가 로컬좌표계(구역좌표계)로 원점이 설정됨

제6장
보조 프로그램

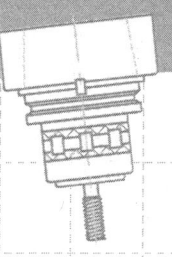

6.1 보조 프로그램

같은 경로를 여러번 가공할 시에는 동일한 프로그램을 여러번 사용하여야 하는데, 이때 같은 프로그램을 계속하여 사용한다면, 입력시간 및 프로그램이 길어지므로 좋지 않다.

특히 산업현장에서는 특별한 경우를 제외 하고는 같은 경로일 경우에는 대부분 보조 프로그램을 사용하여야 함으로 각별히 작성방법을 익혀 두어야 전문적인 프로그래머로 성장 할 수 있다. 기능사, 산업기사, 기능장의 머시닝센터 가공에서는 굳이 보조 프로그램을 사용할 필요는 없다. 보통 머시닝센터는 어느 정도 경력이 붙으면 반드시 보조 프로그램으로 프로그램을 작성하는 패턴으로 가야함으로, 여러 예제를 아주 쉽게 설명하였으므로, 더 좋은 방법이 있겠지만 여기서는 저자의 경험에 의하여 직접 가공한 경험을 토대로 기본부터, 중급, 고급 프로그램을 다루어 설명하겠다.

(1) 보조 프로그램의 형식

보통 보조 프로그램은 다음의 형식으로 작성한다.

O 0001 ;	보조 프로그램 번호
G91 G01 Y70. ;	보조 프로그램 내용
X70. ;	
Y10. ;	
X-10. ;	
.	
.	
.	
M99 ;	보조 프로그램 끝

보조 프로그램은 주 프로그램과 같이 작성하지만 마지막에 M99를 주어야 주 프로그램의 M98 P0001의 바로 밑으로 간다.

(2) 보조 프로그램의 호출 방법

FANUC System의 0M과 11M에서 보조 프로그램 호출 방법은 아래와 같은 방법으로 한다. 또한 SENTROL-M System에서는 TYPE FORMAT을 0M과 11M으로 변경하여 사용 할 수 있도록 되어 있으며, 방법은 다음과 같다.

① 0M의 경우

M98P□□□□△△△△

□□□□   반복 횟수(생략하면 1회)
△△△△   보조 프로그램 번호

예) M98 P50091 ; 보조 프로그램 번호 0091을 5회 연속 호출함

② 6, 10, 11M의 경우

M98P△△△△ L□□□□

□□□□   반복 횟수(생략하면 1회)
△△△△   보조 프로그램 번호

예) M98 P0091 L5 ; 보조 프로그램 번호 0091을 5회 연속 호출함

③ 보조 프로그램의 특수한 사용 방법

가. 주 프로그램에서 M99가 지령되면 주 프로그램의 첫 머리로 되돌아 가며 계속하여 반복 수행을 한다.

나. 주 프로그램에서 M99 P100으로 지령을 하면 주 프로그램의 N100으로 간다. 즉 어디에 있던 N100으로 점프를 하여 N100을 수행하고 수행을 마친 후에는 N100 다음의 행으로 간다.

이 방식은 산업 현장에서 고급 프로그램머들이 아주 많이 사용하며, 또한 이것을 잘 이해하지 못하면 진정한 고수의 프로그램머가 될 수 없다.

보조 프로그램에서 마지막 블록의 M99 다음에 P_을 지령하면, 주 프로그램상의 보조 프로그램을 호출한 다음, 다음 블록으로 가지 않고, 주 프로그램상의 지령된 블록

으로 돌아간다.

예) M99 P200 ; N200블록으로 이동한다.

6.2 다양한 보조 프로그램의 예제 종류

예제 6-1 다음 그림을 보고 보조 프로그램을 사용하여 프로그램을 작성하시오.

공구번호	공구명칭	공구직경	회전수(rpm)	이송(mm/min)	여유량(mm)
T01	라핑엔드밀	ø12mm	S1200	F80	0.5
T02	엔드밀	ø10mm	S1400	F60	0

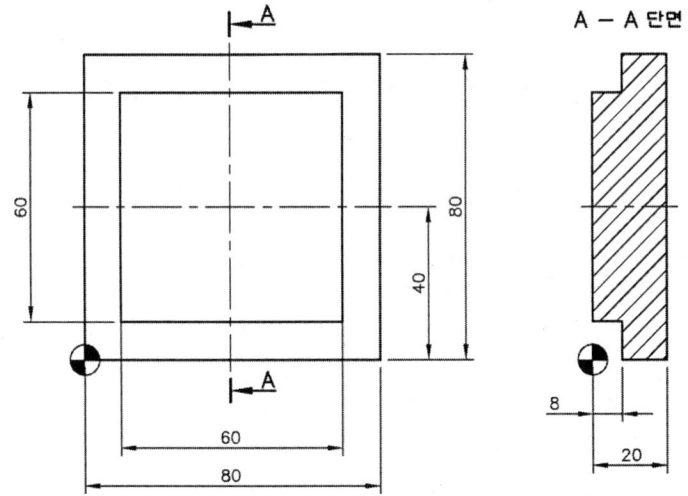

주 프로그램

O0300 ;
G40 G49 G80 ;
G91 G30 Z0. M19 ;
T01 M06(ø12 라핑엔드밀) ;
G54 G90 G00 X-15. Y-15. ;
G43 Z200. H01 S1200 M03 ;
Z5. ;
Z-7.5 M08 ;
G41 G01 X10. F80 D01 ;   콘트롤의 보정값 D01에는 6.5를 입력한다. [표 6-1] 참조
M98 P0310 ;
G00 Z200. M09 ;
G49 M05 ;
G91 G30 Z0. M19 ;
T02 M06(ø10 엔드밀) ;
G90 G00 X-15. Y-15. ;
G43 Z200. H02 S1200 M03 ;
Z5. M08 ;
Z-8. ;
G41 G01 X10. F60 D02 ;   콘트롤의 보정값 D02에는 6.0를 입력한다. [표 6-1] 참조
M98 P0310 ;
G00 Z200. M09 ;
G49 M05 ;
G91 G28 X0. Y0. Z0. ;
M02 ;

> **보조 프로그램**
>
> O0310 ;
>
> G90 G01 Y70. ;
> X70. ;
> Y10. ;
> X-10. ;
> G40 G00 Y-15. ;
> M99 ;

보조 프로그램의 작성시 주의할 점은, 처음 시작블록시에 특히 주의하여야 한다. 보통 간단한 프로그램은 무난하지만 충돌 없이 완벽한 프로그램을 위해서는 위의 G90 G01 Y70. ;과 같이 보조 프로그램의 시작점이 절대좌표(G90)인지 증분좌표 (G91)인지 명확히 지령하여 주는 것이 좋다. 진행 형태도 급속인지 직선보간인지 지령해 주어야 한다.

[표 6-1] 공구지름 보정값

핸들 운전	보정	상대	기계 좌표	O0300 N0000	07/22 09.32
	번호 H001 H002	DATA 205.581 144.488		번호 D001 D002	DATA 6.500 6.000

예제 6-2 다음 그림을 보고 보조 프로그램을 사용하여 프로그램을 작성하시오.

공구번호	공구명칭	공구직경	회전수(rpm)	이송(mm/min)
T01	센터	ø4mm	S2000	F150
T02	드릴	ø8mm	S1200	F60

주 프로그램

```
O0301 ;

G91 G30 Z0. M19 ;
T01 M06(ø4 센터드릴) ;
G54 G90 G00 X25. Y0. ;
G43 Z200. H01 S2000 M03 ;
Z10. M08 ;
G81 G99 G90 Z-5. R3. F150 ;
M98 P0311 ;
G00 Z200. M09 ;
G49 M05 ;
G91 G30 Z0. M19 ;
T02 M06(ø8 드릴) ;
G90 G00 X25. Y0. ;
G43 Z200. H02 S1200 M03 ;
Z10. M08 ;
```

```
G73 G99 G90 Z-30. R3. Q3. F60 ;
M98 P0311 ;
G00 Z200. M09 ;
G49 M05 ;
G91 G28 X0. Y0. Z0. ;
M02 ;
```

보조 프로그램

```
G90 X0. Y25. ;
    X-25. Y0. ;
    X0. Y-25. ;
        M99 ;
```

[표 6-2] 공구지름 보정값

핸들 운전	보정	상대	기계 좌표	O0301 N0000	07/22 09.32
	번호	DATA		번호	DATA
	H001	205.581		D001	0.000
	H002	144.488		D002	0.000
	H003	0.000		D003	0.000

예제 6-2 다음 그림을 보고 보조 프로그램을 사용하여 프로그램을 작성하시오.

공구번호	공구명칭	공구직경	회전수(rpm)	이송(mm/min)	여유량(mm)
T01	라핑엔드밀	ø30mm	S350	F50	0.5
T02	엔드밀	ø30mm	S400	F60	0

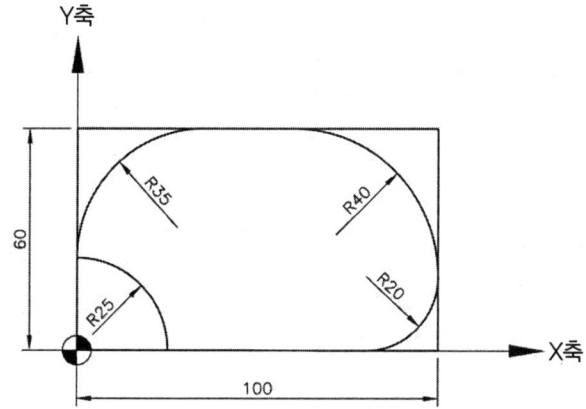

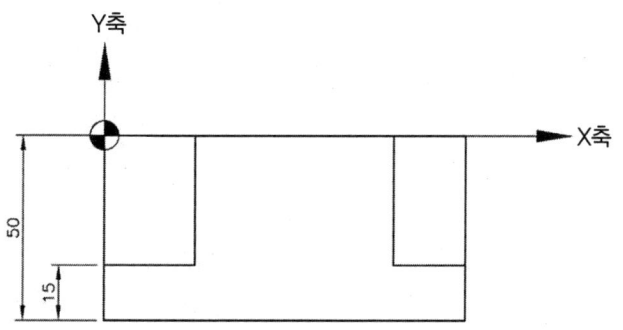

주 프로그램

O0302 ;
G40 G49 G80 ;
G91 G30 Z0. M19 ;
T01 M06(ø30 라핑엔드밀) ;
G54 G90 G00 X-20. Y-20. ;
G43 Z200. H01 S350 M03 ;
Z10. M08 ;
Z-20. ;
G42 G01 Y0. F150 D01 ;   콘트롤의 보정값 D01에는 15.5를 입력한다. [표 6-2] 참조
M98 P0312 ;
Z-34.5 ;

```
G42 G01 Y0. F350 ;
```
M98 P0312 ;
```
G00 Z200. M09 ;
G49 M05 ;
G91 G30 Z0. M19 ;
T02 M06(ø30 엔드밀) ;
G90 G00 X-20. Y-20. ;
G43 Z200. H02 S1500 M03 ;
Z10. M08 ;

Z-35. ;
G42 G01 Y0. F300 D02 ;     콘트롤의 보정값 D02에는
M98 P0312 ;                15.0를 입력한다. [표 6-2] 참조
G00 Z200. M09 ;
G49 M05 ;
G91 G28 X0. Y0. Z0. ;
M02 ;
```

보조 프로그램

```
O0312 ;
G90 G01 X80. ;
G03 X100. Y20. R20. ;
G03 X60. Y60. R40. ;
G01 X35. ;
G03 X0. Y25. R35. ;
G02 X25. Y0. R25. ;
G01 Y-31. ;
G40 G00 X-31. ;
M09 ;
M99 ;
```

[표 6-3] 공구지름 보정값

핸들 운전	보 정	상 대	기 계 좌 표	O0302 N0000	07/22 09.32
	번호 H001 H002	DATA 205.581 144.488		번호 D001 D002	DATA 15.500 15.000

 **예제 6-4** 다음 그림을 보고 보조 프로그램을 사용하여 보링하는 프로그램을 작성하시오.
(단, ø50의 중앙에는 기초 13mm 드릴에 의하여 드릴링 되어 있으며, 1회 절입깊이는 5mm로 한다.)

공구번호	공구명칭	공구직경	회전수(rpm)	이송(mm/min)
01	엔드밀	ø25mm	S400	F40

주 프로그램

O0303 ;

G40 G49 G80 ;
G91 G30 Z0. M19 ;
T01 M06(ø25 엔드밀) ;
G54 G90 G00 X0. Y0. ;
G43 Z100. H01 S400 M03 ;
Z5. M08 ;
G01 Z0. F40 ;
M98 P0313 L6 ;   11M의 방식
M98 P60313 ;   0M의 방식
G00 Z200. M09 ;
G49 M05 ;

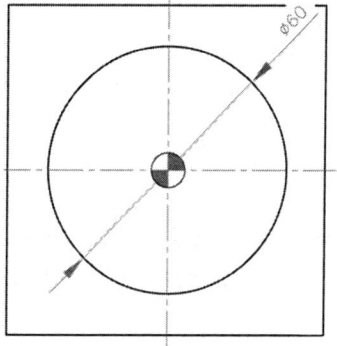

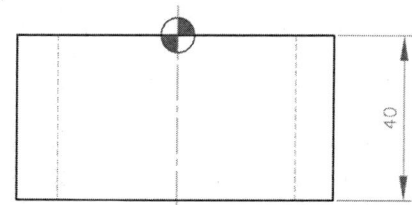

```
G91 G28 X0. Y0. Z0. ;
M02 ;
```

보조 프로그램

```
O0313 ;
G91 G41 G01 X30. Z-8. D01 ;   콘트롤의 보정값 D01에는 12.5 를 입력한다.
                              [표 6-4] 참조
G03 I-30. ;
X-20. Y20. R20. ;
G90 G40 G01 X0. Y0. ;
M99 ;
```

[표 6-4] 공구지름 보정값

핸들 운전	보정	상대	기계 좌표	O0303 N0000		07/22 09.32
			번호 H001 H002 H003	DATA 205.581 144.488 0.000	번호 D001 D002 D003	DATA 12.500 0.000 0.000

예제 6-4 다음 그림을 보고 보조 프로그램을 사용하여 프로그램을 작성하시오.
(단, ø40의 중앙에는 기초 8mm 드릴에 의하여 드릴링 되어 있다.)

공구번호	공구명칭	공구직경	회전수(rpm)	이송(mm/min)	여유량(mm)
T01	라핑엔드밀	ø15mm	S800	F60	0.5
T02	엔드밀	ø15mm	S1000	F80	

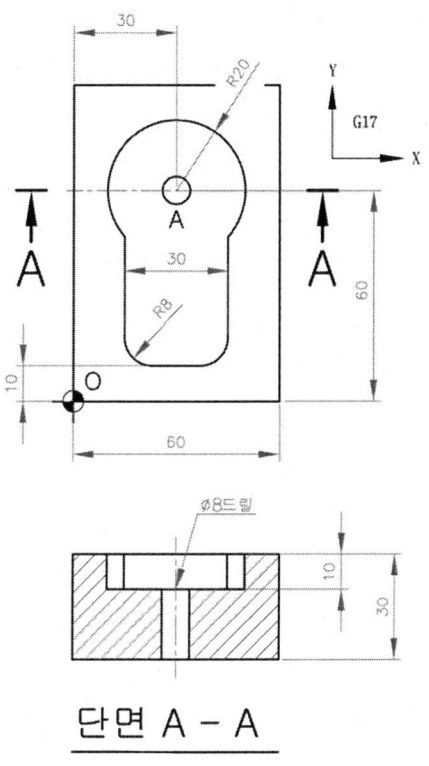

단면 A – A

 풀이

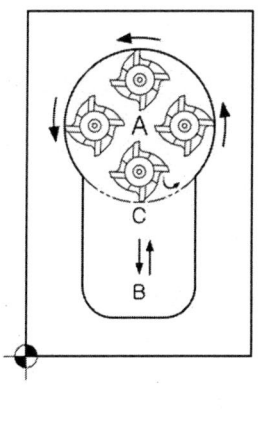

①

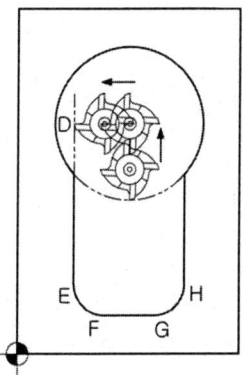

②

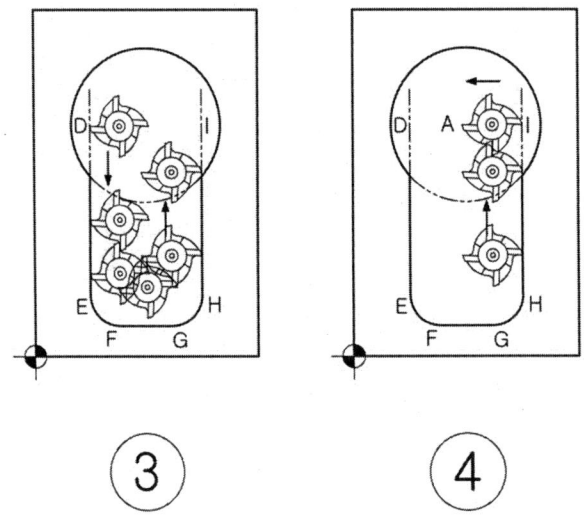

보조 프로그램은 단순히 반복하는 프로그램이라는 개념으로 이해하면 않되고, 어떻게 하면 가공횟수를 줄이고 또한 간섭을 피할 수 있는지, 진입전에 반드시 추후 이동경로를 파악하여야 한다. 그리고 특히 포켓가공시에는 외부에서 포켓으로 이동시에는 반드시 G40 G00 X_ Y_형식으로 이동하고 포켓에서 깊이를 주고 진입한 후에 좌, 우 또는 상, 하로 보정을 주면서 이동을 하여 프로그램을 한다.

그리고 공작물의 측면에서 붙어서 Z방향으로 뜨면서 절대로 보정을 취소하면 안된다.

포켓가공에서 원가공후에 직선구간으로 진입시 특히 보정을 받으면서 공작물의 뒷면을 치는 경우가 많은데, 잘 모르면 원가공후 보정전의 위치로 G40 G01 X_ Y_로 보정 해제를 한 후에 다시 직선구간으로 보정을 주면, 보정으로 인하여 공작물의 과절삭이 없으므로 특히 주의하여야 한다. 초보자의 경우 원가공후 바로 직선구간으로 가공을 하는 경우가 많은데 이런 가공형태는 단순한 좌표값의 이동에 불과함으로 반드시 피하여야 한다.

• 작업순서

  황삭 : A에서 → B로 G01가공 → A로 G01가공 → C로 G41 보정 주면서 G01가공 → C에서 G03가공 → D로 G01가공 → E로 G01가공 → F로 G03가공 → G

로 G01가공 → H로 G02가공 → I로 G01가공 → A로 보정해제하면서 G01가공

정삭 : A에서 → C로 G41 보정 주면서 G01가공 → C에서 G03가공 → D로 G01가공 → E로 G01가공 F로 G03가공 → G로 G01가공 → H로 G02가공 → I로 G01가공 → A로 보정해제하면서 G01가공

주 프로그램

O0304 ;
G40 G49 G80 ;
G91 G30 Z0. M19 ;
T01 M06(ø15 라핑엔드밀) ;
G54 G90 G00 X30. Y60. ;
G43 Z200. H01 S800 M03 ;
Z10. M08 ;
G01 Z-9.5 F30 ;
Y40. ;
G03 J20. ;
G40 G01 X30. Y60. ;
G41 X15. F60 D01 ;   콘트롤의 보정값 D01에는 8.0을 입력한다. [표 6-5] 참조
M98 P0314 ;
G00 Z200. M09 ;
G49 M05 ;
G91 G30 Z0. M19 ;
T02 M06(ø15 엔드밀) ;
G90 G00 X30. Y60. ;
G43 Z200. H02 S1000 M03 ;
Z10. M08 ;
Z-10. ;

```
Y40. ;
G03 J20. ;
G40 G01 X30. Y60. ;
G41 X15. F80 D02 ;        콘트롤의 보정값 D02에는 7.5를 입력한다. [표 6-5] 참조
M98 P0314 ;
G00 Z200. M09 ;
G49 M05 ;
G91 G28 X0. Y0. Z0. ;
M02 ;
```

보조 프로그램

```
O0314 ;

G90 G01 Y18. ;
G03 X23. Y10. R8. ;
G01 X37. ;
G03 X45. Y18. R8. ;
G01 Y60. ;
G40 X30. Y60. ;
Z5. ;
M09 ;
M99 ;
```

[표 6-5] 공구지름 보정값

핸들 운전	보정	상 대	기 계 좌 표	O0304 N0000		07/22 09.32
			번호	DATA	번호	DATA
			H001	205.581	D001	8.000
			H002	144.488	D002	7.500
			H003	0.000	D003	0.000

예제 6-6 다음 그림을 보고 보조 프로그램을 사용하여 프로그램을 작성하시오.
(단, 1회 가공으로 완성하는 프로그램으로 작성한다.)

공구번호	공구명칭	공구직경	회전수(rpm)	이송(mm/min)
T01	라핑엔드밀	ø12mm	S1000	F60

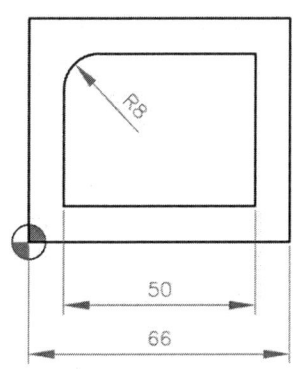
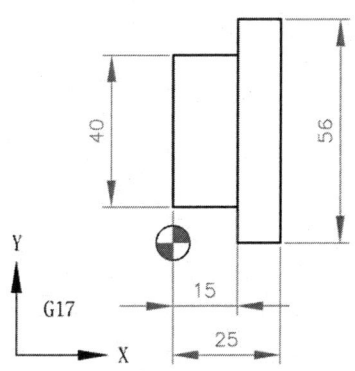

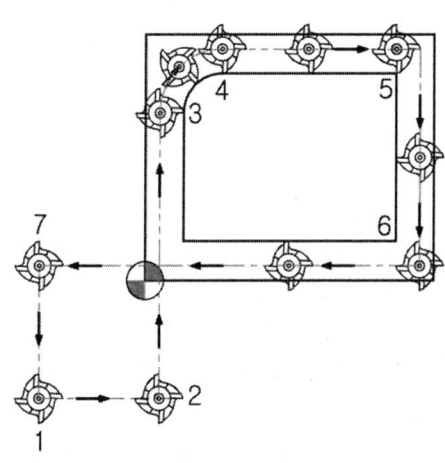
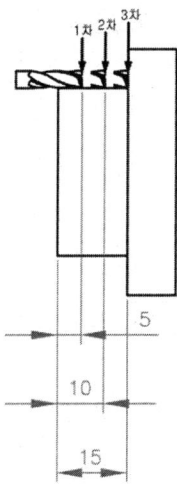

- 가공경로

    1차 가공 : 1에서 깊이 5mm를 준다.

    → 2로 G41 보정 받으면서 G01 가공 → F3으로 G01가공 → 4로 G02가공 → 5로 G01가공 → 6으로 G01가공 → 7로 G01가공 → 1로 G40으로 보정해제

    2차 가공 : 1에서 깊이 10mm를 준다.

    → 2로 G41 보정 받으면서 G01 가공 → F3으로 G01가공 → 4로 G02가공 → 5로 G01가공 → 6으로 G01가공 → 7로 G01가공 → 1로 G40으로 보정해제

    3차 가공 : 1에서 깊이 15mm를 준다.

    → 2로 G41 보정 받으면서 G01 가공 → F3으로 G01가공 → 4로 G02가공 → 5로 G01가공 → 6으로 G01가공 → 7로 G01가공 → 1로 G40으로 보정해제

주 프로그램

```
O0305 ;

G40 G49 G80 ;
G91 G30 Z0. M19 ;
T01 M06(ø12 엔드밀) ;
G54 G90 G00 X-20. Y-20. ;
G43 Z200. H01 S1000 M03 ;
Z5. M08 ;
G01 Z-5. F60 D01 M08 ;        깊이가공 1회 절입
M98 P0315 ;                    보조 프로그램 0315 호출
Z-10. D01 ;                    깊이가공 2회 절입
M98 P0315 ;                    보조 프로그램 0315 호출
Z-15. D01 ;                    깊이가공 3회 절입
M98 P0315 ;                    보조 프로그램 0315 호출
  G00 Z200. M09 ;
```

```
G49 M05 ;
G91 G28 X0. Y0. Z0. ;
M02 ;
```

보조 프로그램

```
O0315 ;

G90 G41 G01 X8. ;
Y40. ;
G02 X16. Y48. R8. ;
G01 X58. ;
Y8. ;
X-20. ;
G40 G00 Y-20. ;
M99 ;
```

예제 6-7 다음 그림을 보고 보조 프로그램을 사용하여 프로그램을 작성하시오.
(단, 황삭, 정삭의 2회 가공으로 완성하는 프로그램으로 작성한다.)

공구번호	공구명칭	공구직경	회전수(rpm)	이송(mm/min)	여유량(mm)
T01	라핑엔드밀	Ø12mm	S1000	F60	0.5
T02	엔드밀	Ø12mm	S1200	F80	

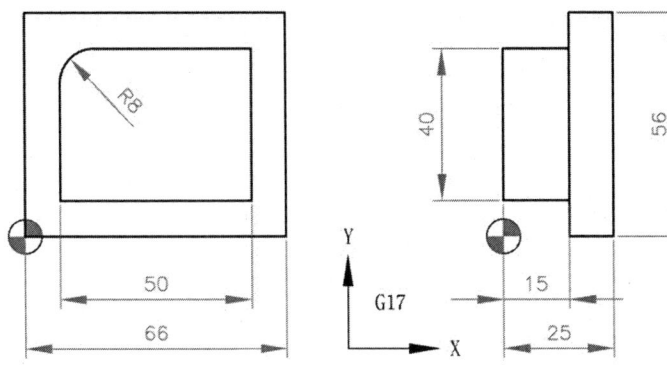

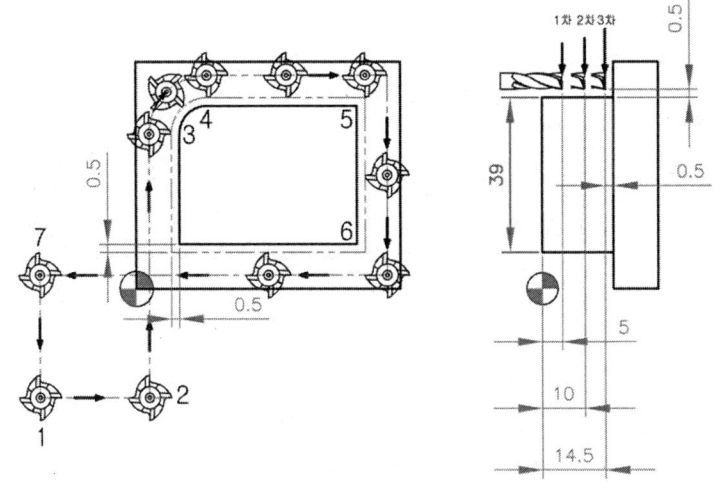

- 가공경로

(황삭가공 변수)

1에서 깊이 5.mm를 준다, 보정값은 D01 6.5mm를 준다.

→ 2로 G41 보정 받으면서 G01 가공 → F3으로 G01가공 → 4로 G02가공 → 5로 G01가공 → 6으로 G01가공 → 7로 G01가공 → 1로 G40으로 보정해제

1에서 깊이 10.mm를 준다, 보정값은 D01 6.5mm를 준다.

→ 2로 G41 보정 받으면서 G01 가공 → F3으로 G01가공 → 4로 G02가공 → 5로 G01가공 → 6으로 G01가공 → 7로 G01가공 → 1로 G40으로 보정해제

1에서 깊이 14.5mm를 준다, 보정값은 D01 6.5mm를 준다.

→ 2로 G41 보정 받으면서 G01 가공 → F3으로 G01가공 → 4로 G02가공 → 5로 G01가공 → 6으로 G01가공 → 7로 G01가공 → 1로 G40으로 보정해제

(정삭가공 변수)

1에서 깊이 5.mm를 준다, 보정값은 D02 6.0mm를 준다.

→ 2로 G41 보정 받으면서 G01 가공 → F3으로 G01가공 → 4로 G02가공 → 5로 G01가공 → 6으로 G01가공 → 7로 G01가공 → 1로 G40으로 보정해제

1에서 깊이 10.mm를 준다, 보정값은 D02 6.0mm를 준다.

→ 2로 G41 보정 받으면서 G01 가공 → F3으로 G01가공 → 4로 G02가공 → 5로 G01가공 → 6으로 G01가공 → 7로 G01가공 → 1로 G40으로 보정해제

1에서 깊이 15.mm를 준다, 보정값은 D02 6.0mm를 준다.

→ 2로 G41 보정 받으면서 G01 가공 → F3으로 G01가공 → 4로 G02가공 → 5로 G01가공 → 6으로 G01가공 → 7로 G01가공 → 1로 G40으로 보정해제

주 프로그램

```
O0306 ;

G40 G49G80 ;
G91 G30 Z0. M19 ;
T01 M06(ø12 라핑엔드밀) ;
G54 G90 G00 X-20. Y-20. ;
```

```
G43 Z200. H01 S1000 M03 ;
Z5. M08 ;
G01 Z-5. F60 D01 M08 ;        황삭가공 1회 절입
M98 P0316 ;                    보조 프로그램 0316 호출
Z-10. D01 ;                    황삭가공 2회 절입
M98 P0316 ;                    보조 프로그램 0316 호출
Z-14.5 D01 ;                   황삭가공 3회 절입
M98 P0316 ;                    보조 프로그램 0316 호출
G00 Z200. M09 ;
G49 M05 ;
G91 G30 Z0. M19 ;
T02 M06(ø12 엔드밀) ;
G54 G90 G00 X-20. Y-20. ;
G43 Z200. H02 S1200 M03 ;
Z5. M08 ;
G01 Z-5. F80 D02 M08 ;        정삭가공 1회 절입
M98 P0316 ;                    보조 프로그램 0316 호출
Z-10. D02 ;                    정삭가공 2회 절입
M98 P0316 ;                    보조 프로그램 0316 호출
Z-15. D02 ;                    정삭가공 3회 절입
M98 P0316 ;                    보조 프로그램 0316 호출
G00 Z200. M09 ;
G49 M05 ;
G91 G28 X0. Y0. Z0. ;
M02 ;
```

보조 프로그램

```
O0316 ;
G90 G41 G01 X8. ;
Y40. ;
G02 X16. Y48. R8. ;
G01 X58. ;
Y8. ;
X-20. ;
G40 G00 Y-20. ;
M99 ;
```

[표 6-6] 공구지름 보정값

핸들운전	보정	상대	기계좌표	O0306 N0000		07/22 09.32
			번호	DATA	번호	DATA
			H001	205.581	D001	6.500
			H002	144.488	D002	6.000
			H003	0.000	D003	0.000

예제 6-8 다음 그림을 보고 보조 프로그램을 사용하여 프로그램을 작성하시오.
(단, 황삭, 정삭의 2회 가공으로 완성하는 프로그램으로 작성한다.)

공구번호	공구명칭	공구직경	회전수(rpm)	이송(mm/min)	여유량(mm)
T01	라핑엔드밀	ø12mm	S1000	F60	0.5
T02	엔드밀	ø12mm	S1400	F120	
T03	센터드릴	ø4mm	S1500	F150	
T04	드릴	ø5mm	S1500	F40	
T05	탭	M6	S250	F250	

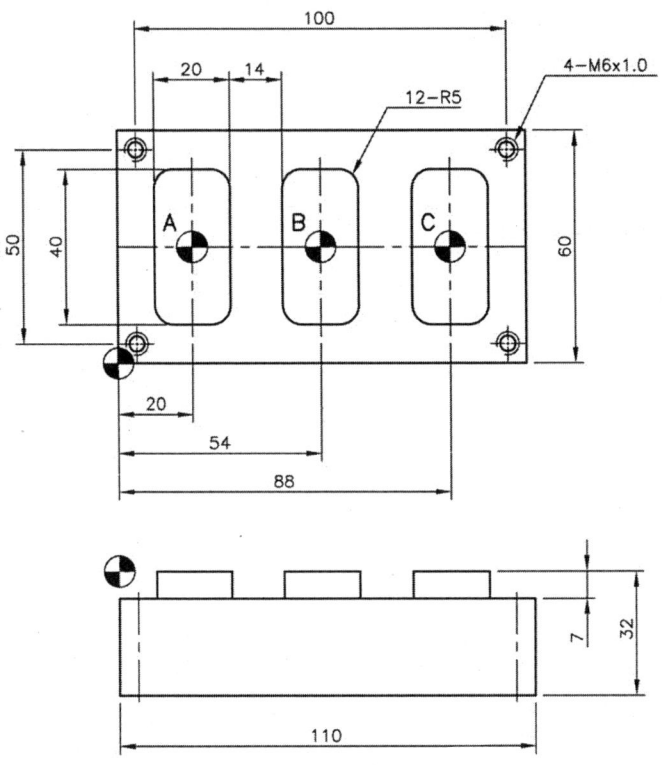

- 가공경로

  황삭 : 2에서 깊이 6.5mm를 준다. 1에서 12까지 가공 프로그램을 작성한다.

  정삭 : 2에서 깊이 7.0mm를 준다. 1에서 12까지 가공 프로그램을 작성한다.

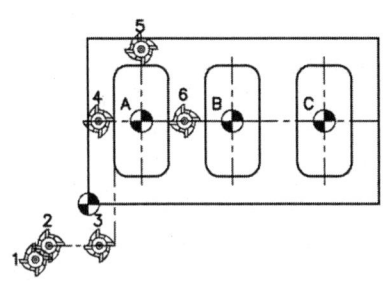

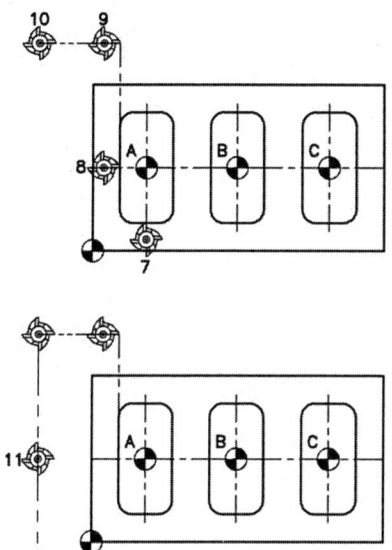

주 프로그램

```
O0307 ;

G40 G49 G80 ;
G91 G30 Z0. M19 ;
T03 M06(ø4 센터드릴) ;
G54 G90 G00 X5. Y5. ;
G43 Z200. H03 S1500 M03 ;
Z10. M08 ;
G81 G99 Z-5. R3. F150 ;
M98 P5600 ;
G00 Z200. G80 M09 ;
G49 M05 ;
G91 G30 Z0. M19 ;
T04 M06(ø5 드릴) ;
```

```
G90 G00 X5. Y5. ;
G43 Z200. H04 S1000 M03 ;
Z10. M08 ;
G73 G99 G90 Z-35. R3. Q3. F80 ;
M98 P5600 ;
G00 Z200. G80 M09 ;
G49 M05 ;
G91 G30 Z0. M19 ;
T05 M06(M6 탭) ;
G90 X5. Y5. ;
G43 Z200. H05 S250 M03 ;
Z10. M08 ;
G84 G99 Z-35. R3. F250 ;
M98 P5600 ;
G00 Z200. G80 M09 ;
G49 M05 ;
G91 G30 Z0. M19 ;
T01 M06(ø12 라핑엔드밀) ;
G90 G00 X-20. Y-20. ;
G43 Z200. H01 S1000 M03 ;
Z10. ;
G01 Z0. F60 M08 ;
G52 X20. Y30. ;
M98 P0317 ;
G52 X54. Y30. ;
M98 P0317 ;
G52 X88. Y30. ;
M98 P0317 ;
```

```
G52 X0. Y0. ;
G00 Z200. M09 ;
G49 M05 ;
G91 G30 Z0. M19 ;
T02 M06(ø12 엔드밀) ;
G90 G00 X-20. Y-20. ;
G43 Z200. H02 S1400 M03 ;
Z10. M08 ;
G01 Z0. F120 ;
G52 X20. Y30. ;
M98 P0318 ;
G52 X54. Y30. ;
M98 P0318 ;
G52 X88. Y30. ;
M98 P0318 ;
G52 X0. Y0. ;
G00 Z200. M09 ;
G49 M05 ;
G91 G28 X0. Y0. Z0. ;
M02 ;
```

보조 프로그램

```
O5600 ;
G90 X105. ;
Y55. ;
X5. ;
M99 ;
```

> 보조 프로그램

O0317 ;

G90 G00 X-35. Y-45. ;
G01 Z-6.8 F60 ;
G41 X-10. D01 ;   콘트롤의 보정값 D01에는 12.5를 입력한다.
Y15. ;
G02 X-5. Y20. R5. ;
G01 X5. ;
G02 X10. Y15. R5. ;
G01 Y-15. ;
G02 X5. Y-20. R5. ;
G01 X-5. ;
G02 X-10. Y-15. R5. ;
G01 Y45. ;
Z5. ;
G40 G00 X-40. Y45. ;
Y-40. ;
M99 ;

> 보조 프로그램

O0318 ;

G90 G00 X-35. Y-45. ;
G01 Z-7. F120 ;
G41 X-10. D02 ;   콘트롤의 보정값 D02에는 12.0을 입력한다.
Y15. ;
G02 X-5. Y20. R5. ;

```
G01 X5. ;
G02 X10. Y15. R5. ;
G01 Y-15. ;
G02 X5. Y-20. R5. ;
G01 X-5. ;
G02 X-10. Y-15. R5. ;
G01 Y45. ;
Z5. ;
G40 G00 X-40. Y45. ;
Y-40. ;
M99 ;
```

[표 6-7] 공구지름 보정값

핸들 운전	보정	상 대	기 계 좌 표	O0307 N0000		07/22 09.32
			번호	DATA	번호	DATA
			H001	205.581	D001	12.500
			H002	144.488	D002	12.000
			H003	0.000	D003	0.000

예제 6-9 다음 그림을 보고 보조 프로그램을 사용하여 프로그램을 작성하시오.
(단, 황삭, 정삭의 2회 가공으로 완성하는 프로그램으로 작성한다.)

공구번호	공구명칭	공구직경	회전수(rpm)	이송(mm/min)	여유량(mm)
T01	라핑엔드밀	ø12mm	S1000	F60	0.5
T02	엔드밀	ø12mm	S1400	F120	
T03	센터드릴	ø4mm	S1500	F150	
T04	드릴	ø5mm	S1500	F40	
T05	탭	M6	S250	F250	

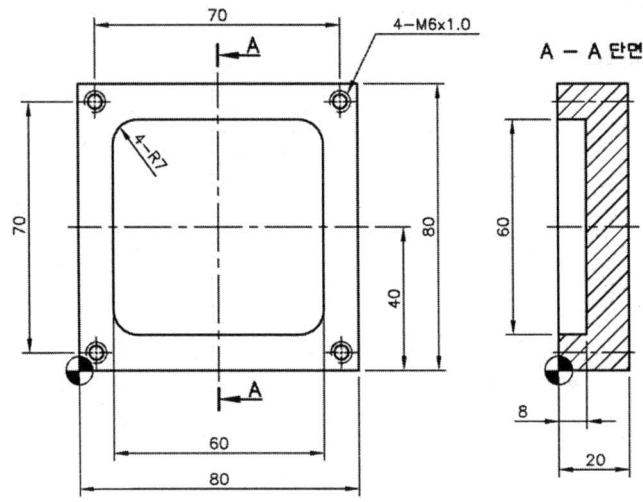

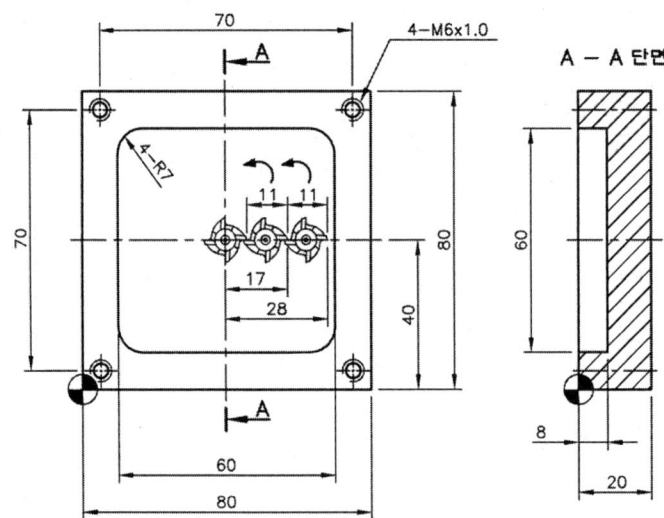

주 프로그램

```
O0309 ;

G40 G49 G80 ;
G91 G30 Z0. M19 ;
T03 M06(ø4 센터드릴) ;
G54 G90 G00 X5. Y5. ;
G43 Z200. H03 S1500 M03 ;
Z10. M08 ;
G81 G99 Z-5. R3. F150 ;
M98 P0319 ;
G00 Z200. G80 M09 ;
G49 M05 ;
G91 G30 Z0. M19 ;
T04 M06(ø5 드릴) ;
G90 G00 X5. Y5. ;
G43 Z200. H04 S1500 M03 ;
Z10. M08 ;
G73 G99 G90 Z-2. R3. Q3. F4 ;
M98 P0319 ;
G00 Z200. G80 M09 ;
G49 M05 ;
G91 G30 Z0. M19 ;
T05 M06(M6 탭) ;
G90 G00 X5. Y5. ;
G43 Z200. H05 S250 M03 ;
Z10. M08 ;
G84 G99 Z-25. R3. F250 ;
```

```
M98 P0319 ;
G00 Z200. G80 M09 ;
G49 M05 ;
G91 G30 Z0. M19 ;
T01 M06(ø12 라핑엔드밀) ;
G90 G00 X0. Y0. ;
G52 X40. Y40. ;
G00 X0. Y0. ;
G43 Z200. H01 S1000 M03 ;
Z10. M08 ;
G01 Z0. F60 M08 ;
M98 P30320 ;
G52 X0. Y0. ;
G00 Z200. M09 ;
G49 M05 ;
G91 G30 Z0. M19 ;
T02 M06(ø12 엔드밀) ;
G90 G00 X0. Y0. ;
G52 X40. Y40. ;
G00 X0. Y0. ;
G43 Z200. H02 S1400 M03 ;
Z10. M08 ;
G01 Z0. F120 M08 ;
M98 P0322 ;
G00 Z200. M09 ;
G49 M05 ;
G91 G28 X0. Y0. Z0. ;
M02 ;
```

보조 프로그램

O0319 ;

G90 X75. ;
Y75. ;
X5. ;
M99 ;

보조 프로그램

O0320 ;

G91 G01 Z-2.5 F40 ;
M98 P0321 ;
M99 ;

보조 프로그램

O0321 ;

G41 G90 G01 X17. F60 D01 ;   콘트롤의 보정값 D01에는 6.0을 입력한다.
G03 I-17. ;
G01 X28. ;
G03 I-28. ;
G01 X30. D02 ;   콘트롤의 보정값 D02에는 6.5를 입력한다.
Y23. ;
G03 X23. Y30. R7. ;
G01 X-23. ;
G03 X-30. Y27. R7. ;
G01 Y-23. ;

```
G03 X-23. Y-30. R7. ;
G01 X23. ;
G03 X30. Y-27. R7. ;
G01 Y7. ;
G40 X0. Y0. ;
M99 ;
```

보조 프로그램

```
O0322 ;
G91 G01 Z-8. F120 ;
M98 P0323 ;
M99 ;
```

보조 프로그램

```
O0323 ;
G41 G90 G01 X17. F60 D01 ;     콘트롤의 보정값 D01에는 6.0를 입력한다.
G03 I-17. ;
G01 X28. ;
G03 I-28. ;
G01 X30. ;
Y23. ;
G03 X23. Y30. R7. ;
G01 X-23. ;
G03 X-30. Y27. R7. ;
G01 Y-23. ;
G03 X-23. Y-30. R7. ;
G01 X23. ;
G03 X30. Y-27. R7. ;
```

```
G01 Y7. ;
G40 X0. Y0. ;
M99 ;
```

[표 6-8] 공구지름 보정값

핸들 운전	보 정	상 대	기 계 좌 표	O0309 N0000		07/22 09.32
	번호 H001 H002 H003		DATA 205.581 144.488 0.000	번호 D001 D002 D003		DATA 6.000 6.500 0.000

예제 6-10 다음 그림을 보고 보조 프로그램을 사용하여 프로그램을 작성하시오.
(단, 1회 가공으로 완성하는 프로그램으로 작성한다. 깊이는 7mm이다.)

공구번호	공구명칭	공구직경	회전수(rpm)	이송(mm/min)	비고
T01	라핑엔드밀	ø14mm	S800	F60	정삭

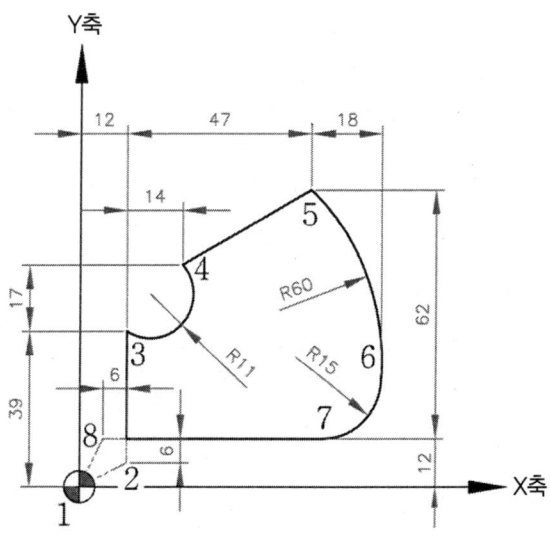

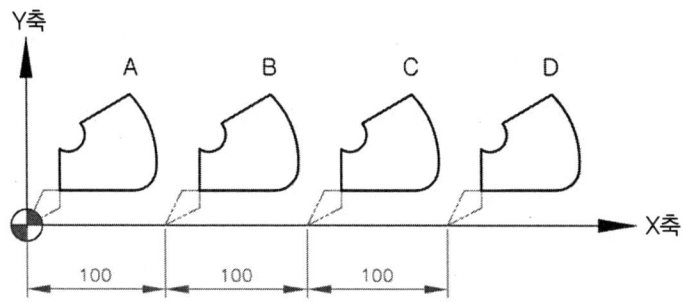

- 가공경로

1에서 2로 보정 받으면서 보정값은 D01 7.0mm를 준다. → 3으로 G01 가공 → 4로 G03가공 → 5로 G01가공 → 6으로 G02가공 → 7로 G02가공 → 8로 G01가공 → 9로 G40으로 보정해제

주 프로그램

O3000 ;

G40 G49 G80 ;
G91 G30 Z0. M19 ;
T01 M06(ø14 엔드밀) ;
G54 G90 G00 X-15. Y-15. ;
G43 Z200. H01 S800 M03 ;
Z10. M08 ;
G01 Z-7. F60 ;
X0. Y0. ;
G41 X12. Y6. D01 ;   콘트롤의 보정값 D01에는 7.0을 입력한다.
M98 P3100 ;
G91 X100. L3 ;

```
G00 Z200. M09 ;
G49 M05 ;
G91 G28 X0. Y0. Z0. ;
M02 ;
```

보조 프로그램

```
O3100 ;

G90 G01 Y39. ;
G03 X26. Y56. R11. ;
G01 X59. Y74. ;
G02 X77. Y27. R60. ;
G02 X62. Y12. R15. ;
G01 X6. ;
G40 G00 X0. Y0. ;
X100. ;
M99 ;
```

예제 6-11 다음 그림을 보고 보조 프로그램을 사용하여 프로그램을 작성하시오.
(단, 황삭, 정삭 가공으로 완성하는 프로그램으로 작성한다. 깊이는 7mm이다.)

공구번호	공구명칭	공구직경	회전수(rpm)	이송(mm/min)	여유량(mm)	비고
T01	라핑엔드밀	ø14mm	S800	F60	1차0.5 여유	황삭
T02	엔드밀	ø14mm	S1000	F80	2차0.2 여유	중삭
T02	엔드밀	ø14mm	S1500	F120		정삭

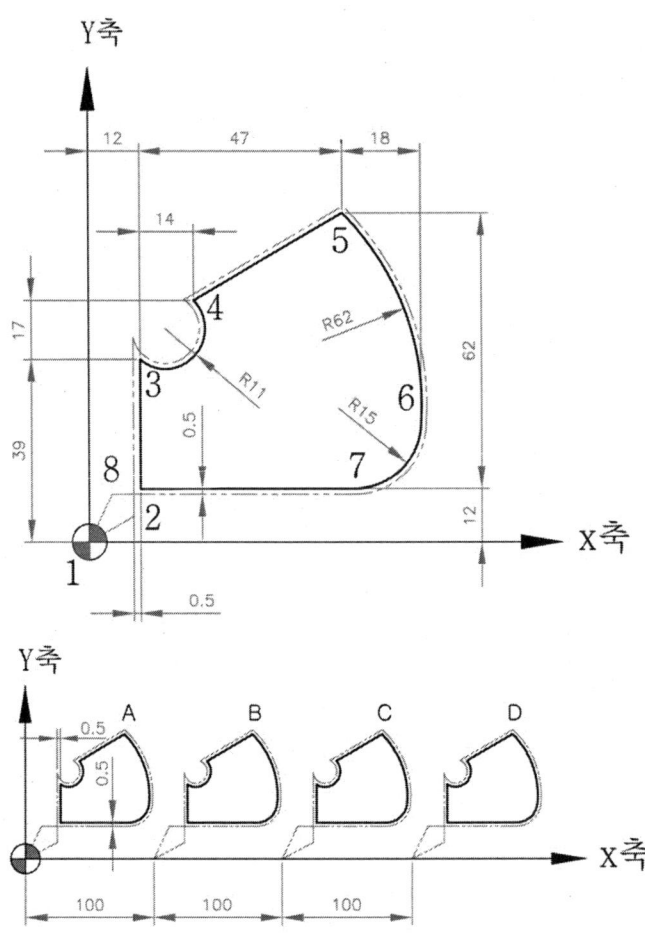

- 가공경로

황삭 경로

1에서 2로 보정 받으면서 보정값은 D01 7.5mm를 준다. → 3으로 G01 가공 → 4로 G03가공 → 5로 G01가공 → 6으로 G02가공 → 7로 G02가공 → 8로 G01가공 → 9로 G40으로 보정해제

중삭 경로

1에서 2로 보정 받으면서 보정값은 D02 7.2mm를 준다. → 3으로 G01 가공 → 4로 G03가공 → 5로 G01가공 → 6으로 G02가공 → 7로 G02가공 → 8로 G01가

공 → 9로 G40으로 보정해제

정삭 경로

1에서 2로 보정 받으면서 보정값은 D02 7.0mm를 준다. → 3으로 G01 가공 → 4로 G03가공 → 5로 G01가공 → 6으로 G02가공 → 7로 G02가공 → 8로 G01가공 → 9로 G40으로 보정해제

주 프로그램

```
O3333 ;

G40 G49 G80 ;
G91 G30 Z0. M19 ;
T01 M06(ø14 라핑엔드밀) ;
G54 G90 G00 X-15. Y-15. ;
G43 Z100. H01 S800 M03 ;
Z10. M08 ;
G01 Z-7.5 F60 ;
X0. Y0. ;
G41 X12. Y6. D01 ;             콘트롤의 보정값 D01에는 7.5를 입력한다.
G91 X100. L3 ;
G00 Z200. M09 ;
G49 M05 ;
G91 G30 Z0. M19 ;
T02 M06(ø14 엔드밀) ;
G90 G00 X-15. Y-15. ;
G43 Z200. H02 S1000 M03 ;
Z10. M08 ;
G01 Z-7.8 F80 ;
X0. Y0. ;
```

G41 X12. Y6. D02 ;   콘트롤의 보정값 D02에는 7.2을 입력한다.
M98 P3100 ;
G91 X100. L3 ;
G01 Z-8. ;
G41 X12. Y6. D03 S1500 M03 F120 ;   콘트롤의 보정값 D03에는 7.0을 입력한다.
M98 P3100 ;
G91 X100. L3 ;
G00 Z200. M09 ;
G49 M05 ;
G91 G28 X0. Y0. Z0. ;
M02 ;

보조 프로그램

O3100 ;

G90 G01 Y39. ;
G03 X26. Y56. R11. ;
G01 X59. Y74. ;
G02 X77. Y27. R60. ;
G02 X62. Y12. R15. ;
G01 X6. ;
G40 G00 X0. Y0. ;
X100. ;
M99 ;

제7장

고정 사이클

7.1 고정 사이클의 개요

고정 사이클은 동일한 위치에 반복 작업을 하는 경우, 여러 개의 블록으로 지령하는 가공동작을 G기능을 포함한 1개의 블록으로 지령하여 프로그램을 간단히 하는 기능이다. 일반적으로 고정 사이클은 [그림 7-1]과 같은 6개의 동작순서로 구성된다.

- 상세설명

    동작1 : X, Y축 위치결정
    동작2 : R점까지 급속이송(G00)
    동작3 : 구멍가공(절삭이송)
    동작4 : 구멍 바닥에서의 동작
    동작5 : R점 높이까지 복귀(급속이송)
    동작6 : 초기점 높이까지 복귀(급속이송)

고정 사이클의 위치결정은 X, Y평면상에서, 드릴은 Z축 방향에서 이루어진다.
이 고정 사이클의 동작을 규정하는 것에는 다음 3가지가 있다.

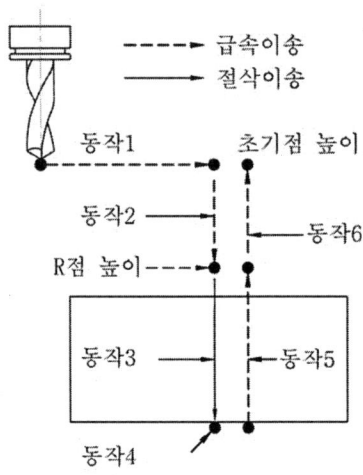

[그림 7-1] 고정 사이클의 동작순서

(1) 지령방식

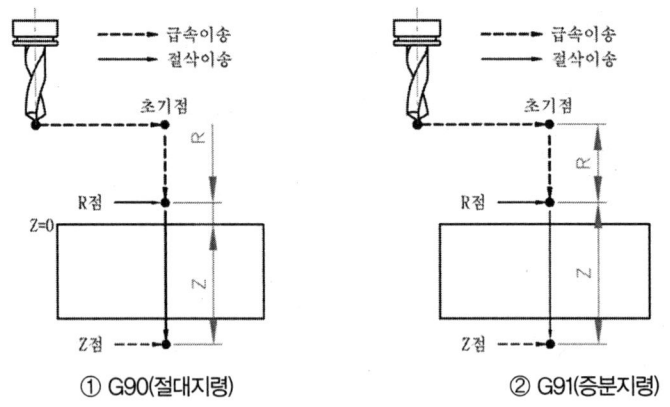

[그림 7-2] 절대지령방식과 증분지령방식

(2) 복귀점 위치

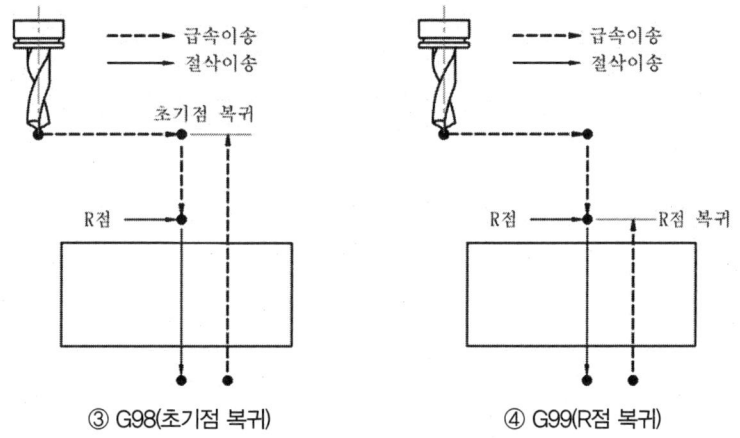

[그림 7-3] 초기점 복귀와 R 점 복귀

(3) 구멍 가공 모드

{G17, G18, G19} G_ {G90, G91} {G98, G99} X_ Y_ Z_ R_ Q_ P_ F_ K_ 또는 L_ ;

① **구멍 가공 모드** : [표 7-1] 고정 사이클 일람표 참조
② **구멍 위치 데이터** : 절대지령 또는 증분지령에 의한 구멍의 위치(급속이송)
③ **구멍 가공 데이터**

Z : R점에서 구멍바닥까지의 거리를 증분지령 또는 구멍바닥의 위치를 절대지령으로 지정

R : 가공을 시작하는 Z좌표치(Z축 공작물 좌표계 원점에서의 좌표값)

Q : G73, G83코드에서 매회 절입량 또는 G76, G87지령에서 후퇴량(항상 증분지령)

P : 구멍바닥에서 휴지시간

F : 절삭이송속도

K 또는 L : 반복횟수(0M에서는 K, 0M이외에는 L로 지정하며, 횟수를 생략할 경우 1로 간주한다.)

만일 0을 지정하면 구멍가공 데이터는 기억하지만 구멍가공은 수행하지 않는다.

고정 사이클의 구멍가공 모드는 한번 지령되면 다른 방식의 구멍가공 모드가 지령되든가 또는 고정 사이클을 취소하는 G80코드가 지령될 때까지 변화하지 않으며, 동일한 사이클 가공 모드를 연속하여 실행하는 경우에는 매 블록마다 지령할 필요가 없다.

고정 사이클을 취소하는 G코드인 G80및 G코드 일람표에서 01 그룹의 코드이다.

그리고 고정 사이클 도중에 구멍가공 데이터를 한번 지정하면, 이 데이터의 지정이 변경되거나 고정 사이클이 취소될 때까지 유지된다.

그러므로 필요한 구멍가공 데이터를 지정하여 고정 사이클을 개시하고 고정 사이클 도중에는 변경 되는 구멍가공 데이터의 X_, Y_의 값만 지정하며, 반복횟수 L은 필요할 때만 지령 하는데 L지정의 데이터는 계속하여 유지되지 않는다. 그리고 F코드로 지정된 절삭 이송속도는 고정 사이클이 무시되어도 계속 유지되며 값이 다른 F값이 나올때까지 계속 유지된다.

7.2 고정 사이클의 종류

고정 사이클의 종류와 용도는 [표 7-1]과 같다.

[표 7-1] 고정 사이클 일람표

G코드	드릴링 동작 (-Z 방향)	구멍바닥 위치에서 동작	구멍에서 나오는 동작 (+Z방향)	용 도
G73	간헐이송	-	급속이송	고속 팩 드릴링 사이클
G74	절삭이송	주축 정회전	절삭이송	역 태핑 사이클
G76	절삭이송	주축 정위치 정지	급속이송	정밀보링(고정 사이클Ⅱ)
G80	-	-	-	고정 사이클 취소
G81	절삭이송	-	급속이송	드릴링 사이클 (스폿 드릴링)
G82	절삭이송	드웰	급속이송	드릴링 사이클 (카운터보링 사이클)
G83	단속이송	-	급속이송	팩 드릴링 사이클

G코드	드릴링 동작 (-Z 방향)	구멍바닥 위치에서 동작	구멍에서 나오는 동작 (+Z방향)	용 도
G84	절삭이송	주축 역회전	절삭이송	태핑 사이클
G85	절삭이송	-	절삭이송	보링 사이클
G86	절삭이송	주축 정지	급속이송	보링 사이클
G87	절삭이송	주축 정지	절삭이송 또는 급속이송	보링 사이클 백보링 사이클
G88	절삭이송	드웰, 주축정지	수동이송 또는 급속이송	보링 사이클
G89	절삭이송	드웰	절삭이송	보링 사이클

(1) 드릴링, 스폿 드릴링 사이클(G81)

G81 {G90, G91} {G98, G99} X_ Y_ Z_ R_ F_ ;

일반 드릴링 사이클로서 스폿(spot)드릴링에 사용된다.

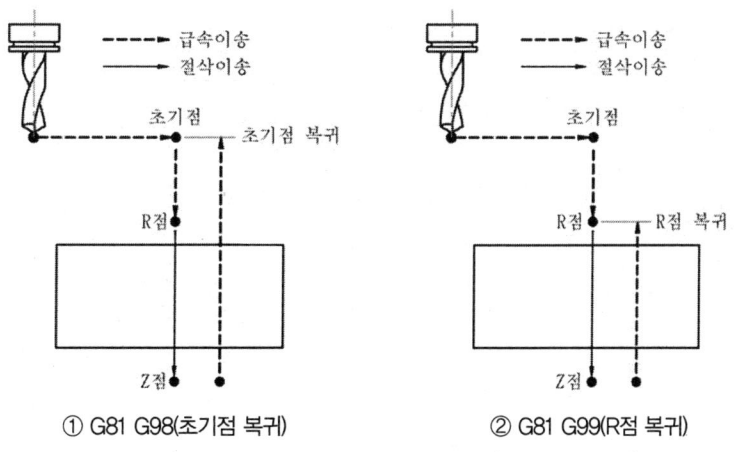

① G81 G98(초기점 복귀)   ② G81 G99(R점 복귀)

[그림 7-4] 드릴링, 스폿 드릴링 사이클 동작

예제 7-1 G81드릴링 사이클을 이용하여 드릴링하는 프로그램을 작성하시오.

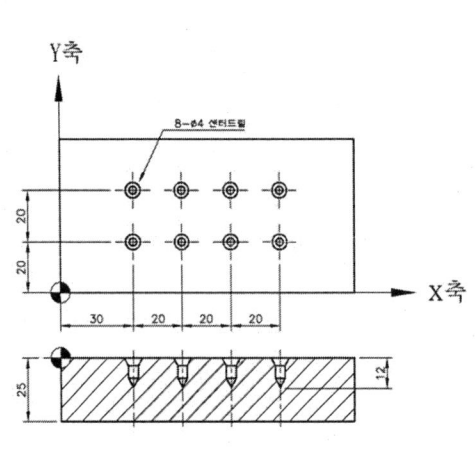

```
O0570 ;
G40 G49 G80 ;
G91 G30 Z0. M19 ;
T01 M06(ø4 센터드릴) ;
G54 G90 G00 X30. Y20. ;
G43 Z200. H01 S1500 M03 ;
Z10. M08 ;
G81 G99 Z-12. R3. F150 ;
G91 X20. K3 ;
Y20. ;
X-20. K3 ;
  ↓
```

(2) 드릴링, 카운터 보링, 보링 사이클(G82)

G82 {G90, G91} {G98, G99} X_ Y_ Z_ P_ R_ F_ ;

G81과 기능이 같지만 구멍바닥에서 휴지한 후 복귀되므로 구멍의 정밀도가 향상된다.

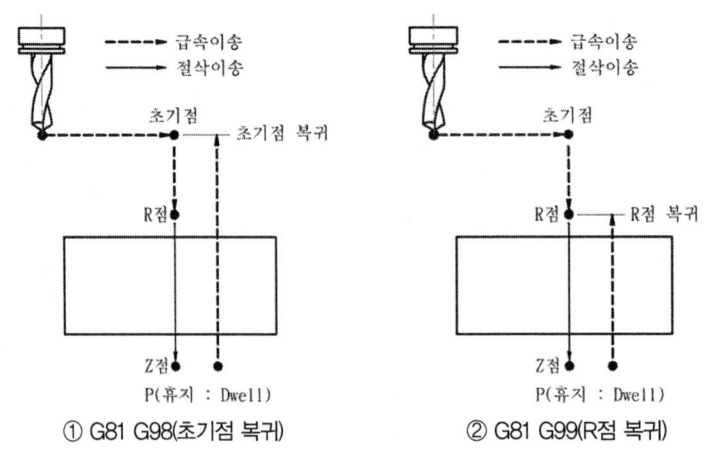

① G81 G98(초기점 복귀)　　② G81 G99(R점 복귀)

[그림 7-5] 드릴링 카운터 보링 사이클 동작

(3) 팩 드릴링 사이클(G83)

G83 {G90, G91} {G98, G99} X_ Y_ Z_ Q_ R_ F_ ;

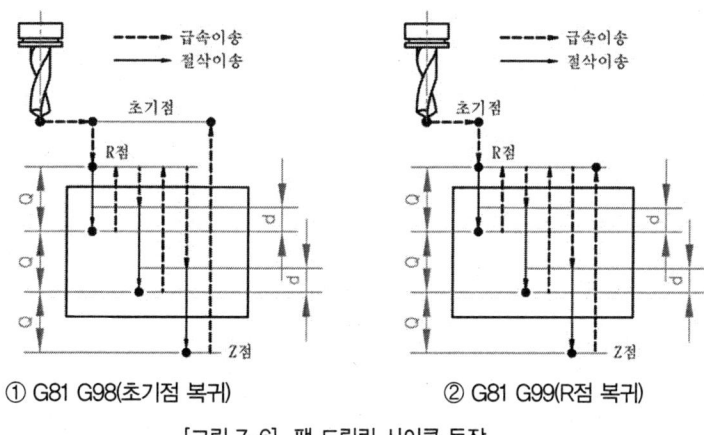

① G81 G98(초기점 복귀)　　　② G81 G99(R점 복귀)

[그림 7-6] 팩 드릴링 사이클 동작

절입후 매번 R점까지 복귀하여 다시 절삭지점으로 급속 이송한 다음 가공하기 때문에 칩 배출이 용이하여 깊은 구멍가공으로 적합하다. d값은 파라미터로 설정하며 Q는 "+"값으로 지정한다.

예제 7-2 G83 팩 드릴링 사이클을 이용하여 드릴링하는 프로그램을 작성하시오.

공구번호	공구명칭	공구직경	회전수(rpm)	이송(mm/min)
T01	드릴	ø8mm	S800	F60

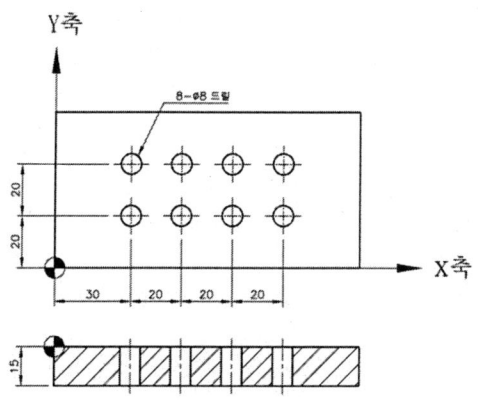

O0571 ;

G40 G49 G80 ;

G91 G30 Z0. M19 ;

T01 M06(ø8 드릴) ;

G54 G90 G00 X30. Y20. ;

G43 Z200. H01 S800 M03 ;

Z10. M08 ;

```
                              G83 G99 Z-18. R3. F60 ;
                              G91 X20. K3 ;
                              Y20. ;
                              X-20. K3 ;
                                  ↓
```

(4) 고속 팩 드릴링 사이클(G73)

G73 {G90, G91} {G98, G99} X_ Y_ Z_ Q_ R_ F_ ;

G73 고정 사이클은 Z방향의 간헐 이송으로 깊은 구멍을 절삭할 때 칩의 배출이 용이하고 후퇴량 d를 파라메타에서 설정할 수 있으므로 고능률적인 가공을 할 수 있다.
매회 이송량 Q는 부호 없이 증분값으로 지령한다.

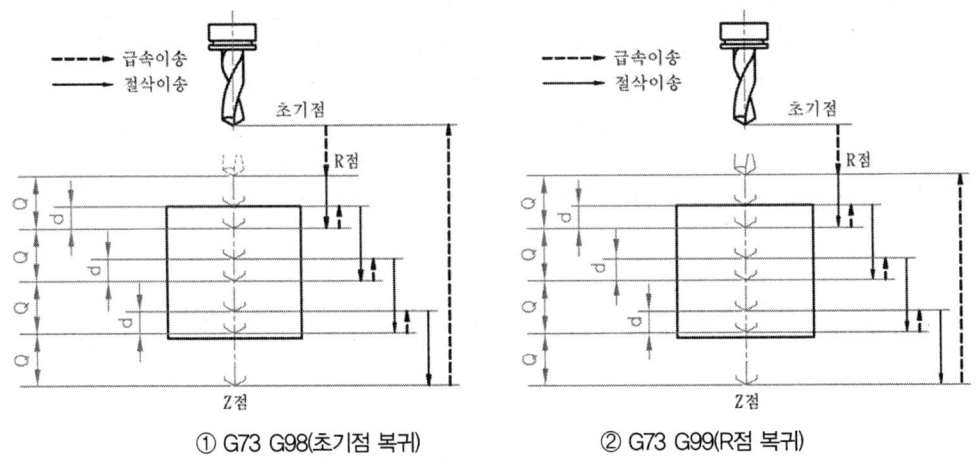

① G73 G98(초기점 복귀)   ② G73 G99(R점 복귀)

[그림 7-7] 고속 팩 드릴링 사이클 동작

예제 7-3 G73 고속 팩 드릴링 사이클을 이용하여 드릴링하는 프로그램을 작성하시오.
(단, 구멍위치에는 센터드릴로 기초가공을 한 상태이다.)

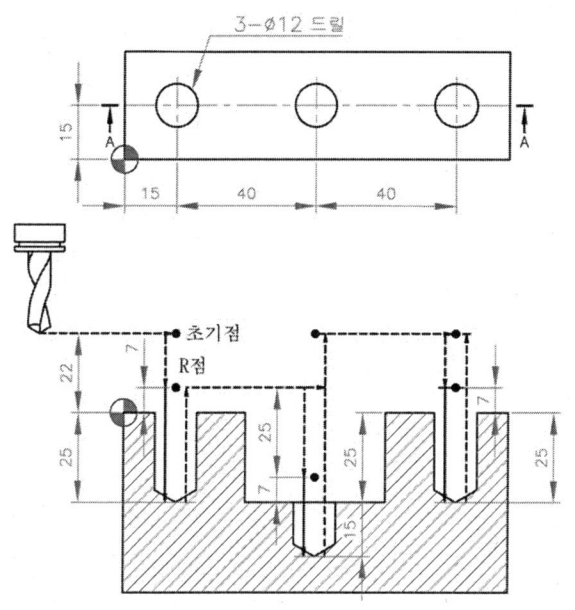

O0573 ;
G40 G49 G80 ;
G91 G30 Z0. M19 ;
T01 M06(ø12 드릴) ;
G54 G90 G00 X15. Y15. ;
G43 Z200. H01 S600 M03 ;
Z22. M08 ;
G73 G99 Z-25. R7. Q3. F40 ;
G98 X55. Z-40. R7. ;
X95. Z-25. R7. ;
G80 ;
G00 Z200. M09 ;
G49 M05 ;
M02 ;

예제 7-4 G73 고속 팩 드릴링 사이클을 이용하여 드릴링하는 프로그램을 작성하시오.
(단, G81기능을 사용하여 센터드릴로 기초가공을 하고 극좌표를 사용하시오.)

공구번호	공구명칭	공구직경	회전수(rpm)	이송(mm/min)
T01	센터드릴	ø4mm	S1500	F100
T02	드릴	ø8mm	S80	F60

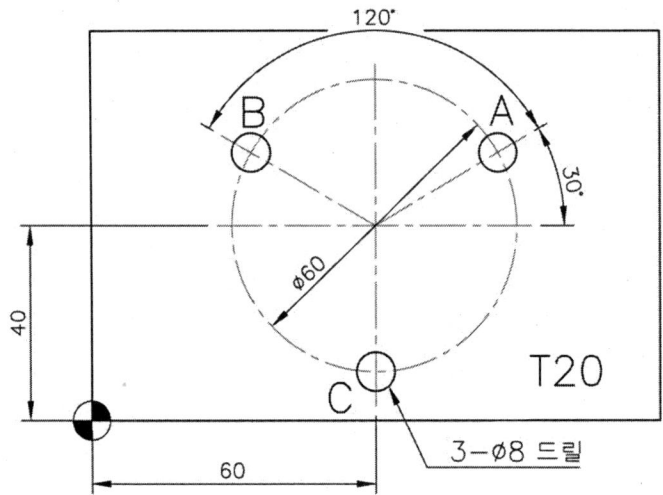

주 프로그램

```
O7000 ;

G40 G49 G80 ;
G91 G30 Z0. M19 ;
T01 M06(ø4 센터드릴) ;
G54 G90 G00 X0. Y0. ;
G52 G90 X60. Y40. ;
G43 Z200. H01 S1200 M03 ;
Z10. M08 ;
G16 ;
```

```
G81 G99 X30. Y30. Z-5. R3. F100 ;
  M98 P7100 ;
  G00 Z200. G49 G80 M05 ;
  G91 G30 Z0. M19 ;
  T02 M06(ø8 드릴) ;
  G16 ;
  G90 G00 X30. Y30. ;
  G43 Z200. H02 S1000 M03 ;
  Z10. M08 ;
  G73 G99 Z-13. R3. Q4. F60 ;
  M98 P7100 ;
  G52 X0. Y0. ;
  G00 Z200. G49 G80 M05 ;
  G91 G28 X0. Y0. Z0. ;
  M02 ;
```

보조 프로그램

```
O7100 ;
G90 Y150. ;
Y270. ;
G15 ;
M09 ;
M99 ;
```

(5) 태핑 사이클(G84)

G83 {G90, G91} {G98, G99} X_ Y_ Z_ Q_ R_ F_ ;

구멍바닥에서 주축이 역회전하여 태핑 사이클을 수행한다. 가장 많이 사용되는 기능임.

Rigid 모드 태핑(M29)

근래에는 태핑 사이클(G84)과 역 태핑 사이클, G74)에 종래의 모드와 Rigid모드(동기 태핑 모드라고도 함)가 추가되어 있다.

종래의 모드는 태핑 축을 움직임에 따라 M03(주축 정회전), M04(주축 역회전), M05(주축 정지)의 보조기능에 의해 주축을 회전 혹은 정지시켜 태핑을 함으로써 다소의 오차를 수용할 수 있는 신축성을 가진 탭 홀더인 Float tap holder를 사용하였다.

그러나 Rigid모드는 스핀들에 직접 엔코더를 설치하여 접촉시킴으로써, Z축 동작이 스핀들의 회전과 함께 보간을 할 수 있도록 한 방법으로, Z축의 일정량 이송마다 주축을 1회전 하도록 제어하며, 가감속시에도 변하지 않는다. 따라서 Float Tap holder가 필요 없고 고속 고정도의 태핑이 가능하다. Rigid모드의 사용 여부는 파라미터에서 지정할 수 있으며 다음 과 같은 방법으로 Rigid모드의 지령이 가능하다.

- 태핑 지령에 앞서 M29S__ 을 지령한다.
- 태핑 지령과 같은 블록에 M29S__ 을 지령한다.
- G84를 파라미터에서 Rigid모드 G-코드로 지령함(FANUC16M, 18M, 21M이상의 시스템)

M29
{G84, G74} {G98, G99} X_ Y_ Z_ R_ F_ K_ ;

● 명령워드의 의미

X, Y : 구멍의 중심 위치   Z : 탭핑가공의 구멍 깊이
R : G99의 R점의 좌표   F : 탭핑가공의 이송속도(mm/min)
k : 반복횟수

● 탭 가공시 회전수 및 이송속도 지령하기

① 탭의 회전수
국제적으로 탭에 따라서 정확히 지령되어 있다.
② 탭의 이송속도
F = N x P
F : 탭의 이송속도(mm/nin), N : 주축의 회전수(rpm), P : 나사의 피치값(mm)

특히 탭 가공시 회전수 및 이송을 잘못 지정하면 탭의 파손이 되고 파손이 되지 않더라도 정확한 피치값이 생성되지 않으므로 주의하여야 한다.

그리고 산업현장에서는 F(피치값)에 곱하기 0.05를 하여 작업을 하면 떨림 방지 및 탭이 정확이 가공되어지므로 연습으로 한번씩 가공하길 권하길 바란다.

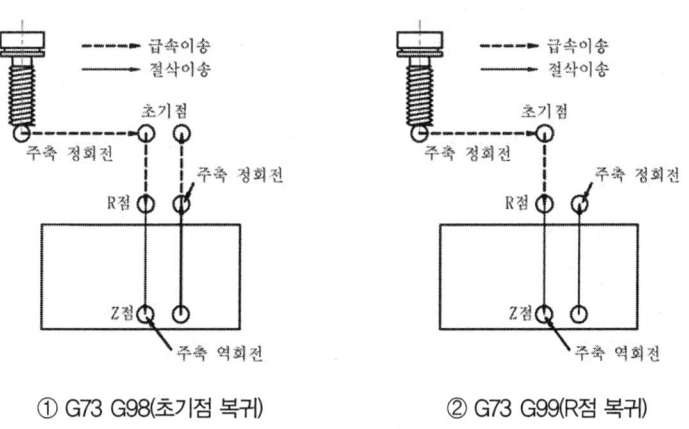

[그림 7-8] 태핑 사이클 동작

예제 7-5 G84와 Rigid Tapping을 이용하여 프로그램을 작성하시오.
(단. 구멍위치에는 센터드릴 및 ø6.8mm로 기초가공을 한 상태이다.)

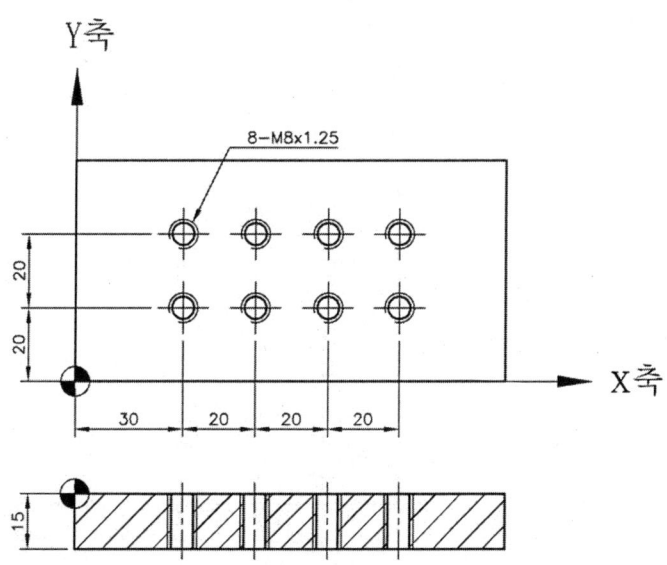

공구번호	공구명칭	공구직경	회전수(rpm)	이송(mm/min)
T03	탭	M8mm	S200	F250

G84 프로그램
O0574 ;
G40 G49 G80 ;
G91 G30 Z0. M19 ;
T03 M06(M8 탭) ;
G54 G90 G00 X30. Y20. ;
G43 Z200. H03 S200 M03 ;
Z10. M08 ;
G84 G99 Z-18. R5. F250 ;
   G91 X20. K3 ;
   Y20. ;
   X-20. K3 ;
G80 ;
G00 Z200. M09 ;
G49 M05 ;
M02 ;

Rigid Tapping 프로그램
O0574
G40 G49 G80 ;
G91 G30 Z0. M19 ;
T03 M06(M8 탭) ;
G54 G90 G00 X30. Y20. ;
G43 Z200. H03 S200 M03 ;
Z10. M08 ;
M29 S100 ;
G84 G99 Z-18. R5. F250 ;
G91 X20. K3 ;
Y20. ;
X-20. K3 ;
G80 ;
G00 Z200. M09 ;
G49 M05 ;
M02 ;

예제 7-6 G84를 이용하여 프로그램을 작성하시오.

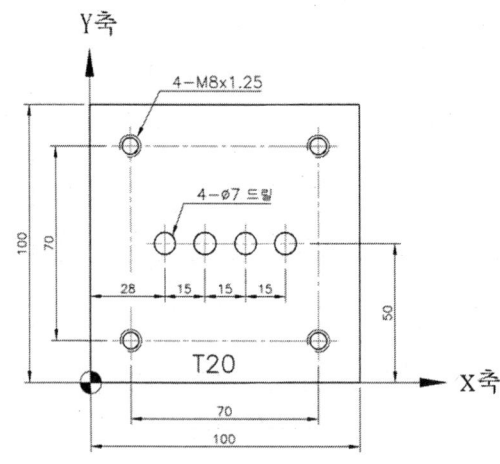

공구번호	공구명칭	공구직경	회전수(rpm)	이송(mm/min)
T01	센터드릴	ø4mm	S1500	F80
T02	드릴	ø6.8mm	S1000	F60
T03	드릴	ø7.0mm	S1100	F60
T04	탭	M8mm	S200	F250

주 프로그램

O8000 ;
G40 G49 G80 ;
G91 G30 Z0. M19 ;
T01 M06(ø4 센터드릴) ;
G54 G90 G00 X15. Y15. ;
Z200. H01 S1500 M03 ;
Z10. M08 ;
G81 G99 Z-5. R3. F80 ;
M98 P8100 ;
G00 X28. Y50. ;
G81 G99 Z-5. R3. F80 ;
M98 P8900 ;
G00 Z200. G49 G80 M05 ;
G91 G30 Z0. M19 ;
T02 M06(ø6.8 드릴) ;
G90 G00 X15. Y15. ;
G43 Z200. H02 S1000 M03 ;
Z10. M08 ;
G73 G99 Z-25. R3. Q4. F60 ;
M98 P8100 ;
G00 Z200. G49 G80 M05 ;
G91 G30 Z0. M19 ;

보조 프로그램

O8100 ;
G91 X70. ;
Y70. ;
X-70. ;
G90 G01 Z10. ;
G00 Z200. ;
M09 ;
M99 ;

보조 프로그램

O8900 ;
G91 X15. ;
X15. ;
X15. ;
M09 ;
M99 ;

```
T03 M06(ø7 드릴) ;
G90 G00 X28. Y50. ;
G43 Z200. H03 S1100 M03 ;
Z10. M08 ;
G73 G99 Z-25. R3. Q4. F60 ;
M98 P8900 ;
G00 Z200. G49 G80 M05 ;
G91 G30 Z0. M19 ;
T04 M06(M8 탭) ;
G90 G00 X15. Y15. ;
G43 Z200. H04 S200 M03 ;
Z10. M08 ;
G84 G99 Z-25. R3. F250 ;
M98 P8100 ;
G00 Z200. G49 G80 M05 ;
G91 G28 X0. Y0. Z0. ;
M02 ;
```

예제 2-1 G84를 이용하여 프로그램을 작성하시오.
(단, 극좌표를 포함하여 프로그램을 하시오.)

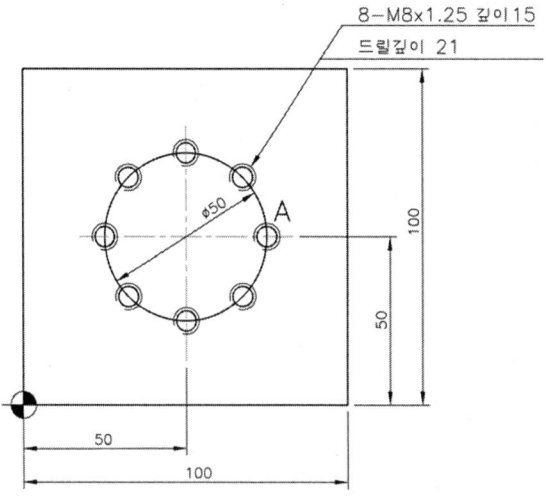

공구번호	공구명칭	공구직경	회전수(rpm)	이송(mm/min)
T01	센터드릴	ø4mm	S1500	F80
T02	드릴	ø6.8mm	S1000	F60
T03	탭	M8mm	S200	F250

극좌표 지령시 주의사항

① 앞의 극좌표 설명을 참조하길 바란다.
   X, Y에서 각도는 Y인데 극좌표를 지령시에는 절대지령, 증분지령이 있는데, 도면의 형태에 따라 적절히 혼합하여 사용하여도 무방하다.
② 극좌표를 사용후 다시 원래의 절대좌표값으로 지령을 하려면 반드시 극좌표 지령 해제 기능인 G15를 지령한후에 X, Y 좌표를 주어야 된다.

주 프로그램

```
O8001 ;

G40 G49 G80 ;
G91 G28 X0. Y0. Z0. ;
G91 G30 Z0. M19 ;
T01 M06 (ø4 센터드릴) ;
G54 G90 G00 X0. Y0. ;
G52 X50. Y50. ;
X0. Y0. ;
G43 Z200. H01 S1500 M03 ;
Z10. M08 ;
G16 ;
G81 G99 X25. Y0. Z-5. R3. F80 ;
M98 P8101 ;
G00 Z200. G49 G80 M05 ;
G91 G30 Z0. M19 ;
T02 M06 (ø6.8 드릴) ;
```

보조 프로그램

```
O8101 ;

G90 Y45. ;
Y90. ;
Y135. ;
Y180. ;
Y225. ;
Y270. ;
Y315. ;
G15 ;
M09 ;
M99 ;
```

```
G43 Z200. H02 S1000 M03 ;
Z10. M08 ;
G16 ;
G81 G99 G90 X25. Y0. Z-21. R3. F60 ;
M98 P8101 ;
G00 Z200. G49 G80 M05 ;
G91 G30 Z0. M19 ;
T03 M06(M8 탭) ;
G43 Z200. H03 S200 M03 ;
Z10. M08 ;
G16 ;
G84 G99 G90 X25. Y0. Z-15. R3. F250 ;
M98 P8101 ;
G52 X0. Y0. ;
G91 G28 X0. Y0. Z0. ;
M02 ;
```

(6) 역 태핑 사이클(G74)

G74 {G90, G91} {G98, G99} X_ Y_ Z_ R_ F_ ;

왼나사를 가공하는 기능으로 주축은 먼저 M04(역회전)하면서 Z점까지 들어가고, 빠져 나올 때는 M03(정회전) 한다. G74 동작 중에는 이송속도 오버라이드(Over ride)는 무시되며, 이송정지(Feed hold)를 ON해도 복귀동작이 완료될 때까지 정지하지 않는다.

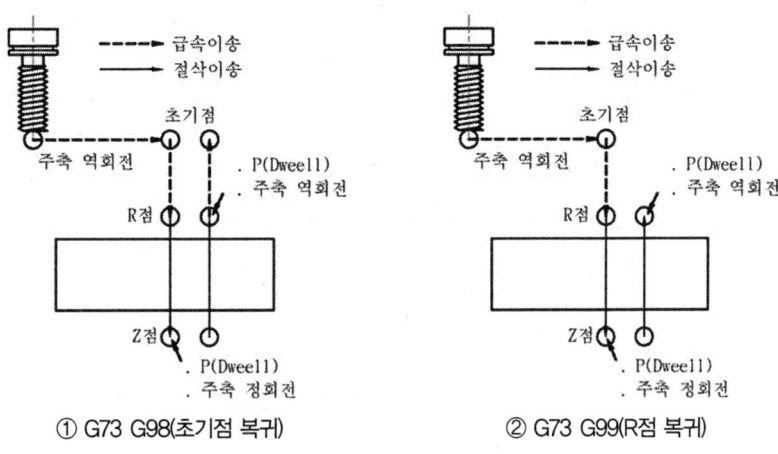

① G73 G98(초기점 복귀)　　② G73 G99(R점 복귀)

[그림 7-9] 역 태핑 사이클 동작

(7) 정밀 보링 사이클(G76)

G76 {G90, G91} {G98, G99} X_ Y_ Z_ R_ F_ ;

보링작업시 구멍바닥에서 주축을 정위치에 정지시키고, 공구를 인선과 반대방향으로 Q에 지정된 값으로 도피(Shift)시켜, 가공면에 손상없이 R점이나 초기점으로 빼내므로 고정도 및 고능률적인 가공을 할 수 있다. Q의 값을 생략하면 도피하지 않는다.

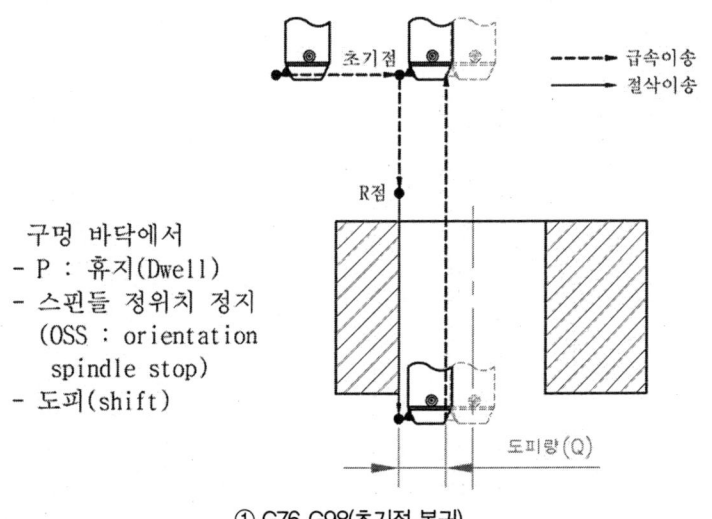

① G76 G98(초기점 복귀)

[그림 7-10] 정밀 보링 사이클 동작 G98(초기점 복귀)

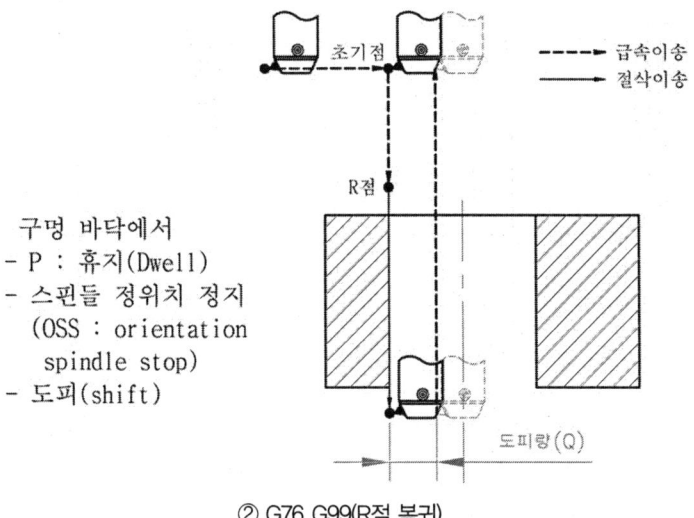

② G76 G99(R점 복귀)

[그림 7-11] 정밀 보링 사이클 동작 G99(R점 복귀)

(8) 보링 사이클(G85)

G85 {G90, G91} {G98, G99} X_ Y_ Z_ R_ F_ ;

일반적으로 리머 작업에 많이 사용하는 기능으로, G84의 지령과 같지만 구멍의 바닥에서 주축이 역회전하지 않는다. 따라서 공구가 구멍의 바닥에서 빠져 나올 때도 잔여량을 절삭하면서 나오게 된다.

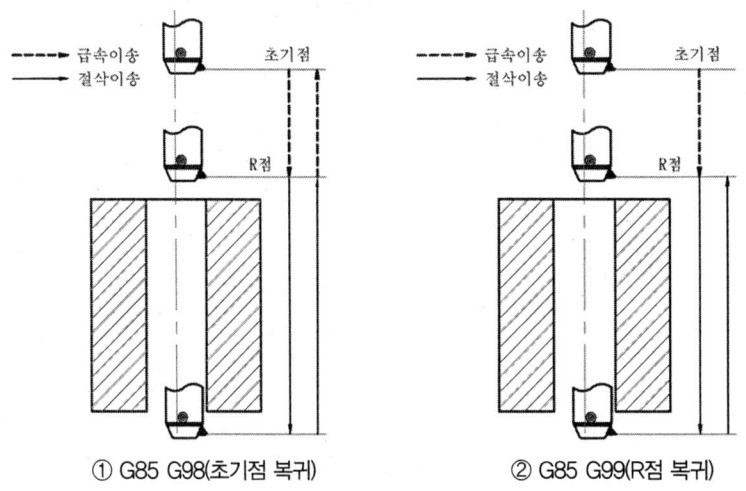

① G85 G98(초기점 복귀)   ② G85 G99(R점 복귀)

[그림 7-12] 보링 사이클 동작

(9) 보링 사이클(G86)

지령방법은 G85와 동일하고 사이클의 동작도 같지만, 공구가 구멍의 바닥에서 빠져 나올 때 주축이 정지하여 급속 이송으로 나오게 된다. 따라서 이 지령의 경우, 가공시간은 단축할 수 있지만 G85보링 사이클에 비해 가공면의 정도가 떨어진다.

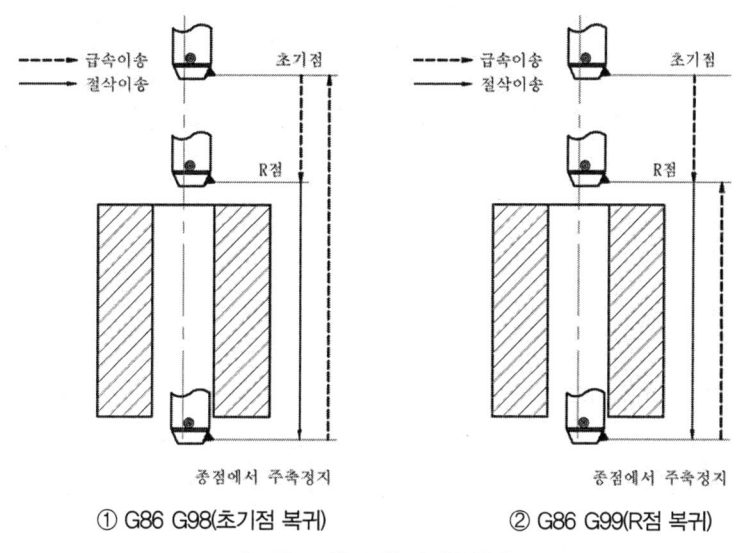

① G86 G98(초기점 복귀) ② G86 G99(R점 복귀)

[그림 7-13] 보링 사이클 동작

예제 2-1 G86을 이용하여 프로그램을 작성하시오.
(단, G81, G73기능을 포함하여 프로그램을 하시오)

공구번호	공구명칭	공구직경	회전수(rpm)	이송(mm/min)
T01	센터드릴	ø4mm	S1500	F80
T02	드릴	ø9mm	S700	F50
T03	카운터보링	ø12mm	S600	F40

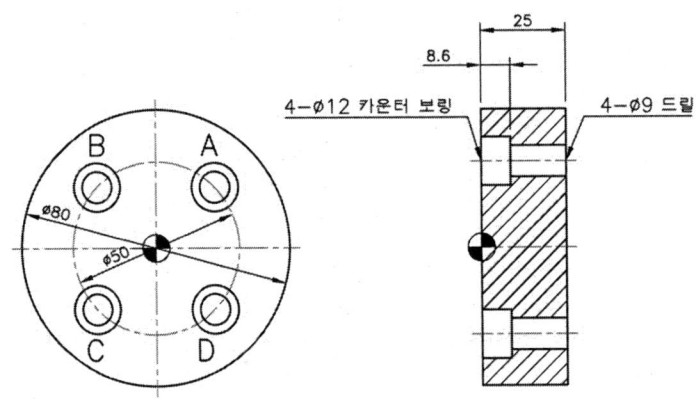

주 프로그램

O7004 ;

G40 G49 G80 ;
G91 G30 Z0. M19 ;
T01 M06(ø4 센터드릴) ;
G54 G90 G00 X0. Y0. ;
G43 Z200. H01 S1200 M03 ;
Z10. M08 ;
G16 ;
G81 G99 X25. Y45. Z-5. R3. F100 ;
M98 P7104 ;
G00 Z200. G49 G80 M05 ;
G91 G30 Z0. M19 ;
T02 M06(ø9 드릴) ;
G90 G00 X0 Y0 ;
G43 Z200. H02 S800 M03 ;
Z10. M08 ;
G16 ;
G73 G99 X25. Y45. Z-30. R3. Q4. F60 ;

보조 프로그램

O7104 ;
G90 Y135. ;
Y225. ;
Y315. ;
G15 ;
M09 ;
M99 ;

```
M98 P7104 ;
G00 Z200. G49 G80 M05 ;
G91 G30 Z0. M19 ;
T03 M06(ø12 카운터 보링) ;
G90 G00 X0. Y0. ;
G43 Z200. H03 S800 M03 ;
Z10. M08 ;
G16 ;
G86 G99 X25. Y45. Z-8.6 R3. F50 ;
M98 P7104 ;
G00 Z200. G49 G80 M05 ;
G91 G28 X0. Y0. Z0. ;
M02 ;
```

(10) 백 보링 사이클(G87)

G87 {G90, G91} {G98, G99} X_ Y_ Z_ Q_ R_ P_ K_ F_ ;

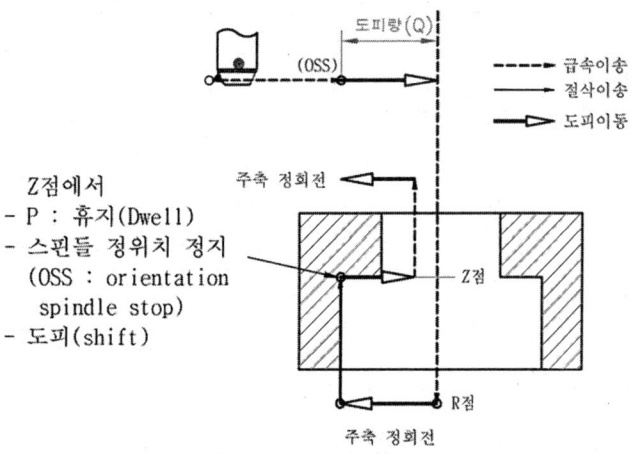

① G87 G98(초기점 복귀)

[그림 7-14] 백 보링 사이클 동작

구멍 밑면의 보링이나 2단으로 된 구멍가공에서 구멍의 아래쪽이 더 큰 경우의 가공에서는 주축을 정위치에 정지시켜 공구인선과 반대 방향으로 이동시켜 급속으로 구멍의 바닥 R점에 위치결정을 한다. 이 위치부터 다시 이동시킨 양 만큼 돌아와 빠져 나오면서 주축을 회전시켜 절삭한다.

(11) 보링 사이클(G88)

G88 {G90, G91} {G98, G99} X_ Y_ Z_ R_ P_ F_ ;

이 지령은 구멍바닥에서 일정 시간 드웰(Dwell)한 후 주축이 정지한다.
Z점에서 R점까지 수동으로 공구를 빼내면, 초기점으로 급속이송하며 주축이 정회전 한다.

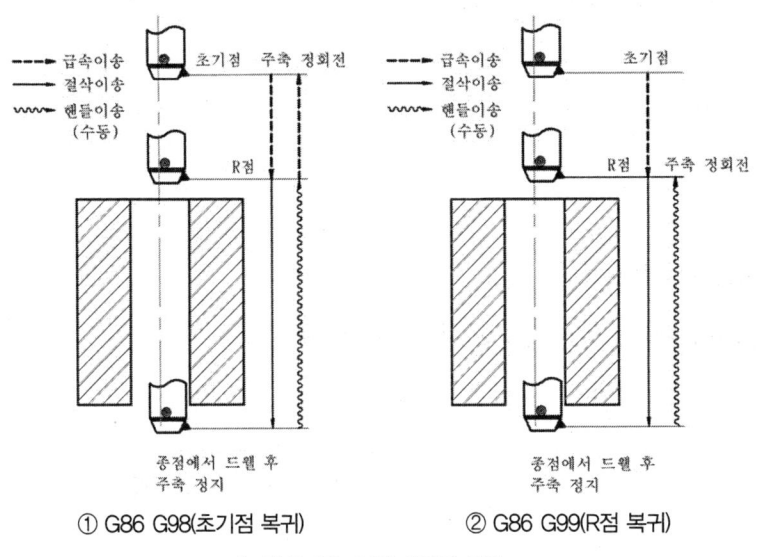

[그림 7-15] 보링 사이클 동작

(12) 보링 사이클(G89)

G89 {G90, G91} {G98, G99} X_ Y_ Z_ R_ P_ F_ ;

이 지령은 G85의 기능과 동일하나, 구멍의 바닥에서 일정시간을 휴지(Dwell)한다.

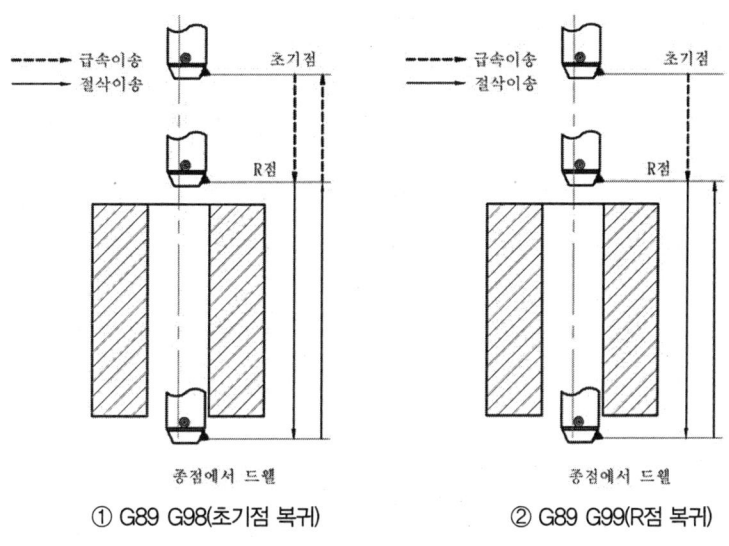

① G89 G98(초기점 복귀)　　　② G89 G99(R점 복귀)

[그림 7-16] 보링 사이클 동작

(13) 고정 사이클 취소(G80)

이 지령은 고정 사이클을 취소하고 다음 블록부터 정상적인 동작을 하게 된다. 이 경우 R점과 Z점 및 기타 구멍가공 데이터도 모두 취소된다.

제8장

좌표회전(G68)

8.1 좌표회전의 의의

평면좌표를 그대로 두고 도형의 형상을 일정한 각도로 회전시킨 도형을 좌표회전이라고 하는데, 회전된 도형을 프로그램하려면 삼각함수에 의하여 SIN, COS, TAN등의 함수를 사용하여 좌표값을 구하여 작업하여야 하는데 이렇게 한다는 것은 간단한 도형은 별 문제가 없지만 조금이라도 복잡한 도형은 프로그램을 수동으로 작성한다는 것은 불가능하다.

[그림 8-1] A를 프로그램하려면, B와 같은 상태에 있다고 생각하고 프로그램하여야 하는데 아주 간단하게 생각하면 된다. 평소에 하든대로 프로그램을 하고 회전값만 주면 된다.

즉, 그림 A가 그림 B의 수평에 있다고 생각을 하고 프로그램을 작성한 후 각도 만큼 회전시키는 명령을 주면 아주 간단히 작성할 수 있다.

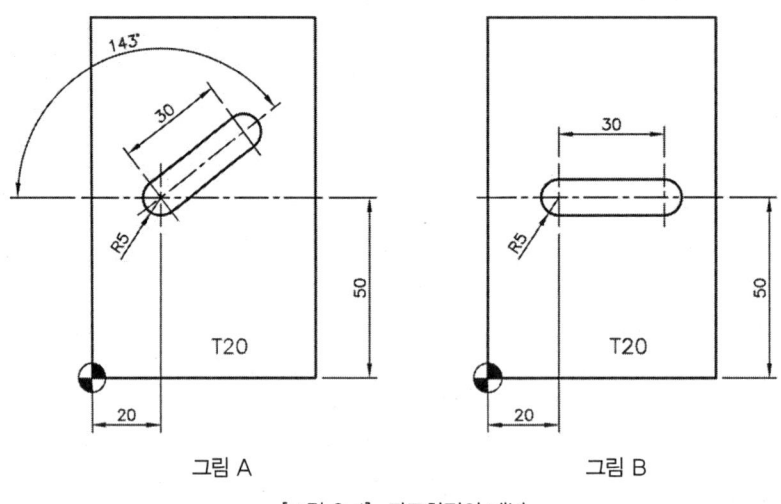

그림 A   그림 B

[그림 8-1] 좌표회전의 개념

8.2 다양한 좌표회전의 예제 종류

예제 8-1 [그림 8-1] 의 B의 상태에서 프로그램을 작성하시오.
(단, 1회가공으로 프로그램한다. 절삭깊이는 12mm로 한다.)

공구번호	공구명칭	공구직경	회전수(rpm)	이송(mm/min)
T01	센터드릴	ø4mm	S1500	F100
T02	드릴	ø6mm	S1200	F60
T03	엔드밀	ø8mm	S1000	F60

일반적인 프로그램

```
O2000 ;

G40 G49 G80 ;
G91 G28 X0. Y0. Z0. ;
G91 G30 Z0. M19 ;
T01 M06(ø4 센터드릴) ;
G54 G90 G00 X0. Y0. ;
G43 Z200. H01 S1500 M03 ;
Z10. ;
G52 X20. Y50. ;
G90 G00 X0. Y0. ;
G01 Z-5. F100 M08 ;
Z5. ;
G00 Z200. G49 M09 ;
M05 ;
G91 G30 Z0. M19 ;
T02 M06(ø6 드릴) ;
G90 G00 X0. Y0. ;
G43 Z200. H02 S1200 M03 ;
Z10. ;
G01 Z-11.8 F60 M08 ;
Z5. ;
G00 Z200. G49 M09 ;
M05 ;

G91 G30 Z0. M19 ;
T03 M06(ø8 엔드밀) ;
G90 G00 X0. Y0. ;
G43 Z200. H03 S1000 M03 ;
Z10. ;
G01 Z-12. F60 M08 ;
X30. ;
X15. ;
G41 Y5. D03 ;
X0. ;
G03 Y-5. R5. ;
G01 X30. ;
G03 Y5. R5. ;
G01 X4. ;
G40 Y0. ;
Z5. ;
G00 Z200. M09 ;
G49 M05 ;
G00 Z200. M09 ;
G49 M05 ;
G91 G28 X0. Y0. Z0. ;
M02 ;
```

위의 일반적인 프로그램을 작성하는 식으로 프로그램을 하고, 다음의 법칙에 의하여 프로그램을 조금만 수정하면 된다.

- 지령형식과 의미

  - 지령 : G68 X_ Y_ R_ ;
  - 해제 : G69 ;

- X, Y, Z, : 중심좌표값(항상 절대값으로 지령한다.)
  가공평면(G17, G18, G19)에 따라 2개의 축만 선택하여 G68 뒤에 지령한다.
- R : 도형의 회전각도
  즉, 수평에 대하여 기울어져 있는 각도를 지령한다.
  시계의 3시방향을 각도 0°로 하고, 반시계방향으로 기울어져 있으면 R+ 시계방향으로 기울어져 있으면 R- 파라미터에 따라 절대값, 증분값으로 바뀐다. 파라미터의 6400번의 RIN을 0으로 하면 절대값으로만 되고 RIN을 1로 하였을 때는 G90이면 절대값 G91이면 증분값으로 된다.

좌표회전 프로그램의 법칙

① G68 을 만나면 X, Y로 지령한 좌표점을 중심으로 하여 뒤의 R_ 로 지령한 각도로 G68다음의 프로그램은 회전을 한 상태에서 작업을 수행한다.
② 만약, G68다음의 X, Y의 지령을 생략하면 현재의 위치가 회전 중심이 되며, G68다음의 R을 생략하면 파라미터 6411번에 설정되어 있는 값 만큼 회전한다.
③ 일반적인 프로그램에서는 G17 평면에서 X, Y의 위치 이동에서 위치의 변화가 없으면, X, Y중 1개만 사용하면 되는데 좌표회전에서는 반드시 G17평면 일 때에는 2개 모두 지령하여야 한다. 그렇지 않으면 Alram이 발생한다.

[그림 8-1]의 좌표회전 프로그램

O2000 ;

G40 G49 G80 ;
G91 G30 Z0. M19 ;
T01 M06(ø4 센터드릴) ;
G54 G90 G00 X0. Y0. ;
G43 Z200. H01 S1500 M03 ;
Z10. ;
G52 X20. Y50. ;
G90 G00 X0. Y0. ;
G01 Z-5. F100 M08 ;
Z5. ;
G00 Z200. M09 ;
G49 M05 ;
G91 G30 Z0. M19 ;
T02 M06(ø6 드릴) ;
G90 G00 X0. Y0. ;
G43 Z200. H02 S1200 M03 ;
Z10. ;
G01 Z-11.8 F60 M08 ;
Z5. ;
G00 Z200. M09 ;
G49 M05 ;

G91 G30 Z0. M19 ;
T03 M06(ø8 엔드밀) ;
G90 G00 X0. Y0. ;
G68 X0. Y0. R37. ;
G43 Z200. H03 S1000 M03 ;
Z10. ;
G01 Z-12. F60 M08 ;
X30. Y0. ;
X15. Y0. ;
G41 X15. Y5. D03 ;
X0. Y5. ;
G03 X0. Y-5. R5. ;
G01 X30. Y-5. ;
G03 X30. Y5. R5. ;
G01 X4. Y5. ;
G40 X4. Y0. ;
Z5. ;
G69 ;
G00 Z200. M09 ;
G49 M05 ;
G91 G28 X0. Y0. Z0. ;
M02 ;

예제 8-2 다음의 그림을 보고 좌표회전을 이용하여 프로그램을 작성하시오.
(단, 1회가공으로 프로그램한다. X30. Y20.의 위치에는 ø8mm 드릴로 기초 구멍이 Z-7.mm 가공되어 있다.)

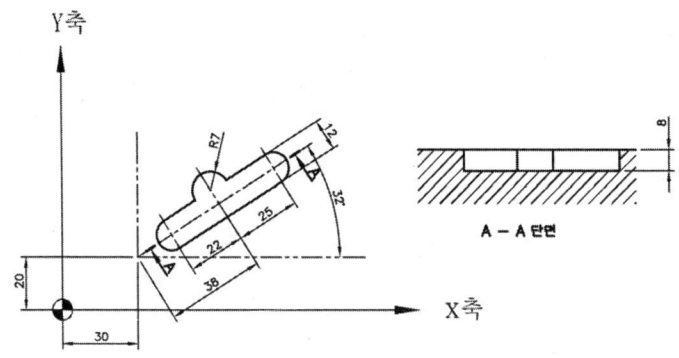

좌표회전 프로그램

```
O2000 ;

G40 G49 G80 ;
G91 G30 Z0. M19 ;
T03 M06(ø8 엔드밀) ;
G54 G90 G00 X0. Y0. ;
G43 Z200. H01 S1500 M03 ;
Z10. ;
G52 X30. Y20. ;
G90 G00 X0. Y0. ;
G68 X0. Y0. R32. ;
G00 X16. Y0. ;
Z5. ;
G01 Z-8. F60 M08 ;
X63. Y0. ;
G41 X63. Y6. D03 ;
X45. Y6. ;
G03 X31. Y6. R7. ;
G01 X16. Y6. ;
G03 X16. Y-6. R6. ;
G01 X63. Y-6. ;
G03 X63. Y6. R6. ;
G01 X58. Y6. ;
G40 X58. Y0. ;
Z5. ;
G69 ;
G00 Z200. M09 ;
G49 M05 ;
G91 G28 X0. Y0. Z0. ;
M02 ;
```

예제 8-3 공구 조건표를 가지고 아래의 그림을 좌표회전을 이용하여 프로그램을 작성하시오.
(단, 황삭, 정삭 프로그램으로 구분하여 가공을 하고 보조 프로그램을 사용한다.)

공구번호	공구명칭	공구직경	회전수(rpm)	이송(mm/min)
T01	센터드릴	ø4mm	S1500	F100
T02	드릴	ø6mm	S1200	F60
T03	라핑 엔드밀	ø8mm	S800	F60
T04	엔드밀	ø8mm	S1500	F60

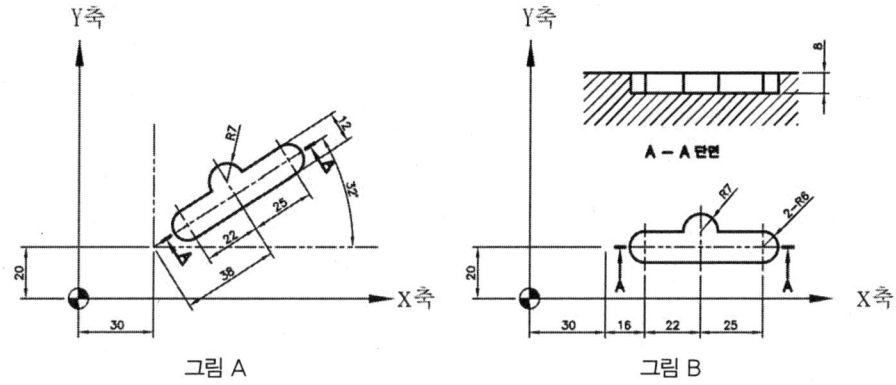

그림 A   그림 B

좌표회전 프로그램 편리하게 작성하는 요령

1. 평면에 놓고 프로그램을 작성한다.
2. 좌표회전 공식에 맞추어 프로그램을 편집한다.

위의 그림에서처럼 A가 좌표회전으로 표현된 프로그램인데 이상태에서는 로칼좌표계(G52)로 G52X30.Y20.으로 잡아서 프로그램하면 되는데, 이때에도 삼각함수로 좌표값을 잡아야 함으로 CAD를 사용하지 않고는 도저히 프로그램을 할 수가 없다.
이럴 때에는 위의 그림 B처럼 수평에 있다고 가정을 하고, 프로그래을 하고 좌표회전 만큼 회전을 시키는 방법으로 프로그램을 하면 된다.
즉, 평면에서 프로그램을 작성하고 주 프로그램 전에 G68X0.Y0.R 값을 주면 된다.
그림 B에서도 특히 주의하여야 할 것은, 로컬좌표계로 G52X30.Y20.을 변경시킨 후에 프로그램을 하여야 한다는 법칙은 절대 잊어서는 않된다.

좌표회전 프로그램

```
O8006 ;
G40 G49 G80 ;
G91 G30 Z0. M19 ;
T01 M06(ø4 센터드릴) ;
G54 G90 G00 X0. Y0. ;
G43 Z200. H01 S1500 M03 ;
Z10. ;
G52 X30. Y20. ;
G90 G00 X0. Y0. ;
G16 ;
G00 X16. Y32. ;
G01 Z-5. F80 M08 ;
G15 ;
G52 X0. Y0. ;
G00 Z200. M09 ;
G49 M05 ;
G91 G30 Z0. M19 ;
T02 M06(ø8 드릴) ;
G90 G00 X0. Y0. ;
G43 Z200. H02 S800 M03 ;
Z10. ;
G52 X30. Y20. ;
G16 ;
G90 G00 X16. Y32. ;
G01 Z-7.8 F60 M08 ;
G15 ;
G52 X0. Y0. ;
G00 Z200. M09 ;
M05 ;
G91 G30 Z0. M19 ;
T03 M06(ø8 라핑 엔드밀) ;
G90 G00 X0. Y0. ;
G43 Z200. H03 S800 M03 ;
Z10. ;
G52 X30. Y20. ;
G90 G00 X0. Y0. ;
G68 X0. Y0. R32. ;
X16. Y0. ;
G01 Z-7.8 F60 M08 ;
X63. Y0. ;
G41 X63. Y6. D03(D03 = 4.2 입력) ;
M98 P8106 ;
G00 Z200. M09 ;
G49 M05 ;
G91 G30 Z0. M19 ;
T04 M06(ø8 엔드밀) ;
G90 G00 X0. Y0. ;
G43 Z200. H04 S1500 M03 ;
Z10. ;
G52 X30. Y20. ;
G90 G00 X0. Y0. ;
G68 X0. Y0. R32. ;
G00 X16. Y0. ;
G01 Z-8. F80 M08 ;
X63. Y0. ;
G41 X63. Y6. D04(D04 = 4. 입력) ;
M98 P8106 ;
G00 Z200. M09 ;
G49 M05 ;
G91 G28 X0. Y0. Z0. ;
M02 ;
```

보조 프로그램
O8106 ;
G90 G01 X50. Y6. ;
G02 X45. Y11. R5. ;
G01 X45. Y15. ;
G03 X31. Y15. R7. ;
G01 X31. Y11. ;
G02 X26. Y6. R5. ;
G01 X16. Y6. ;
G03 X16. Y-6. R6. ;
G01 X63. Y-6. ;
G03 X63. Y6. R6. ;
G01 X38. Y6. ;
G40 X38. Y0. ;
Z10. ;
G69 ;
M09 ;
M99 ;

예제 8-4 다음의 공구조건을 가지고 좌표회전을 이용하여 프로그램을 작성하시오.
(단, 황삭, 정삭 프로그램으로 구분하여 가공을 하고 보조 프로그램을 사용한다.)

공구번호	공구명칭	공구직경	회전수(rpm)	이송(mm/min)
T01	센터드릴	ø4mm	S1500	F80
T02	드릴	ø7mm	S1100	F60
T03	라핑 엔드밀	ø8mm	S800	F60
T04	엔드밀	ø8mm	S1500	F80

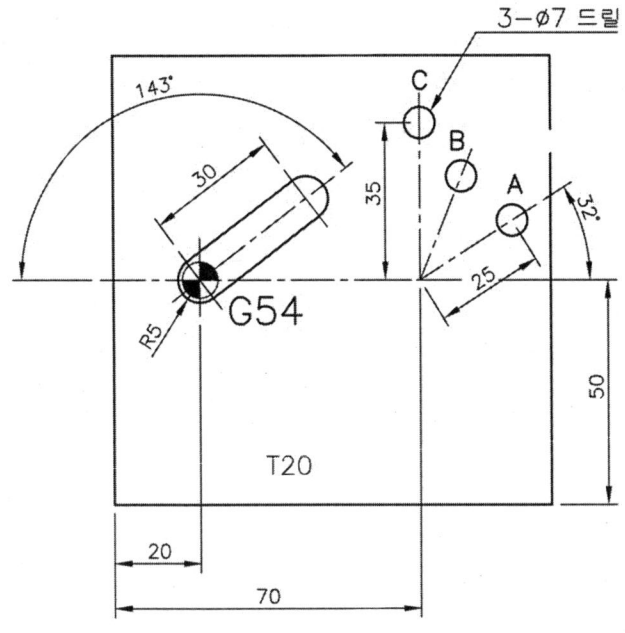

위의 그림에서도 좌표계를 잡는 방법은, 일단 외곽의 좌표를 잡은 후 X20. Y50.만큼 값을 뺀값을 계산하여 G54의 공작물 선택 값에 주어야 하며, G54를 기준으로 하여 좌표회전방식에 의하여 슬롯가공을 하고, 우측의 구멍은 구멍의 각각의 위치를 G54에서 계산하려면 삼각함수를 사용하여야 하는데, 값을 CAD가 아니면 현장에서 구하기가 어려우므로 로컬좌표계 G52로 (**G52X50.Y0.**)를 사용하여 구멍가공을 하여야 한다.

그리고 G52를 사용하여 작업하다가 G54의 원래의 공작물선택 원점을 사용하려면 다음과 같이 **G52X0.Y0.** 하면 로컬 좌표계가 해제되면서 G54의 원점으로 인식할 수 있다.

즉, 현장에서 삼각함수의 좌표값으로 값이 존재하면 극좌표나 또는 로컬좌표계의 둘중 적절한 방법을 선택하여 프로그램을 할 수 있다면 유능한 프로그래머가 될 수 있다.

좌표회전 프로그램

```
O8004 ;

G40 G49 G80 ;
G91 G30 Z0. M19 ;
T01 M06(ø4 센터드릴) ;
G54 G90 G00 X0. Y0. ;
G43 Z200. H01 S1500 M03 ;
Z10. M08 ;
G01 Z-5. F80 ;
G00 Z10. ;
G52 X50. Y0. ;
G16 ;
G81 G99 G90 X25. Y32. Z-5. R3. F80 ;
Y68. ;
X35. Y90. ;
G15 ;
G50 X0. Y0. ;
G00 Z200. G80 M09 ;
G49 M05 ;
G91 G30 Z0. M19 ;
T02 M06(ø7 드릴) ;
G90 G00 X0. Y0. ;
G43 Z200. H02 S1100 M03 ;
Z10. M08 ;
G73 G99 Z-25. R3. Q4. F60 ;
G00 Z10. ;
G52 X50. Y0. ;
G16 ;
G73 G99 G90 X25. Y32. Z-25. R3.
Q4. F60 ;
Y68. ;
X35. Y90. ;

G52 X0. Y0. ;
G15 ;
G00 Z200. G80 M09 ;
G49 M05 ;
G91 G30 Z0. M19 ;
T03 M06(ø8 라핑엔드밀) ;
G90 G00 X0. Y0. ;
G43 Z200. H03 S800 M03 ;
Z10. ;
G68 X0. Y0. R37. ;
G01 Z-25. F60 M08 ;
X30. Y0. ;
G41 X30. Y5. D03(D03 = 4.2 입력) ;
M98 P8104 ;
G00 Z200. M09 ;
G49 M05 ;
G91 G30 Z0. M19 ;
T04 M06(ø8 엔드밀) ;
G90 G00 X0. Y0. ;
G43 Z200. H04 S1500 M03 ;
Z10. M08 ;
G68 X0. Y0. R37. ;
G01 Z-25. F80 M08 ;
X30. Y0. ;
G41 X30. Y5. D04(D04 = 4. 입력) ;
M98 P8104 ;
G00 Z200. M09 ;
G49 M05 ;
M02 ;
```

보조 프로그램
O8104 ;
G90 G01 X0. Y5. ;
G03 X0. Y-5. R5. ;
G01 X30. Y-5. ;
G03 X30. Y5. R5. ;
G01 X15. Y5. ;
G40 X15. Y0. ;
G00 Z10. ;
G69 ;
M99 ;

예제 8-5 다음의 공구조건을 가지고 좌표회전을 이용하여 프로그램을 작성하시오.
(G10의 기능을 이용하여 프로그램 한다. 단, 황삭, 정삭 프로그램으로 구분하여 가공을 하고 보조 프로그램을 사용한다.)

공구번호	공구명칭	공구직경	회전수(rpm)	이송(mm/min)
T01	센터드릴	ø4mm	S1500	F80
T02	드릴	ø7mm	S1100	F60
T03	라핑 엔드밀	ø8mm	S800	F60
T04	엔드밀	ø8mm	S1500	F80

G10의 좌표계 입력방식의 공작물 가공법은 좋은 방식이므로 G92와 G54와 차이점은 다음과 같다.

G92의 공작물 좌표계 설정 방식은 가공시 공구가 반드시 원점을 복귀하여야 하며, G54의 공작물 선택 방식은 공작물 셋팅방법은 G92와 같지만 X, Y, Z의 좌표값이 화

면에 보이지 않고 CRT의 공작물좌표계 G54에 -값으로 기록되어 있으므로 각각의 좌표값을 눈으로 직접 볼 수 없지만 가공시 공구가 원점 복귀를 하지 않는다는 큰 장점이 있다. 그리고 보통 공장에서는 G54-G59의 좌표계 선택을 많이 사용하고 있다.

G10의 좋은 점은 G92와 G54의 장점을 모두 내포하고 있으므로 G92와 G54-G59의 개념을 완전히 이해할 수 있다면 적극 추천하고자 한다.

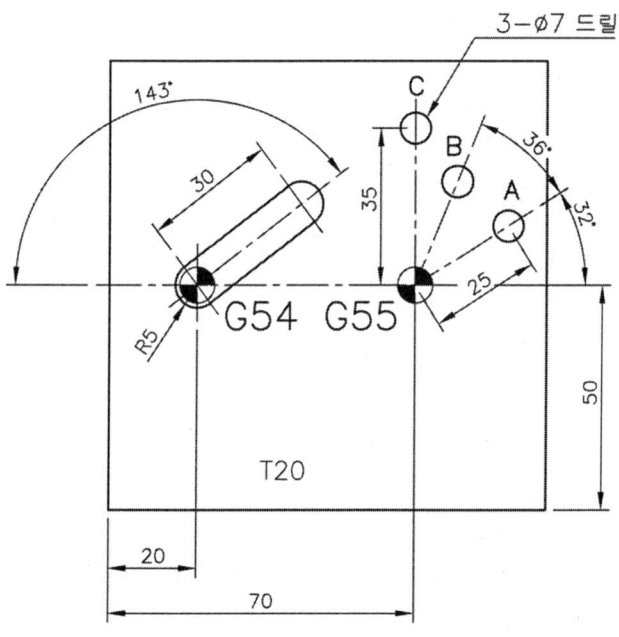

G10 L2 를 이용한 좌표회전 프로그램

O8005

G40 G49 G80 ;
G91 G28 X0. Y0. Z0. ;
G91 G30 Z0. M19 ;
T01 M06(ø4 센터드릴) ;
G90 G10 L2 P0 X0. Y0. Z0. ;
G10 L2 P01 X-200. Y-300. Z-400. ;
G10 L2 P02 X-150. Y-300. Z-400. ;
G54 G90 G00 X0. Y0. ;
G43 Z200. H01 S1500 M03 ;
Z10. M08 ;
G01 Z-5. F80 ;
G00 Z10. ;
G55 X0. Y0. ;
G16 ;
G81 G99 G90 X25. Y32. Z-5. R3. F80 ;
Y68. ;
X35. Y90. ;
G15 ;
G00 Z200. G80 M09 ;
G49 M05 ;
G91 G30 Z0. M19 ;
T02 M06(ø7 드릴) ;
G54 G90 G00 X0. Y0. ;
G43 Z200. H02 S800 M03 ;
Z10. M08 ;
G73 G99 Z-25. R3. Q4. F60 ;
G00 Z10. ;
G55 X0. Y0. ;
G16 ;

```
G73 G99 G90 X25. Y32. Z-25. R3. Q4. F60 ;
Y68. ;
X35. Y90. ;
G15 ;
G00 Z200. G80 M09 ;
G49 M05 ;
G91 G30 Z0. M19 ;
T03 M06(ø8 라핑엔드밀)
G54 G90 G00 X0. Y0. ;
G43 Z200. H03 S800 M03 ;
Z10. ;
G68 X0. Y0. R37. ;
G01 Z-25. F60 M08 ;
X30. Y0. ;
G41 X30. Y5. D03(D03 = 4.2 입력) ;
M98 P8105 ;
G00 Z200. M09 ;
G49 M05 ;
G91 G30 Z0. M19 ;
T04 M06(ø8 엔드밀) ;
G54 G90 G00 X0. Y0. ;
G43 Z200. H04 S1000 M03 ;
Z10. M08 ;
G68 X0. Y0. R37. ;
G01 Z-25. F80 M08 ;
X30. Y0. ;
G41 X30. Y5. D04(D04 = 4. 입력) ;
M98 P8105 ;
G00 Z200. M09 ;
G49 M05 ;
M02 ;
```

보조 프로그램
O8105 ;
G90 G01 X0. Y5. ;
G03 X0. Y-5. R5. ;
G01 X30. Y-5. ;
G03 X30. Y5. R5. ;
G01 X15. Y5. ;
G40 X15. Y0. ;
G00 Z10. ;
G69 ;
M99 ;

예제 8-6 다음의 공구조건을 가지고 좌표회전을 이용하여 프로그램을 작성하시오.
(단, 황삭, 정삭 프로그램으로 구분하여 가공을 하고 보조 프로그램을 사용한다.)

공구번호	공구명칭	공구직경	회전수(rpm)	이송(mm/min)
T01	라핑엔드밀	Ø12mm	S1000	F80
T02	엔드밀	Ø12mm	S1400	F120

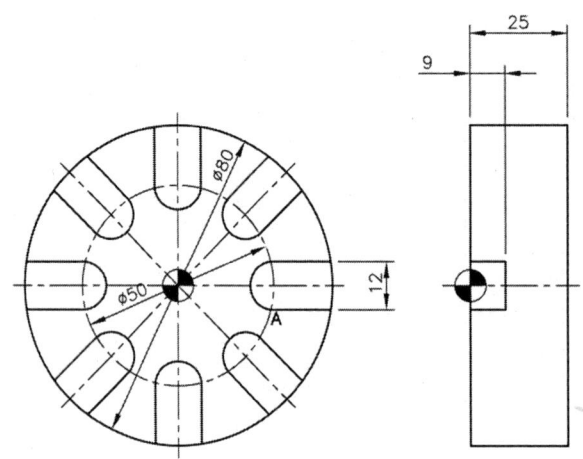

좌표회전 프로그램

```
O9710 ;

G40 G49 G80 ;
G91 G30 Z0. M19 ;
T01 M06(ø12 라핑엔드밀) ;
G54 G90 G00 X51. Y0. ;
G43 Z200. H01 S1000 M03 ;
Z5. ;
M98 P9711 ; 황삭 보조 프로그램 호출
G68 X0. Y0. R45. ;
M98 P9711 ;
G68 X0.Y0. R90. ;
M98 P9711 ;
G68 X0. Y0. R135. ;
M98 P9711 ;
G68 X0. Y0. R180. ;
M98 P9711 ;
G68 X0. Y0. R225. ;
M98 P9711 ;
G68 X0. Y0. R270. ;
M98 P9711 ;
G68 X0. Y0. R315. ;
M98 P9711 ;
G00 Z200. M09 ;
G49 M05 ;
G91 G30 Z0. M19 ;
```

```
T02 M06(ø12 엔드밀) ;
G90 G00 X51. Y0. ;
G43 Z200. H02 S1400 M03 ;
Z5. ;
M98 P9712 ; 정삭 보조 프로그램 호출
G68 X0. Y0. R45. ;
M98 P9712 ;
G68 X0. Y0. R90. ;
M98 P9712 ;
G68 X0. Y0. R135. ;
M98 P9712 ;
G68 X0. Y0. R180. ;
M98 P9712 ;
G68 X0. Y0. R225. ;
M98 P9712 ;
G68 X0. Y0. R270. ;
M98 P9712 ;
G68 X0. Y0. R315. ;
M98 P9712 ;
G00 Z200. M09 ;
G49 M05 ;
G91 G28 X0. Y0. Z0. ;
M02 ;
```

보조 프로그램	
O9711 ;	O9712 ;
G41 G00 G90 X51. Y6. D01 ;	G41 G00 G90 X51. Y6. D02 ;
Z-8.8 ;	Z-9. ;
G01 X24.269 Y6. F80 ;	G01 X24.269 Y6. F80 ;
G02 X24.269 Y-6. R6. ;	G02 X24.269 Y-6. R6. ;
G01 X51. Y6. ;	G01 X51. Y6. ;
G40 G00 X51. Y0. ;	G40 G00 X51. Y0. ;
Z5. ;	Z5. ;
M99 ;	M99 ;

다음과 같이 증분 방식으로 프로그램하여도 된다.

O9810 ;

G40 G49 G80 ;
G91 G30 Z0. M19 ;
T01 M06(ø 12 라핑 엔드밀) ;
G54 G90 G00 X51. Y0. ;
G43 Z200. H01 S1000 M03 ;
Z5. ;
M98 P9811 ;
M98 P079812 ;
G69 ;
G00 Z200. M09 ;
G49 M05 ;
G91 G30 Z0. M19 ;

```
T02 M06(ø12 엔드밀) ;
G54 G90 G00 X51. Y0. ;
G43 Z200. H02 S1400M 03 ;
Z5. ;
M98 P9813 ;
M98 P079814 ;
G69 ;
G00 Z200. M09 ;
G49 M05 ;
G91 G28 X0. Y0. Z0. ;
M02 ;
```

보조 프로그램

```
O9811 ;

G41 G00 G90 X51. Y6. D01 ;
Z-8.8 ;
G01 X24.269 Y6. F80 ;
G02 X24.269 Y-6. R6. ;
G01 X51. Y6. ;
G40 G00 X51. Y0. ;
Z5. ;
M99 ;
```

보조 프로그램

```
O9812 ;

G68 G91 X0. Y0. R45. ;          좌표회전 지령(각도 45°로 증분지령)
M98 P9811 ;                     황삭 보조 프로그램 O9811 호출
M99 ;


O9813 ;

G41 G00 G90 X51. Y6. D01 ;
Z-9. ;
G01 X24.269 Y6. F80 ;
G64 G02 X24.269 Y-6. R6. ;
G01 X51. Y6. ;
G40 G00 X51. Y0. ;
Z5. ;
M99 ;


O9814 ;

G68 G91 X0. Y0. R45. ;          좌표회전 지령(각도 45°로 증분지령)
M98 P9813 ;                     정삭 보조 프로그램 O9813 호출
M99 ;
```

예제 8-7 다음의 공구조건을 가지고 좌표회전을 이용하여 프로그램을 작성하시오.
(단, 황삭, 정삭 프로그램으로 구분하여 가공을 하고 보조 프로그램을 사용한다.)

공구번호	공구명칭	공구직경	회전수(rpm)	이송(mm/min)
T01	드릴	ø5mm	S1500	F50
T02	엔드밀	ø6mm	S1600	F60
T03	라핑엔드밀	ø8mm	S1000	F60
T04	엔드밀	ø10mm	S140	F80

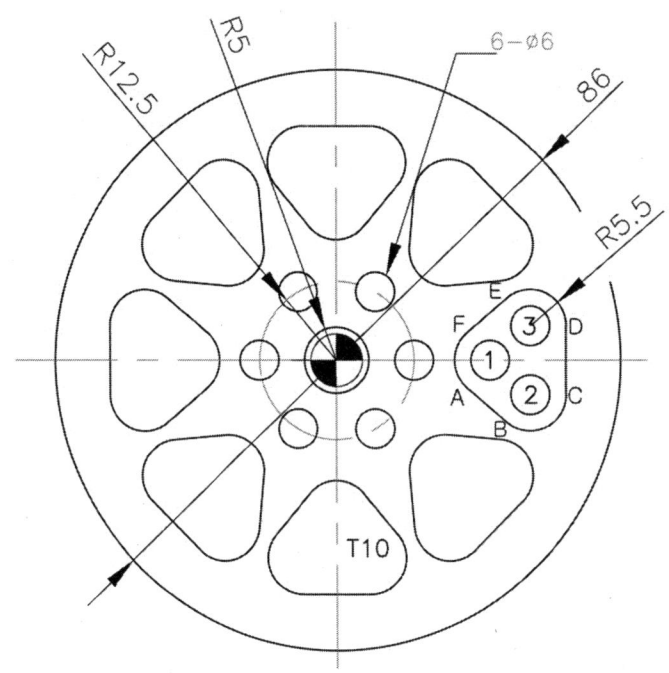

좌표회전 프로그램
O5003 ;

G40 G49 G80 ;
G91 G30 Z0. T01 M06(ø5 드릴) ;
G54 G90 G00 X0. Y0. ;
G43 Z100. H01 S1200 M03 ;
Z5. ;
M98 P5021 ;
M98 P5032 ;
G68 X0. Y0. R45. ;
M98 P5032 ;
G68 X0. Y0. R90. ;
M98 P5032 ;
G68 X0. Y0. R135. ;
M98 P5032 ;
G68 X0. Y0. R180. ;
M98 P5032 ;
G68 X0. Y0. R225. ;
M98 P5032 ;
G68 X0. Y0. R270. ;
M98 P5032 ;
G68 X0. Y0. R315. ;
M98 P5032 ;
G69 ;
G00 Z200. M09 ;
G49 M05 ;
G91 G30 Z0. T02 M06(ø6 엔드밀) ; |

```
G90 G00 X0. Y0. ;
G43 Z200. H02 S1200 M03 ;
Z5. ;
M98 P5021 ;
G00 Z200. M09 ;
G49 M05 ;
G91 G30 Z0. M19 ;
T03 M06(ø8 라핑엔드밀) ;
G90 G00 X0. Y0. ;
G43 Z200. H03 S1000 M03 ;
Z5. ;
M98 P5033 ;
G68 X0. Y0. R45. ;
M98 P5033 ;
G68 X0. Y0. R90. ;
M98 P5033 ;
G68 X0. Y0. R135.
M98 P5033
G68 X0. Y0. R180. ;
M98 P5033 ;
G68 X0. Y0. R225. ;
M98 P5033 ;
G68 X0. Y0. R270. ;
M98 P5033 ;
G68 X0. Y0. R315. ;
M98 P5033 ;
G69 ;
G00 Z200. M09 ;
```

```
G49 M05 ;
G91 G30 Z0. M19 ;
T04 M06(ø10 엔드밀) ;
G90 G00 X0. Y0. ;
G43 Z200. H04 S1000 M03 ;
Z5. ;
M98 P5034 ;
G68 X0. Y0. R45. ;
M98 P5034 ;
G68 X0. Y0. R90. ;
M98 P5034 ;
G68 X0. Y0. R135. ;
M98 P5034 ;
G68 X0. Y0. R180. ;
M98 P5034 ;
G68 X0. Y0. R225. ;
M98 P5034 ;
G68 X0. Y0. R270. ;
M98 P5034 ;
G68 X0. Y0. R315. ;
M98 P5034 ;
G69 ;
G00 Z200. M09 ;
G49 M05 ;
G91 G28 X0. Y0. Z0. ;
M02 ;
```

보조 프로그램

```
O5021 ;

G90 G16 ;
G81 G99 X12.5 Y0. Z-15. R3. F50 M08 ;
Y60. ;
Y120. ;
Y180. ;
Y240. ;
Y300. ;
G15 ;
G80 ;
G00 Z10. ;
M99 ;
```

보조 프로그램

```
O5032


G90 G16 ;
G81 G99 G90 X23.78 Y0. Z-15. R3. F50 M08 ;
X30. Y-5.22 ;
X30. Y5.22 ;
X23.78 Y0. ;
G80 ;
M99 ;
```

```
O5033 ;

G90 G00 X23.78 Y0. ;
G01 Z-15. F60 M08 ;
X30. Y-5.22 ;
G04 X2. ;
X30. Y5.22 ;
G04 X2. ;
X23.78 Y0. ;
G01 Z5. ;
M99 ;
```

```
O5034 ;

G90 G00 X23.78 Y0. ;              G03 X26.464 Y9.433 R5.5 ;
G01 Z-15. F80 M08 ;               G01 X20.243 Y4.213 ;
G41 X20.243 Y-4.213 ;             G03 X20.243 Y-4.213 R5.5 ;
X26.464 Y-9.433 ;                 G01 X26.464 Y-9.433 ;
G03 X35.500 Y-5.220 R5.5 ;        G40 X30. Y0. ;
G01 X35.500 Y5.220 ;              G00 Z5. ;
                                  M99 ;
```

제9장

미러 이미지(Mirror Image) 기능(G50, G51)

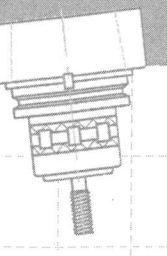
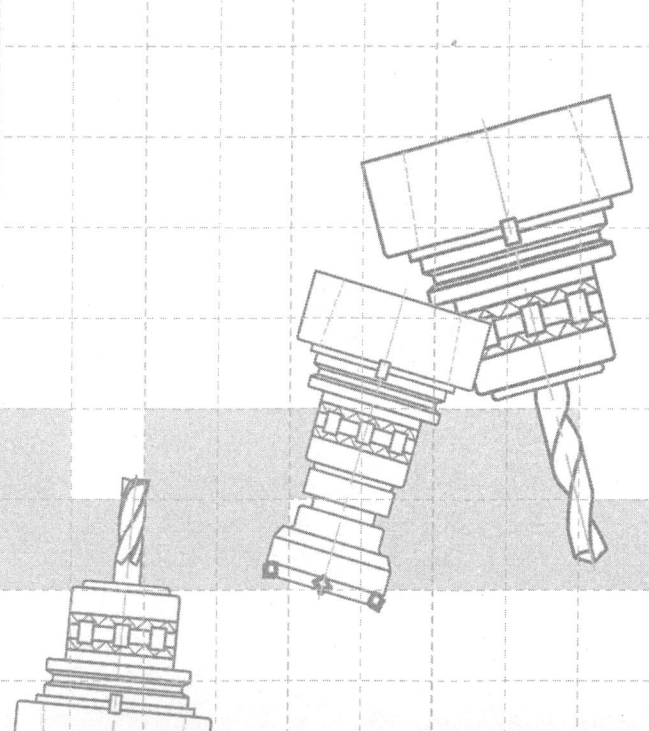

형태가 같은 형상이 한축(X, Y, Z)이상에 대칭으로 배치되어 있을 때, 원본 형상 하나만 프로그램을 작성하고 미러 이미지(Mirror Image) 기능을 지령하여 서로 대칭인 형상을 가공할 수 있다. 스케일링 기능과 같이 전체 확대, 축소가 가능하며 각 축마다 배율을 다르게 하여 크기를 자유자재로 조절 할 수 있다.

지령방법도 스케일링 지령과 유사하나 어드레스 I, J, K 다음에 어느 한 축 이상이라도 '−' 값이 지령되어야 미러 이미지 지령이 된다.

- **지령 방법** : G51 X_ Y_ Z_ I_ J_ K_ ;
- **취소 방법** : G50

- 지령 워드 의미
    - **X, Y, Z** : 미러 이미지 중심좌표(절대치 = G90로 지령)
    - **I, J, K** : X, Y, Z 축 마다의 배율 및 부호 지령(X : I, Y : J, Z : K)

미러 이미지 지령시 주의사항

① G51의 지령은 단독 블록으로 지령하여야 하며, 각 축마다 서로 다른 배율을 적용시킬 때에는 반드시 어드레스로 I, J, K와 정수를 사용하여야 한다.

② 미러 이미지에서 I, J의 부호지정은 무조건 외우면 되지 않고 이해를 하여야 하는데 만약 원본의 형상이 1사분면에 있다고 하면 원본의 원점도 1사분면에 있다고 판단되므로 다른 곳에 있는 원점을 원본의 위치에서 보았을때의 +, − 값으로 지정하면 된다.

- 부호지정 요령

    원본이 1사분면에 있다.
    1사분면의 원점의 좌표값이 I0, J0이다.
    2사분면의 좌표값은 I−. J+
    3사분면의 좌표값은 I−. J−
    4사분면의 좌표값은 I+ J−

사분면	대칭축	I, J의 부호
I	원본	I+, J+
II	X	I−, J+
III	X, Y	I−, J−
IV	Y	I+, J−

[그림 9-1] 미러 이미지 기능의 I, J 부호

③ 스케일링과 미러 이미지 기능에서 P와 I, J, K를 혼용하여 함께 사용할 수 없으며, 한 가지만 선택하여 사용하여야 한다.

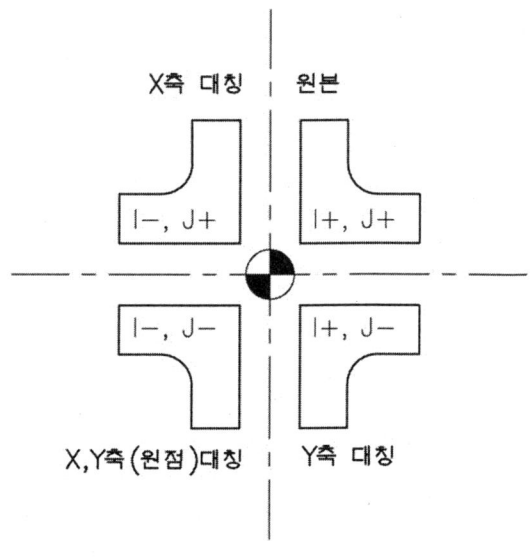

[그림 9-2] 미러 이미지 기능의 I, J 부호(G17 평면)

예제 9-1 다음의 공구조건을 가지고 미러이미지 기능을 이용하여 프로그램을 작성하시오.
(단, 1회가공 프로그램으로 구분하여 가공을 하고 보조 프로그램을 사용한다.)

공구번호	공구명칭	공구직경	회전수(rpm)	이송(mm/min)
T01	엔드밀	ø2mm	S2300	F20

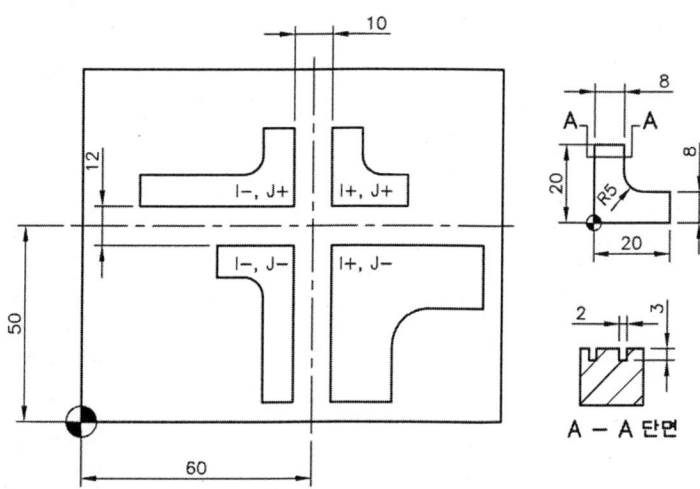

주 프로그램

```
O9740 ;

G40 G49 G80 ;
G91 G30 Z0. M19 ;
T01 M06(ø2 엔드밀) ;
G54 G90 G00 X0. Y0. ;
G52 X65. Y56. ;                     원본 형상 로컬 좌표계 설정
G43 Z200. H01 S2300 M03 ;
Z5. M08 ;
M98 P9741 ;                         미러 이미지 보조 프로그램
G52 X55. Y56. ;                     2사분면에 제2 로컬 좌표계 설정
G51 X0. Y0. I-2000 J1000 ;          미러 이미지 X축 2배 확대
M98 P9741 ;
G52 X55. Y44. ;                     3사분면에 제3 로컬 좌표계 설정
G51 X0. Y0. I-1000 J-2000 ;         미러 이미지 Y축 2배 확대
M98 P9741 ;
G52 X65. Y44. ;                     4사분면에 제4 로컬 좌표계 설정
G51 X0. Y0. I2000 J-2000 ;          미러 이미지 X, Y축 2배 확대
M98 P9741 ;
G50 M09 ;
G52 X0. Y0. ;                       로컬 좌표계 해제
G00 Z200. M09 ;
G49 M05 ;
G91 G28 X0. Y0. Z0. ;
M02 ;
```

보조 프로그램

```
O9741 ;

G90 G00 X0. Y0. ;
G01 Z-3. F20 ;
Y20. ;
X8. ;
Y13. ;
G03 X13. Y8. R5. ;
G01 X20. ;
Y0. ;
X0. ;
Z3. ;
M99 ;
```

제10장

스켈링(Scaling)기능
(G50, G51)

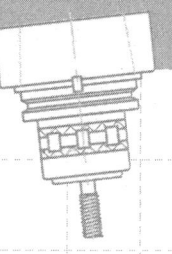

형상을 확대 또는 축소하여 프로그램하는 기능이다.

즉, 모양은 동일하나 크기가 다른 형상을 2개 이상 가공할 때 각각의 프로그램을 하지 않고 원본 형상 1개를 프로그램하고 다른 1개는 G51 X0. Y0. P_의 프로그램을 이용하여 간단히 프로그램 할 수 있다.

적용하는 배율도 전체 배율 뿐만 아니라 각 축의 배율을 다르게 지정할 수 있다.

- **지령 방법** : G51 X_ Y_ Z_ ; $\begin{bmatrix} P- \\ I-J-k- \end{bmatrix}$;
- **취소 방법** : G50;

스켈링 기능에서는 프로그램을 쉽게 작성하기 위하여 로컬좌표계(G52)와 보조 프로그램(M98 P-)과 함께 사용하는 것이 좋다.

스켈링에서는 반복되는 프로그램 1개를 보조 프로그램으로 작성하고 다른 형상의 중심점에 로컬좌표계(G52)원점을 설정하고 앞의 지령과 같이 스케일링 지령(G51X_ Y_ P_)을 하고, 다음에 보조 프로그램을 호출하여 가공하는 형식이다.

예제 10-1 다음의 공구조건을 가지고 스켈링 기능을 이용하여 프로그램을 작성하시오.
(단, 1회가공 프로그램으로 구분하여 가공을 하고 보조 프로그램을 사용한다.)

공구번호	공구명칭	공구직경	회전수(rpm)	이송(mm/min)
T01	엔드밀	Ø2mm	S3000	F20

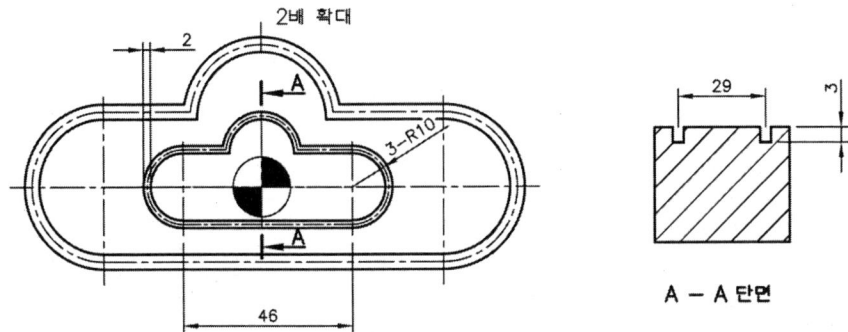

주 프로그램

```
O7100 ;

G40 G49 G80 ;
G91 G30 Z0. M19 ;
T01 M06(ø2 엔드밀) ;
G54 G90 G00 X0. Y0. ;
G43 Z200. H01 S3000 M03 ;
G51 X0. Y0. P1000 ;        스켈링 명령(배율 1배)
M98 P7001 ;                보조 프로그램 호출
G51 X0. Y0. P2000 ;        스켈링 명령(배율 2배)
M98 P7001 ;
G50 ;
↓
```

보조 프로그램

```
O7101 ;
G90 G00 X0. Y-10. ;
G01 Z-3. F20 ;
X23. ;
G03 Y10. R10. ;
G01 X10. ;
G03 X-10. R10. ;
G01 X-23. ;
G03 Y-10. R10. ;
G01 X2. ;
Z3. ;
G00 Z5. ;
M99 ;
```

예제 10-2
다음의 공구조건을 가지고 스켈링 기능을 이용하여 프로그램을 작성하시오.
(단, 1회가공 프로그램으로 구분하여 가공을 하고 보조 프로그램을 사용한다.)

공구번호	공구명칭	공구직경	회전수(rpm)	이송(mm/min)
T01	엔드밀	ø2mm	S2300	F20

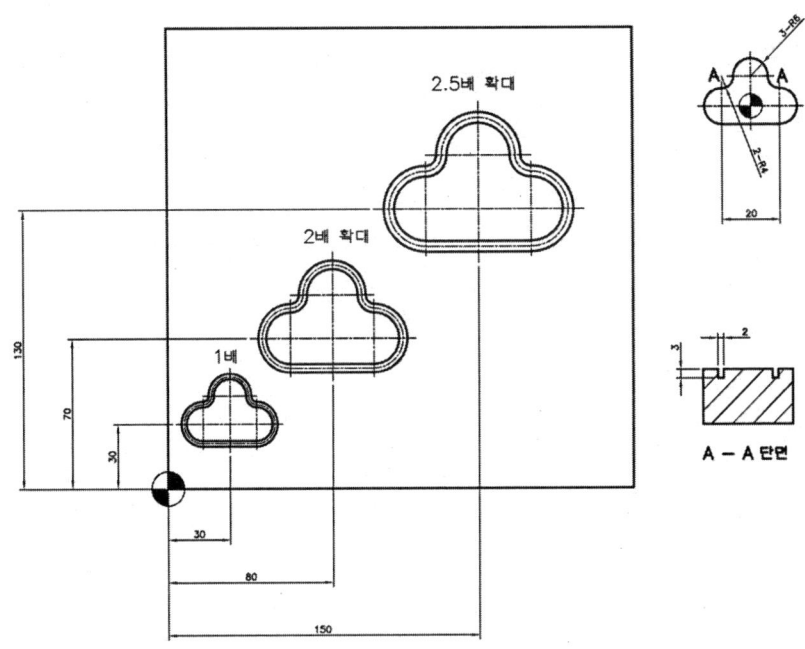

스켈링 지령시 주의사항

스켈링을 작성할 때에는 기본 형상에 대한 보조 프로그램을 먼저 작성해 놓은 후에 스케일링 중심과 필요한 배율을 주어 보조 프로그램을 호출하면 배율에 따라 축소 확대가 된다.

G51은 단독 블록으로 지령이 가능하다.
G51은 미러 이미지(mirror image) 기능으로도 함께 사용된다.
공구 경보정, 공구 길이 보정 등의 보정량에 대해서는 스케일링이 적용되지 않는다.

주 프로그램

```
O7200 ;

G40 G49 G80 ;
G91 G30 Z0. M19 ;
T01 M06(ø2 엔드밀) ;
G54 G90 G00 X0. Y0. ;
G43 Z200. H01 S3000 M03 ;
Z3. M08 ;
G52 X30. Y30. ;                 로컬 좌표계 설정
G51 X0. Y0. P1000 ;             스켈링 명령(배율 1배)
M98 P7201 ;                     보조 프로그램 호출
Z3. ;
G52 X80. Y70. ;                 로컬 좌표계 설정
G51 X0. Y0. P2000 ;             스켈링 명령(배율 2배)
M98 P7201 ;
Z3. ;
G52 X150. Y130. ;               로컬 좌표계 설정
G51 X0. Y0. P2500 ;             스켈링 명령(배율 2.5배)
M98 P7201 ;                     보조 프로그램 호출
G50 ;                           스켈링 무시
G52 X0. Y0. ;                   로컬 좌표계 무시
  ↓
```

보조 프로그램	
O7201 ;	
G90 G00 X0. Y-6. ;	G02 X-10. Y6. R4. ;
G01 Z-3. F20 ;	G03 Y-6. R6. ;
X10. ;	G01 X2. ;
G03 Y6. R6. ;	Z3. ;
G02 X6. Y10. R4. ;	G00 Z5. ;
G03 X-6. R6. ;	M99 ;

제11장
미터 단위(G21)와 인치 단위(G20)의 변환

입력되는 숫자의 입력단위를 밀리미터(mm) 또는 인치(inch)로 선택하는 기능이다.
명령의 시점은 기계원점 복귀 완료 후 공작물 좌표계를 설정하기 전에 단독 블록으로 명령하여야 한다.
기계의 전원을 ON하면 G21이 자동으로 실행되도록 파라미터에 지정되어 있으므로 G21을 생략하여도 된다.
프로그램의 중간에서는 단위변환을 하지 말아야 한다.
새로 지령하려면 프로그램 선두에 단독 블록으로 지령한다.

[표 11-1] 미터단위와 인치단위의 표시방법

단위	G 코드	최소 입력단위
미터	G21	0.001(mm)
인치	G20	0.0001(inch)

미터계/인치계의 단위를 변경하면 다음의 값들의 단위도 같이 변한다.

1. 위치에 관계되는 좌표어(X, Y, Z, I, J, K, A, B, C)
2. 위치표시(기계좌표값, 절대좌표값, 상대좌표값, 잔여좌표값)
3. 이송속도(F)
4. 직경 및 길이 보정량(D, H)
5. 수동펄스 발생기(MPG) 의 1눈금 단위
6. 증분이송의 이동량
7. 파라미터의 일부

제12장

금지구역 설정
(G22, G23)

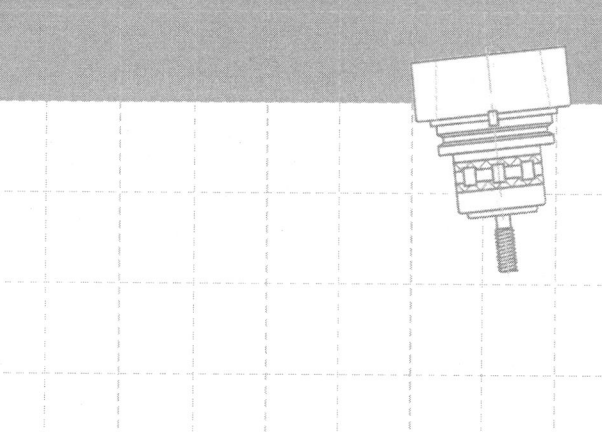
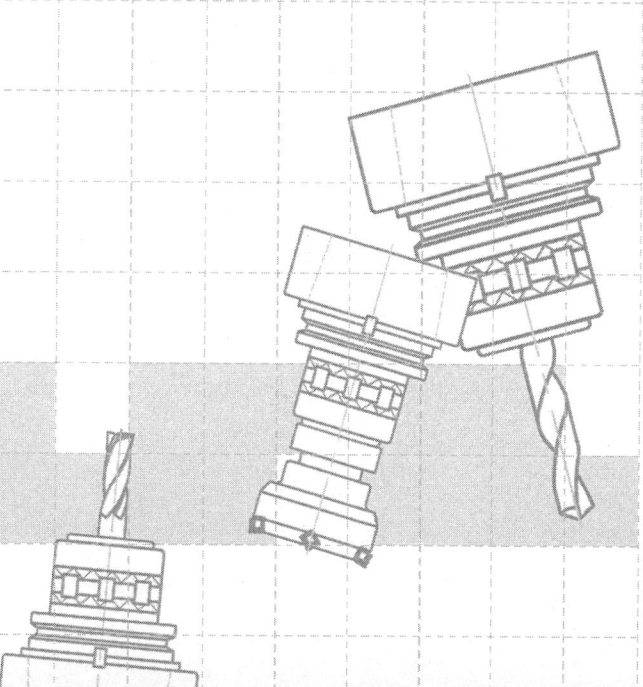

거의 대부분의 CNC공작기계는 각 축마다 기계가 움직일 수 있는 행정한계를 가지고 있다.
금지구역을 지정하지 않으면 잘못 프로그램된 것은 고가의 기계와 충돌을 일으켜 막대한 손실을 입힌다.
머시닝센터의 경우도 각 축 방향의 최대 이송 범위를 벗어나면 알람이 발생한다.
금지구역 내에서도 작업자가 일정영역의 내부나 외부를 침입 금지구역으로 설정 또는 해제할 수 있다.

12.1 제1 금지구역

기계의 최대행정으로 기계제작사가 설정하며 고정된 점이라고 생각하면 된다.
설정한 경계의 외측이 금지구역이며 파라미터5220번과 5221번으로 설정한다.
이 영역을 벗어나면 오버트러블(over travel)알람이 발생하여 더 이상 이송이 되지 않는다.
해제 방법은 '행정 오버 해제' 버튼을 누르고 반대방향으로 축을 이송 시킨 뒤 해제(reset)버튼을 누르면 된다.

12.2 제2 금지구역

설정한 경계의 내측이나 외측을 금지구역으로 설정 할 수 있다.
제2 금지구역은 파라미터와 프로그램(G22)의 입력이 가능하다.

- **지령 방법** : G22 X_ Y_ Z_ I_ J_ K_ ;
- **취소 방법** : G23 ;

- 지령워드의 의미

    X : 기계원점에서 A점까지 X축 기계좌표   I : 기계원점에서 A점까지 X축 기계좌표
    Y : 기계원점에서 A점까지 X축 기계좌표   J : 기계원점에서 A점까지 X축 기계좌표
    Z : 기계원점에서 A점까지 X축 기계좌표   K : 기계원점에서 A점까지 X축 기계좌표

I의 값이 X값보다 커야하고, J값도 Y값보다 커야하고, K값도 Z값보다 커야한다.

> **참고**
>
> **금지구역 설정시 주의사항**
>
> 1. 금지구역 설정은 기계 원점복귀 후에 가능하며, 단독블록으로 명령한다.
> 2. 종류가 다른 공구를 여러 개 사용 할 때는 보정량이 서로 다르기 때문에 필요한 공구 각각에 대하여 금지구역을 설정한다.

12.3 금지구역 설정 구분

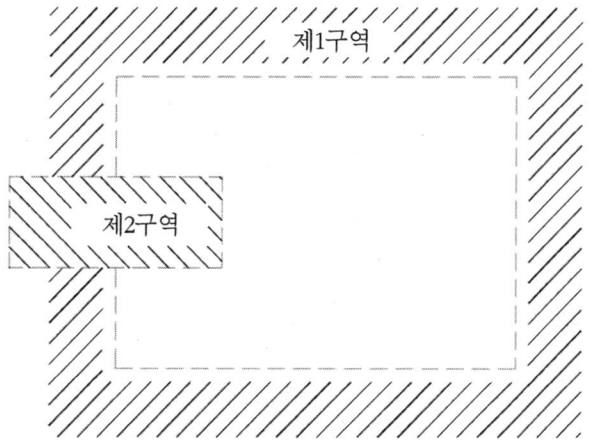

[그림 12-1] 금지구역 설정 구분

컴퓨터응용밀링(머시닝센터) 프로그램과 가공

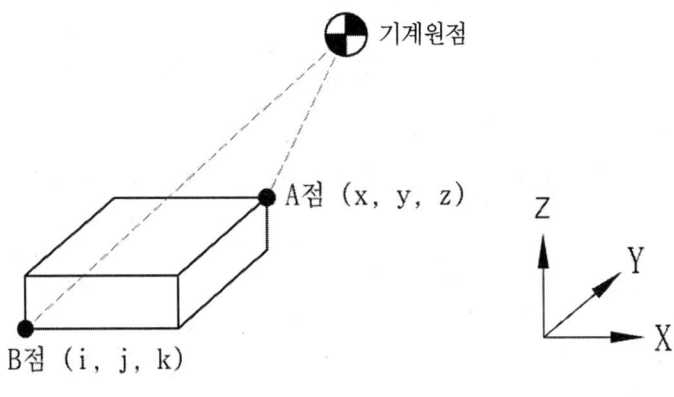

[그림 12-2] 금지영역 설정 범위

제13장

DNC 가공

13.1 DNC의 개요

DNC란 분배수치제어(Distributed numerical control)의 약어로 CAD/CAM 시스템과 CNC 기계들을 근거리 통신망(LAN : Local area network)으로 연결하여 1대의 컴퓨터에서 여러대의 CNC 공작기계에 데이터를 분배하여 전송함으로써 동시에 운전할 수 있는 방식을 말한다.

또한 직접 수치제어(Direct numerical control)의 약어로 컴퓨터에서 작성한 프로그램을 CNC 기계에 내장되어 있는 메모리를 이용하지 않고, 컴퓨터와 기계의 외부 통신기기를 연결하여 프로그램을 송·수신하면서 동시에 NC프로그램을 실행하여 가공하는 방식으로 Semi DNC라고 부르기도 한다.

여기에서는 후자에 해당하는 의미의 DNC를 실행하고자 한다.

13.2 통신 규격

① **통신 케이블의 연결은 기계의 측면에 있는 RS-232C 시리얼 포트를 이용한다.**
② **통신 데이터의 형식**

수신되는 처음의 신호 중 %(End of record)코드뒤에 들어오는 ";"(End of block)코드 이후부터 2번째 들어오는 %코드까지를 유효 영역으로 간주한다.

그러므로 데이터를 전송하려고 할 때에는 프로그램 시작전에 %를 끝난 후에 %를 반드시 주어야 데이터가 전송된다.

③ **데이터 코드**

NC 파트 프로그램문을 "EIA" 또는 "ISO"코드로 통신한다. (EIA/ISO코드 자동 판별함)

④ **통신용 파라미터 설정** : VMFHRMFOA 입·출력시 사용하는 방법과 같다.

■ FOREGROUND INPUT - 입력기기의 인디페이스 번호

:0020번에 0설정

0 : RS - 232C INTERFACE 1(CN7)

1 : RS - 232C INTERFACE 2(CN63)

2 : RS - 422 INTERFACE 2(CN65)

■ FOREGROUND OU쇼PUT - 출력기기의 인디페이스 번호

:0021번에 0설정

0 : RS - 232C INTERFACE 1(CN7)

1 : RS - 232C INTERFACE 2(CN63)

2 : RS - 422 INTERFACE 2(CN65)

■ IO I/F NO. (RS - 232C 1) - RS - 232C에 연결되는 I/O 디바이스 번호

:5001번에 1설정

■ DEVICE NUMBER : 1 - 디바이스 번호 1에 대응하는 I/O 디바이스의 사양 번호

:5110번에 1 또는 3 설정

사양 번호	I/D 디바이스 사양
1	컨트롤 코드(DC1~DC4)를 사용하고 펀치로 피리드를 출력한다.
2	컨트롤 코드(DC1~DC4)를 사용하지 않고 피리드를 출력한다.
3	컨트롤 코드(DC1~DC4)를 사용하고 펀치로 피리드를 출력하지 않는다.
4	컨트롤 코드(DC1~DC4)를 사용하지 않고 펀치로 피리드를 출력하지 않는다.
5	(예약)
6	(예약)
7	고급 DNC 기능용

■ STOP BIT ; 디바이스 번호 1에 대응하는 I/O 디바이스의 정지 비트 수

:5111번에 1 설정(설정치 1 또는 2)

■ BAUD RATE – 전송속도

:5112번에 10 설정

설정번호	BAUD RATE(bps)	비고
8	1200	RS – 232C
9	2400	RS – 232C
10	4800	RS – 232C, RS – 422
11	9600	RS – 232C
12	19200	
13	38400	RS – 422

9핀 커넥터	25핀 커넥터	기능	비 고(설명)
1	82	DCD(Data carrier detect)	데이터 파형 검출
2	3	RX(= RD : Receive data)	데이터 수신
3	2	TX(= TD : Transmit data)	데이터 송신
4	20	DTR(Data terminal ready)	단말장치의 준비상태 점검
5	7	GND(Signal ground)	접지
6	6	DSR(Data set ready)	기기의 준비상태 점검
7	4	RTS(Request to send)	송신 요구
8	5	CTS(Clear to send)	RTS에 대한 응답
9	22	RI(Ring indicator)	피호출 표시

	9핀	25핀
TX	3	2
RX	2	3
RTS	7	4
CTS	8	5
DSR	6	6
GND	5	7
DCD	1	8
DTR	4	20
RI	9	22

25핀	9핀	
2	3	TX
3	2	RX
4	7	RTS
5	8	CTS
6	6	DSR
7	5	GND
8	1	DCD
20	4	DTR
22	9	RI

RS232C 커넥터에 케이블을 결선하는 방법

※ 우리나라는 25핀의 4번 5번을 되돌리지만, 유럽 방식은 크로스 한다.

■ DNC 운전 유의 사항

① DNC운전을 시작하기 전에 모든 통신을 종료해야 한다.

　　DNC운전은 리셋 상태가 되면 수신된 프로그램이 지워지고 통신도 종료한다.

　　그리고 2번째 "%"코드를 입력하면 통신을 종료한다.

② 보조 프로그램 호출은 메모리 내에 등록되어 있는 프로그램만을 호출할 수 있다.

③ 매크로 제어 명령은 사용할 수 없다.

④ 반복 재개(Rewind)는 할 수 없다.

⑤ DNC로 입력된 프로그램은 편집할 수 없다.

⑥ 2진 코드 운전은 할 수 없다.

⑦ 편집 또는 자동 운전 모드에서 프로그램이 선택되지 않은 상태에서는 도안 표시를 할 수 없으므로, DNC로 입력되는 프로그램은 도안으로 확인할 수 없다.

부록 1

1. 머시닝센터 셋팅에서 가공하기
2. 툴 프리셋을 이용하여 공구 길이 보정하기
3. 각 공구의 절삭 조건표

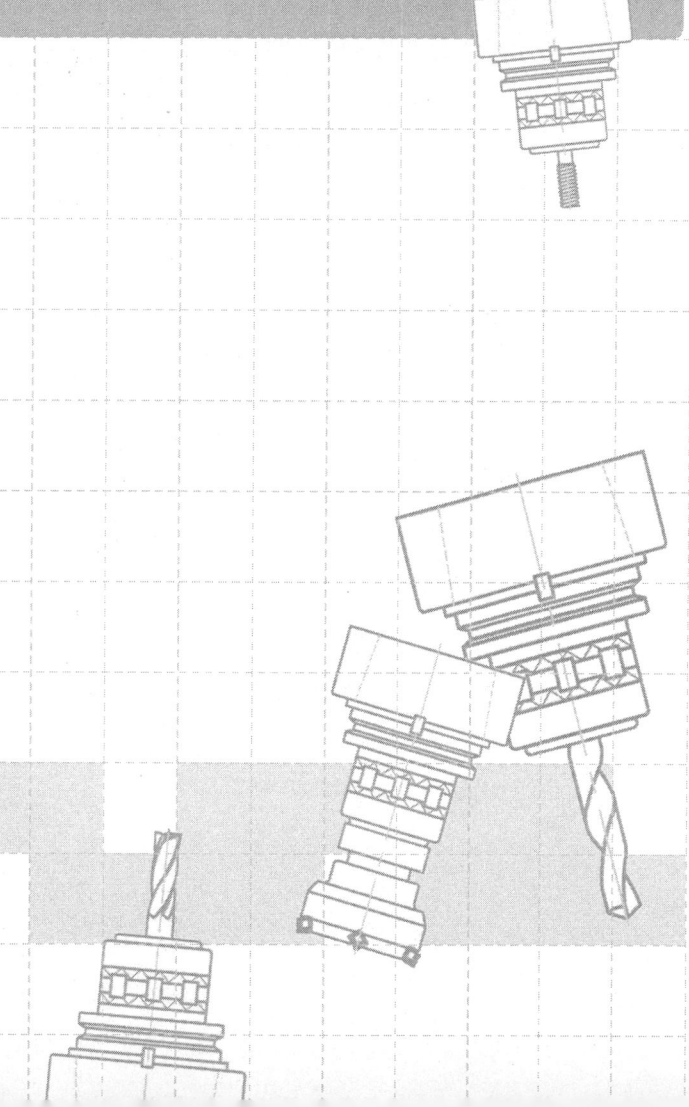

1 머시닝센터 셋팅에서 가공하기(TNV - 40 통일중공업 머시닝센터 설명)

(1) 모드 레버 설명

① **핸들** : 공구를 이동시킬때 사용하며, 시계방향으로 돌리면 +, 반시계방향으로 돌리면 −

② **편집** : 프로그램 수정, 공작물 좌표계값을 바꿀때 사용

③ **자동** : 공작물을 가공할 때 사용

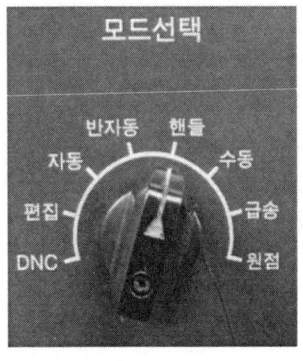 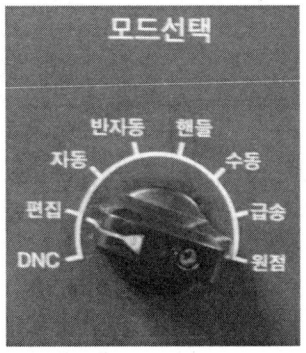 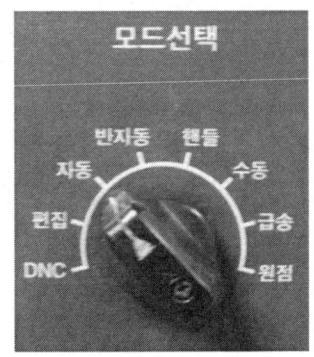

④ 반자동에서 가능한 작업은 다음과 같다.

공구회전
반자동에서
S800 M03 ; 엔터
자동개시 누름

공구정지
반자동에서
M05 ; 엔터
자동개시 누름

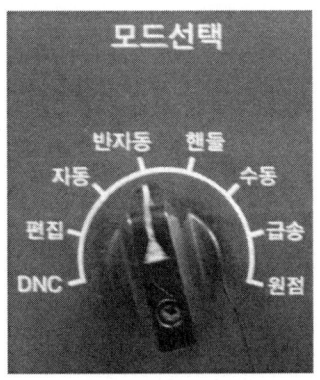

공구교체
반자동에서
G30 G91 Z0. M19 ; 엔터
T01 M06 ; 엔터
자동개시 누름

(2) 기계 작동 순서

① 기계뒤의 메인스위치 ON
② 머시닝센터의 조작반의 비상정지 버튼을 우측으로 돌려서 푼다.
③ 머시닝센터의 조작반의 전원 밑의 ON 스위치 누름

 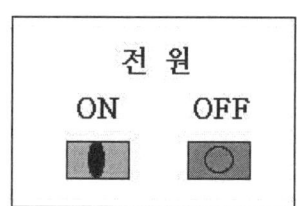 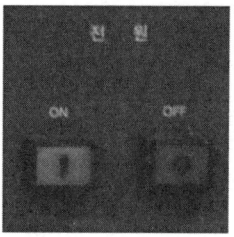

(3) 원점 복귀

① 모드를 핸들에 놓는다. → RANGE를 0.1로하고 → 수동펄스기를 X로 하고 → -3바퀴 이상 돌린다. → 수동펄스기를 Y로 하고 → -3바퀴 이상 돌린다. → 수동펄스기를 Z로 하고 → -3바퀴 이상 돌린다.

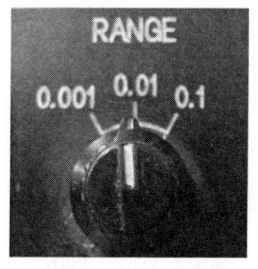

② 모드를 원점에 놓는다. → 조작판의 8누른다. → 4누른다. → 1누른다. → 원점이 복귀된다.

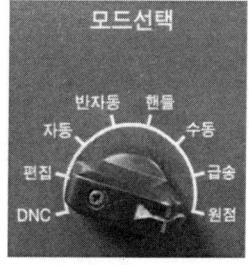

(4) 공작물 셋팅 순서

2번 공구 엔드밀을 교체한다.

반자동에서 G30 G91 Z0. M19 입력하고 엔터 → T02 M6 입력하고 엔터 → 자동개시 누른다.

① 모드를 핸들에 놓고 → 공작물 근처까지 이동한다.
② 반자동에서 → S800 M03입력하고 엔터를 친다. → 자동개시를 누른다. → 공구가 800rpm으로 정회전 한다. → 공구를 공작물 근처까지 이동시킨다.

　최초에는 행정오버를 방지하기 위하여 레버를 0.1에 놓고 다음과 같이 한다.

　X지정 → -방향으로 1바퀴 회전시킨다.

　Y지정 → -방향으로 1바퀴 회전시킨다.

　Z지정 → -방향으로 1바퀴 회전시킨다.

③ 공작물의 가까이에서는 RANGE를 0.01로하여 셋팅한다.
④ 좌측을 터치하고 → 위치선택/상대좌표에서 → X0(F4)누른다. → X0된다.

정면에서 본 그림(X측면에 엔드밀이 접촉 된 상태)

⑤ 앞쪽을 터치하고 → 위치선택/상대좌표에서 → Y0(F5)누른다. → Y0된다.

Y방향에서 본 그림(Y측면에 엔드밀이 접촉 된 상태)

⑥ 공작물 윗면을 터치하고 → 위치선택/상대좌표에서 → Z0(F6)누른다. → Z0된다.

정면에서 본 그림(공작물 상면에 엔드밀이 접촉 된 상태)

⑦ 원점 복귀를 한다. (위의 원점 복귀 방법을 참조하세요)

위치선택을 눌러 상대좌표값을 기록하여 둔다.

상대좌표값 ➡ **X332.110 Y172.950 Z384.880**

이값이 G92G90 X Y Z 의 값이 된다.

X332.110 − 6 = 326.110

Y172.950 − 6 = 166.950

나중에 **G92 G90X326.110 Y166.950 Z384.880**으로 입력한다.

⑧ 공구를 정지한다.

반자동에서 → M05입력하고 엔터 → 자동개시 누른다. → 공구의 회전이 정지된다.

⑨ 1번 공구를 교체한다.

반자동에서 G30 G91 Z0. M19 ; 입력하고 엔터 → T01 M6 ; 입력하고 엔터 → 자동개시 누른다.

엔드밀이 G91 G30 Z0.의 위치로 이동된 상태

공구교체방법을 사용하여 1번(드릴)을 교체한다. (앞장을 참고하길 바란다.)

ATC에 의하여 공구가 자동으로 교체되고 있는 상태

ATC에 의하여 드릴이 교체된 상태

⑩ 드릴을 공작물 윗면에서 셋팅

모드를 핸들로 하고 → 공작물 위면에서 종이를 이용하여 밀착시킨다.

⑪ 1번공구를 길이보정한다.

화면 → 보정 → 상대 → 커어서를 H001에 놓는다. → 설정입력을 누른다.

 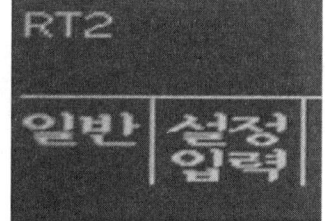

⑫ 원점 복귀한다. (위의 원점 복귀 방법을 참조하세요)

⑬ 상대좌표값 확인

상대좌표값이 앞의 <u>X-332.110 Y-172.950 Z-384.880</u>과 같은지 확인한다.

⑭ 공작물 좌표값 넣기

모드를 편집에 놓고 커어서를 G92 G90 X? Y? Z?에서 **G92 X326.110 Y166.950 Z384.880 ; 으로 수정한다.**

(5) 공작물 가공하기

① 편집에서 커어서를 프로그램의 선두에 둔다.

　손모양에서 → 책갈피 그림 = F5(커어서가 선두로 가라는 명령임)

② 공구를 2번으로 교체한다. (위의 공구교체 방법을 참조하세요)

③ 모드를 자동에 놓는다.

④ SINGLE BLOCK의 레버를 위로 올린다.

⑤ 자동개시를 차례로 누른다.

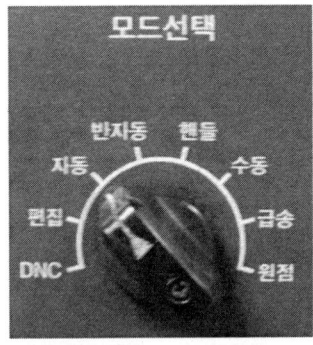  

⑥ 드릴이 공작물의 위까지 올 때까지는 반드시 싱글로 한다.

　공작물 위에 정확히 오면 싱글레버를 아래로 내리고 자동개시를 누른다.

⑦ 엔드밀이 X-15. Y-15. 위치까지 올 때까지는 반드시 싱글로 한다.

　정확하면 싱글레버를 아래로 내리고 자동개시를 누른다.

툴제인지에 있는 공구 불러오기

만약 ATC로 툴 체인지에 있는 드릴을 불러오기 하려면 다음과 같이 하면 된다.
화면 → 진단(F6) → PLC(F4) → 손모양(F8) → DATA TABL(F4)에서 ↑ ↓를 이용하여 #002를 찾는다.

DATA TABLE GROUP #002 화면에서

번호	번지	DATA
001	D046	2
002	D047	4
.	.	.
007	D053	1
016	D062	15

1부터 16까지 주축 번호를 포함하여
17개의 공구를 장착할 수 있다.

① 옆의 툴제인지의 07에 드릴이 장착되어 있으므로 DATA TABLE GROUP #002의

번호	번지	DATA
007	D053	1

1번을 불어오면 된다.
여기서 DATA의 번호는 변할 수 있지만 번호와 번지는 변화지 않는다.

② 드릴을 불러오기 명령은 다음과 같다.
반자동에서
G91 G30 Z0. M19
T01 M06
자동개시를 누른다. (반자동에서는 반드시 자동개시를 눌러야 명령이 수행된다.)

컴퓨터응용밀링(머시닝센터) 프로그램과 가공

수동으로 공구 교체하기

수동으로 공구를 주축에 장착하기 위해서는 모드를 핸들에 놓고 → 화면 → 조작판을 누른다.

조작판을 누를때 마다 커어서가 우측으로 이동한다.

CHCK MODE를 누르면 사각창이 ON 됨
  (F1)

왼손으로 공구를 잡고 주축에 가볍고 끼운 상태에서 기계전면의 TOOL UNCLAMP를 누르면 공구가 장착된다.

2 툴 프리셋을 이용하여 공구 길이 보정하기

① 툴 프리셋에 주축의 기준점을 잡기 위하여 주축의 공구를 모두 제거하고 그림과 같은 상태로 한다.

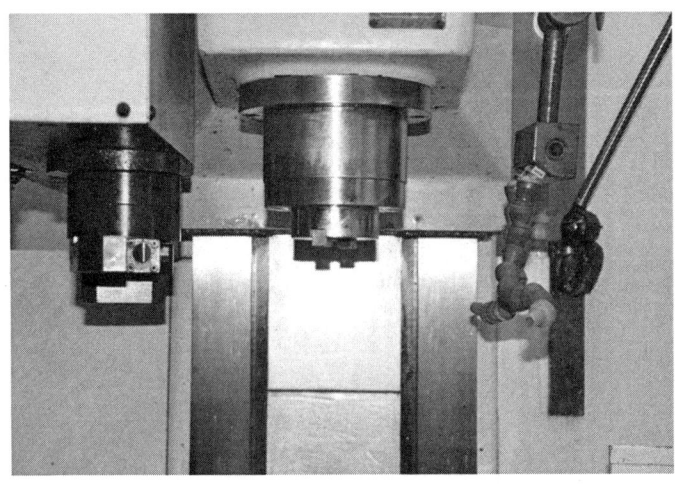

② 공작물 위에 툴 프리셋을 놓고 마그네틱을 잠근다.

　마그네틱 부착전에 공작물의 표면은 사전에 밀링으로 가공을 한다.

　원치수대로 가공을 하든지, 두께를 여유를 두어도 관계없다.

③ 핸들로 주축의 끝을 그림과 같이 툴 프리셋 위의 실린더에 가볍게 접근시킨다.

④ 툴프리셋 위의 눌림실린더를 눌러서 지침을 0에 오도록 한다. 단, 이때 1mm 눈금안의 0점도 0에 오도록 한다.

⑤ 0 상태에서 위치선택(F1) ➡ 상대좌표에서 Z0를 눌러 Z0.값으로 한다.

핸들 운전	이송 속도		기계 좌표	O0002 N0000		07/22 09.32

```
X      9.317
Y     -64.099
Z      0.000
              mm/pulse
   □ 0.001  ■ 0.01  □ 0.1
```

RT2

		MNL.ABS				
위치 선택		X0	Y0	Z0		

⑥ 주축을 그림과 같이 뒤로 조금 올리고 레버를 원점에 놓고 8눌리고 4눌리고 1눌려서 원점을 복귀시킨다.

또는 반자동에서 G91 G30 Z0. M19 ; 입력하고 엔터하고 자동개시를 눌러도 원점이 복귀된다.

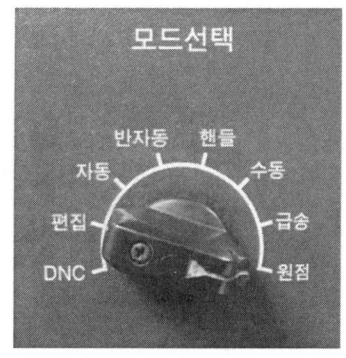

⑦ 이때 원점7의 복귀값 상대좌표값 Z값을 기억해 두어야 한다.

X 272.584　　　**Y** 101.542　　　**Z** 433.607

핸들 운전	이송 속도		기계 좌표	O0002 N0000	07/22 09.32
X	272.584				
Y	101.542				
Z	433.607				
X	3000mm/min				
Y	3000mm/min				
Z	3000mm/min				
		mm/pulse			
■ RT2 　■ RT1　 □ RT0					
RT2					
		MNL,ABS			
위치 선택					

⑧ 화면 ➡ 보정(F5) ➡ 워크(F2) ➡ ← → ↑ ↓를 이용하여 아래의 Z에 툴프리셋의 높이 100mm를 더하여 값을 기입한다.

NO. 1(G54)

X −288.540

Y −162.357

<u>Z 여기에 커어서 놓고</u>

화면 아래의 NO. 001 = −533.607입력한다.

화면의 변화상태

NO. 1(G54)

NO. 1 G54

X −288.540

Y −162.357

Z -533.607

Z측정값은 -433.607인데 툴프리셋의 길이가 100mm이므로 더하여 준다.

핸들 운전	이 송 속 도		기 계 좌 표	O0002 N0000		07/22 09.32	
	NO. 0	(COMMON)		NO. 2	(G55)		
	X	0.000		X	0.000		
	Y	0.000		Y	0.000		
	Z	0.000		Z	0.000		
	NO. 1	(COMMON)		NO. 3	(G55)		
	X	-288.540		X	0.000		
	Y	-162.357		Y	0.000		
	Z	-533.607		Z	0.000		
	NO. 001		■				
	RT2						
			MNL.ABS				
일 반		←	↑	↑	↑	↓	

⑨ 기준공구의 길이보정은 끝났다. 주축의 끝단PP선이 기준공구의 Z0점이 된다.

← 주축의 끝단 = PP

⑩ 드릴을 장착한다. ATC에 의해서 자동교체 방법이 있는데 앞의 교체법을 참고하길 바란다.

⑪ 툴프리셋 위의 눌림실린더를 눌러서 지침을 0에 오도록 한다. 단, 이때 1mm 눈금안의 0점도 0에 오도록 한다.

⑫ 화면 ➡ 보정(F5)을 누른다. 다음의 상태가 나타남.

핸 들 운 전	이 송 속 도		기 계 좌 표	O0002 N0000	07/22 09.32
	번호	DATA		번호	DATA
	H001	201.581		D001	0.000
	H002	0.000		D002	0.000
	H003	0.000		D003	0.000
	H004	0.000		D004	0.000
	H005	0.000		D005	0.000
	절대좌표			상대좌표	
	X	40.024		X	-21.672
	Y	3.587		Y	-65.619
	Z	295.638		Z	-205.581

NO.H001가 설정됩니다(F2)

RT2

MNL.ABS

일 반	설 정 입 력					반자동	핸 들 운 전

※ H001에 커서를 놓고 상대(F1) ➡ 설정입력(F2)을 누른다.

다음과 같이 변한다.

번호　　DATA

H001　　**201.581**

⑬ 엔드밀을 장착한다.

가. 만약 ATC로 툴 체인지에 있는 엔드밀을 불러오기 한다면 다음과 같이 한다.

화면 ➡ 진단(F6) ➡ PLC(F4) ➡ 손모양(F8) ➡ DATA TABL(F4)에서 ↑ ↓를 이용하여 #002를 찾는다.

나. 옆의 툴제인지의 04에 엔드밀이 장착되어 있으므로

DATA TABLE GROUP #002의

번호　　번지　　DATA

004　　D049　　2

2번을 불어오면 된다.

다. 엔드밀을 불러오기 명령은 다음과 같다.

반자동에서

G91 G30 Z0. M19

T02 M06

자동개시를 누른다.

⑭ 툴프리셋 위의 눌림실린더를 눌러서 지침을 0에 오도록 한다.
단, 이때 1mm 눈금안의 0점도 0에 오도록 한다.

⑮ 핸들에서 화면 ➡ 보정(F5) ➡ 일반(F1) ➡ 상대(F1)을 누른다.

다음의 상태가 나타남

핸들 운전	이송 속도		기계 좌표	O0002 N0000		07/22 09.32
	번호	DATA		번호	DATA	
	H001	201.581		D001	0.000	
	H002	**144.488**		D002	0.000	
	H003	0.000		D003	0.000	
	H004	0.000		D004	0.000	
	H005	0.000		D005	0.000	
	절대좌표			상대좌표		
	X	40.024		X	-21.672	
	Y	3.587		Y	-65.619	
	Z	295.638		Z	-205.581	

NO.H002가 설정됩니다(F2)

RT2

MNL.ABS

일반	설정 입력				반자동	핸들 운전

※ H002에 커어서 놓고 ➡ 설정입력(F2)을 누른다.

다음과 같이 변한다.

번호　　DATA

H002　　144.488

⑯ 엔드밀로 공작물의 X좌표계, Y좌표계의 값을 구한다.

(셋팅방법은 앞의 공작물 좌표계 설정 방법의 X, Y 좌표계 잡는 방법대로 한다.)

⑰ 드릴, 엔드밀의 공구길이 보정후 보정값 상태는 다음과 같다.

번호　　DATA

H001　**205.581**

H002　**144.488**

H003　　0.000

3 각 공구의 절삭 조건표

부록에 추천하는 절삭 조건표는 그대로 적용하면 제품의 사용목적에 따라서는 조금씩 가감을 하여야 함을 알려 드리며 각 제조사마다 조금씩 다르고 산업현장에서도 다르므로 특수하고 정밀한 작업을 할 때에는 전문가의 조언을 참고하는 것이 좋다.

특히 교육 현장에서 사용할 시에는 작업전에 반드시 시제품을 절삭한 후에 작업을 하여야 안전하므로 각별히 주의하여야 한다.

(1) 밀링 페이스 커터

① 밀링 페이스 커터(초경합금) 절삭 조건

피 삭 재		작업조건		비 고
		절삭 조건(V) (mm/min)	이송속도(fz) (mm/tooth)	
탄소강	저탄소강	150~250	0.2~0.5	
	중탄소강	100~180	0.1~0.4	
	고탄소강	90~150	0.1~0.3	
합금강	Annealer	100~160	0.1~0.3	
	Hardner	80~130	0.1~0.4	
공구강		50~90	0.1~0.2	
주강	비합금	80~150	0.1~0.4	
	저합금	70~130	0.1~0.4	
	고합금	50~90	0.1~0.3	
스테인레스강	200,300계	100~180	0.1~0.4	
	400,500계	120~200	0.1~0.4	
회주철	저인장	80~150	0.1~0.5	
	고인장	60~100	0.1~0.4	
가단주철	짧은 칩	80~130	0.1~0.4	
	긴 칩	50~100	0.1~0.3	
구상흑연주철	펄라이트	70~120	0.1~0.4	
	페라이트	60~90	0.1~0.3	
칠드주철		10~20	0.1~0.2	
열처리 경강		10~15	0.1~0.2	

(2) 일반적인 드릴, 태핑, 엔드밀, 리머, 센터드릴의 절삭 조건표

① 드릴, 태핑

공구 및 작업의 종류			강		주 철		알루미늄	
	드릴 지름	재종	절삭속도 (m/min)	이송속도 (mm/rev)	절삭속도 (m/min)	이송속도 (mm/rev)	절삭속도 (m/min)	이송속도 (mm/rev)
드릴	5~10	HSS	25	0.1~10	22	0.2	30~45	0.1~0.2
		초경	50	0.15~10	42	0.2	50~80	0.25
	5~10	HSS	25	0.25	25	0.25	50	0.25
		초경	50	0.25	50	0.25	80~100	0.25
	5~10	HSS	25	0.3	25	0.3	50	0.25
		초경	50	0.3	50	0.3	80~100	0.3
태핑	일반탭		8~12		8~12			
	테이퍼 탭		5~8		5~8			

② 엔드밀 절삭 조건

공구 재종 및 작업종류		가공물 재료 및 조건	강		주 철		알루미늄	
			절삭속도 (m/min)	이송속도 (mm/rev)	절삭속도 (m/min)	이송속도 (mm/rev)	절삭속도 (m/min)	이송속도 (mm/rev)
엔드밀	HSS	황삭	25~29	0.1~0.25	25~29	0.1~0.25	30~60	0.1~0.3
		정삭	25~29	0.08~0.12	25~29	0.08~0.15	30~60	0.1~0.12
	초경 합금	황삭	30~50	0.1~0.25	42~46	0.1~0.25	50~80	0.15~0.3
		정삭	45~50	0.08~0.12	45~50	0.08~0.15	50~80	0.1~0.12

③ 리머의 절삭속도

가공물 재질	절삭속도(m/min)
강	3~4
주강	3~5
가단주철	4~5
경질청동	5~6
청동	8~10
황동	10~12
알루미늄	12~15

④ 리머의 이송량

리머의 지름 (mm)	가공물 재질에 대한 이송(mm/rev)	
	강, 주강, 가단주철, 경질청동	주철, 청동, 황동 알루미늄
1~5	0.3	0.5
6~10	0.3~0.4	0.5~1.0
11~15	0.3~0.4	1.0~1.5
16~25	0.4~0.5	1.0~1.5
26~60	0.5~0.6	1.5~2
61~100	0.6~0.75	2~3

⑤ HSS 센터드릴의 절삭속도

피삭재	탄소강				주철			
직경 (mm)	절삭속도 (m/min)	회전수 (rpm)	이송속도		절삭속도 (m/min)	회전수 (rpm)	이송속도	
			mm/rev	mm/min			mm/rev	mm/min
1	25.1	8,000	0.03~0.06	240~480	25.1	8,000	0.05~0.09	400~720
1.5	21.2	4,500	0.04~0.07	180~315	21.2	4,500	0.06~0.11	270~495
2	25.1	4,000	0.05~0.09	200~360	25.1	4,000	0.07~0.13	280~520
2.5	25.1	3,200	0.06~0.11	192~352	25.1	3,200	0.08~0.14	256~448
3	25.4	2,700	0.07~0.13	189~351	25.4	2,700	0.10~0.16	270~432
4	25.1	2,000	0.08~0.14	160~280	25.1	2,000	0.11~0.18	220~360
5	25.1	1,600	0.10~0.16	160~256	25.1	1,600	0.14~0.25	224~400
6	24.5	1,300	0.11~0.18	143~234	24.5	1,300	0.15~0.25	195~325

(3) 드릴 절삭 조건

① HSS 드릴 절삭 조건표

피삭재	탄소강(SM50C) 500~710N/mm²			특수강, 조질강(SKS11) 900~1060N/mm²			알루미늄합금주철 (ADC, AC)		
절삭속도	22~23m/min			8~12m/min			63~100m/min		
직경 (mm)	회전수 (rpm)	이송속도 mm/rev	mm/min	회전수 (rpm)	이송속도 mm/rev	mm/min	회전수 (rpm)	이송속도 mm/rev	mm/min
1	8,000	0.03~0.05	240~400	3,000	0.03~0.05	96~160	20,000	0.06~0.09	1,200~1,800
2	4,000	0.06~0.09	240~360	1,000	0.06~0.09	96~144	10,000	0.12~0.18	1,200~1,800
3	2,800	0.10~0.13	280~364	6,000	0.10~0.13	106~138	10,000	0.20~0.28	2,200~2,800
4	2,100	0.11~0.15	231~315	800	0.11~0.15	88~120	7,500	0.24~0.34	1,200~2,550
5	1,000	0.12~0.18	192~288	630	0.12~0.18	76~113	6,300	0.28~0.40	1,200~2,520
6	1,000	0.13~0.19	172~251	530	0.13~0.19	69~101	5,000	0.34~0.48	1,200~2,400
8	1,000	0.17~0.24	170~240	400	0.17~0.24	68~96	4,000	0.38~0.53	1,200~2,120
10	800	0.20~0.28	160~224	320	0.20~0.28	64~90	3,150	0.45~0.63	1,200~1,985
12	670	0.24~0.34	161~228	270	0.24~0.34	65~92	2,650	0.53~0.75	1,200~1,988
13	610	0.26~0.36	159~220	240	0.26~0.36	62~86	2,400	0.56~0.79	1,200~1,896
14	570	0.28~0.39	160~222	230	0.28~0.39	64~90	2,250	0.57~0.81	1,200~1,823
16	500	0.30~0.43	150~215	200	0.30~0.43	60~86	1,950	0.61~0.85	1,200~1,658
18	440	0.34~0.49	150~216	180	0.34~0.49	61~88	1,750	0.63~0.90	1,200~1,575
20	400	0.36~0.50	144~200	160	0.36~0.50	58~80	1,550	0.68~0.98	1,200~1,519
22	360	0.40~0.55	144~198	150	0.40~0.55	60~83	1,400	0.73~1.06	1,200~1,484
24	330	0.41~0.60	135~198	135	0.41~0.60	55~81	1,300	0.77~1.13	1,200~1,469
26	310	0.42~0.65	130~202	120	0.42~0.65	50~78	1,200	0.81~1.20	9.72~1,440
28	290	0.45~0.70	131~203	110	0.45~0.70	50~77	1,100	0.84~1.26	9.24~1,686
30	270	0.48~0.75	130~203	105	0.48~0.75	50~79	1,000	0.87~1.32	870~1,320
32	250	0.51~0.80	128~200	100	0.51~0.80	51~80	950	0.90~1.38	855~1,311
40	200	0.60~0.95	120~190	80	0.60~0.95	48~72	750	1.00~1.60	750~1,200
50	160	0.75~1.20	120~192	65	0.75~1.20	49~72	600	1.00~2.00	600~1,200

1. 생크의 종류(BT 32, BT 40, BT 50)에 따라 회전수와 이송속도를 낮추어 사용한다.
2. 참고자료 : 한국 OSG(주)(안내서 : DRILL SERIES 98쪽)

② 초경 드릴 절삭 조건표

피삭재	탄소강, 합금강(S50C) ~1,060N/mm²			스테인레스강 (SUS300, SUS400계열)			특수강, 조질강(SKD11) H$_R$C43~48		
절삭속도	63~100m/min			25~40m/min			32~45m/min		
직경 (mm)	회전수 (rpm)	이송속도		회전수 (rpm)	이송속도		회전수 (rpm)	이송속도	
		mm/rev	mm/min		mm/rev	mm/min		mm/rev	mm/min
2	11,00	0.06~0.08	660~880	4,700	0.03~0.06	141~282	6,000	0.06~0.08	360~480
3	8,000	0.09~0.12	720~960	3,200	0.05~0.09	160~288	4,000	0.09~0.12	360~480
4	6,300	0.10~0.15	630~945	2,400	0.06~0.10	144~240	3,000	0.10~0.15	300~450
5	5,000	0.12~0.18	600~900	1,900	0.08~0.12	152~228	2,450	0.12~0.18	294~441
6	4,200	0.14~0.20	588~840	1,600	0.09~0.15	144~240	2,050	0.14~0.20	287~410
8	3,200	0.16~0.24	512~768	1,200	0.12~0.20	144~240	1,550	0.16~0.24	248~372
10	2,550	0.18~0.27	459~689	950	0.13~0.23	124~219	1,250	0.18~0.27	225~338
12	2,100	0.20~0.30	420~630	800	0.14~0.24	112~192	1,050	0.20~0.30	210~315
14	1,800	0.22~0.35	396~630	700	0.15~0.26	105~182	880	0.22~0.33	194~308
16	1,600	0.25~0.36	400~576	600	0.16~0.26	96~156	770	0.25~0.36	193~277
18	1,400	0.28~0.38	392~532	530	0.18~0.28	95~148	680	0.28~0.38	190~258
20	1,300	0.30~0.40	390~520	480	0.20~0.30	96~144	610	0.30~0.40	183~244

1. 생크의 종류(BT 32, BT 40, BT 50)에 따라 회전수와 이송속도를 낮추어 사용한다.
2. 참고자료 : 한국 OSG(주)(안내서 : DRILL SERIES 87쪽)

(4) 엔드밀 절삭 조건

① HSS 황삭용 라핑 엔드밀

피삭재		저탄소강, 연강 (SM15C, SS400)		탄소강 (SM45C)		특수강, 조질강 (SKD61, SKD11)		알루미늄	
경도		HRC43~48		HRC43~48		HRC43~48		–	
강도		~490N/mm²		490~735N/mm²		1000~1300N/mm²		–	
직경 (mm)	날수	회전수 (rpm)	이송속도 mm/min	회전수 (rpm)	이송속도 mm/min	회전수 (rpm)	이송속도 mm/min	회전수 (rpm)	이송속도 mm/min
6	4	2,000	85	1,500	63	850	25	4,500	265
8	4	1,400	100	1,060	75	600	30	3,150	315
10	4	1,120	112	850	85	475	34	2,500	350
12	4	900	125	670	95	675	38	2,000	400
14	4	900	132	600	100	335	40	1,800	425
16	4	710	140	530	106	300	42	1,600	450
18	4	630	150	475	112	265	45	1,400	475
20	4	560	170	425	128	236	48	1,250	500
22	5	500	150	375	112	212	45	1,120	475
25	5	450	140	335	106	190	42	1,000	500
28	5	400	132	300	100	170	40	900	425
30	6	400	170	300	125	170	50	900	530
32	6	355	160	265	118	150	48	800	500
35	6	315	150	236	112	132	45	710	475
40	6	280	140	212	106	118	42	630	450
45	6	250	132	190	100	106	40	560	425
50	6	224	118	170	90	95	36	500	375

1. 섕크의 종류(BT 32, BT 40, BT 50)에 따라 회전수와 이송속도를 낮추어 사용한다.
2. 참고자료 : OSG CORPORATION(안내서 : ENDMILL SERIES 84쪽)

② HSS 2날 엔드밀(홈가공)

피삭재	저탄소강, 연강 (SM15C, SS400)		탄소강 (SM45C)		특수강, 조질강 (SKD61, SKD11)				알루미늄	
경도	Hv160		HRC20		HRC20~30		HRC30~40		–	
강도	~500N/mm²		500~800N/mm²		800~1000N/mm²		1000~1300N/mm²		–	
직경 (mm)	회전수 (rpm)	이송속도 mm/min	회전수 (rpm)	이송속도 mm/min	회전수 (rpm)	이송속도 mm/min	회전수 (rpm)	이송속도 mm/min	회전수 (rpm)	이송속도 mm/min
2	7,300	50	6,000	40	5,000	40	2,900	20	16,000	210
3	4,500	70	4,200	60	3,300	50	2,100	25	14,000	330
4	3,600	90	2,900	70	2,300	60	1,400	40	10,000	380
5	2,900	115	2,300	90	2,100	80	1,200	45	8,200	400
6	2,300	115	2,000	105	1,600	80	1,000	50	7,300	400
8	1,800	130	1,400	115	1,200	90	730	60	5,000	510
10	1,400	130	1,200	115	1,000	105	600	60	4,000	520
12	1,200	145	1,000	130	800	105	500	65	3,300	500
14	1,000	145	900	115	700	105	450	65	2,800	450
16	900	145	700	115	600	90	360	60	2,600	450
18	800	130	650	115	500	90	320	60	2,300	450
20	730	130	600	115	500	90	300	60	2,100	420
22	650	130	600	115	450	90	280	60	1,800	390
25	600	120	500	105	400	80	230	48	1,600	360
28	500	105	450	90	350	70	210	40	1,400	350
30	450	90	400	80	320	65	210	40	1,400	350
32	450	90	360	70	280	60	180	40	1,300	310
36	400	80	320	65	260	50	160	30	1,200	280
40	360	80	280	65	230	50	140	30	1,000	260

1. 생크의 종류(BT 32, BT 40, BT 50)에 따라 회전수와 이송속도를 낮추어 사용한다.
2. 참고자료 : YG-1(주)(안내서 : END MILLS N67쪽)

③ HSS 4날 엔드밀(측면가공)

피삭재	저탄소강, 연강 (SM15C, SS400)		탄소강 (SM45C)		특수강, 조질강 (SKD61, SKD11)				알루미늄	
경도	Hv160		HrC20		HrC20~30		HrC30~40		–	
강도	~500N/mm²		500~800N/mm²		800~1000N/mm²		1000~1300N/mm²		–	
직경 (mm)	회전수 (rpm)	이송속도 mm/min	회전수 (rpm)	이송속도 mm/min	회전수 (rpm)	이송속도 mm/min	회전수 (rpm)	이송속도 mm/min	회전수 (rpm)	이송속도 mm/min
2	7,300	105	6,000	70	5,000	60	2,900	25	16,000	310
3	4,500	145	4,200	105	3,300	80	2,100	40	14,000	500
4	3,600	180	2,900	130	2,300	85	1,400	60	10,000	570
5	2,900	235	2,300	160	2,100	115	1,200	65	8,200	610
6	2,300	235	2,000	190	1,600	115	1,000	80	7,300	610
8	1,800	260	1,400	210	1,200	135	730	85	5,000	750
10	1,400	260	1,200	210	1,000	155	600	85	4,000	780
12	1,200	285	1,000	235	800	155	500	95	3,300	740
14	1,000	285	900	210	700	155	450	95	2,800	690
16	900	285	700	210	600	135	360	85	2,600	690
18	800	260	650	210	500	135	320	85	2,300	690
20	730	260	600	210	500	135	300	85	2,100	620
22	650	260	600	210	450	135	280	85	1,800	580
25	600	235	500	190	400	115	230	65	1,600	550
28	500	210	450	160	350	105	210	60	1,400	520
30	450	180	400	145	320	95	210	60	1,400	520
32	450	180	360	130	280	85	180	60	1,300	470
36	400	155	320	120	260	80	160	45	1,200	420
40	360	155	280	120	230	80	140	45	1,000	390

1. 생크의 종류(BT 32, BT 40, BT 50)에 따라 회전수와 이송속도를 낮추어 사용한다.
2. 참고자료 : YG-1(주)(안내서 : END MILLS N67쪽)

④ 초경 2날 엔드밀(홈가공)

피삭재	탄소강, 주철 (SS400, SM55C, FC250)		합금강, 공구강 (SKD, SKS, SKT, SCM)		조질강, 프리하든강 (NAK55, HPMI, SKD, SKF)		조질강, 프리하든강 (SUS304, SKF, SKD, SKF)		조직강 초내열합금강	
경도	~HrC20		HrC20~30		HrC30~38		HrC38~45		HrC45~55	
강도	~750N/mm²		750~1000N/mm²		1000~1200N/mm²		1200~1500N/mm²		1500~2079N/mm²	
직경 (mm)	회전수 (rpm)	이송속도 mm/min	회전수 (rpm)	이송속도 mm/min	회전수 (rpm)	이송속도 mm/min	회전수 (rpm)	이송속도 mm/min	회전수 (rpm)	이송속도 mm/min
1.0	19,500	130	14,500	125	12,000	90	11,000	65	7,000	30
1.5	14,500	130	10,500	125	8,900	90	7,950	65	5,050	40
2	11,000	135	8,400	125	7,000	90	6,350	70	3,950	40
3	17,400	200	6,350	150	5,300	100	4,450	75	2,750	45
4	5,950	235	4,900	185	4,250	125	3,500	90	2,200	50
5	5,300	315	4,300	235	3,550	130	3,050	100	1,900	55
6	4,450	310	3,600	235	2,950	130	2,500	100	1,550	55
8	3,300	295	2,700	235	2,200	125	1,900	100	1,150	50
10	2,650	280	2,150	230	1,750	125	1,500	95	955	50
12	2,200	280	1,800	230	1,450	125	1,250	95	795	45
14	1,900	280	1,500	215	1,250	110	1050	95	680	40
16	1,650	260	1,350	200	1,100	100	955	85	595	35
18	1,450	230	1,200	180	990	90	845	75	530	30
20	1,300	205	1,050	155	890	80	760	65	475	30
22	1,200	190	980	145	810	70	690	60	430	25
24	1,100	175	900	135	740	65	635	55	395	25
25	1,050	165	865	130	710	65	615	55	380	20

1. 섕크의 종류(BT 32, BT 40, BT 50)에 따라 회전수와 이송속도를 낮추어 사용한다.
2. 참고문헌 : 한국 OSG(주)(안내서 : 초경 ENDMILL Vo1.8 19쪽)

⑤ 초경 4날 엔드밀(측면가공)

피삭재	탄소강, 주철 (SS400, SM55C)		합금강, 공구강 (SKD, SKS, SKT, SCM)		조질강, 프리하든강 (NAK55, HPMl, SKD, SKF)		스테인레스강 (SUS304, SKD)		조직강 초내열합금강	
경도	~HRC20		HRC20~30		HRC30~38		HRC38~45		HRC45~55	
강도	~750N/mm²		750~1000N/mm²		1000~1200N/mm²		1200~1500N/mm²		1500~2079N/mm²	
직경 (mm)	회전수 (rpm)	이송속도 mm/min	회전수 (rpm)	이송속도 mm/min	회전수 (rpm)	이송속도 mm/min	회전수 (rpm)	이송속도 mm/min	회전수 (rpm)	이송속도 mm/min
2	13,000	310	11,000	280	7,000	110	6,350	100	3,950	60
3	8,900	505	7,400	355	5,300	125	4,750	110	2,750	60
4	6,650	530	5,550	370	4,250	135	3,700	115	2,200	70
5	5,300	620	4,450	425	3,550	140	3,150	125	1,900	75
6	4,450	615	3,700	425	2,950	145	2,650	130	1,550	70
8	3,300	590	3,750	420	2,200	145	1,950	130	1,150	65
10	2,650	590	2,200	420	1,750	145	1,550	130	955	65
12	2,200	590	1,850	420	1,450	145	1,300	130	795	60
14	1,900	575	1,550	415	1,250	145	1,100	125	680	50
16	1,650	550	1,350	415	1,100	130	995	115	595	45
18	1,450	540	1,200	405	990	115	880	105	530	40
20	1,300	520	1,100	370	890	105	795	95	475	35
22	1,200	480	1,000	340	810	95	720	85	430	30
24	1,100	440	925	315	740	85	660	75	395	30
25	1,050	420	890	300	710	85	635	75	380	30

1. 생크의 종류(BT 32, BT 40, BT 50)에 따라 회전수와 이송속도를 낮추어 사용한다.
2. 참고자료 : 한국 OSG(주)(안내서 : 초경 ENDMILL Vol.8 21쪽)

(5) 탭 절삭 조건

피삭재			탄소강(SM45C) 6~9m/min			스테인레스강 5~8m/min			알루미늄, 플라스틱 16~15m/min		
절석속도											
직경 (mm)	피치	드릴 직경	절삭 속도	회전수 (rpm)	이송속도 mm/min	절삭 속도	회전수 (rpm)	이송속도 mm/min	절삭 속도	회전수 (rpm)	이송속도 mm/min
M2	0.4	1.6	6.9	1,100	440	6	960	384	12.6	1,900	760
M3	0.5	2.5	7	740	370	6	640	320	14	1,280	640
M4	0.7	3.3	7	560	392	6	480	336	14	960	672
M5	0.8	4.2	6.9	440	352	6	380	304	14	760	608
M6	1	5	7	370	370	6	320	320	14	640	640
M8	1.25	6.8	7	280	350	6	240	300	14	480	600
M10	1.5	8.5	6.9	220	330	6	192	288	14.1	380	570
M12	1.75	10.2	6.8	180	315	6	160	280	14.3	320	560
M14	2	12	7	160	320	6	138	276	14	270	540
M16	2	14	7	140	280	6	120	240	14	240	480
M18	2.5	15.5	6.8	120	300	6	106	265	14.1	210	525
M20	2.5	17.5	6.9	110	275	6	96	240	1308	190	475
M22	2.5	19.5	6.9	100	250	6	86	215	14.5	170	425
M24	3	21	6.8	90	270	6	80	240	14.3	160	480

1. 섕크의 종류(BT 32, BT 40, BT 50)에 eKGKYJ 회전수와 이송속도를 낮추어 사용한다.
2. 참고자료 : 한국 OSG(주)(안내서 : TAP SERIES 226쪽)

부록 2

1. 컴퓨터응용밀링 기능사 과제
2. 컴퓨터응용가공 산업기사 과제
3. 사출금형 산업기사 과제
4. 기계가공 기능장 과제
5. 컴퓨터응용밀링 기능사 이론대비 머시닝센터 예상문제
6. 삼각함수

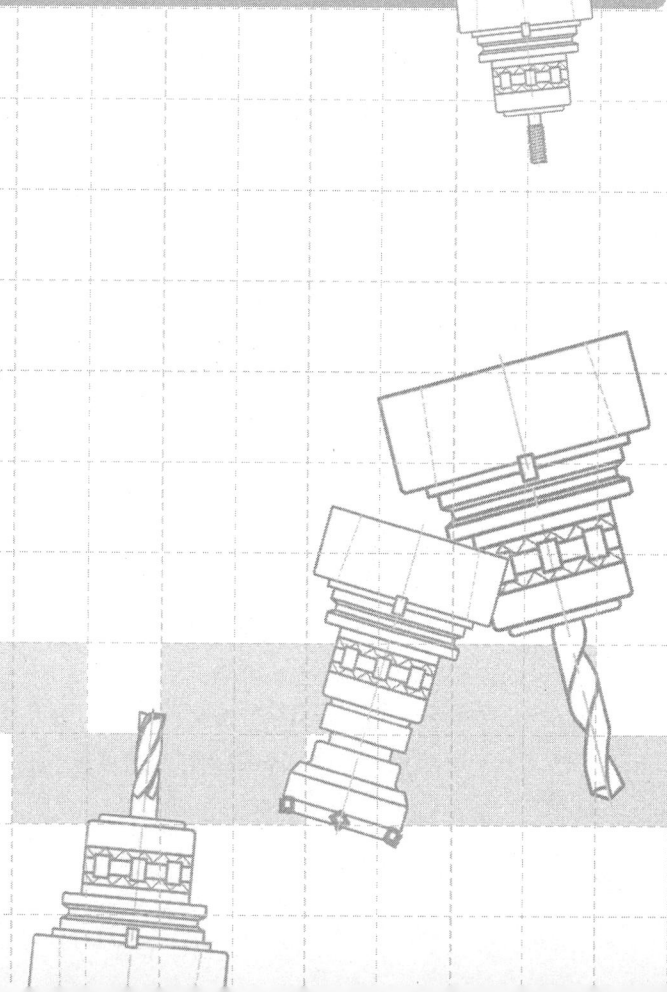

1 컴퓨터응용밀링 기능사 과제

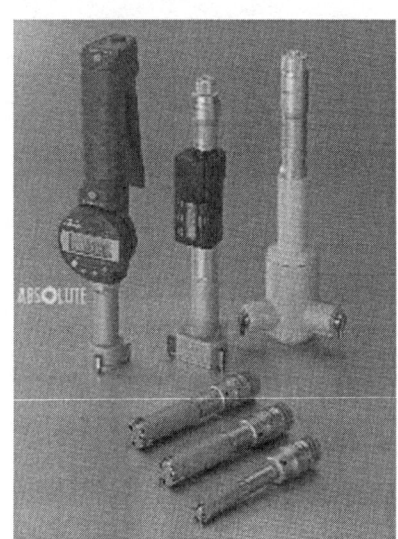

1. 컴퓨터응용 밀링기능사의 실기시험 수준은, 공구 2개를 사용하여 2번 공구로 기준공구를 셋팅하여 G54의 좌표계를 찾고 1번 공구를 보정하여 셋팅한다.

2. CAD로 도면을 그린 후에 불러와서 CAM작업을 하든지 아니면 CAM소프트로 2.5D를 그린 후 CAM으로 NC DATA를 작성후 가공하여도 된다.

3. 보통 국가기술시험용으로 많이 사용되는 CAM소프트는 Ug, Catia, Pro E, Hyper MILL, Power MILL, Solid Cam, Edge Cam, Master Cam등이 있으며 시험장에 있는 소프트로 사용을 하여야 하며, 본인이 사용하는 소프트가 시험장에 없으면 소프트를 가져가든지 또는 노트북, 컴퓨터를 가지고 가서 시험에 응시할 수 있다.

4. CAD로 그린 후 각 교차점의 좌표점을 잡은 후에 수동으로 프로그램하는 방법은 다음과 같이 하면 된다.

   가. 컴퓨터응용 밀링기능사의 머시닝센터 실기시험 수준은, 드릴1개, 엔드밀1개를 사용하여 드릴을 먼저 가공하고 엔드밀로 외곽을 1회는 직선으로만 가공하고

외곽을 따라서 1회 더 가공을 하고 포켓부분으로 이동하여 가공을 하면 된다.

나. 그리고 특히 주의할 것은 포켓부분으로 이동시에는 반드시 G40으로 이동하고 포켓 가공 깊이만큼 내려가서 이동방향을 보고 좌,우 또는 상,하로 보정을 주면서 이동하고 다음의 위치로 이동하여야 한다.

다. 외곽 가공후 제품을 바이스에서 분리하기 전에 반드시 형상을 확인후에 바이스에서 공작물을 제거한다.

라. 엔드밀이 진입하는 포켓가공부위의 가공은 센터드릴을 사용하여도 되고 아니면 드릴을 바로 가공하는 프로그램으로 작성하여도 된다. 현장에서는 반드시 센터드릴 가공후에 드릴가공을 하여야 엔드밀에 무리가 가지 않는다.

마. 그리고 가공공차는 정밀공차는 0.05 mm 일반공차는 0.1 mm정도 이므로 1차 가공후에 반드시 측정후 치수오차가 생기면 엔드밀로만 2차 가공을 하여야 점수를 취득할 수 있으므로 제출 전에 특히 측정에 주의하여야 한다.

바. 엔드밀로 외곽 윤곽을 가공한 후에는 G00Z5.정도 상승시키고 포켓의 드릴 구멍으로 이동시에는 반드시 G40으로 이동함을 잊지 말아야 한다.
포켓가공으로 가공후에 잔삭이 남을시에는 잔삭을 제거한 후에 직각으로 보정을 주면서 진입한다.

사. CAD에서 도면을 그린 후에 교차점을 잡는 방법은, UCS를 공작물 좌표계로 이동하여 명령 : id를 입력후에 찾고자 하는 교점을 잡으면 된다.

그리고 F2를 누르면 좌표점을 볼 수 있다.

자격 종목	컴퓨터응용 밀링기능사	과제명	CNC밀링 작업	척도	NS	과제번호	1

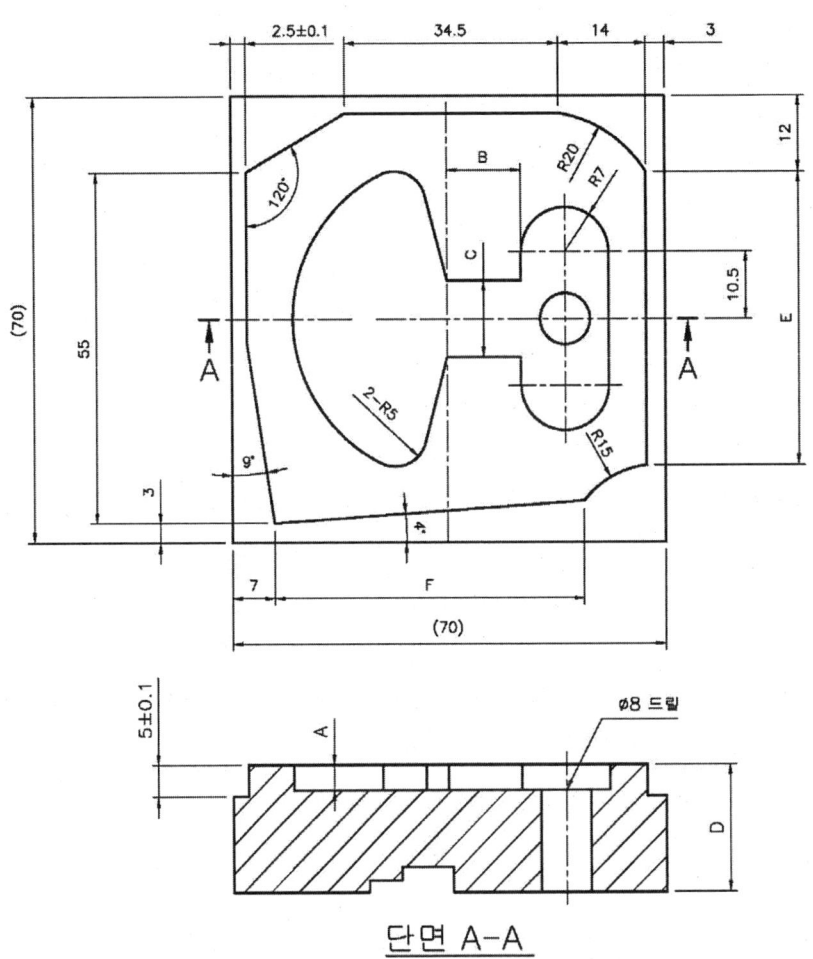

단면 A-A

가공치수 변화표

비번호	구 분	A $^{\ 0}_{-0.05}$	B $^{\ 0}_{-0.05}$	C $^{+0.05}_{\ 0}$	D ±0.1	E ±0.1	F ±0.1
1, 4, 7	A형	4	12	12	20	46	50
2, 5, 8	B형	5	11	11	21	45	51
3, 6, 9	C형	4	13	13	22	47	52

컴퓨터응용 밀링기능사 1번 도면 가공치수 변환표의 A형 답
CAD로 좌표점을 찾아서 수동 프로그램한 것

O0001 ;	
G40G49G80 ;	공구 직경보정 해제, 공구 길이보정 해제, 고정사이클 해제
G91G30Z0.M19 ;	공구 교환위치로 이동한다. M19는 공구교체방향, 일방향 정지기능임
T01M06(ø 8 DRILL) ;	1번공구(ø 8 드릴) 교체하라
G54G90G00X54.Y35. ;	드릴 가공위치로 이동한다.
G43Z200.H01S800M03 ;	드릴 길이보정한다, 위의 T01 = H01 같게 지정한다.
Z10.M08 ;	안전높이까지 이동한다.
G99G73Z-25.R3.Q3.F50 ;	고속 심공드릴 고정 사이클 지정,
	Z는 두께+5mm정도, R3. 가공후 안전높이, Q3.절삭깊이
G80G00Z200.M09 ;	고정사이클 해제,길이보정해제를 위해 안전높이까지 이동,절삭유 해제
G49M05 ;	길이보정 해제, 공구정지
G91G30Z0.M19 ;	공구 교환위치로 이동한다.
T02M06(ø 10 ENDMILL) ;	2번공구(ø 10 엔드밀) 교체하라
G90G00X-15.Y-15. ;	직각 보정을 위해 안전한 위치까지 이동
G43 Z200. H02 S1200M03 ;	길이보정하면서 S1200 정회전 위의 T02 = H02 같게 지정한다.
Z5. ;	안전높이까지 이동한다.
Z-5. ;	외곽의 깊이까지 내려간다. 비절삭 구간이므로 G00 가능함
G41X2.5D02 M08 ;	좌측보정 받으면서 진행방향과 직각으로 이동
G01Y67.238F80;	Y67.238 까지 직선가공 이송값을 주어야 이동한다.
X66.	X66. 까지 직선가공
Y3. ;	Y3. 까지 직선가공
X7. ;	X7. 까지 직선가공
X2.5Y31.412 ;	X2.5Y31.412 까지 직선가공
Y58. ;	Y58. 까지 직선가공
X18.5Y67.238 ;	X18.5Y67.238 까지 직선가공
X53. ;	X53. 까지 직선가공
G02X67.Y58.R20. ;	G02로 R20. 원호가공
G01Y12. ;	Y12. 까지 직선가공
G03X57.Y6.496R15. ;	G03으로 R15. 원호가공
G01X7.Y3. ;	X7. Y3. 까지 직선가공
X-10. ;	X-10. 까지 직선가공
G00Z5. ;	포켓가공을 위해 이동준비 위치로 올라감
G40X54.Y35. ;	포켓가공의 드릴 중심으로 간다.
G01Z-4.F50 ;	포켓가공의 깊이까지 내려간다.

컴퓨터응용 밀링기능사 1번 도면 가공치수 변환표의 A형 답
CAD로 좌표점을 찾아서 수동 프로그램한 것

X23.633F80 ;	X23.633 까지 잔삭처리 가공
Y25.213 ;	Y25.213 까지 잔삭처리 가공
Y44.787 ;	Y44.787 까지 잔삭처리 가공
Y35. ;	Y35. 까지 잔삭처리 가공
X54. ;	X54. 까지 잔삭처리 가공
G41Y41. ;	좌측보정 받으면서 위로 Y41. 까지 직선가공
X35. ;	X35. 까지 직선가공
X31.401Y54.431 ;	X31.401Y54.431 까지 기울기가공
G03X24.464Y57.672R5. ;	G03으로 R5. 원호가공
X24.464Y12.328R25. ;	G03으로 R25. 원호가공
X31.401Y15.569R5. ;	G03으로 R25. 원호가공
G01X35.Y29. ;	X35.Y29. 까지 기울기가공
X47. ;	X47. ; 까지 직선가공
Y24.5 ;	Y24.5 ; 까지 직선가공
G03X61.R7. ;	G03으로 R7. 원호가공
G01Y45.5 ;	Y45.5 까지 직선가공
G03X47.R7. ;	G03으로 R7. 원호가공
G01Y35. ;	가공후 안전위치로 이동
G00Z5.M09 ;	안전한 위치로 이동
Z200.M05 ;	Z200.까지 급속이송
G49 ;	길이보정 해제
G91G28X0.Y0.Z0. ;	기계원점으로 복귀한다.
M02 ;	프로그램 끝

| 자격
종목 | 컴퓨터응용
밀링기능사 | 과제명 | CNC밀링
작업 | 척도 | NS | 과제번호 | 2 |

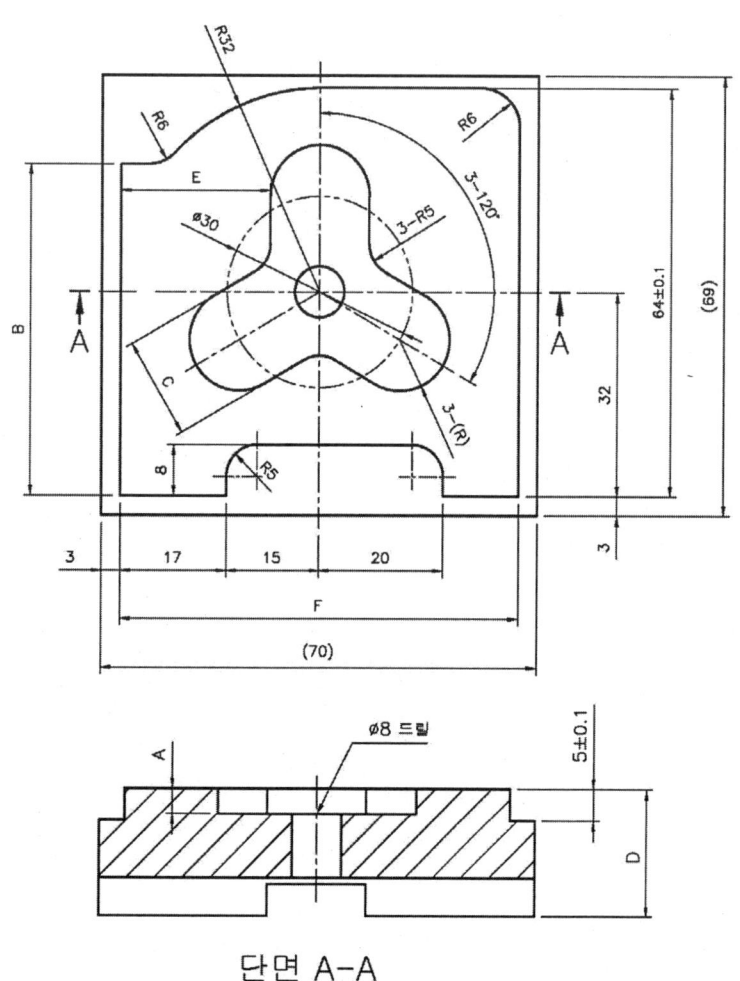

단면 A-A

가공치수 변화표

비번호	구분	A $_{-0.05}^{0}$	B $_{-0.05}^{0}$	C $_{0}^{+0.05}$	D ±0.1	E ±0.1	F ±0.1
1, 4, 7	A형	4	52	16	21	24	64
2, 5, 8	B형	5	51	15	22	24.5	62
3, 6, 9	C형	4	53	17	23	23.5	63

컴퓨터응용 밀링기능사 2번 도면 가공치수 변환표의 A형 답
CAD로 좌표점을 찾아서 수동 프로그램한 것

```
O0002 ;

G40G49G80 ;
G91G30Z0.M19 ;
T01M06( ø 8 DRILL) ;
G54G90G00X35.Y35. ;
G43Z200.H01S800M03 ;
Z10.M08 ;
G99G73Z-26.R3.Q3.F50 ;
G80G00Z200.M09 ;
G49M05 ;
G91G30Z0.M19 ;
T02M06( ø 10 ENDMILL) ;
G90G00X-15.Y-15. ;
G43Z200.H02S1400M03 ;
Z5. ;
Z-5. ;
G41X3.D02 M08 ;
G01Y67.F80 ;
X67. ;
Y3. ;
X3. ;
Y55. ;
X7.287 ;
G03X11.663Y56.895R6. ;
G02X35.Y67.R32. ;
G01X61. ;
G02X67.Y61.R6. ;
G01Y3. ;
X55. ;
Y6. ;
G03X50.Y11.R5. ;
G01X25. ;
G03X20.Y6.R5. ;
G01Y3. ;
X-10. ;
G00Z5. ;
G40X35.Y35. ;
G01Z-4.F50 ;
X22.010Y27.500F80 ;
X35.Y35. ;
X47.990Y27.500 ;
X35.Y35. ;
Y50. ;
G41X27. ;
Y42.506 ;
G02X24.5Y38.175R5. ;
G01X18.010Y34.428 ;
G03X26.010Y20.572R8. ;
G01X37.5Y24.319 ;
G02X32.5Y24.319R5. ;
G01X43.990Y20.572 ;
G03X51.990Y34.428R8. ;
G01X45.5Y38.175 ;
G02X43.Y42.506R5. ;
G01Y50. ;
G03X27.R8. ;
G01Y21. ;
G00Z5.M09 ;
Z200.M05 ;
G49 ;
G91G28X0.Y0.Z0. ;
M02 ;
```

| 자격
종목 | 컴퓨터응용
밀링기능사 | 과제명 | CNC밀링
작업 | 척도 | NS | 과제번호 | 3 |

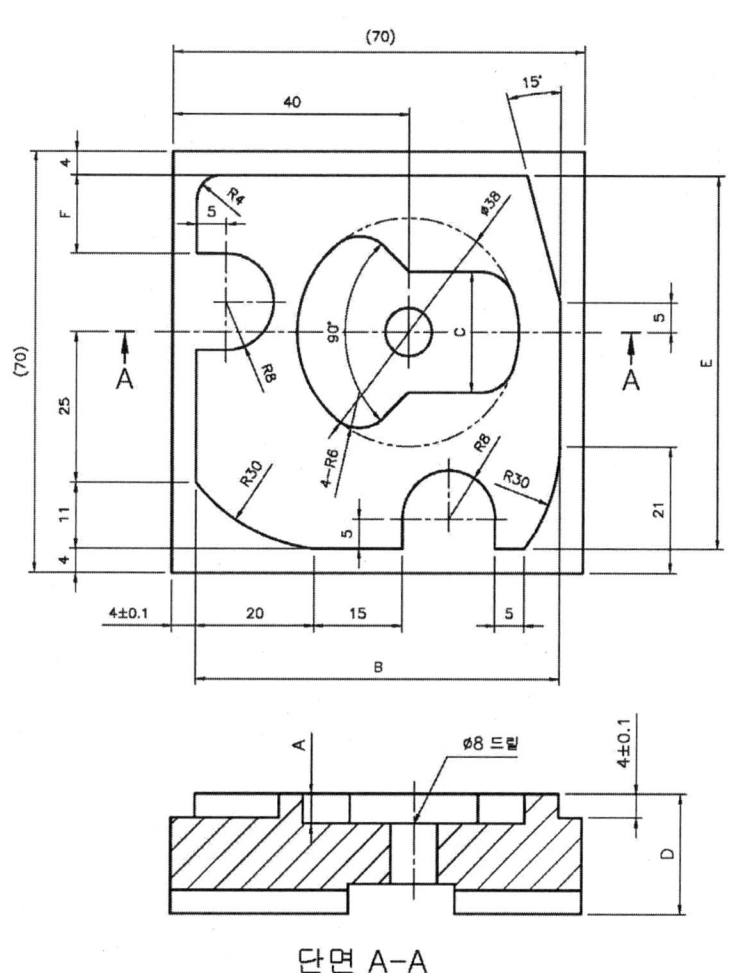

단면 A-A

가공치수 변화표

비번호	구분	A $_{-0.05}^{0}$	B $_{-0.05}^{0}$	C $_{0}^{+0.05}$	D ±0.1	E ±0.1	F ±0.1
1, 4, 7	A형	5	62	20	20	62	13
2, 5, 8	B형	6	61	19	21	63	12
3, 6, 9	C형	4	63	21	22	64	14

컴퓨터응용 밀링기능사 3번 도면 가공치수 변환표의 A형 답
CAD로 좌표점을 찾아서 수동 프로그램한 것

O0003 ;

G40G49G80 ;
G91G30Z0.M19 ;
T01M06(ø 8 DRILL) ;
G54G90G00X40.Y40. ;
G43Z200.H01S800M03 ;
Z10.M08 ;
G99G73Z-25.R3.Q3.F50 ;
G80G00Z200.M09 ;
G49M05 ;
G91G30Z0.M19 ;
T02M06(ø 10 ENDMILL) ;
G90G00X-15.Y-15. ;
G43Z200.H02S1400M03 ;
Z5. ;
Z-4. ;
G41X4.D02 M08 ;
G01Y66.F80 ;
X66. ;
Y4. ;
X24. ;
G02X4.Y15.R30. ;
G01Y37. ;
X9. ;
G03Y53.R8. ;
G01X4. ;
Y62. ;
G02X8.Y66.R4. ;
G01X60.373 ;
X66.Y45. ;
Y21. ;
G02X60.Y4.R30. ;
G01X55. ;
Y9. ;

G03X39.R8. ;
G01Y4. ;
X-10. ;
G00Z5. ;
G40X40.Y40. ;
Z-5.F50 ;
X31.911F80 ;
Y43.947 ;
Y36.054 ;
Y40. ;
X49. ;
G41Y50. ;
X40. ;
X35.839Y54.161 ;
G03X27.718Y54.496R6. ;
X27.718Y25.504R19. ;
X35.839Y25.839R6. ;
G01X40.Y30. ;
X52.369 ;
G03X58.078Y34.154R6. ;
X58.078Y45.846R19. ;
X52.369Y50.R6. ;
G01X35. ;
G00Z5.M09 ;
Z200.M05 ;
G49 ;
G91G28X0.Y0.Z0. ;
M02 ;

자격종목	컴퓨터응용밀링기능사	과제명	CNC밀링작업	척도	NS	과제번호	4

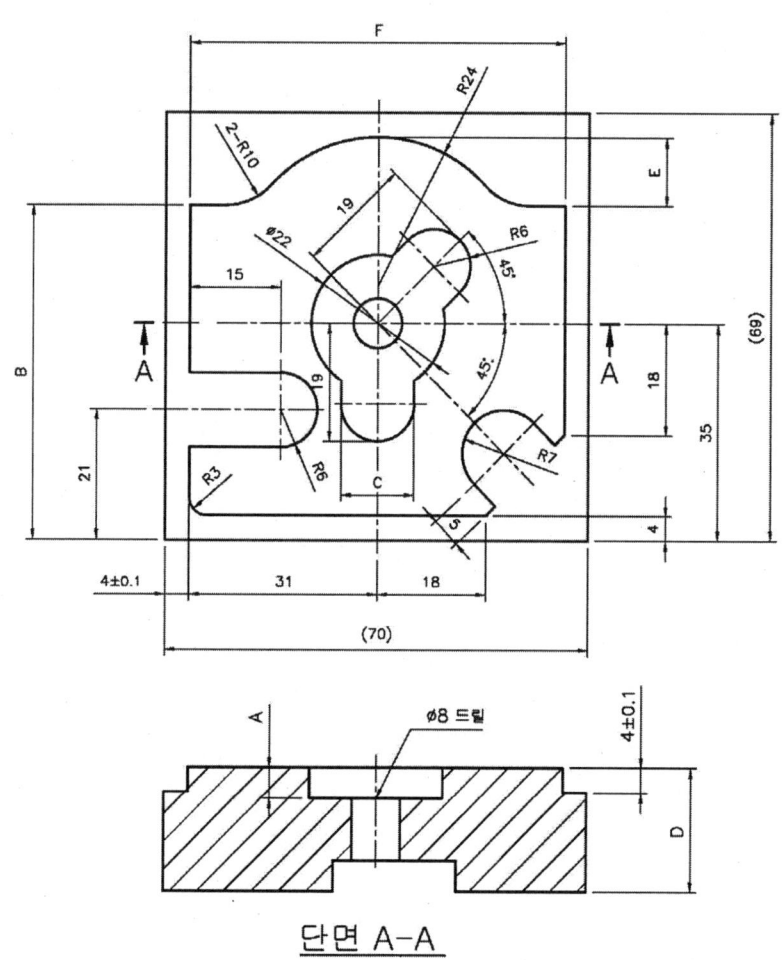

단면 A-A

가공치수 변화표

비번호	구 분	A $_{-0.05}^{0}$	B $_{-0.05}^{0}$	C $_{0}^{+0.05}$	D ±0.1	E ±0.1	F ±0.1
1, 4, 7	A형	5	54	12	20	11	62
2, 5, 8	B형	4	55	13	21	11.5	63
3, 6, 9	C형	3	55	14	22	12	62

컴퓨터응용 밀링기능사 4번 도면 가공치수 변환표의 A형 답
CAD로 좌표점을 찾아서 수동 프로그램한 것

```
O0004 ;

G40G49G80 ;
G91G30Z0.M19 ;
T01M06( ø 8 DRILL) ;
G54G90G00X35.Y35. ;
G43Z200.H01S800M03 ;
Z10.M08 ;
G99G73Z-25.R3.Q3.F50 ;
G80G00Z200.M09 ;
G49M05 ;
G91G30Z0.M19 ;
T02M06( ø 10 ENDMILL) ;
G90G00X-15.Y-15. ;
G43Z200.H02S1400M03 ;
Z5. ;
Z-4. ;
G41X4.D02 M08 ;
G01Y65.F80 ;
X66. ;
Y4. ;
X7. ;
G02X4.Y7.R3. ;
G01Y15. ;
X19. ;
G03Y27.R6. ;
G01X4. ;
Y54. ;
X9.96 ;
G03X17.325Y57.235R10. ;
G02X52.675Y57.235R24. ;
G03X60.04Y54.R10. ;
G01X66. ;
Y17. ;
X64.450Y15.450 ;

X60.914Y18.985 ;
G03X51.015Y9.086R7. ;
G01X54.550Y5.550 ;
X53.Y4. ;
X-10. ;
G00Z5. ;
G40X35.Y35. ;
G01Z-5.F50 ;
G41Y24.F80 ;
G03J11. ;
G40G01X35.Y35. ;
G41X29. ;
Y22. ;
G03X41.R6. ;
G01Y32.515 ;
X48.435Y39.950 ;
G03X39.950Y48.435R6. ;
G01X30.757Y39.243 ;
G00Z5.M09 ;
Z200.M05 ;
G49 ;
G91G28X0.Y0.Z0. ;
M02 ;
```

| 자격종목 | 컴퓨터응용 밀링기능사 | 과제명 | CNC밀링 작업 | 척도 | NS | 과제번호 | 5 |

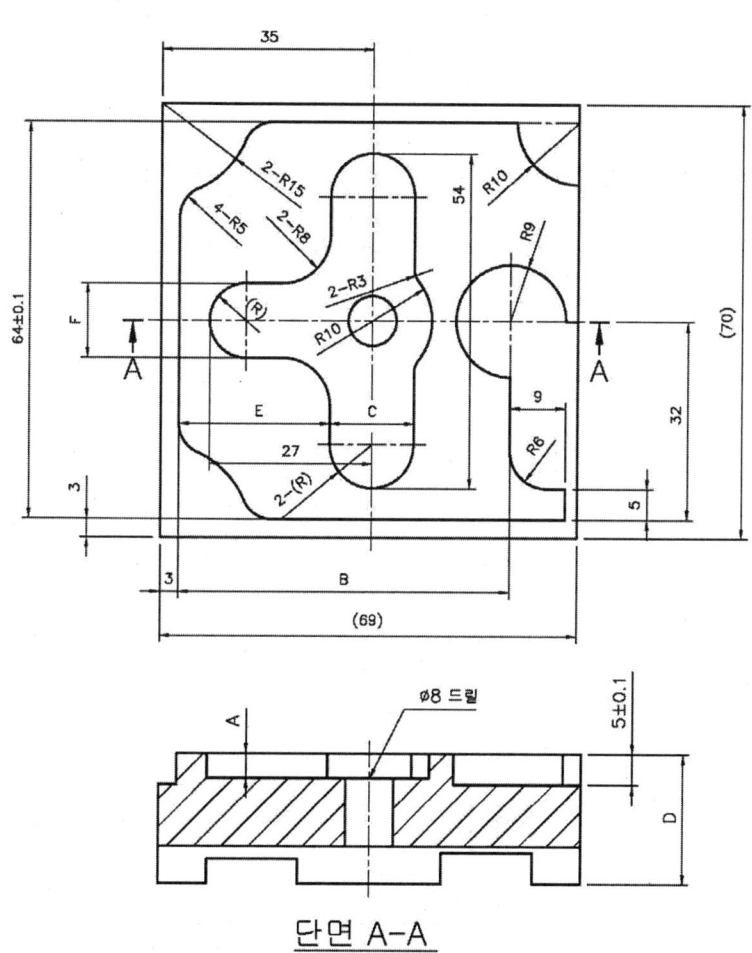

단면 A-A

가공치수 변화표

비번호	구분	A $_{-0.05}^{0}$	B $_{-0.05}^{0}$	C $_{0}^{+0.05}$	D ±0.1	E ±0.1	F ±0.1
1, 4, 7	A형	4	55	14	21	25	12
2, 5, 8	B형	5	56	13	22	25.5	13
3, 6, 9	C형	3	56	12	23	26	14

자격종목	컴퓨터응용밀링기능사	과제명	CNC밀링작업	척도	NS	과제번호	6

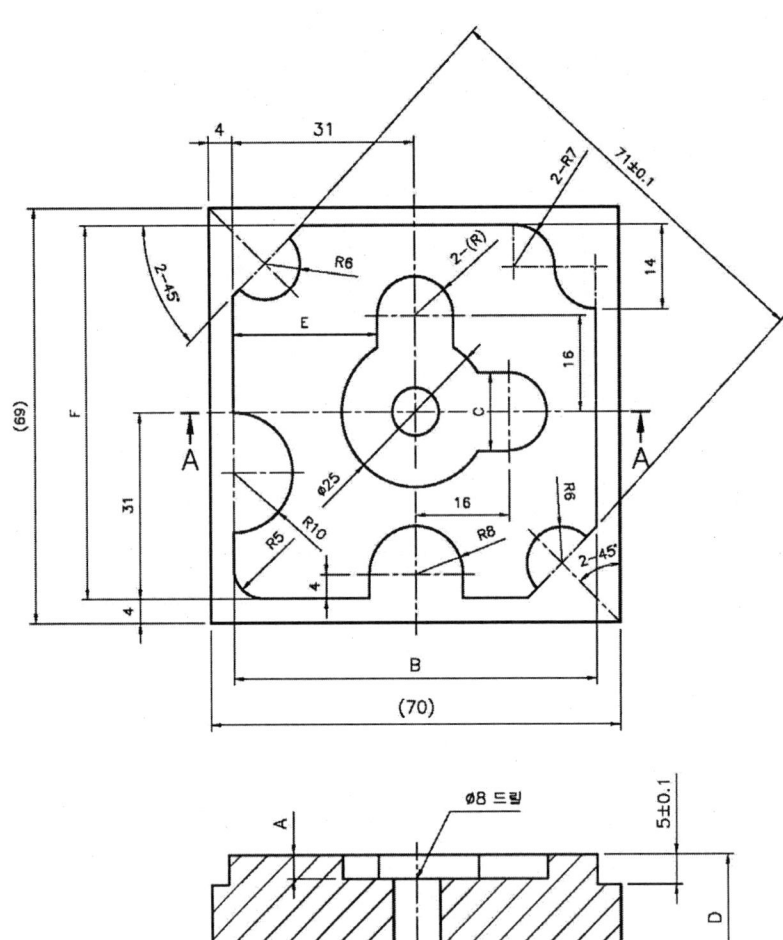

단면 A-A

가공치수 변화표

비번호	구 분	A $^{0}_{-0.05}$	B $^{0}_{-0.05}$	C $^{+0.05}_{0}$	D ±0.1	E ±0.1	F ±0.1
1, 4, 7	A형	5	62	13	21	24.5	62
2, 5, 8	B형	4	63	14	22	24	61
3, 6, 9	C형	3	61	15	23	23.5	63

| 자격종목 | 컴퓨터응용밀링기능사 | 과제명 | CNC밀링작업 | 척도 | NS | 과제번호 | 7 |

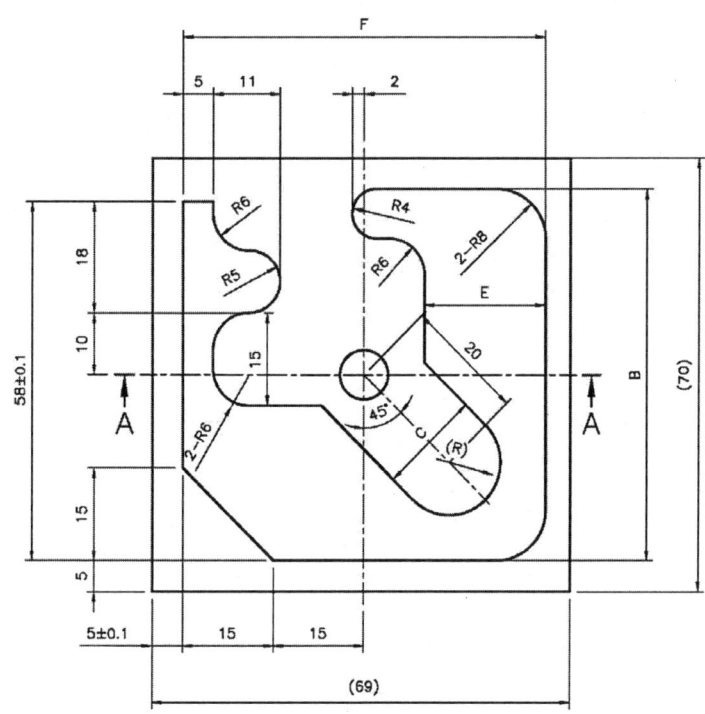

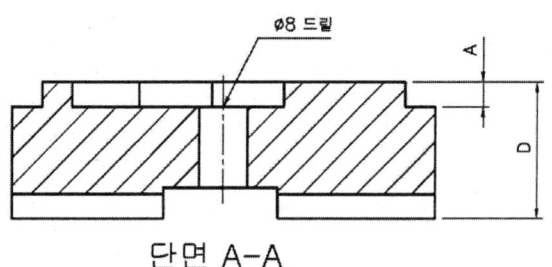

단면 A-A

가공치수 변화표

비번호	구분	A $_{-0.05}^{0}$	B $_{-0.05}^{0}$	C $_{0}^{+0.05}$	D ±0.1	E ±0.1	F ±0.1
1, 4, 7	A형	4	60	17	22	20	60
2, 5, 8	B형	5	61	15	21	22	62
3, 6, 9	C형	4	62	16	23	21	61

| 자격
종목 | 컴퓨터응용
밀링기능사 | 과제명 | CNC밀링
작업 | 척도 | NS | 과제번호 | 8 |

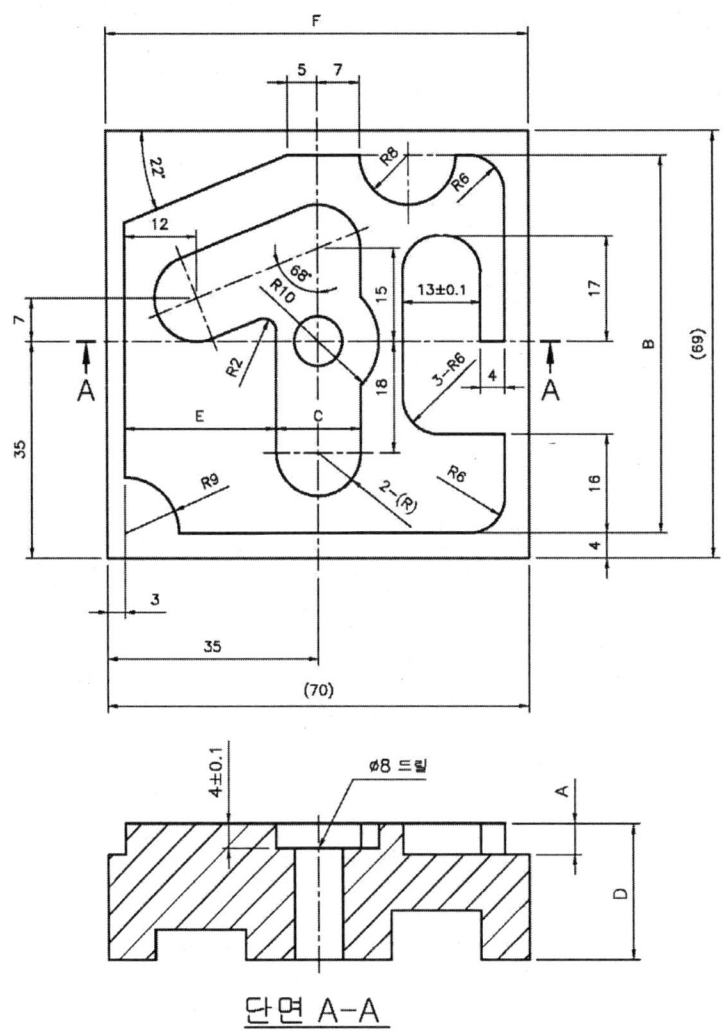

단면 A-A

가공치수 변화표

비번호	구 분	A $^{0}_{-0.05}$	B $^{0}_{-0.05}$	C $^{+0.05}_{0}$	D ±0.1	E ±0.1	F ±0.1
1, 4, 7	A형	5	62	14	22	25	63
2, 5, 8	B형	4	63	13	23	25.5	62
3, 6, 9	C형	3	61	15	21	24.5	64

| 자격종목 | 컴퓨터응용밀링기능사 | 과제명 | CNC밀링작업 | 척도 | NS | 과제번호 | 9 |

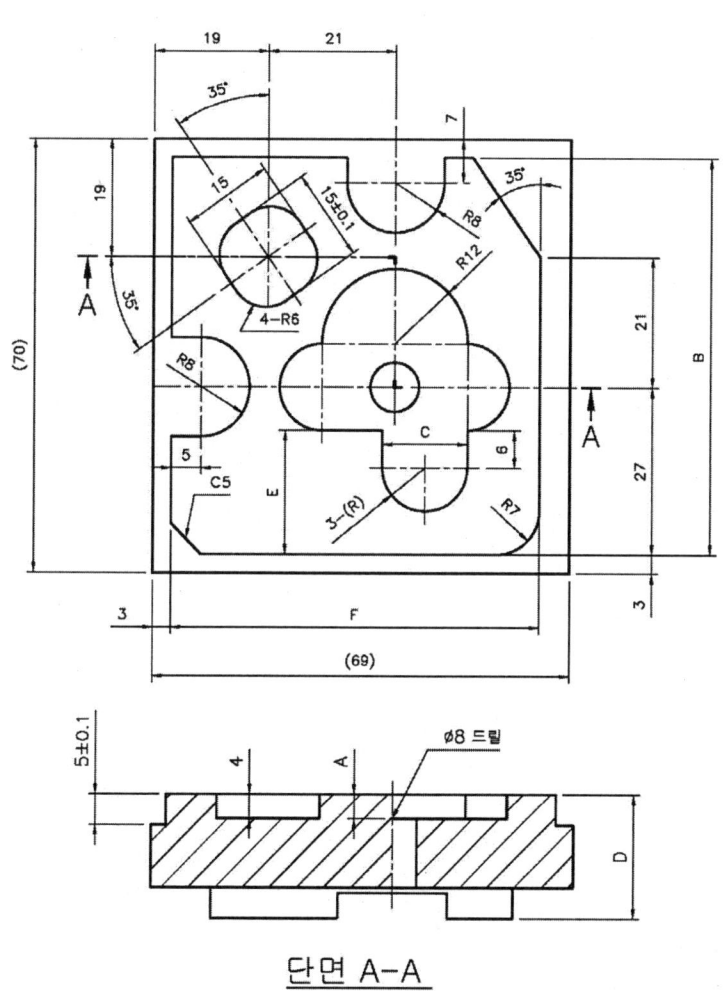

단면 A-A

가공치수 변화표

비번호	구분	A $_{-0.05}^{0}$	B $_{-0.05}^{0}$	C $_{0}^{+0.05}$	D ±0.1	E ±0.1	F ±0.1
1, 4, 7	A형	4	64	14	23	20	61
2, 5, 8	B형	5	63	15	22	19.5	62
3, 6, 9	C형	3	62	13	21	20.5	63

| 자격
종목 | 컴퓨터응용
밀링기능사 | 과제명 | CNC밀링
작업 | 척도 | NS | 과제번호 | 10 |

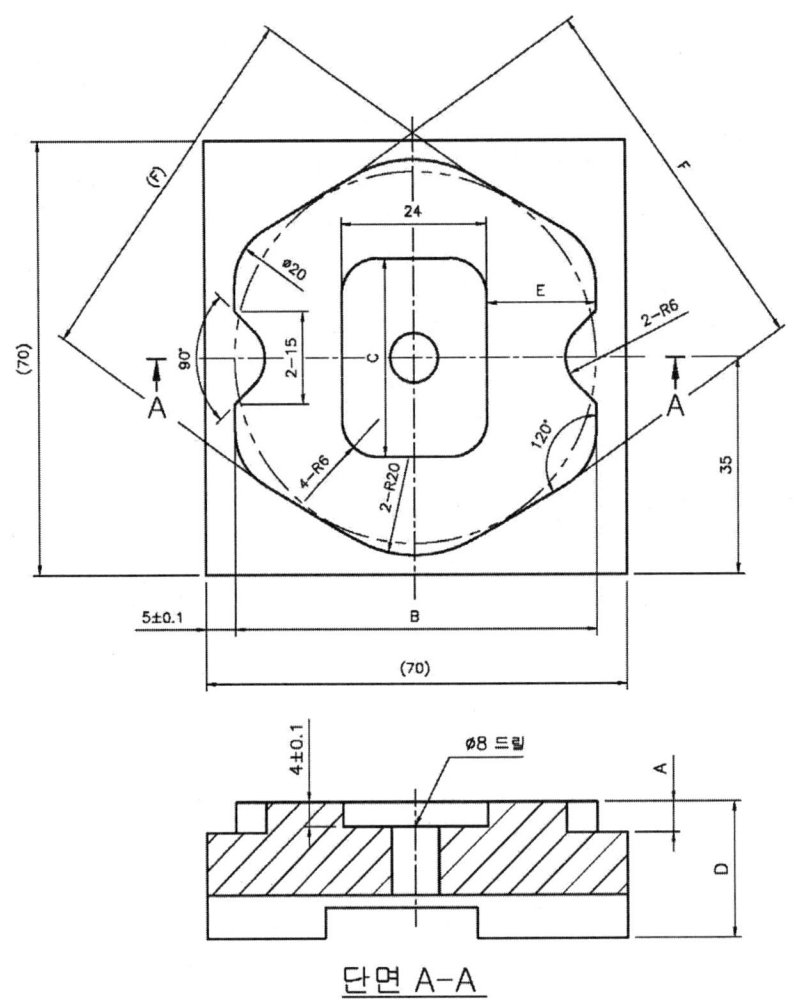

단면 A-A

가공치수 변화표

비번호	구 분	A $^{\ 0}_{-0.05}$	B $^{\ 0}_{-0.05}$	C $^{+0.05}_{\ 0}$	D ±0.1	E ±0.1	F ±0.1
1, 4, 7	A형	5	60	32	22	18	60
2, 5, 8	B형	4	61	33	21	18.5	61
3, 6, 9	C형	5	59	31	23	17.5	59

자격종목	컴퓨터응용밀링기능사	과제명	CNC밀링작업	척도	NS	과제번호	11

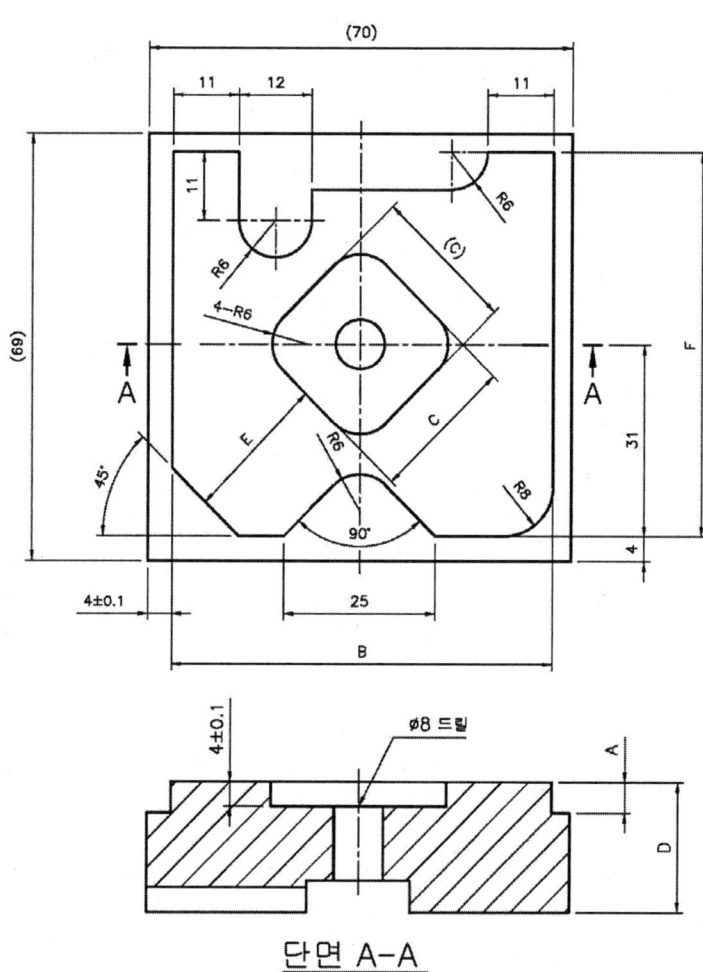

단면 A-A

가공치수 변화표

비번호	구분	A $^{\ 0}_{-0.05}$	B $^{\ 0}_{-0.05}$	C $^{+0.05}_{\ \ 0}$	D ±0.1	E ±0.1	F ±0.1
1, 4, 7	A형	5	62	24	23	24	62
2, 5, 8	B형	4	63	25	22	24.5	61
3, 6, 9	C형	6	61	23	21	23.5	63

자격 종목	컴퓨터응용 밀링기능사	과제명	CNC밀링 작업	척도	NS	과제번호	12

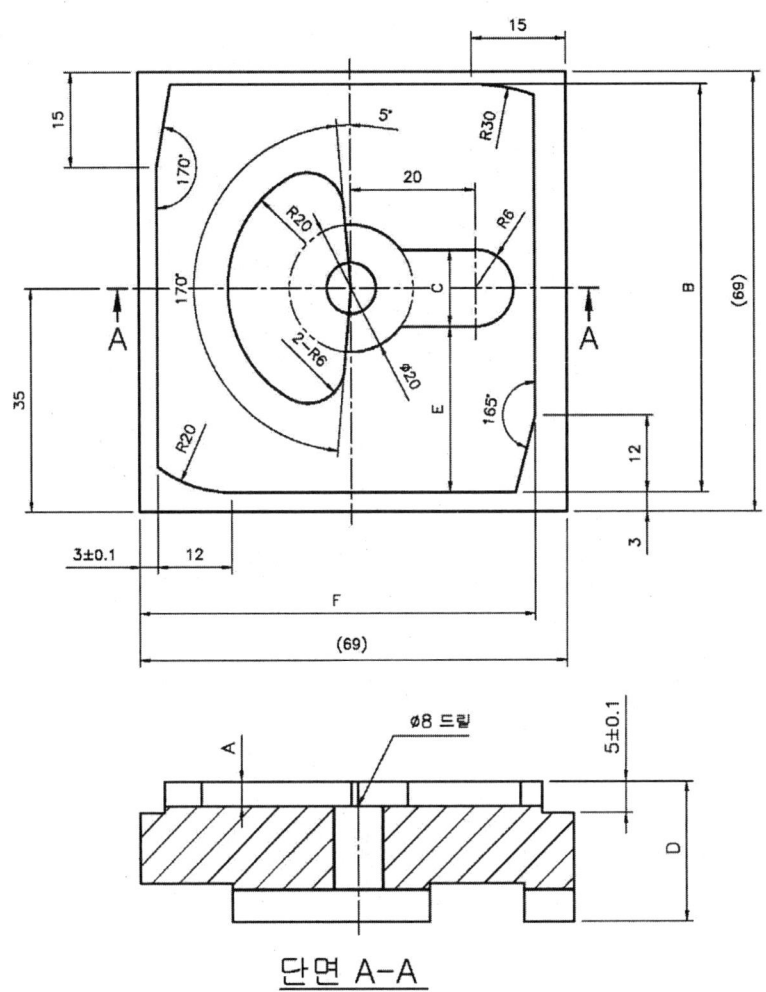

단면 A-A

가공치수 변화표

비번호	구 분	A $^{\ 0}_{-0.05}$	B $^{\ 0}_{-0.05}$	C $^{+0.05}_{\ 0}$	D ±0.1	E ±0.1	F ±0.1
1, 4, 7	A형	4	64	12	22	26	61
2, 5, 8	B형	5	63	14	21	25	63
3, 6, 9	C형	3	62	13	23	25.5	62

| 자격
종목 | 컴퓨터응용
밀링기능사 | 과제명 | CNC밀링
작업 | 척도 | NS | 과제번호 | 13 |

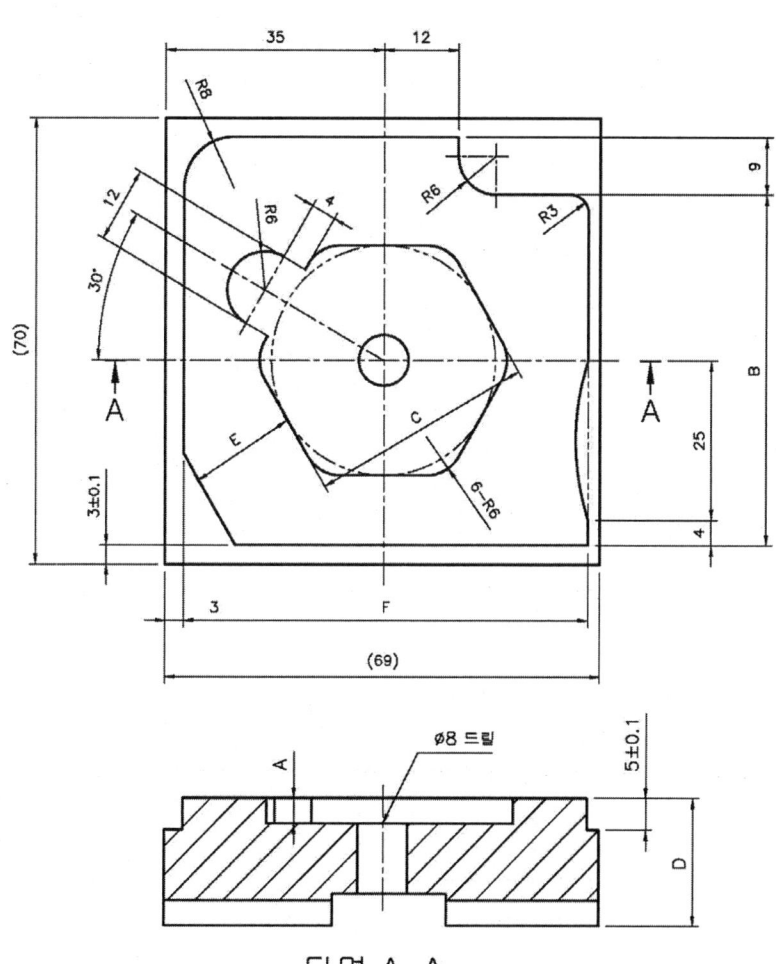

단면 A-A

가공치수 변화표

비번호	구 분	A $_{-0.05}^{0}$	B $_{-0.05}^{0}$	C $_{0}^{+0.05}$	D ±0.1	E ±0.1	F ±0.1
1, 4, 7	A형	4	55	36	23	17	64
2, 5, 8	B형	3	54	35	22	17.5	62
3, 6, 9	C형	5	56	37	21	16.5	63

자격종목	컴퓨터응용밀링기능사	과제명	CNC밀링작업	척도	NS	과제번호	14

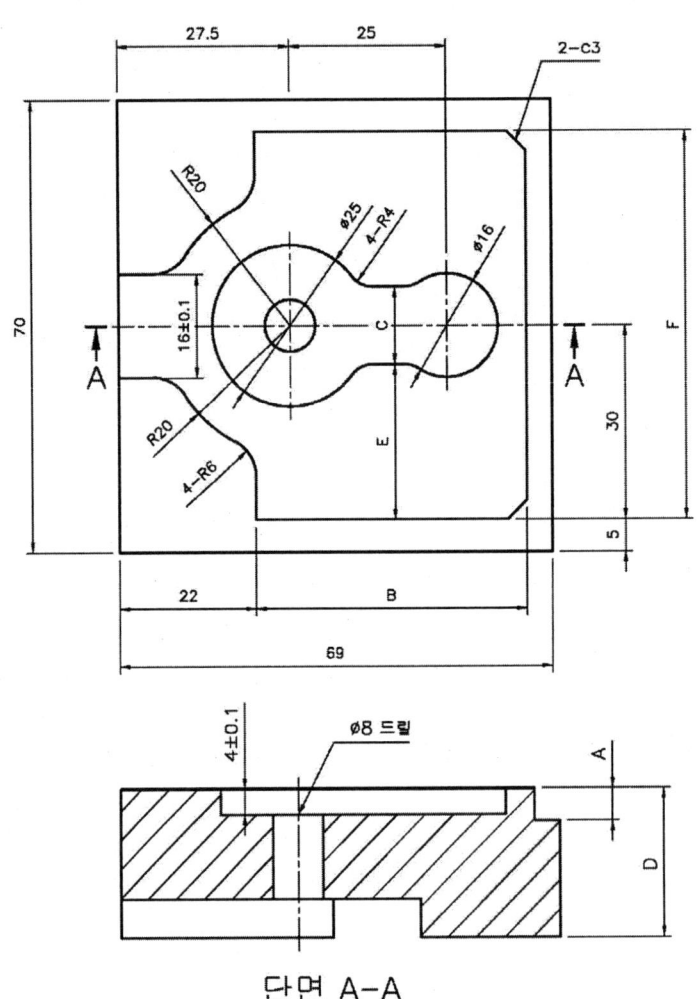

단면 A-A

가공치수 변화표

비번호	구분	A $^{0}_{-0.05}$	B $^{0}_{-0.05}$	C $^{+0.05}_{0}$	D ±0.1	E ±0.1	F ±0.1
1, 4, 7	A형	5	43	12	23	24	60
2, 5, 8	B형	4	44	14	22	23	61
3, 6, 9	C형	3	42	13	21	23.5	62

| 자격종목 | 컴퓨터응용 밀링기능사 | 과제명 | CNC밀링작업 | 척도 | NS | 과제번호 | 15 |

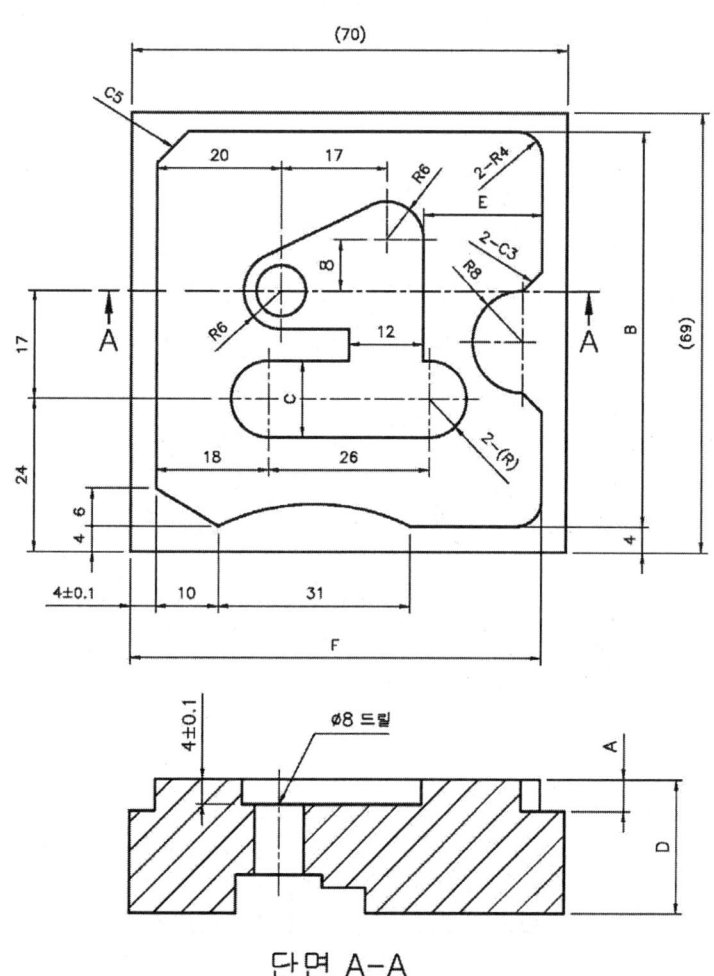

단면 A-A

가공치수 변화표

비번호	구분	A $_{-0.05}^{0}$	B $_{-0.05}^{0}$	C $_{0}^{+0.05}$	D ±0.1	E ±0.1	F ±0.1
1, 4, 7	A형	5	62	12	23	19	62
2, 5, 8	B형	4	61	14	21	20	63
3, 6, 9	C형	3	63	13	22	18	61

| 자격
종목 | 컴퓨터응용
밀링기능사 | 과제명 | CNC밀링
작업 | 척도 | NS | 과제번호 | 16 |

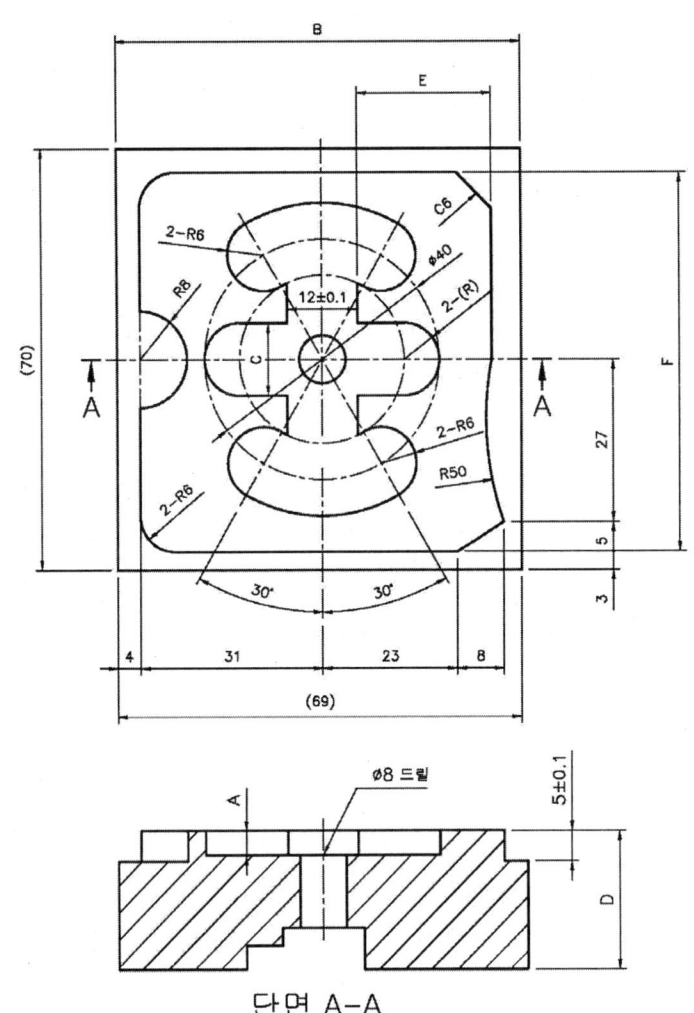

단면 A-A

가공치수 변화표

비번호	구분	A $_{-0.05}^{0}$	B $_{-0.05}^{0}$	C $_{0}^{+0.05}$	D ±0.1	E ±0.1	F ±0.1
1, 4, 7	A형	4	60	12	23	23	63
2, 5, 8	B형	6	61	13	22	24	62
3, 6, 9	C형	5	59	14	21	22	61

| 자격종목 | 컴퓨터응용 밀링기능사 | 과제명 | CNC밀링 작업 | 척도 | NS | 과제번호 | 17 |

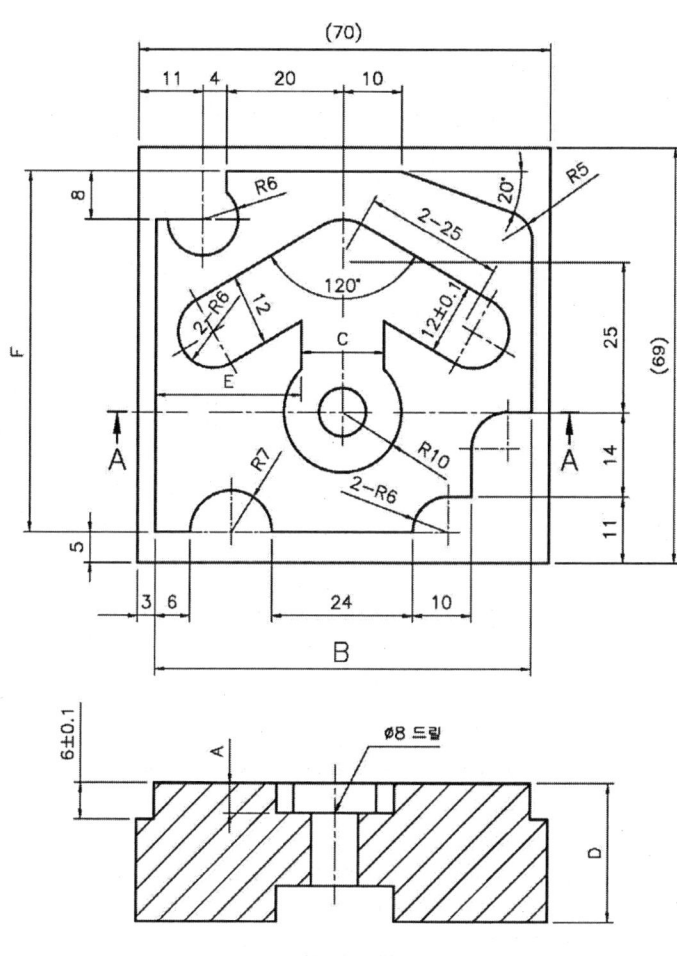

단면 A-A

가공치수 변화표

비번호	구 분	A $_{-0.05}^{0}$	B $_{-0.05}^{0}$	C $_{0}^{+0.05}$	D ±0.1	E ±0.1	F ±0.1
1, 4, 7	A형	5	64	14	22	25	60
2, 5, 8	B형	4	62	13	21	25.5	61
3, 6, 9	C형	5	63	12	23	26	62

| 자격
종목 | 컴퓨터응용
밀링기능사 | 과제명 | CNC밀링
작업 | 척도 | NS | 과제번호 | 18 |

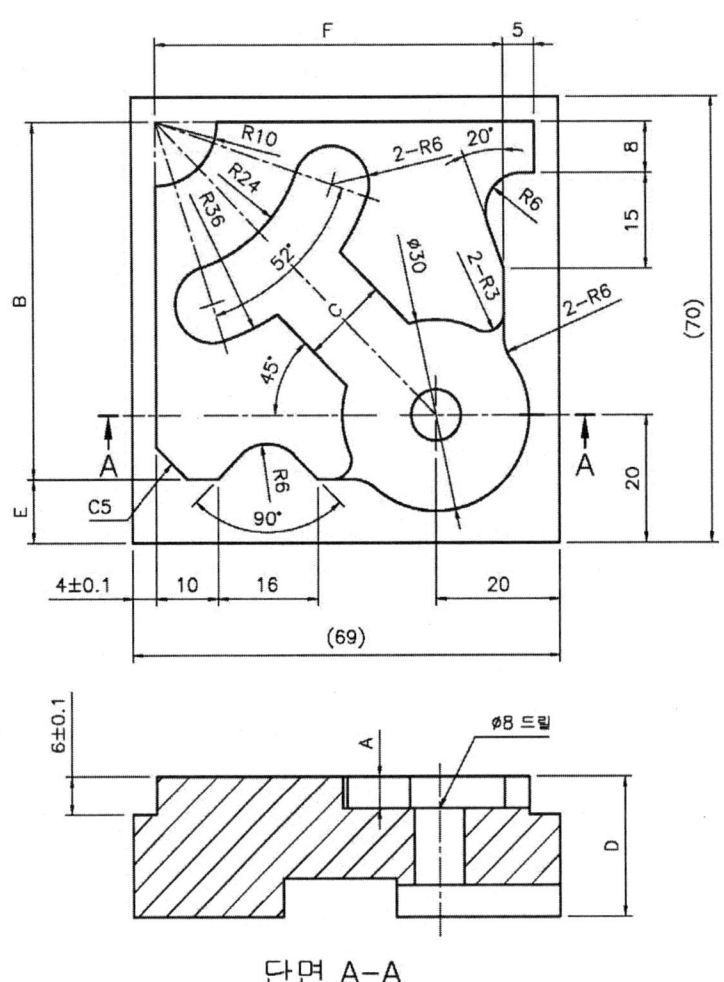

단면 A-A

가공치수 변화표

비번호	구 분	A $^{0}_{-0.05}$	B $^{0}_{-0.05}$	C $^{+0.05}_{0}$	D ±0.1	E ±0.1	F ±0.1
1, 4, 7	A형	5	56	14	22	10	56
2, 5, 8	B형	4	57	15	23	9	57
3, 6, 9	C형	5	58	13	21	8	58

| 자격종목 | 컴퓨터응용밀링기능사 | 과제명 | CNC밀링작업 | 척도 | NS | 과제번호 | 19 |

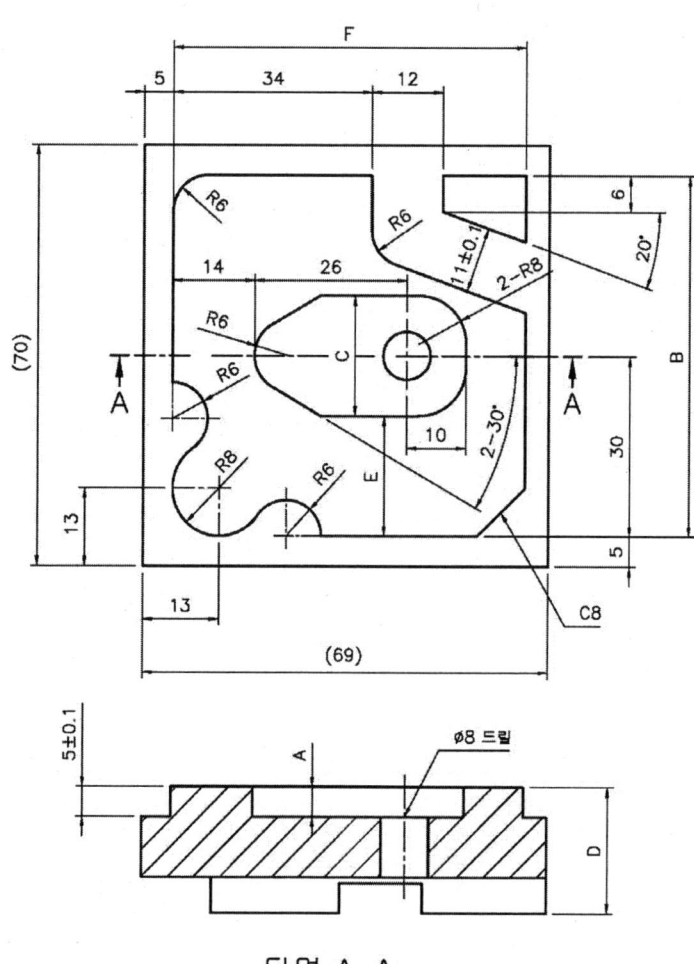

단면 A-A

가공치수 변화표

비번호	구분	A $_{-0.05}^{0}$	B $_{-0.05}^{0}$	C $_{0}^{+0.05}$	D ±0.1	E ±0.1	F ±0.1
1, 4, 7	A형	5	60	20	21	20	60
2, 5, 8	B형	6	62	19	22	20.5	61
3, 6, 9	C형	4	61	21	23	19.5	62

컴퓨터응용밀링(머시닝센터) 프로그램과 가공

| 자격
종목 | 컴퓨터응용
밀링기능사 | 과제명 | CNC밀링
작업 | 척도 | NS | 과제번호 | 20 |

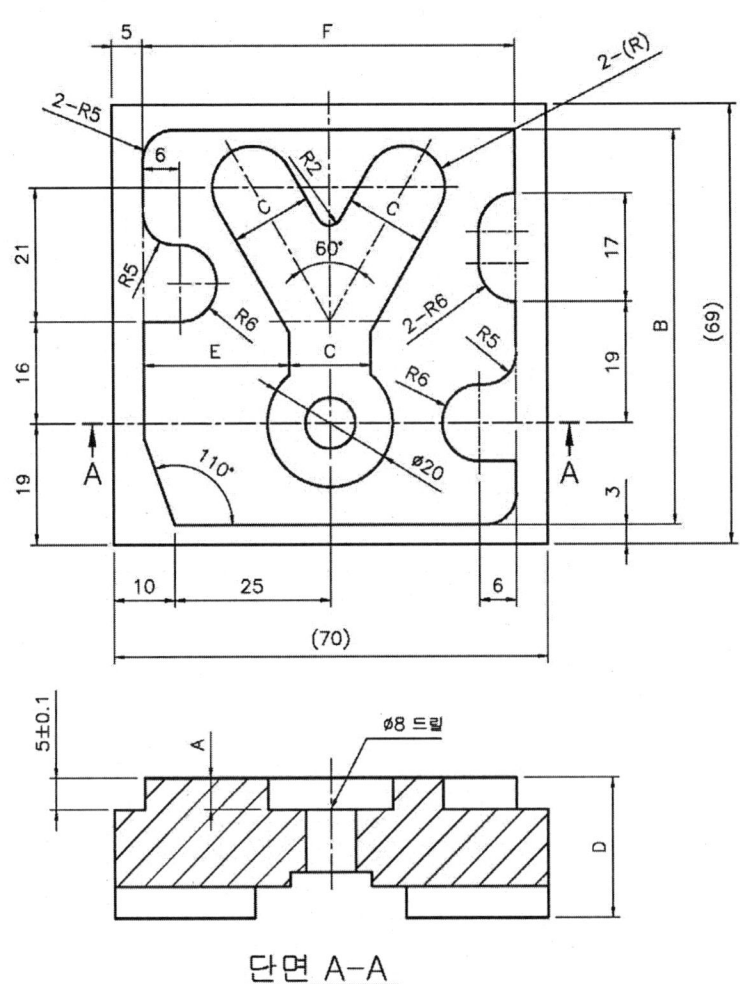

단면 A-A

가공치수 변화표

비번호	구 분	A $_{-0.05}^{0}$	B $_{-0.05}^{0}$	C $_{0}^{+0.05}$	D ±0.1	E ±0.1	F ±0.1
1, 4, 7	A형	5	62	13	22	23.5	60
2, 5, 8	B형	5	63	12	23	24	61
3, 6, 9	C형	4	64	13	21	23.5	59

| 자격
종목 | 컴퓨터응용
밀링기능사 | 과제명 | CNC밀링
작업 | 척도 | NS | 과제번호 | 21 |

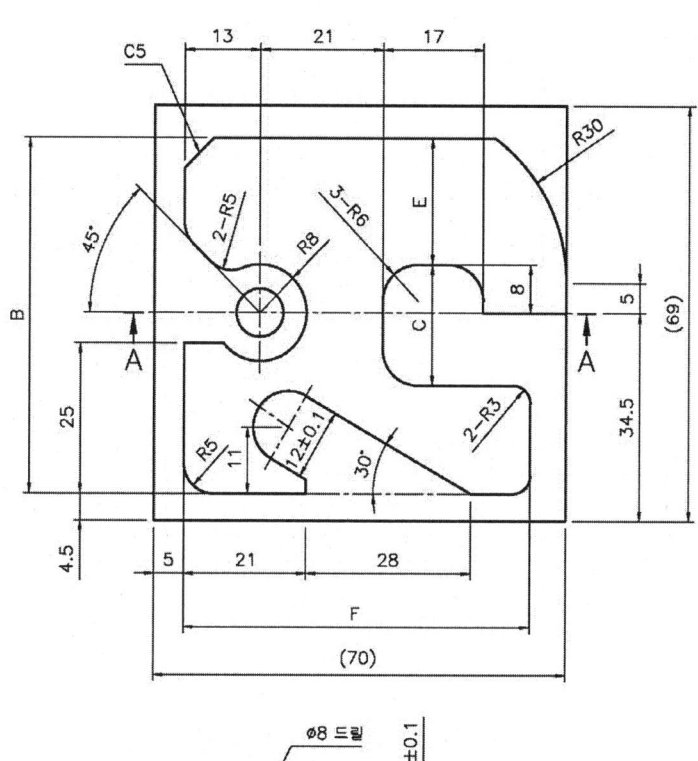

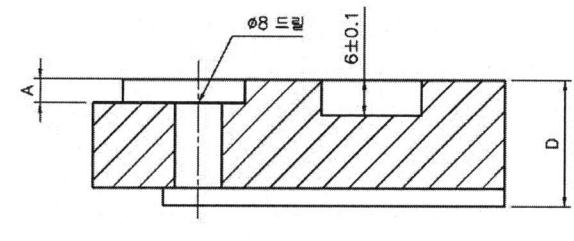

단면 A-A

가공치수 변화표

비번호	구분	A $_{-0.05}^{0}$	B $_{-0.05}^{0}$	C $_{0}^{+0.05}$	D ±0.1	E ±0.1	F ±0.1
1, 4, 7	A형	4	59	20	21	21	59
2, 5, 8	B형	5	60	21	20	20	61
3, 6, 9	C형	4	61	22	20	19	60

| 자격
종목 | 컴퓨터응용
밀링기능사 | 과제명 | CNC밀링
작업 | 척도 | NS | 과제번호 | 22 |

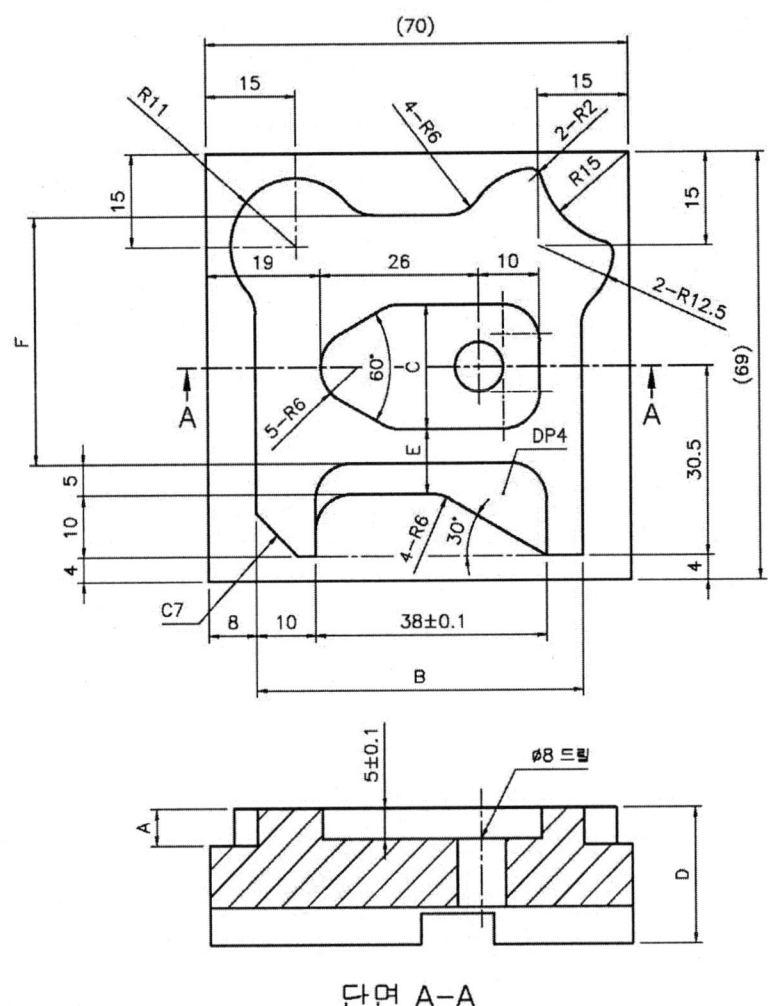

단면 A-A

가공치수 변화표

비번호	구 분	A $^{\ 0}_{-0.05}$	B $^{\ 0}_{-0.05}$	C $^{+0.05}_{\ 0}$	D ±0.1	E ±0.1	F ±0.1
1, 4, 7	A형	6	54	20	22	10.5	40
2, 5, 8	B형	5	53	21	23	10	39
3, 6, 9	C형	5	55	22	21	9.5	41

| 자격
종목 | 컴퓨터응용
밀링기능사 | 과제명 | CNC밀링
작업 | 척도 | NS | 과제번호 | 23 |

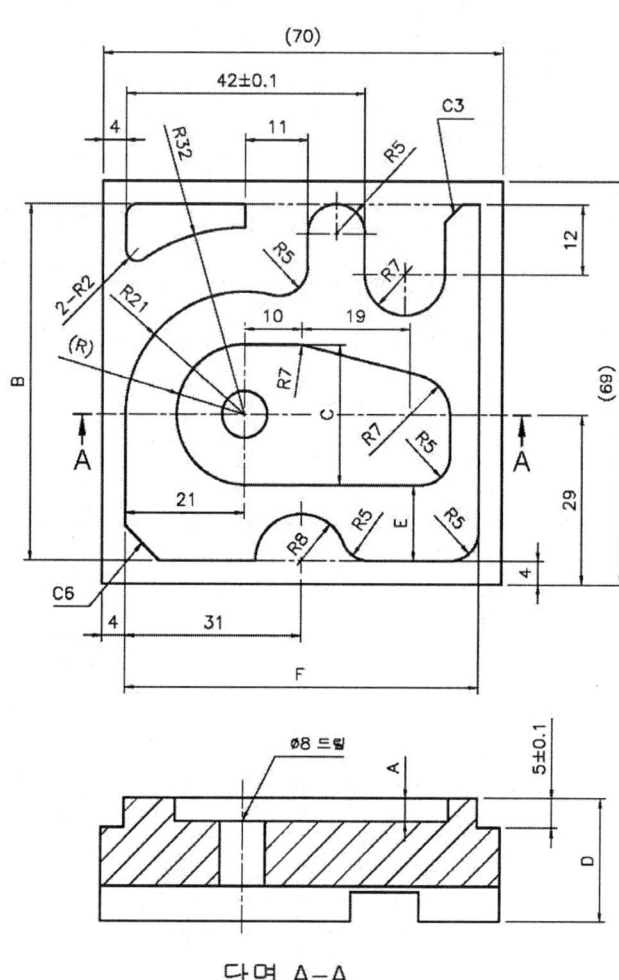

단면 A-A

가공치수 변화표

비번호	구분	A $^{\ 0}_{-0.05}$	B $^{\ 0}_{-0.05}$	C $^{+0.05}_{\ 0}$	D ±0.1	E ±0.1	F ±0.1
1, 4, 7	A형	4	61	24	21	13	62
2, 5, 8	B형	6	62	23	23	13.5	63
3, 6, 9	C형	5	63	25	22	12.5	61

| 자격종목 | 컴퓨터응용밀링기능사 | 과제명 | CNC밀링작업 | 척도 | NS | 과제번호 | 24 |

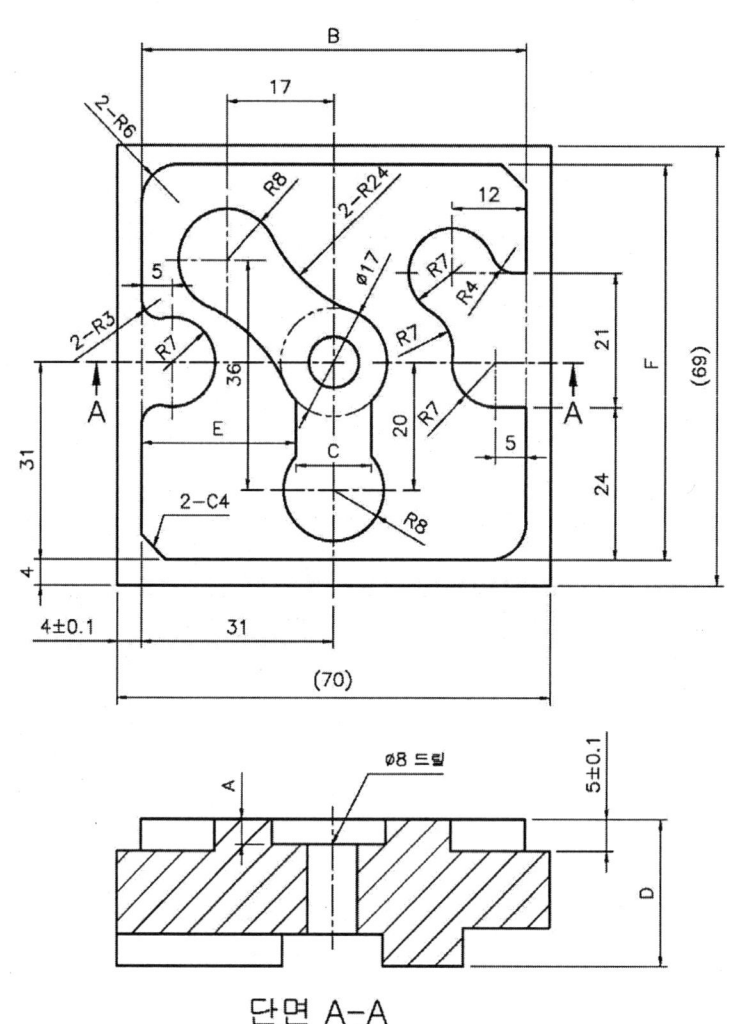

가공치수 변화표

비번호	구 분	A $_{-0.05}^{0}$	B $_{-0.05}^{0}$	C $_{0}^{+0.05}$	D ±0.1	E ±0.1	F ±0.1
1, 4, 7	A형	4	62	12	23	25	62
2, 5, 8	B형	5	63	13	21	24.5	61
3, 6, 9	C형	4	61	11	22	25.5	63

| 자격
종목 | 컴퓨터응용
밀링기능사 | 과제명 | CNC밀링
작업 | 척도 | NS | 과제번호 | 25 |

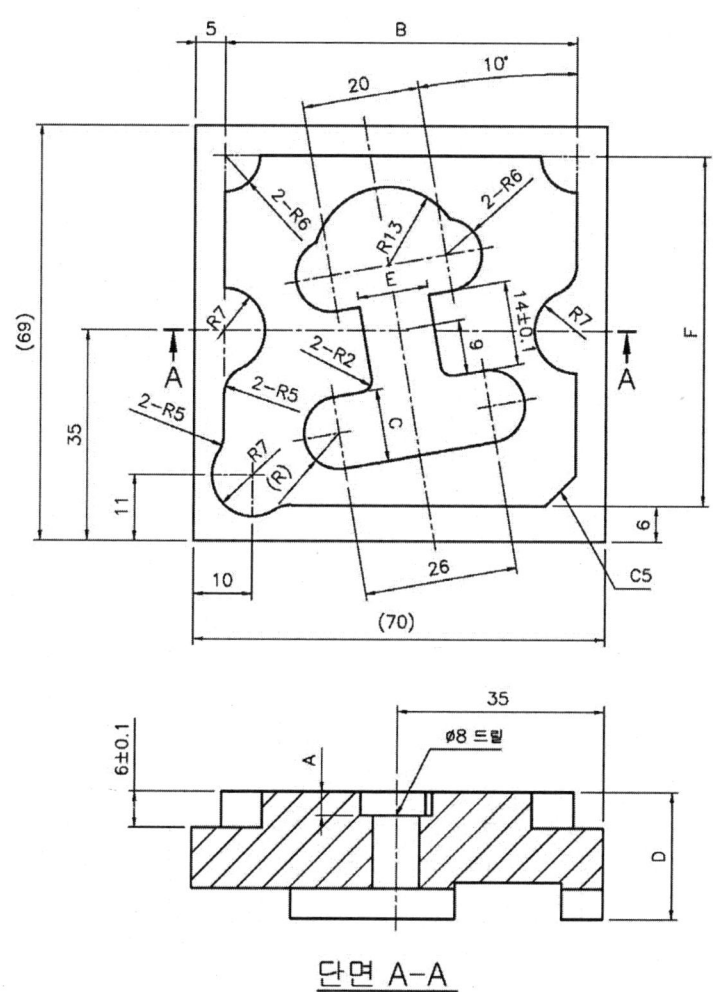

단면 A-A

가공치수 변화표

비번호	구분	A $^{0}_{-0.05}$	B $^{0}_{-0.05}$	C $^{+0.05}_{0}$	D ±0.1	E ±0.1	F ±0.1
1, 4, 7	A형	4	60	12	21	12	58
2, 5, 8	B형	3	61	14	22	13	59
3, 6, 9	C형	4	59	13	23	11	60

| 자격종목 | 컴퓨터응용밀링기능사 | 과제명 | CNC밀링작업 | 척도 | NS | 과제번호 | 26 |

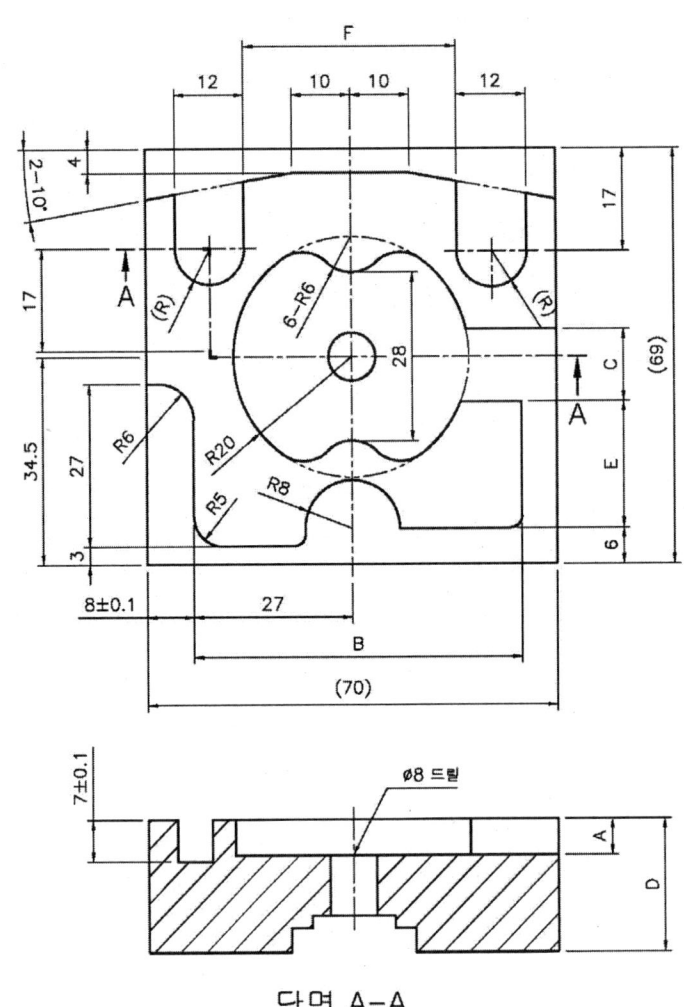

단면 A-A

가공치수 변화표

비번호	구 분	A $^{0}_{-0.05}$	B $^{0}_{-0.05}$	C $^{+0.05}_{0}$	D ±0.1	E ±0.1	F ±0.1
1, 4, 7	A형	6	56	12	22	21	36
2, 5, 8	B형	5	58	14	21	19	38
3, 6, 9	C형	4	57	13	23	20	37

| 자격
종목 | 컴퓨터응용
밀링기능사 | 과제명 | CNC밀링
작업 | 척도 | NS | 과제번호 | 27 |

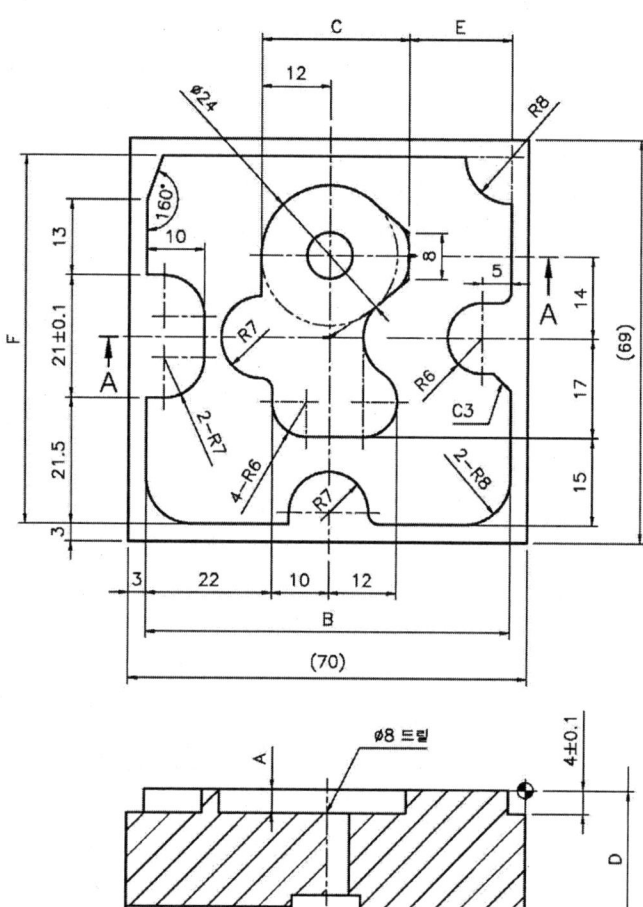

단면 A-A

가공치수 변화표

비번호	구 분	A $_{-0.05}^{0}$	B $_{-0.05}^{0}$	C $_{0}^{+0.05}$	D ±0.1	E ±0.1	F ±0.1
1, 4, 7	A형	4	64	26	23	18	63
2, 5, 8	B형	3	63	25	22	18	62
3, 6, 9	C형	5	62	27	21	15	64

| 자격 종목 | 컴퓨터응용 밀링기능사 | 과제명 | CNC밀링 작업 | 척도 | NS | 과제번호 | 28 |

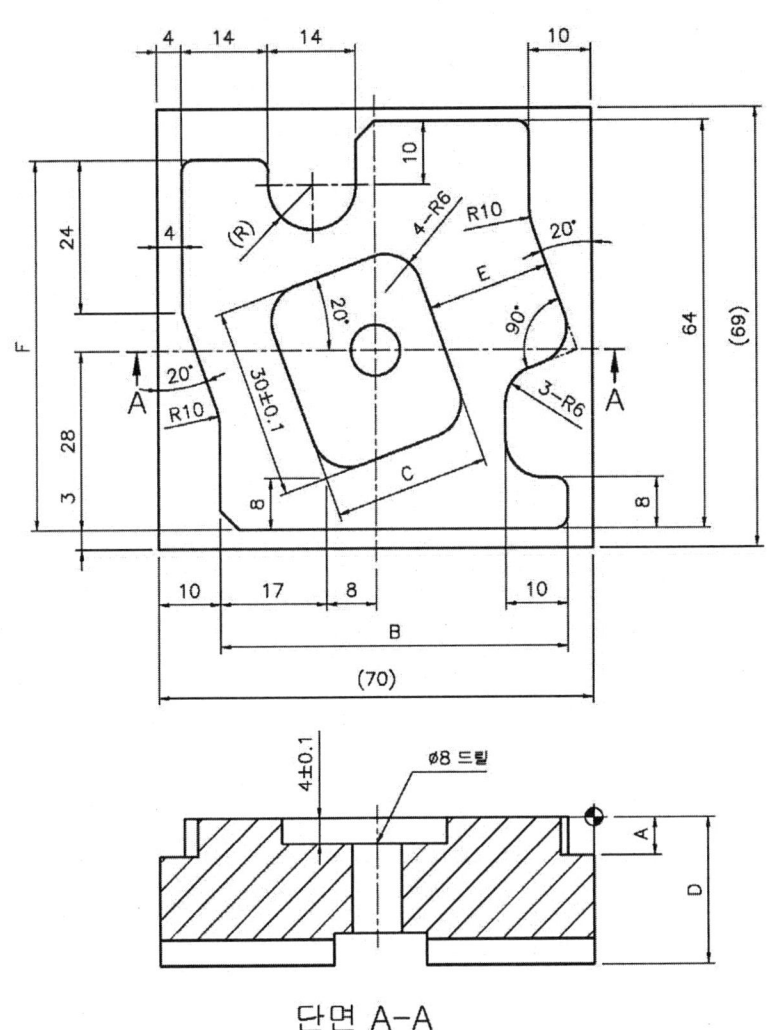

단면 A-A

가공치수 변화표

비번호	구 분	A $_{-0.05}^{0}$	B $_{-0.05}^{0}$	C $_{0}^{+0.05}$	D ±0.1	E ±0.1	F ±0.1
1, 4, 7	A형	6	56	25	21	20	58
2, 5, 8	B형	5	57	26	22	19	59
3, 6, 9	C형	4	55	27	23	18	60

| 자격종목 | 컴퓨터응용밀링기능사 | 과제명 | CNC밀링작업 | 척도 | NS | 과제번호 | 29 |

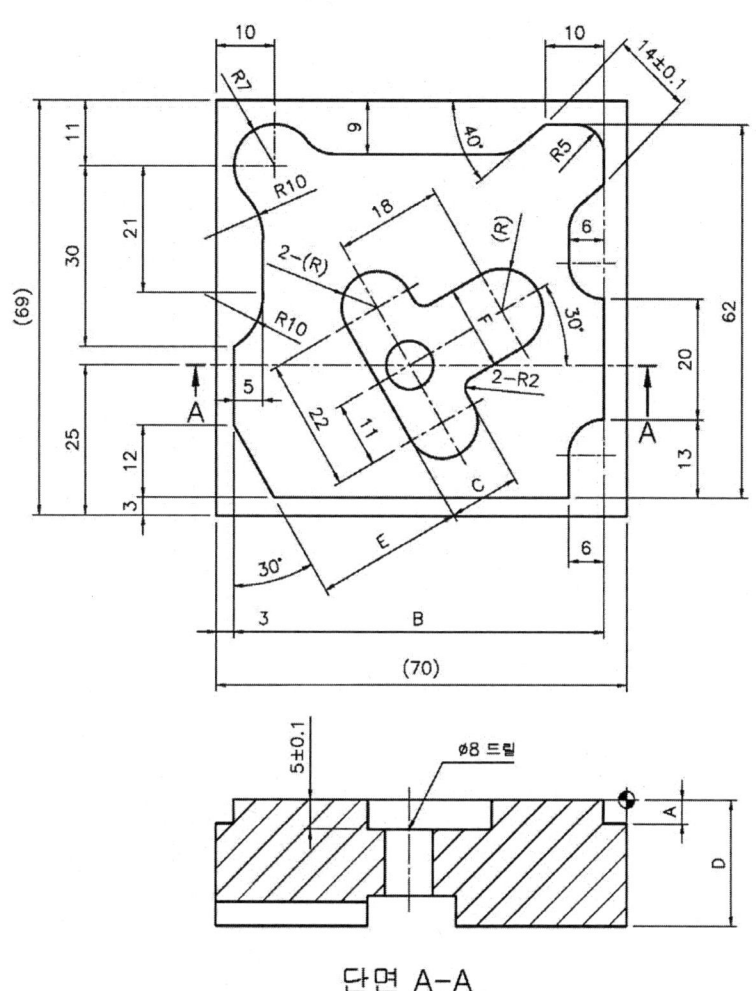

단면 A-A

가공치수 변화표

비번호	구분	A $^{0}_{-0.05}$	B $^{0}_{-0.05}$	C $^{+0.05}_{0}$	D ±0.1	E ±0.1	F ±0.1
1, 4, 7	A형	4	63	12	21	25	14
2, 5, 8	B형	5	64	11	22	25.5	13
3, 6, 9	C형	6	62	13	23	24.5	15

자격 종목	컴퓨터응용 밀링기능사	과제명	CNC밀링 작업	척도	NS	과제번호	30

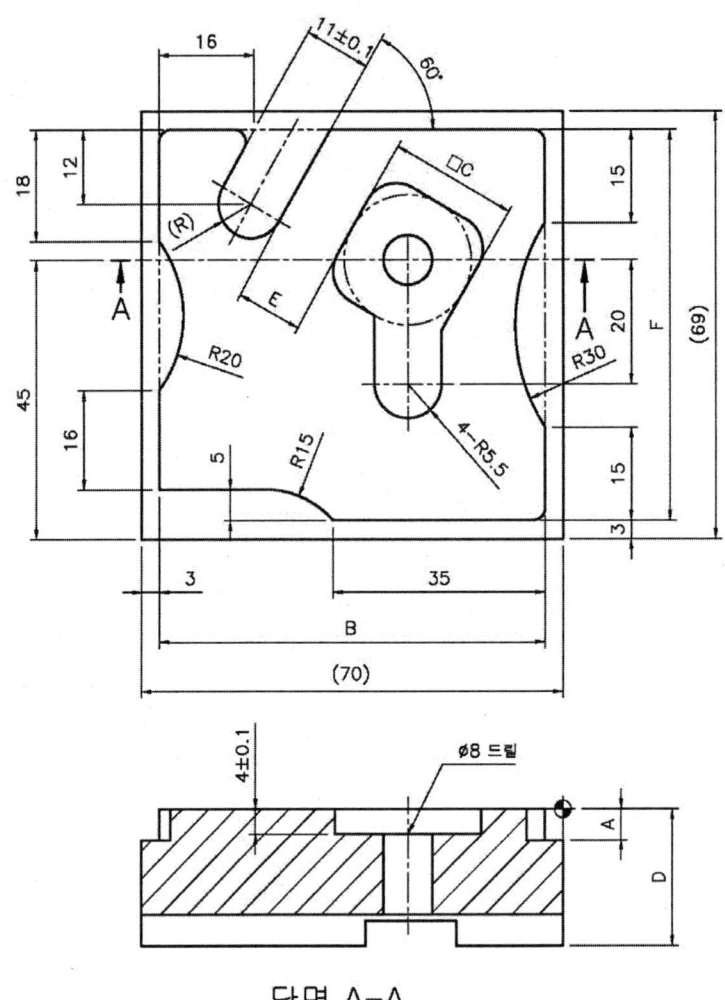

단면 A-A

가공치수 변화표

비번호	구 분	A $^{\ \ 0}_{-0.05}$	B $^{\ \ 0}_{-0.05}$	C $^{+0.05}_{\ \ 0}$	D ±0.1	E ±0.1	F ±0.1
1, 4, 7	A형	5	64	21	22	11	63
2, 5, 8	B형	4	63	22	21	12	65
3, 6, 9	C형	6	62	23	23	13	64

2 컴퓨터응용가공 산업기사 과제

1. 컴퓨터응용산업기사의 머시닝센터 실기시험 수준은, 컴퓨터응용가공 밀링기능사의 수준과 비슷하며, 엔드밀이 진입하는 포켓가공부위의 가공은 센터드릴을 사용하여도 되고 아니면 드릴을 바로 가공하는 프로그램으로 작성하여도 된다. 현장에서는 반드시 센터드릴 가공 후에 드릴가공을 하여야 엔드밀에 무리가 가지 않는다.
2. 그리고 가공공차는 0.2mm정도이므로 1차 가공 후에 반드시 측정 후 치수오차가 생기면 엔드밀로만 2차 가공을 하여야 점수를 취득할 수 있으므로 제출전에 특히 측정에 주의하여야 한다.

1

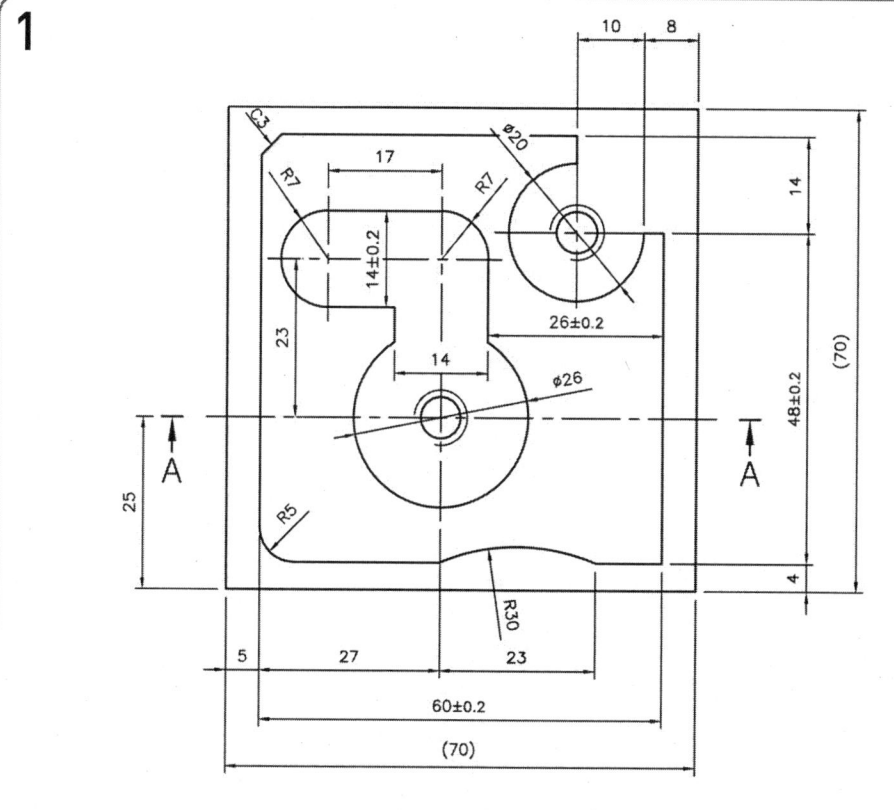

단면 A-A

사용 공구류 현황

공구번호	공구명칭	공구직경	회전수(rpm)	이송(mm/min)
T01	센터드릴	ø4mm	S1500	F80
T02	드릴	ø6.8mm	S1000	F60
T03	탭	M8mm	S200	F250
T04	엔드밀	ø12mm	S1200	F80

컴퓨터응용가공 산업기사 1번 답

O5001 ;	
G40 G49 G80 ;	공구 직경보정 해제, 공구 길이보정 해제, 고정사이클 해제
G91 G30 Z0. M19 ;	공구 교환위치로 이동, M19는 공구 일방향 정지기능
T01 M06(ø4 센터드릴) ;	1번공구(ø4 센터드릴) 교체하라
G54 G90 G00 X32. Y25. ;	센터드릴 가공위치로 이동한다.
G43 Z200. H01 S1500 M03 ;	센터드릴 길이보정한다, 위의 T01 = H01 같게 지정한다.
Z10. M08 ;	안전높이까지 이동한다.
G99 G81 Z-5. R3. F80 ;	드릴링, 스폿 드릴링 사이클 지정, R3. 가공 후 안전높이
X52. Y52. ;	두 번째 센터드릴 가공위치로 이동하여 고정사이클로 가공
G80 G00 Z200. M09 ;	고정사이클 해제, 길이보정해제를 위해 Z200.까지 이동
G49 M05 ;	길이보정 해제
G91 G30 Z0. M19 ;	공구 교환위치로 이동한다,
T02 M06(ø6.8 드릴) ;	2번공구(ø6.8 드릴) 교체하라
G90 G00 X32. Y25. ;	드릴가공위치로 급속 이동한다.
G43 Z200. H02 S1000M03 ;	드릴 길이보정한다, 위의 T02 = H02 같게 지정한다.
Z10. M08 ;	안전높이까지 이동한다.
G99 G73 G81 Z-24. R3. Q3. F60 ;	고속 심공드릴 고정 사이클 지정
	Z는 두께 +5mm정도, R3. 가공 후 안전높이, Q3.절삭깊이
X52. Y52. ;	두 번째 드릴 가공위치로 이동하여 고정사이클로 가공
G80 Z200. M09 ;	고정사이클 해제, 길이보정해제를 위해 Z200.까지 이동
G49 M05 ;	길이보정 해제
G91 G30 Z0. M19 ;	공구 교환위치로 이동, M19는 공구 일방향 정지기능
T03 M06(M8 탭) ;	3번공구(M8 탭) 교체하라
G90 G00 X32. Y25. ;	탭 가공위치로 급속 이동한다.
G43 Z200. H03 S200 M03 ;	탭 길이보정한다, 위의 T03 = H03 같게 지정한다.
Z10. M08 ;	안전높이까지 이동한다.
G99 G84 Z-22. R3. F250 ;	탭 고정 사이클 지정(F = 200 1.25)
X52. Y52. ;	두 번째 탭 가공위치로 이동하여 고정사이클로 가공
G80 Z200. M09 ;	고정사이클 해제, 길이보정해제를 위해 Z200.까지 이동
G49 M05 ;	길이보정 해제
G91 G30 Z0. M19 ;	공구 교환위치로 이동, M19는 공구 일방향 정지기능
T04 M06(ø12 엔드밀) ;	4번공구(ø12 엔드밀) 교체하라
G90 G00 X-15. Y-15. ;	직각 보정을 위해 안전한 위치까지 이동
G43 Z200. H04 S1200 M03 ;	길이 보정하면서 S1200 정회전, 위의 T04 = H04
Z5. ;	안전높이까지 이동한다.

컴퓨터응용가공 산업기사 1번 답

Z-4. ;	외곽의 깊이까지 내려간다. 비절삭 구간이므로 G00 가능함
G41 G01 X5. F80 D04 M08 ;	좌측보정 받으면서 진행방향과 직각으로 이동
Y66. ;	Y66. 까지 직선가공 이송값을 주어야 이동한다.
X65. ;	X65. 까지 직선가공
Y4. ;	Y4. 까지 직선가공
X10. ;	X10. 까지 직선가공
G02 X5. Y10. R5. ;	G02로 R5. 원호가공
G01 Y63. ;	Y63. 까지 직선가공
X8. Y66. ;	X8. Y66. 까지 직선가공
X52. ;	X52. 까지 직선가공
Y62. ;	Y62. 까지 직선가공
G03 X62. Y52. R-10. ;	G03으로 R10. 원호가공
G01 X65. ;	X65. 까지 직선가공
Y4. ;	Y4. 까지 직선가공
X55. ;	X55. 까지 직선가공
G03 X32. R30. ;	G03으로 R30. 원호가공
G01 X-10. ;	X-10. 까지 직선가공
G00 Z5. ;	포켓가공을 위해 이동준비 위치로 올라감
G40 X32. Y25. ;	포켓가공의 드릴 중심으로 간다.
G01 Z-3. F50 ;	포켓가공의 깊이까지 내려간다.
G41 Y38. F80 ;	좌측보정 받으면서 의로 Y38. 까지 직선가공
G03 J-13. ;	360° 반시계방향 원호가공한다.
	회전의 중심이 밑에 있으므로 J-13.
G40 G01 X32. Y25. ;	보정해제하면서 X35. Y35.로 이동한다.
G41 X39. ;	좌측보정 받으면서 우측으로 X39. 까지 직선가공
Y48. ;	Y48. 까지 직선가공
G03 X32. Y55. R7. ;	G03으로 R7. 원호가공
G01 X15. ;	X15. 까지 직선가공
G03 Y41. R7. ;	G03으로 R7. 원호가공
G01 X25. ;	X25. 까지 직선가공
Y25. ;	Y25. 까지 직선가공
G00 Z5. M09 ;	가공 후 안전위치로 이동
Z200. M05 ;	Z200. 까지 급속이동
G49 ;	길이보정 해제
G91 G28 X0. Y0. Z0. ;	기계원점으로 복귀한다.
M02 ;	프로그램 끝

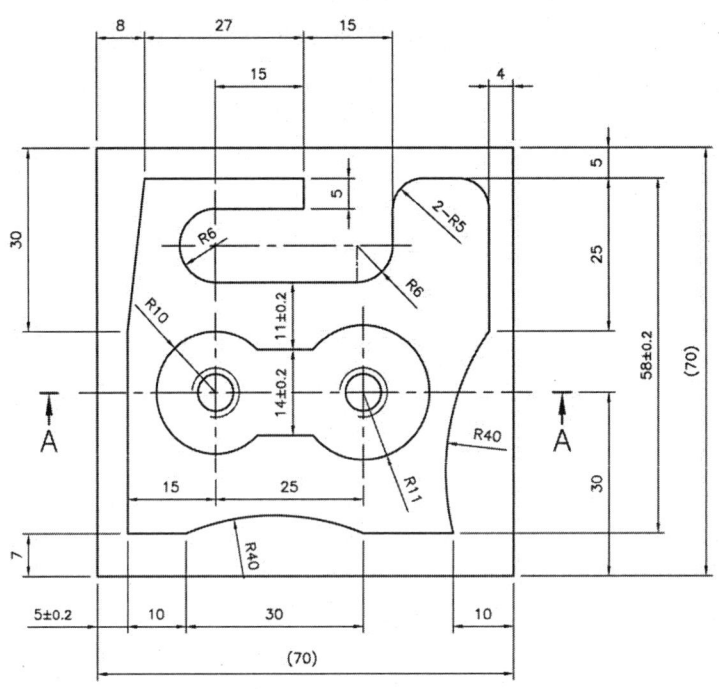

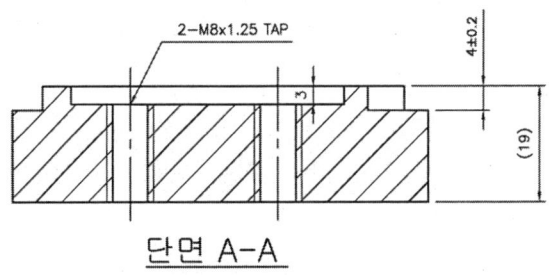

사용 공구류 현황

공구번호	공구명칭	공구직경	회전수(rpm)	이송(mm/min)
T01	센터드릴	Ø4mm	S1500	F80
T02	드릴	Ø6.8mm	S1000	F60
T03	탭	M8mm	S200	F250
T04	엔드밀	Ø10mm	S1200	F80

컴퓨터응용가공 산업기사 2번 답

O5002 ;

G40 G49 G80 ;
G91 G30 Z0. M19 ;
T01 M06(ø 4 센터드릴) ;
G54 G90 G00 X20. Y30. ;
G43 Z200. H01 S1500 M03 ;
Z10. M08 ;
G99 G81 Z-5. R3. F80 ;
X45. ;
G80 G00 Z200. M09 ;
G49 M05 ;
G91 G30 Z0. M19 ;
T02 M06(ø 6.8 드릴) ;
G90 G00 X20. Y30. ;
G43 Z200. H02 S1000 M03 ;
Z10. M08 ;
G99 G73 G81 Z-24. R3. Q3. F60 ;
X45. ;
G80 Z200. M09 ;
G49 M05 ;
G91 G30 Z0. M19 ;
T03 M06(M8 탭) ;
G90 G00 X20. Y30. ;
G43 Z200. H03 S200 M03 ;
Z10. M08 ;
G99 G84 Z-22. R3. F250 ;
X45. Y30. ;
G80 Z200. M09 ;
G49 M05 ;
G91 G30 Z0. M19 ;
T04 M06(ø 10 엔드밀) ;
G90 G00 X-15. Y-15. ;
G43 Z200. H04 S1200 M03 ;
Z5. ;
Z-4. ;
G41 G01 X5. F80 D01 M08 ;
Y65. ;
X66. ;
Y7. ;
X5. ;
Y40. ;
X8. Y65. ;
X35. ;
Y60. ;
X20. ;
G03 Y48. R6. ;
G01 X44. ;
G03 X50. Y54. R6. ;
G01 Y60. ;
G02 X55. Y65. R5. ;
G01 X61. ;
G02 X66. Y60. R5. ;
G01 Y40. ;
G03 X60. Y7. R40. ;
G01 X45. ;
G03 X15. R40. ;
G01 X-10. ;
G00 Z5. ;
G40 X20. Y30. ;
G01 Z-3. F50 ;
G41 X30. F80 ;
G03 I-10. ;
G40 G01 X20. Y30. ;
X45. ;
G41 X34. ;
G03 I11. ;
G40 G01 X45. Y30. ;
G41 Y37. ;
X20. ;
Y23. ;
X45. ;
G00 Z5. M09 ;
Z200. M05 ;
G49 ;
M02 ;

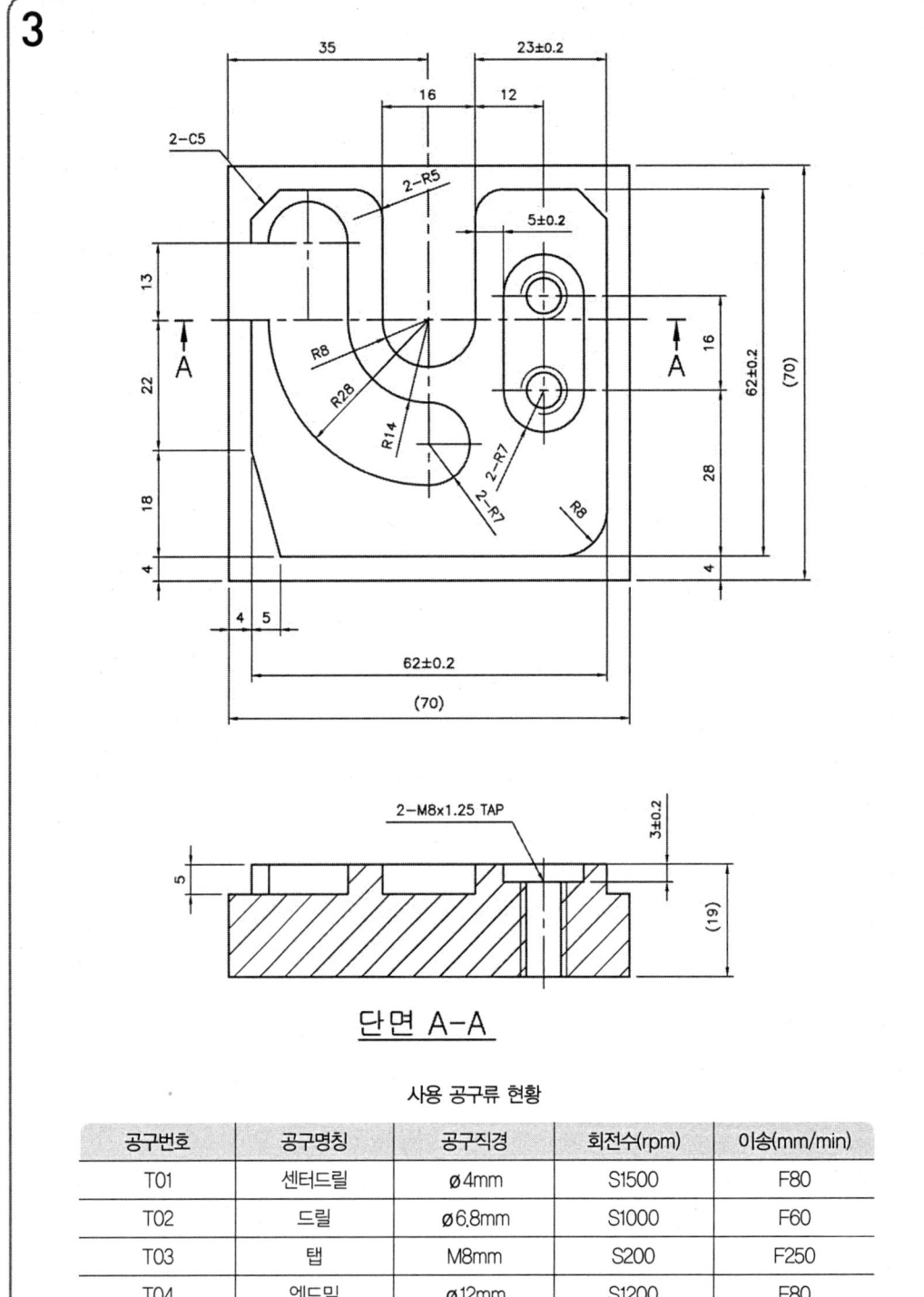

단면 A-A

사용 공구류 현황

공구번호	공구명칭	공구직경	회전수(rpm)	이송(mm/min)
T01	센터드릴	Ø4mm	S1500	F80
T02	드릴	Ø6.8mm	S1000	F60
T03	탭	M8mm	S200	F250
T04	엔드밀	Ø12mm	S1200	F80

컴퓨터응용가공 산업기사 3번 답

```
O5003 ;
G40 G49 G80 ;
G91 G30 Z0. M19 ;
T01 M06(ø4 센터드릴) ;
G54 G90 G00 X55. Y48. ;
G43 Z200. H01 S1500 M03 ;
Z10. M08 ;
G99 G81 Z-5. R3. F80 ;
Y32. ;
G80 G00 Z200. M09 ;
G49 M05 ;
G91 G30 Z0. M19 ;
T02 M06(ø6.8 드릴) ;
G90 G00 X55. Y48. ;
G43 Z200. H02 S1000 M03 ;
Z10. M08 ;
G99 G73 G81 Z-24. R3. Q3. F60 ;
Y32. ;
G80 Z200. M09 ;
G49 M05 ;
G91 G30 Z0. M19 ;
T03 M06(M8 탭) ;
G90 G00 X55. Y48. ;
G43 Z200. H03 S200 M03 ;
Z10. M08 ;
G99 G84 Z-22. R3. F250 ;
Y32. ;
G80 Z200. M09 ;
G49 M05 ;
G91 G30 Z0. M19 ;
T04 M06(ø12 엔드밀) ;
G90 G00 X-15. Y-15. ;
G43 Z200. H04 S1200 M03 ;
Z5. ;
Z-5. ;
G41 G01 X4. F80 D04 M08 ;
Y66. ;
X66. ;
Y4. ;
X9. ;
X4. Y22. ;
Y44. ;
X7. ;
G03 X35. Y16. R28. ;
G03 Y30. R7. ;
G02 X21. Y44. R14. ;
G01 Y57. ;
G03 X7. R7. ;
G01 X4. ;
Y61. ;
X9. Y66. ;
X22. ;
G02 X27. Y61. R5. ;
G01 Y44. ;
G03 X43. R8. ;
G01 Y61. ;
G02 X48. Y66. R5. ;
G01 X61. ;
X66. Y61. ;
Y12. ;
G02 X58. Y4. R8. ;
G01 X-10. ;
G00 Z5. ;
G40 X55. Y48. ;
G01 Z-3. F50 ;
Y32. F80 ;
G41 X62. ;
Y48. ;
G03 X48. R7. ;
G01 Y32. ;
G03 X62. R7. ;
G01 Y44. ;
G40 X55. ;
G00 Z5. M09 ;
G49 Z200. M05 ;
M02 ;
```

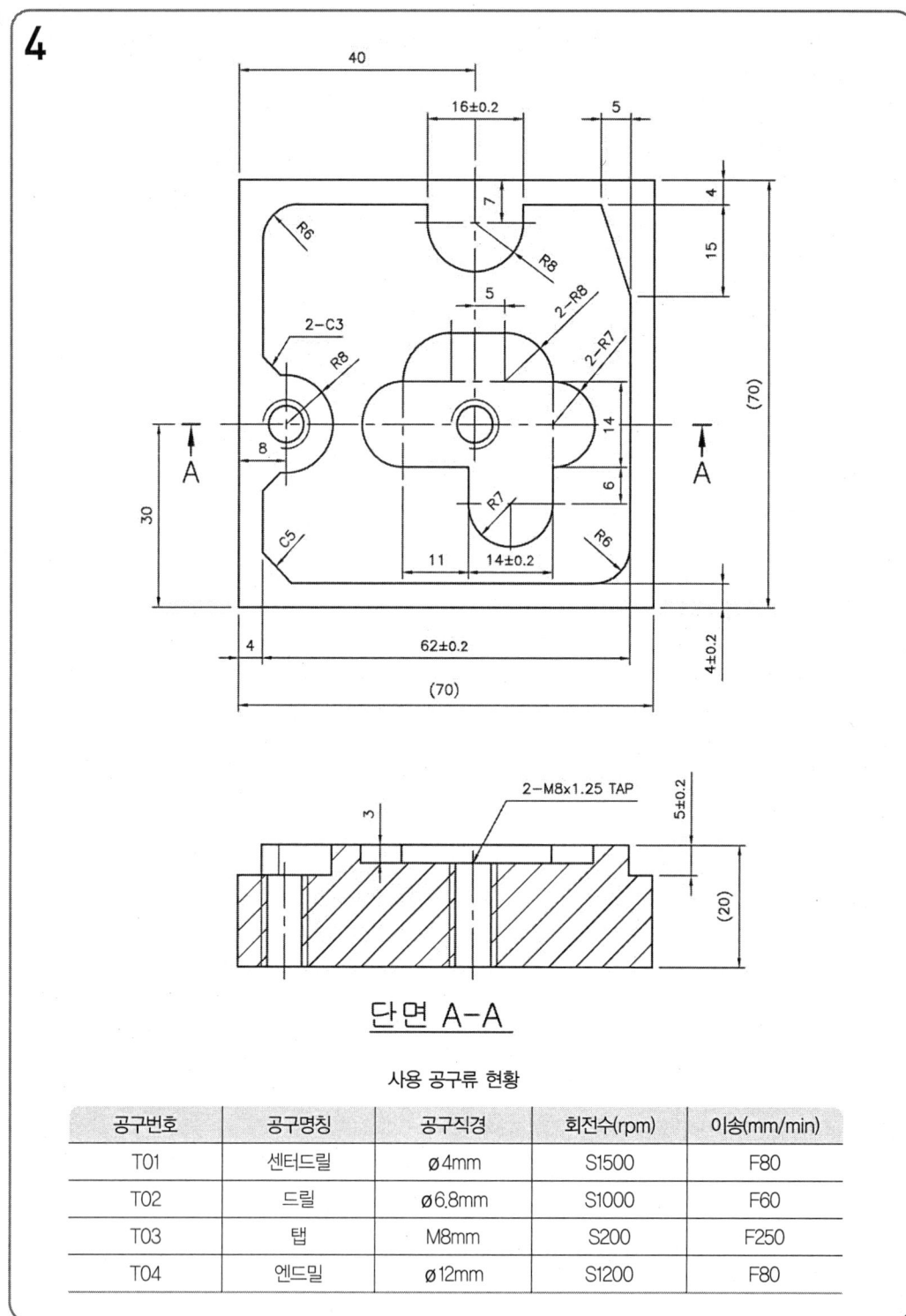

사용 공구류 현황

공구번호	공구명칭	공구직경	회전수(rpm)	이송(mm/min)
T01	센터드릴	ø4mm	S1500	F80
T02	드릴	ø6.8mm	S1000	F60
T03	탭	M8mm	S200	F250
T04	엔드밀	ø12mm	S1200	F80

컴퓨터응용가공 산업기사 4번 답

```
O5003 ;
G40 G49 G80 ;
G91 G30 Z0. M19 ;
T01 M06( ø 4 센터드릴) ;
G54 G90 G00 X8. Y30. ;
G43 Z200. H01 S1500 M03 ;
Z10. M08 ;
G99 G81 Z-5. R3. F80 ;
X40. Y30. ;
G80 G00 Z200. M09 ;
G49 M05 ;
G91 G30 Z0. M19 ;
T02 M06( ø 6.8 엔드밀) ;
G90 G00 X8. Y30. ;
G43 Z200. H02 S1000 M03 ;
Z10. M08 ;
G99 G73 G81 Z-25. R3. Q3. F60 ;
X40. Y30. ;
G80 Z200. M09 ;
G49 M05 ;
G91 G30 Z0. M19 ;
T03 M06(M8 탭) ;
G90 G00 X8. Y30. ;
G43 Z200. H03 S200 M03 ;
Z10. M08 ;
G99 G84 Z-25. R3. F250 ;
X40. Y30. ;
G80 Z200. M09 ;
G49 M05 ;
G91 G30 Z0. M19 ;
T04 M06( ø 12 엔드밀) ;
G90 G00 X-15. Y-15. ;
G43 Z200. H04 S1200 M03 ;
Z5. ;
Z-5. ;
G41 G01 X4. F80 D04 M08 ;
Y66. ;
X66. ;
Y4. ;
X9. ;
X4. Y9. ;
Y19. ;
X7. Y22. ;
X8. ;
G03 Y38. R8. ;
G01 X7. ;
X4. Y41. ;
Y60. ;
G02 X10. Y66. R6. ;
G01 X32. ;
Y63. ;
G03 X48. R8. ;
G01 Y66. ;
X61. ;
X66. Y51. ;
Y10. ;
G02 X60. Y4. R6. ;
G01 X-10. ;
G00 Z5. ;
G40 X40. Y30. ;
G01 Z-3. F50 ;
G41 X53. F80 ;
Y37. ;
G03 X45. Y45. R8. ;
G01 X36. ;
G03 X28. Y37. R7. ;
G03 Y23. R7. ;
G01 X39. ;
Y17. ;
G03 X53. R7. ;
G01 Y23. ;
G03 Y37. R7. ;
G01 X40. ;
G00 Z5. M09 ;
Z200. M05 ;
G49 ;
G91 G28 X0. Y0. Z0. ;
M02 ;
```

3. 사출금형 산업기사 과제

1. 사출금형산업기사의 머시닝센터 실기시험 수준은, 컴퓨터응용가공 밀링기능사의 수준과 비슷하며, 엔드밀이 진입하는 포켓가공부위의 가공은 센터드릴을 사용하여도 되고 아니면 드릴을 바로 가공하는 프로그램으로 작성하여도 된다. 현장에서는 반드시 센터드릴 가공 후에 드릴가공을 하여야 엔드밀에 무리가 가지 않는다.
2. 그리고 가공공차는 0.2mm정도이므로 1차 가공 후에 반드시 측정 후 치수오차가 생기면 엔드밀로만 2차 가공을 하여야 점수를 취득할 수 있으므로 제출전에 특히 측정에 주의하여야 한다.
3. 그리고 포켓부분에 펀치가 조립되어야 하는데 특히 모서리부분 때문에 조립이 잘 되지 않으므로 거스러미에 주의하여야 하며 펀치를 먼저 가공하고 펀치를 기준으로 가공하면서 조립을 시킨다.

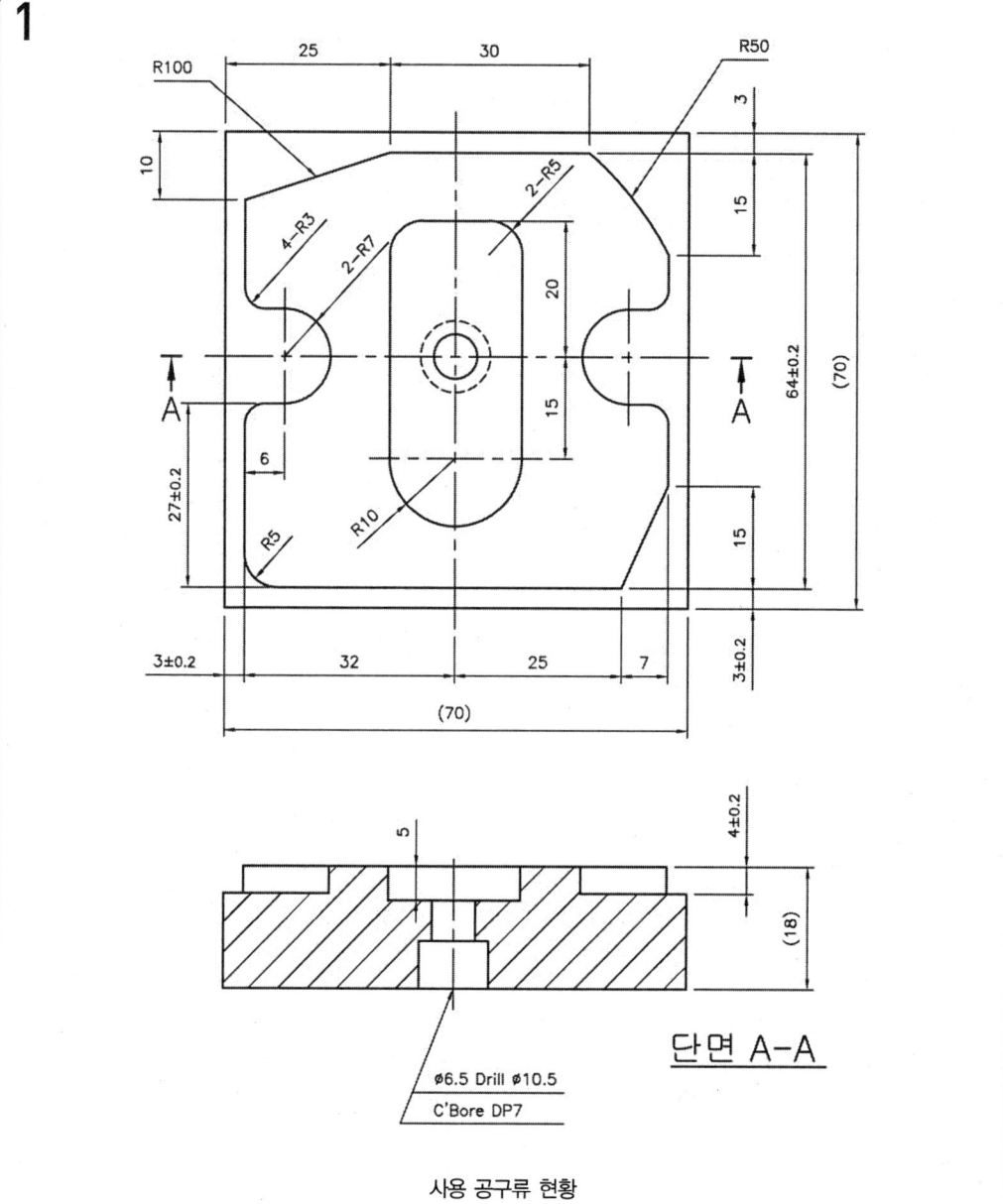

사용 공구류 현황

공구번호	공구명칭	공구직경	회전수(rpm)	이송(mm/min)
T01	센터드릴	ø4mm	S1500	F80
T02	드릴	ø6.5mm	S1000	F40
T03	엔드밀	ø12mm	S1200	F60
T04	엔드밀	ø8mm	S1600	F60

사출금형 산업기사 1번 답

O6001	
G40 G49 G80 ;	공구 직경보정 해제, 공구 길이보정 해제, 고정사이클 해제
G91 G30 Z0. M19 ;	공구 교환위치로 이동, M19는 공구 일방향 정지기능
T01 M06(ø 4 센터드릴) ;	1번공구(ø 4 센터드릴) 교체하라
G54 G90 G00 X35. Y37. ;	센터드릴 가공위치로 이동한다.
G43 Z200. H01 S1500 M03 ;	센터드릴 길이보정한다. 위의 T01 = H01 같게 지정한다.
Z10. M08 ;	안전높이까지 이동한다.
G81 G99 Z-5. R3. F80 ;	드릴링, 스폿 드릴링 사이클 지정, R3. 가공 후 안전높이
G00 Z200. G80 M09 ;	고정사이클 해제, 길이보정해제를 위해 Z200.까지 이동
G49 M05 ;	길이보정 해제, 공구회전 정지
G91 G30 Z0. M19 ;	공구 교환위치로 이동한다,
T02 M06(ø 6.5 드릴) ;	2번공구(ø 6.5 드릴) 교체하라
G90 G00 X35. Y37. ;	드릴가공위치로 급속 이동한다.
G43 Z200. H02 S1000 M03 ;	드릴 길이보정한다, 위의 T02 = H02 같게 지정한다.
Z10. M08 ;	안전높이까지 이동한다.
G73 G99 Z-23. R3. Q3. F40 ;	고속 심공드릴 고정 사이클 지정
	Z는 두께+5mm정도, R3. 가공 후 안전높이, Q3.절삭깊이
G00 Z200. G80 M09 ;	고정사이클 해제, 길이보정해제를 위해 Z200.까지 이동
G49 M05 ;	길이보정 해제
G91 G30 Z0. M19 ;	공구 교환위치로 이동한다.
T03 M06(ø 12 엔드밀) ;	3번공구(ø 12 엔드밀) 교체하라
G90 G00 X-15. Y-15. ;	직각 보정을 위해 안전한 위치까지 이동
G43 Z200. H03 S1200 M03 ;	길이 보정하면서 S1200 정회전, 위의 T03 = H03
Z10. ;	안전높이까지 이동한다.
Z-4. ;	외곽의 깊이까지 내려간다. 비절삭 구간이므로 G00 가능함
G41 G01 X3. F60 D03 M08 ;	좌측보정 받으면서 진행방향과 직각으로 이동
Y67. ;	Y66. 까지 직선가공 이송값을 주어야 이동한다.
X67. ;	X65. 까지 직 가공
Y3. ;	Y3. 까지 직선가공
X8. ;	X8. 까지 직선가공
G02 X3. Y8. R5. ;	G02로 R5. 원호가공
G01 Y27. ;	Y27. 까지 직선가공
G02 X6. Y30. R3. ;	G02로 R3. 원호가공
G01 X9. ;	X9. 까지 직선가공
G03 Y44. R7. ;	G02로 R5. 원호가공
G01 X6. ;	X6. 까지 직선가공
G02 X3. Y47. R3. ;	G02로 R3. 원호가공

사출금형 산업기사 1번 답

Y60. ;	Y60. 까지 직선가공
X25. Y67. ;	X25. Y67. 까지 직선가공
X55. ;	X55. 까지 직선가공
G02 X67. Y52. R50. ;	G02로 R5. 원호가공
G01 Y47. ;	Y47. 까지 직선가공
G02 X64. Y44. R3. ;	G02로 R3. 원호가공
G01 X62. ;	X62. 까지 직선가공
G03 Y30. R7. ;	G03로 R7. 원호가공
G01 X64. ;	X64. 까지 직선가공
G02 X67. Y27. R3. ;	G02로 R5. 원호가공
G01 Y18. ;	Y18. 까지 직선가공
X60. Y3. ;	X60. Y3. 까지 직선가공
X-10. ;	X-10. 까지 직선가공
G00 Z5. ;	가공 후 안전위치로 이동
G40 Z200. M09 ;	공구경 보정해제, 길이보정해제를 위해 Z200.까지 이동
G49 M05 ;	길이보정 해제
G91 G30 Z0. M19 ;	공구 교환위치로 이동, M19는 공구 일방향 정지기능
T04 M06(ø8 엔드밀) ;	4번공구(ø8 엔드밀) 교체하라
G90 G00 X35. Y37. ;	직각 보정을 위해 안전한 위치까지 이동
G43 Z200. H04 S1600 M03 ;	길이 보정하면서 S1200 정회전, 위의 T04 = H04
Z10. M08 ;	안전높이까지 이동한다.
G01 Z-5. F60 ;	외곽의 깊이까지 내려간다. 비절삭 구간이므로 G00 가능함
Y21. ;	Y21. 까지 직선가공
Y49. ;	Y37. ; 까지 직선가공
G41 X45. D04 ;	좌측보정 받으면서 진행방향과 직각으로 이동
Y52. ;	Y52. 까지 직선가공
G03 X40. Y57. R5. ;	G02로 R5. 원호가공
G01 X30. ;	X30. 까지 직선가공
G03 X25. Y52. R5. ;	G03로 R7. 원호가공
G01 Y22. ;	Y22. 까지 직선가공
G03 X45. R10. ;	G03로 R7. 원호가공
G01 Y39. ;	Y39. 까지 직선가공
G40 X35. ;	X35. 까지 직선가공
G00 Z5. ;	가공 후 안전위치로 이동
G40 Z200. M09 ;	Z200. 까지 급속이동
G49 M05 ;	길이보정 해제
G91 G28 X0. Y0. Z0. ;	기계원점으로 복귀한다.
M02 ;	프로그램 끝

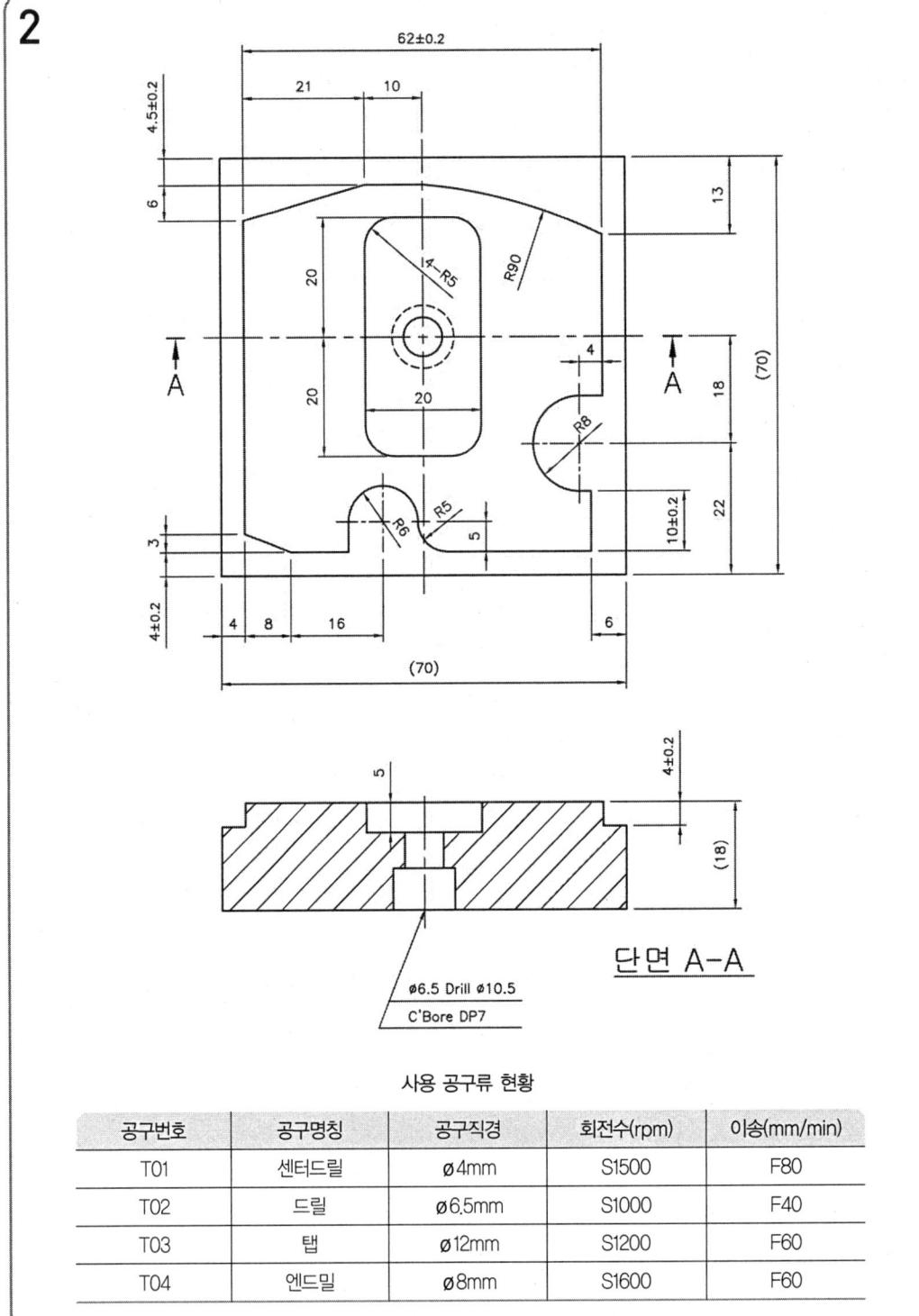

단면 A-A

사용 공구류 현황

공구번호	공구명칭	공구직경	회전수(rpm)	이송(mm/min)
T01	센터드릴	Ø4mm	S1500	F80
T02	드릴	Ø6.5mm	S1000	F40
T03	탭	Ø12mm	S1200	F60
T04	엔드밀	Ø8mm	S1600	F60

사출금형 산업기사 2번 답

```
O6002

G40 G49 G80 ;
G91 G30 Z0. M19 ;
T01 M06( ø 4 센터드릴) ;
G54 G90 G00 X35. Y40. ;
G43 Z200. H01 S1500 M03 ;
Z10. M08 ;
G81 G99 Z-5. R3. F80 ;
G00 Z200. G80 M09 ;
G49 M05 ;
G91 G30 Z0. M19 ;
T02 M06( ø 6.5 드릴) ;
G90 G00 X35. Y40. ;
G43 Z200. H02 S1000 M03 ;
Z10. M08 ;
G73 G99 Z-23. R3. Q3. F40 ;
G00 Z200. G80 M09 ;
G49 M05 ;
G91 G30 Z0. M19 ;
T03 M06( ø 12 엔드밀) ;
G90 G00 X-15. Y-15. ;
G43 Z200. H03 S1200 M03 ;
Z10. ;
Z-4. ;
G41 G01 X3. F60 D03 M08 ;
Y65.5 ;
X66. ;
Y4. ;
X12. ;
X4. Y7. ;
Y59.5 ;
X25. Y65.5 ;
X35. ;
G02 X66. Y57. R90. ;
G01 Y30. ;
X62. ;
G03 Y14. R8. ;
G01 X64. ;
Y4. ;
X39. ;
G02 X34. Y9. R5. ;
G03 X22. R6. ;
G01 Y4. ;
X-10. ;
G00 Z5. ;
G40 Z200. M09 ;
G49 M05 ;
G91 G30 Z0. M19 ;
T04 M06( ø 8 엔드밀) ;
G90 G00 X35. Y40. ;
G43 Z200. H04 S1600 M03 ;
Z5. M08 ;
G01 Z-5. F50 ;
Y28. F60 ;
Y52. ;
Y40. ;
G41 X45. D04 ;
Y55. ;
G03 X40. Y60. R5. ;
G01 X30. ;
G03 X25. Y55. R5. ;
G01 Y25. ;
G03 X30. Y25. R5. ;
G01 X40. ;
G03 X45. Y25. R5. ;
G01 Y42. ;
G40 X35. ;
G00 Z5. ;
G40 Z200. M09 ;
G49 M05 ;
G91 G28 X0. Y0. Z0. ;
M02 ;
```

4 기계가공 기능장 과제

동시 5축제어
고속기어 스핀들 20,000rpm
위치 정밀도: 0.001mm
반복 정밀도: 0.0005mm

다품종 소량생산, 72시간 무인가동

1. 기계가공 기능장의 머시닝센터 실기시험 수준은, 컴퓨터응용가공 밀링기능사의 수준과 비슷하며, 엔드밀이 진입하는 포켓가공부위의 가공은 센터드릴을 사용하여도 되고 아니면 드릴을 바로 가공하는 프로그램으로 작성하여도 된다. 현장에서는 반드시 센터드릴 가공 후에 드릴가공을 하여야 엔드밀에 무리가 가지 않는다.
2. 그리고 가공공차는 0.2mm정도이므로 1차 가공 후에 반드시 측정 후 치수오차가 생기면 엔드밀로만 2차 가공을 하여야 점수를 취득할 수 있으므로 제출전에 특히 측정에 주의하여야 한다.

1

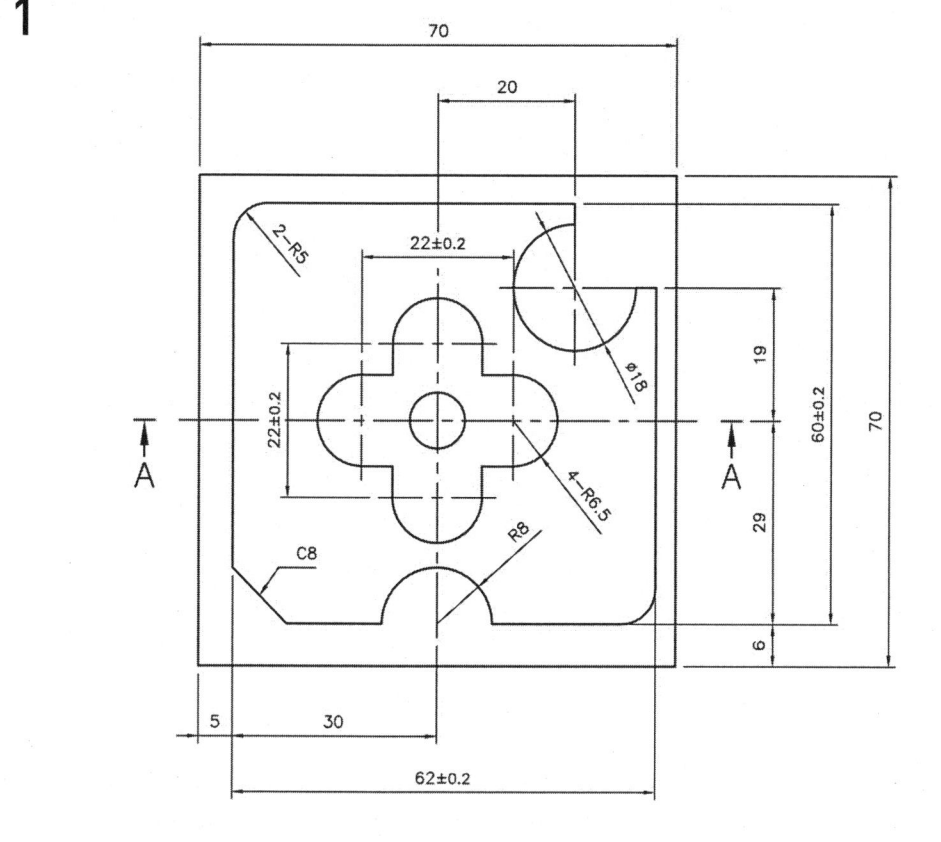

단면 A-A

사용 공구류 현황

공구번호	공구명칭	공구직경	회전수(rpm)	이송(mm/min)
T01	센터드릴	ø4mm	S1500	F80
T02	드릴	ø8mm	S1000	F60
T03	엔드밀	ø12mm	S1000	F80

기계가공 기능장 1번 답

O7001

G40 G49 G80 ;	공구 직경보정 해제, 공구 길이보정 해제, 고정사이클 해제
G91 G30 Z0. M19 ;	공구 교환위치로 이동, M19는 공구 일방향 정지기능
T01 M06(ø 4 센터드릴) ;	1번공구(ø 4 센터드릴) 교체하라
G54 G90 G00 X35. Y35. ;	센터드릴 가공위치로 이동한다.
G43 Z200. H01 S1500 M03 ;	센터드릴 길이보정한다. 위의 T01 = H01 같게 지정한다.
Z10. M08 ;	안전높이까지 이동한다.
G81 G99 Z-5. R3. F80 ;	드릴링, 스폿 드릴링 사이클 지정, R3. 가공 후 안전높이
G00 Z200. G80 M09 ;	고정사이클 해제, 길이보정해제를 위해 Z200.까지 이동
G49 M05 ;	길이보정 해제, 공구회전 정지
G91 G30 Z0. M19 ;	공구 교환위치로 이동한다.
T02 M06(ø 8 드릴) ;	2번공구(ø 8 드릴) 교체하라
G90 G00 X35. Y35. ;	드릴가공위치로 급속 이동한다.
G43 Z200. H02 S1000 M03 ;	드릴 길이보정한다, 위의 T02 = H02 같게 지정한다.
Z10. M08 ;	안전높이까지 이동한다.
G73 G99 Z-23. R3. Q3. F40 ;	고속 심공드릴 고정 사이클 지정
	Z는 두께+5mm정도, R3. 가공 후 안전높이, Q3.절삭깊이
G00 Z200. G80 M09 ;	고정사이클 해제, 길이보정해제를 위해 Z200.까지 이동
G49 M05 ;	길이보정 해제
G91 G30 Z0. M19 ;	공구 교환위치로 이동한다.
T03 M06(ø 12 엔드밀) ;	3번공구(ø 12 엔드밀) 교체하라
G90 G00 X-15. Y-15. ;	직각 보정을 위해 안전한 위치까지 이동
G43 Z200. H03 S1000 M03 ;	길이 보정하면서 S1200 정회전, 위의 T03 = H03
Z10. ;	안전높이까지 이동한다.
Z-3. ;	외곽의 깊이까지 내려간다. 비절삭 구간이므로 G00 가능함
G41 G01 X5. F80 D03 M08 ;	좌측보정 받으면서 진행방향과 직각으로 이동
Y66. ;	Y66. 까지 직선가공 이송값을 주어야 이동한다.
X67. ;	X67. 까지 직선가공
Y6. ;	Y6. 까지 직선가공
X13. ;	X13. 까지 직선가공
X5. Y14. ;	X5. Y14. 까지 직선가공
Y61. ;	Y61. 까지 직선가공

기계가공 기능장 1번 답	
G02 X10. Y66. R5. ;	G02로 R5. 원호가공
G01 X55. ;	X45. 까지 직선가공
Y63. ;	Y63. 까지 직선가공
G03 X64. Y54. R-9. ;	G02로 R-9. 원호가공
G01 X67. ;	X67. 까지 직선가공
Y11. ;	Y11. 까지 직선가공
G02 X62. Y6. R5. ;	G02로 R5. 원호가공
G01 X43. ;	X43. 까지 직선가공
G03 X27. R8. ;	G03으로 R8. 원호가공
G01 X-10. ;	X-10. 까지 직선가공
G00 Z5. ;	포켓가공을 위해 이동준비 위치로 올라감
X35. Y35. ;	포켓가공의 드릴 중심으로 간다.
G01 Z-4. F50 ;	포켓가공의 깊이까지 내려간다.
G41 X41.5 F80 ;	좌측보정 받으면서 의로 X41.5 까지 직선가공
Y46. ;	Y46. 까지 직선가공
G03 X28.5 R6.5 ;	G03으로 R6.5 원호가공
G01 Y41.5 ;	Y41.5 까지 직선가공
X24. ;	X24. 까지 직선가공
G03 Y28.5 R6.5 ;	G03으로 R6.5 원호가공
G01 X28.5 ;	X28.5 까지 직선가공
Y24. ;	Y24. 까지 직선가공
G03 X41.5 R6.5 ;	G03으로 R6.5 원호가공
G01 Y28.5 ;	Y28.5 까지 직선가공
X46. ;	X46. 까지 직선가공
G03 Y41.5 R6.5 ;	G02로 R3. 원호가공
G01 X35. ;	X9. 까지 직선가공
G00 Z5. M09 ;	가공 후 안전위치로 이동
Z200. M05 ;	Z200. 까지 급속이동
G49 ;	길이보정 해제
G91 G28 X0. Y0. Z0. ;	기계원점으로 복귀한다.
M02 ;	프로그램 끝

2

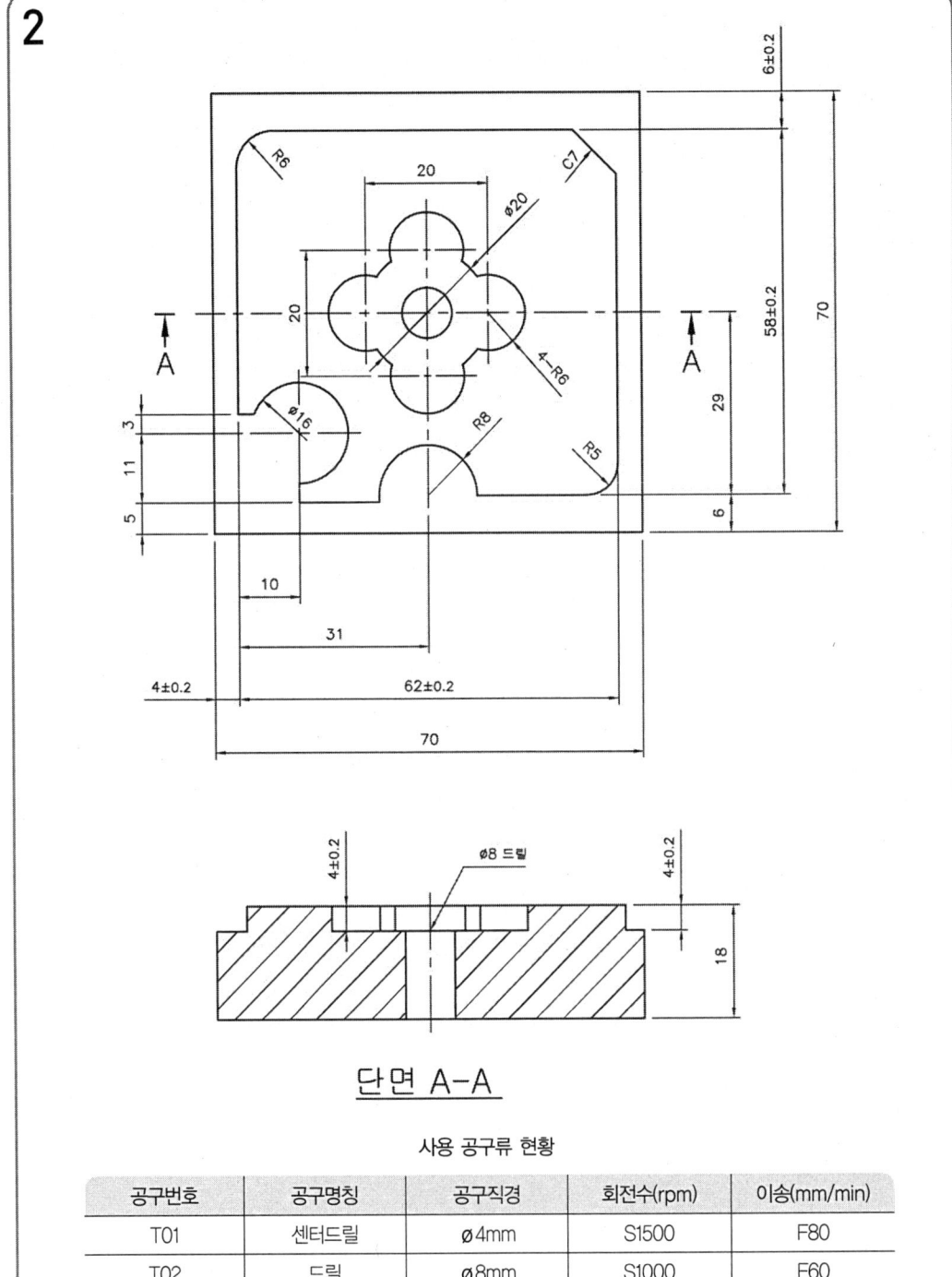

단면 A-A

사용 공구류 현황

공구번호	공구명칭	공구직경	회전수(rpm)	이송(mm/min)
T01	센터드릴	Ø4mm	S1500	F80
T02	드릴	Ø8mm	S1000	F60
T03	엔드밀	Ø10mm	S1200	F80

기계가공 기능장 2번 답

```
O7002 ;

G40 G49 G80 ;
G91 G30 Z0. M19 ;
T01 M06( ø 4 센터드릴) ;
G54 G90 G00 X35. Y35. ;
G43 Z200. H01 S1500 M03 ;
Z10. M08 ;
G99 G81 Z-5. R3. F80 ;
G80 G00 Z200. M09 ;
G49 M05 ;
G91 G30 Z0. M19 ;
T02 M06( ø 8 드릴) ;
G90 G00 X32. Y25. ;
G43 Z200. H02 S1000 M03 ;
Z10. M08 ;
G99 G73 G81 Z-23. R3. Q3. F60 ;
G80 Z200. M09 ;
G49 M05 ;
G91 G30 Z0. M19 ;
T03 M06( ø 10 엔드밀) ;
G90 G00 X-15. Y-15. ;
G43 Z200. H03 S1200 M03 ;
Z5. ;
Z-4. ;
G41 G01 X4. F80 D03 M08 ;
Y64. ;
X66. ;
Y6. ;
X35.;
Y5. ;
X14. ;
Y8. ;
G03 J8. ;
G40 G01 X14. Y16. ;
G41 Y19. ;
X4. ;
Y58. ;
G02 X10. Y64. R6. ;
G01 X60. ;
X66. Y57. ;
Y11. ;
G02 X61. Y6. R5. ;
G01 X43. ;
G03 X27. R8. ;
G01 Y5. ;
X-10. ;
G00 Z5. ;
X35. Y35. ;
G01 Z-4. F50 ;
G41 X45. F80 ;
G03 I-10. ;
G40 G01 X35. Y35. ;
X45. ;
G41 X39. ;
G03 I6. ;
G40 G01 X45. Y35. ;
X25. ;
G41 X31. ;
G03 I-6. ;
G40 G01 X25. Y35. ;
X35. ;
Y45. ;
G41 Y39. ;
G03 J6. ;
G40 G01 X35. Y45. ;
Y25. ;
G41 Y31. ;
G03 J-6. ;
G40 G01 X35. Y25. ;
G00 Z5. M09 ;
Z200. M05 ;
G49 ;
G91 G28 X0. Y0. Z0. ;
M02 ;
```

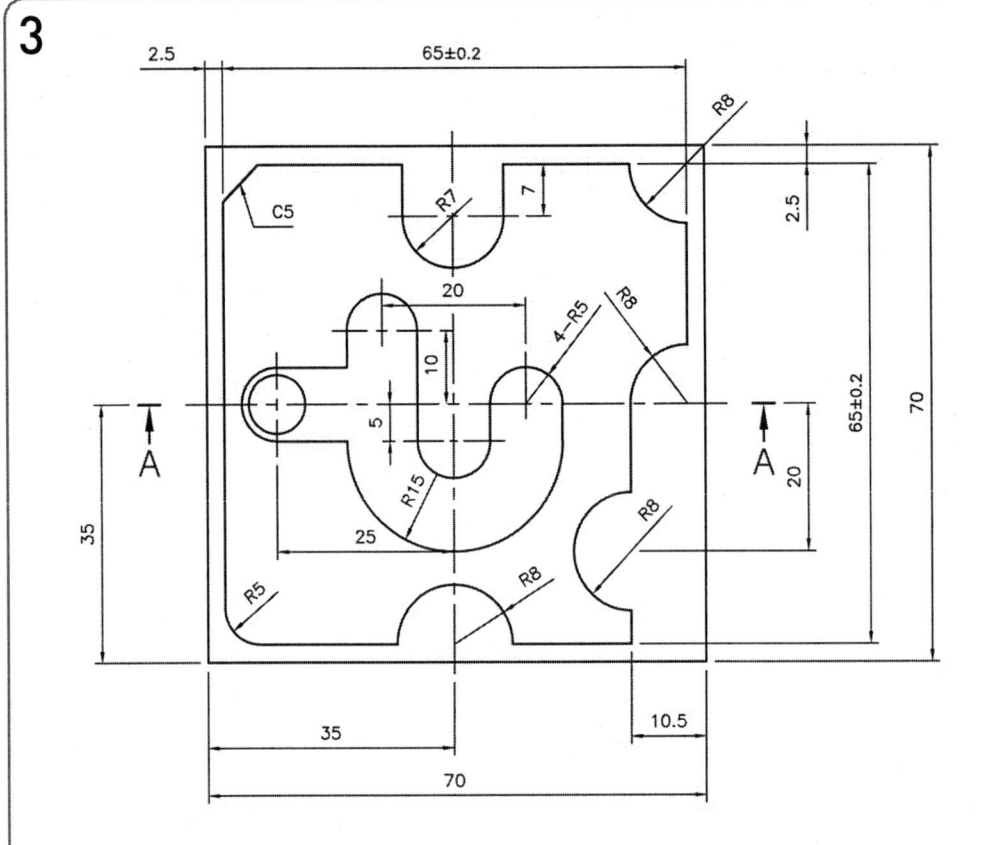

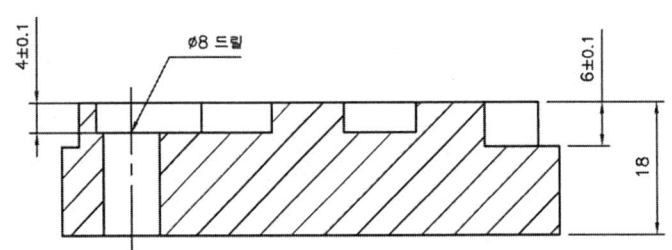

단면 A-A

사용 공구류 현황

공구번호	공구명칭	공구직경	회전수(rpm)	이송(mm/min)
T01	센터드릴	ø4mm	S1500	F80
T02	드릴	ø8mm	S1000	F60
T03	엔드밀	ø8mm	S1200	F80

기계가공 기능장 3번 답	
O0003 ; G40 G49 G80 ; G91 G30 Z0. M19 ; T01 M06(ø4 센터드릴) ; G54 G90 G00 X10. Y35. ; G43 Z200. H01 S1500 M03 ; Z10. M08 ; G99 G81 Z-5. R3. F80 ; G80 G00 Z200. M09 ; G49 M05 ; G91 G30 Z0. M19 ; T02 M06(ø8 드릴) ; G90 G00 X10. Y35. ; G43 Z200. H02 S1000 M03 ; Z10. M08 ; G99 G73 G81 Z-23. R3. Q3. F60 ; G80 Z200. M09 ; G49 M05 ; G91 G30 Z0. M19 ; T03 M06(ø8 엔드밀) ; G90 G00 X-15. Y-15. ; G43 Z200. H03 S1200 M03 ; Z5. ; Z-6. ; G41 G01 X2.5 F80 D03 M08 ; Y67.5 ; X67.5 ; Y2.5 ; X7.5 ; G02 X2.5 Y7.5 R5. ; G01 Y62.5 ; X7.5 Y67.5 ; X28. ; Y60.5 ; G03 X42. R7. ;	G01 Y67.5 ; X59.5 ; G03 X67.5 Y59.5 R8. ; G01 Y43. ; G03 X59.5 Y35. R8. ; G01 Y23. ; G03 Y7. R8. ; G01 Y2.5 ; X43. ; G03 X27. R8. ; G01 X-10. ; G00 Z5. ; X10. Y35. ; G01 Z-4. F50 ; G41 Y40. F80 ; G03 Y30. R5. ; G01 X20. ; G03 X50. R15. ; G01 Y35. ; G03 X40. R5. ; G01 Y30. ; G02 X30. R5. ; G01 Y45. ; G03 X20. R5. ; G01 Y40. ; X10. ; G03 Y30. R5. ; G01 X21. ; G00 Z5. M09 ; Z200. M05 ; G49 ; G91 G28 X0. Y0. Z0. ; M02 ;

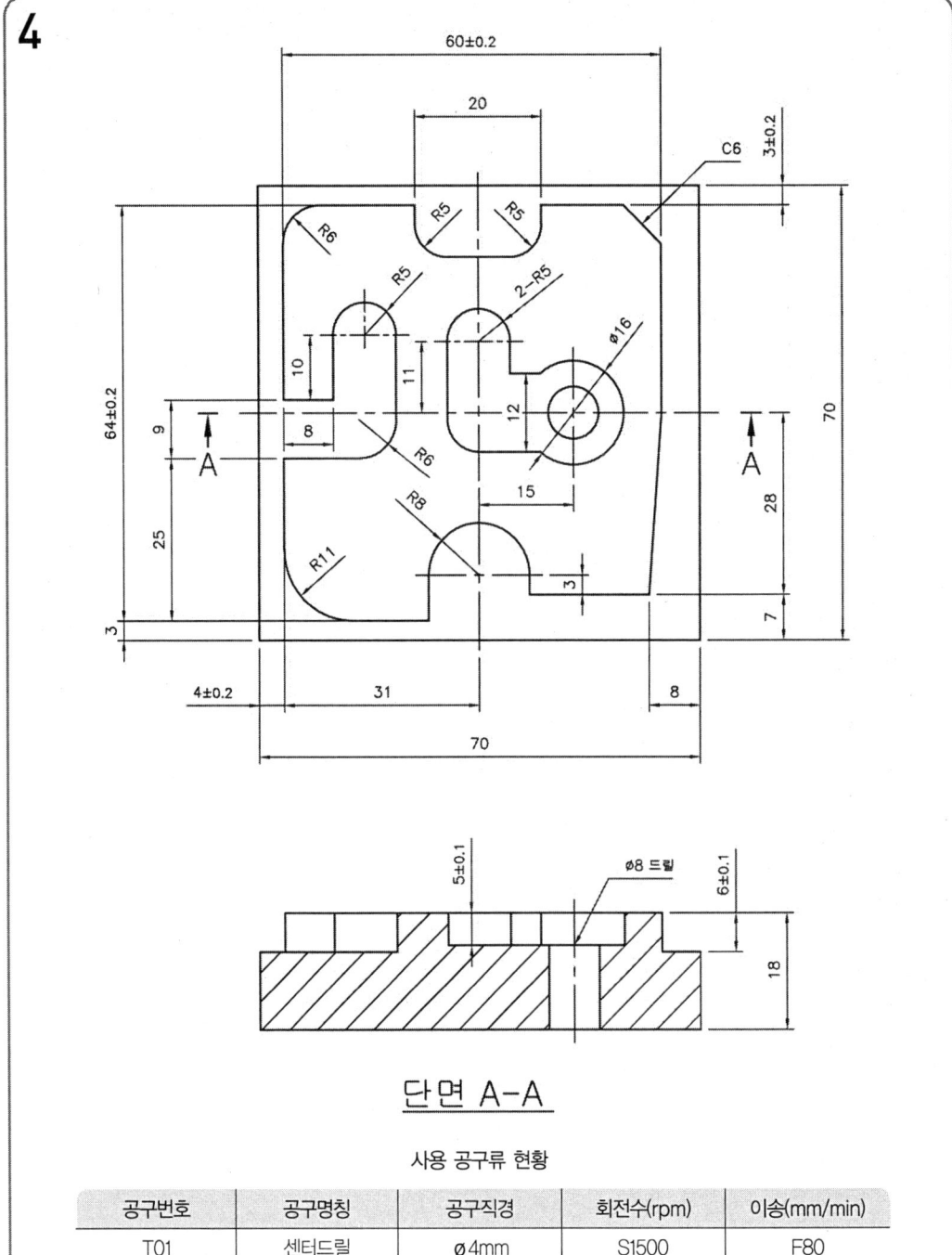

단면 A-A

사용 공구류 현황

공구번호	공구명칭	공구직경	회전수(rpm)	이송(mm/min)
T01	센터드릴	ø4mm	S1500	F80
T02	드릴	ø8mm	S1000	F60
T03	엔드밀	ø8mm	S1200	F80

기계가공 기능장 4번 답

O7004 ;	X4. ;
	Y61. ;
G40 G49 G80 ;	G02 X10. Y67. R6. ;
G91 G30 Z0. M19 ;	G01 X25. ;
T01 M06(ø 4 센터드릴) ;	Y64. ;
G54 G90 G00 X50. Y35. ;	G03 X30. Y59. R5. ;
G43 Z200. H01 S1500 M03 ;	G01 X40. ;
Z10. M08 ;	G03 X45. Y64. R5. ;
G99 G81 Z-5. R3. F80 ;	G01 Y67. ;
G80 G00 Z200. M09 ;	X58. ;
G49 M05 ;	X64. Y61. ;
G91 G30 Z0. M19 ;	Y35. ;
T02 M06(ø 8 드릴) ;	X62. Y7. ;
G90 G00 X50. Y35. ;	X43. ;
G43 Z200. H02 S1000 M03 ;	Y10. ;
Z10. M08 ;	G03 X27. R8. ;
G99 G73 G81 Z-23. R3. Q3. F60 ;	G01 Y3. ;
G80 Z200. M09 ;	X-10. ;
G49 M05 ;	G00 Z5. ;
G91 G30 Z0. M19 ;	X50. Y35. ;
T03 M06(ø 8 엔드밀) ;	G01 Z-5. F50 ;
G90 G00 X-15. Y-15. ;	X52. F80 ;
G43 Z200. H03 S1200 M03 ;	G41 X42. ;
Z5. ;	G03 I8. ;
Z-6. ;	G40 G01 X50. Y35. ;
G41 G01 X4. F80 D03 M08 ;	G41 Y41. ;
Y67. ;	X40. ;
X64. ;	Y46. ;
Y3. ;	G03 X30. R5. ;
X15. ;	G01 Y35. ;
G02 X4. Y14. R11. ;	G03 X35. Y29. R5. ;
G01 Y28. ;	G01 X50. ;
X16. ;	G00 Z5. M09 ;
G03 X22. Y34. R6. ;	Z200. M05 ;
G01 Y47. ;	G49 ;
G03 X12. R5. ;	G91 G28 X0. Y0. Z0. ;
G01 Y37. ;	M02 ;

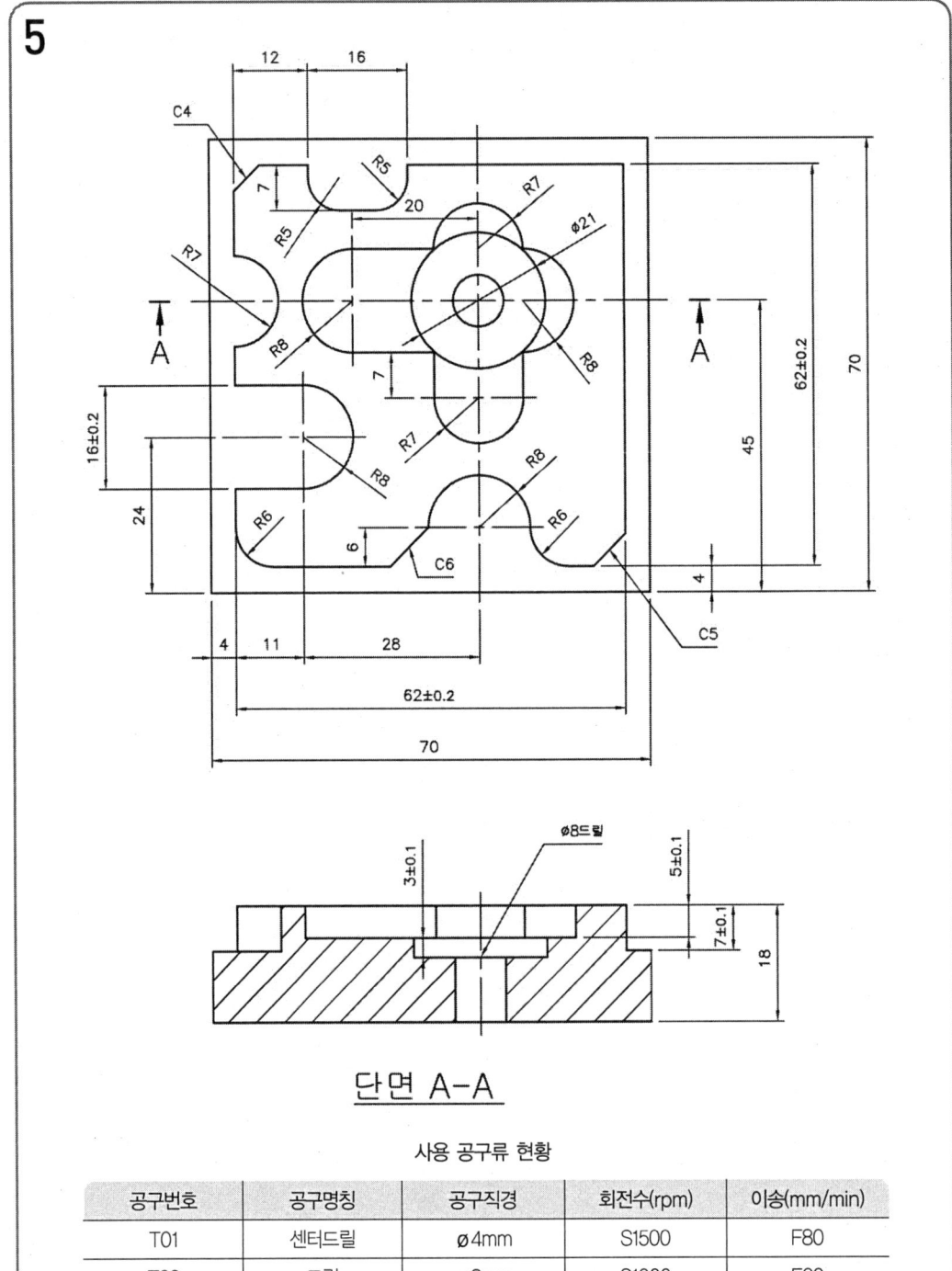

단면 A-A

사용 공구류 현황

공구번호	공구명칭	공구직경	회전수(rpm)	이송(mm/min)
T01	센터드릴	ø4mm	S1500	F80
T02	드릴	ø8mm	S1000	F60
T03	엔드밀	ø8mm	S1200	F80

기계가공 기능장 5번 답

```
O0005 ;
G40 G49 G80 ;
G91 G30 Z0. M19 ;
T01 M06(ø4 센터드릴) ;
G54 G90 G00 X43. Y45. ;
G43 Z200. H01 S1500 M03 ;
Z10. M08 ;
G99 G81 Z-5. R3. F80 ;
G80 G00 Z200. M09 ;
G49 M05 ;
G91 G30 Z0. M19 ;
T02 M06(ø8 드릴) ;
G90 G00 X43. Y45. ;
G43 Z200. H02 S1000 M03 ;
Z10. M08 ;
G99 G73 G81 Z-23. R3. Q3. F60 ;
G80 Z200. M09 ;
G49 M05 ;
G91 G30 Z0. M19 ;
T03 M06(ø8 엔드밀) ;
G90 G00 X-15. Y-15. ;
G43 Z200. H03 S1200 M03 ;
Z5. ;
Z-7. ;
G41 G01 X4. F80 D03 M08 ;
Y66. ;
X66. ;
Y4. ;
X10. ;
G02 X4. Y10. R6. ;
G01 Y16. ;
X15. ;
G03 Y32. R8. ;
G01 X4. ;
Y38. ;
G03 Y52. R7. ;
G01 Y62. ;
X8. Y66. ;
X16. ;
Y64. ;
G03 X21. Y59. R5. ;
G01 X27. ;
G03 X32. Y64. R5. ;
G01 Y66. ;
X66. ;
Y9. ;
X61. Y4. ;
X57. ;
G02 X51. Y10. R6. ;
G03 X35. R8. ;
G01 X29. Y4. ;
X-10. ;
G00 Z5. ;
X43. Y45. ;
G01 Z-5. F50 ;
G41 Y37. F80 ;
X50. ;
G03 Y53. R8. ;
G03 X36. R7. ;
G01 X23. ;
G03 Y37. R8. ;
G01 X36. ;
Y30. ;
G03 X50. R7. ;
G01 Y45. ;
G40 X43. Y45. ;
Z-8. F50 ;
G41 X53.5 F80 ;
G03 I-10.5 ;
G03 I-10.5 ;
G40 G01 X43. Y45. ;
G00 Z5. M09 ;
G49 Z200. M05 ;
G91 G28 X0. Y0. Z0. ;
M02 ;.
```

5 　컴퓨터응용밀링 기능사 이론대비 머시닝센터 예상문제

1. 체계화된 예상문제를 풀어보면 머시닝센터 이론문제에 대하여는 충분히 마스터할 수 있을 것으로 사료된다.
2. 여기에 실린 예상문제는 대부분 컴퓨터응용 밀링기능사 이론시험에 출제 되었던 것을 그대로 실었으며, 추후 시험에 대비하여 비슷한 형태로 문제를 출제하여 스스로 학습이 되도록 상세한 설명도 하였으므로, 해설부분을 잘 읽어 보시고 잘 모르는 부분이 있으면 저자에게 메일로 보내어 주시면 감사하겠습니다.

부록 2 | 머시닝센터 예상문제

1_ 프로그램된 시간 또는 정해진 시간 만큼 다음의 블록으로 들어가는 것을 늦추는 G코드는?

㉮ G04　　㉯ G02　　㉰ G08　　㉱ G09

> 해설: Program에 지정된 시간동안 기계의 이동작업을 잠시동안 중지시키는 지령을 드웰(Dwell)기능 이라고 한다. 구멍가공시 칩의 절단기능, 모서리부를 정밀가공할 때, 홈작업등에 사용한다.

2_ 다음 중 휴지(dwell)시간 지정을 의미하는 어드레스가 아닌 것은?

㉮ P　　㉯ R　　㉰ U　　㉱ X

> 해설: 휴지(dwell)기능으로 사용되는 어드레스는 X, U, P이다

3_ 드웰(Dwell)지령방식으로서 잘못 표시된 것은?

㉮ X2.0　　㉯ U4.0　　㉰ P2000　　㉱ P2.0

> 해설: P는 소수점을 사용할 수 없다.

4_ 공구이송을 0.5초 동안 정지시키는 지령으로 맞는 것은?

㉮ G04 U500　　㉯ G04 X500　　㉰ G04 W500　　㉱ G04 P500

5_ 수치제어에서 수치를 지령할 수 있는 수의 조합은 어느 것인가?

㉮ 2진법　　㉯ 5진법　　㉰ 8진법　　㉱ 10진법

> 해설: 0진법에 사용되는 수는 0, 1이다

6_ 10진수 26을 2진수로 나타내면 얼마인가?

㉮ 11010　　㉯ 10010　　㉰ 11001　　㉱ 10100

> 해설: 1 2 4 8 16 32 64 128에서 2+8+16 = 26
> 그러므로 32 16 8 4 2 1
> 　　　　　 1 1 0 1 0

정답 1.㉱　2.㉯　3.㉱　4.㉱　5.㉱　6.㉮

부록 2 | 머시닝센터 예상문제

7_ 10진법의 28을 2진법으로 나타내면 얼마인가?

㉮ 10110　　㉯ 11011　　㉰ 11100　　㉱ 01011

> 해설　1 2 4 8 16 32 64 128에서 4+8+16 = 28
> 그러므로 32 16 8 4 2 1
>   　　　　　1 1 1 0 0

8_ NC의 종류가 아닌 것은 어느 것인가?

㉮ 위치결정 NC　　㉯ 직선절사 NC
㉰ 연속절삭 NC　　㉱ 윤곽절삭 NC

> 해설　NC의 종류에는 위치결정(G00), 직선절삭(직선가공)(G01), 연속절삭(곡면가공)(G02, G03)이 있다.

9_ CNC 시스템 제어방식의 종류가 아닌 것은?

㉮ 원점 절삭제어　　㉯ 위치결정 제어
㉰ 직선 절삭제어　　㉱ 윤곽 제어

10_ CNC밀링에서 태핑가공을 하려고 할 때 드릴의 기초구멍으로 맞는 것은?

㉮ D = M - P　　㉯ D = M - 2P
㉰ D = M + P　　㉱ D = M + 2P

11_ 최소입력단위가 0.001mm일 때 X값이 78.5일 때 정수의 지령으로 맞는 것은?

㉮ 7.85　　㉯ 785　　㉰ 7850　　㉱ 78500

> 해설　78.5×1000 = 78500

12_ 최소설정단위(BLU)가 0.01mm인 기계에서 X축의 +방향으로 40mm이동시키기 위하여 정수의 입력으로 맞는 것은?

㉮ X40.　　㉯ X400　　㉰ X4000　　㉱ X40000

> 해설　40×100 = 4000

정답　7. ㉰　8. ㉱　9. ㉮　10. ㉮　11. ㉱　12. ㉰

부록 2 | 머시닝센터 예상문제

13_ CNC 공작기계에서 최소 지령단위가 0.01mm인 프로그램에서 X600을 지령하면 다음 중 얼마인가?

㉮ X0.06mm　　㉯ X6.mm　　㉰ X0.6mm　　㉱ X0.06mm

해설) 최소 지령단위가 0.01mm이며 소수점 입력방식이 계산기식의 경우는
600mm = 600mm가 되며, 계산기식 입력방식이 아닌 경우에는 600mm = 6mm이다.

14_ 머시닝센터에서 일시적으로 0(Zero)를 만들 수 있으며 보통 좌표계 설정시 셋팅에서 많이 사용하는 좌표계는 다음 중 어느 것인가?

㉮ 기계좌표계　　㉯ 절대좌표계　　㉰ 잔여좌표계　　㉱ 상대좌표계

해설) 머시닝센터의 공작물좌표계설정, 또는 선택시 사용되며 보통 핸들 작업으로 셋팅시 사용한다.

15_ 다음 중 NC의 발달과정을 4단계로 분류하면 맞는 것은?

㉮ NC - CNC - DNC - FMS　　㉯ CNC - NC - DNC - FMS
㉰ NC - CNC - FMS - DNC　　㉱ CNC - NC - FMS - DNC

16_ 다음 중 소수점을 사용할 수 있는 것으로 표시된 것은?

㉮ X Y Z U V W I J K R E F　　㉯ X Y Z U V W I J K R P Q
㉰ X Y Z U V W I J K R A D　　㉱ X Y Z U V W I J K R N

해설) 좌표치 X Y Z U V W I J K R T H T N W J A D M F 및 이송 F, E 는 소수점을 사용할 수 있다.

17_ 밀링이나 머시닝센터에 사용되는 좌표계 설정은?

㉮ G28　　㉯ G30　　㉰ G50　　㉱ G92

해설) G28 → CNC, 머시닝센터의 기계원점귀
G30 → 머시닝센터의 제2원점복귀
G50 → CNC선반의 공작물 좌표계 설정
G92 → 머시닝센터의 공작물 좌표계 설정

정답) 13. ㉯　14. ㉱　15. ㉮　16. ㉮　17. ㉱

부록 2 | 머시닝센터 예상문제

18. 다음 입출력 장치 중 출력장치가 <u>아닌</u> 것은?
   ㉮ 하드 카피장치(hard copier)   ㉯ 플로터(plotter)
   ㉰ 프린터(printer)   ㉱ 디지타이저(digitizer)

19. CNC 공작기계의 특징이 <u>아닌</u> 것은?
   ㉮ 기종에 따라 가공물을 가공하고 있는 중에도 파트 프로그램의 수정이 가능하다.
   ㉯ 인치 단위의 시스템이 미터단위로 쉽게 변환이 가능하다.
   ㉰ 고장 발생시 자기 진단을 할 수 있다.
   ㉱ 파트 프로그램을 사용자가 매크로 형태로 짜서 사용하기는 하나 필요할 때 항상 불러볼 수 없다.

   해설 파트 프로그램을 매크로로 짜서 언제든지 불러와서 사용할 수 있다.

20. CNC 공작기계의 특징으로 옳지 <u>않은</u> 것은?
   ㉮ 공작기계가 공작물을 가공하는 중에도 파트 프로그램의 수정이 가능하다.
   ㉯ 품질이 균일한 생산품을 얻을 수 있으나 고장 발생시 자기진단이 어렵다.
   ㉰ 인치 단위의 프로그램을 쉽게 인치단위로 자동 변환 할 수 있다.
   ㉱ 파트 프로그램을 매크로 형태로 저장시켜 필요할 때 불러 사용할 수 있다.

   해설 다품종 소량생산으로 품질이 균일한 제품을 생산할 수 있다.

21. NC 공작기계의 도입에 따른 경제적 효과에 해당하지 <u>않는</u> 것은?
   ㉮ 기계 가동률과 생산성 향상   ㉯ 경영관리의 유연성
   ㉰ 제품의 호환성 향상   ㉱ 리드 타임의 증가

22. 머시닝센터의 일상점검이 <u>아닌</u> 것은?
   ㉮ 동작점검   ㉯ 유량점검   ㉰ 압력점검   ㉱ 기계의 정도검사

   해설 기계의 정도검사는 계획을 세워서 기계전제 정도를 검사함으로 시간이 많이 걸린다.

정답 18. ㉱ 19. ㉱ 20. ㉯ 21. ㉱ 22. ㉱

23_ 다음 프로그램의 지령이 뜻하는 것은?

G17 G02 X40. Y40. R40. Z20. F85 ;

㉮ 위치 결정 ㉯ 직선 보간 ㉰ 원호 보간 ㉱ 헬리컬 보간

 좌표계의 평면 선택 기능에 따라 두 개의 축은 원호보간을 하고, 한 축은 직선보간을 한다. 원통형의 캠가공과 머시닝센터에서 나사절삭에 주로 사용한다.

24_ 헬리컬 보간의 프로그램에서 직선축은 다음 중 어느 것인가?

G17 G02 G90 X50. Y70. Z-150. Y40. R25. F85 ;

㉮ X축 ㉯ Y축 ㉰ U축 ㉱ Z축

 헬리컬 보간의 G17 평면에서는 원호 가공 두 축은 X, Y축이, 직선보간 축은 Z축이다.

25_ 다음 프로그램에서 N40블록의 가공시간은 얼마인가?

N10 G43 Z10. H02 S800 M03 ; ㉮ 47.3

N20 G01 Z-5. F70 ; ㉯ 53.6

N30 X20. Y20. ; ㉰ 42.8

N40 X50. Y60. ; ㉱ 38.6

 X20. Y20.에서 X50. Y60. 으로 가공을 하려면 삼각형의 빗변의 길이가 가공길이가 된다.
$L = \sqrt{40^2 + 20^2} = 50$

가공시간(T) = $\dfrac{\text{가공길이}(L) \times 60초}{\text{분당이송속도}(F)}$ = $\dfrac{50 \times 60초}{70}$ = 42.85초

26_ CNC 시스템에서 리졸버(resolver)는 무엇을 하는 장치인가?

㉮ 전기적 신호를 기계적 신호로 바꾸는 장치

㉯ 디지털 신호를 아나로그 신호로 바꾸는 장치

㉰ 아나로그 신호를 디지털 신호로 바꾸는 장치

㉱ 기계적 신호를 전기적 신호로 바꾸는 장치

CNC 공작기계의 기계적인 이동량을 전기적인 신호로 바꾸는 회전 피드백 장치이다.

부록 2 머시닝센터 예상문제

27_ CNC 공작기계의 이송기구에 마찰을 줄이고 정밀도를 높이기 위해 주로 사용되는 나사는?

㉮ 삼각나사　　㉯ 볼 나사　　㉰ 톱니 나사　　㉱ 사다리꼴 나사

> 해설　CNC 공작기계의 이송기구로 마찰계수가 작고 아주 정밀하며 위치결정을 하는 나사로서 볼스크루(Ball Screw)를 사용한다.

28_ CNC 기계의 움직임을 전기적인 신호로 변환하는 일종의 피드백 장치는?

㉮ 서보모터(servo motor)　　㉯ 컨트롤러(controller)
㉰ 인코더(encoder)　　㉱ 볼스크루(ball screw)

> 해설　CNC기계의 움직임을 전기적인 신호로 변환하여 속도 제어와 위치 검출을 하는 일종의 피드백 장치이다.

29_ CNC 공작기계에서 정보처리회로에서 서보기구로 보내는 신호의 형태는 어느 것인가?

㉮ 사인파　　㉯ 전류　　㉰ 펄스　　㉱ 소나

30_ G96 S150 ; 을 올바르게 설명한 것은?

㉮ 주축 최고 회전수를 150rpm으로 지정　　㉯ 주축 회전수를 150rpm으로 직접 지정
㉰ 주축 속도를 150m/min로 일정속도 제어　　㉱ 주축 속도 제어기능 취소

31_ 다음 중 머시닝센터의 증분치 지령을 옳게 나타낸 것은?

㉮ G50 G01 X50. W50. F79 ;　　㉯ G90 G01 X50. Y50. F79 ;
㉰ G91 G01 X50. Y50. F79 ;　　㉱ G28 G01 U50. Z50. F79 ;

> 해설　증분치 지령은 G91,　　절대치 지령은 G90
> CNC선반의 절대지령 X, Z,　　증분지령은 U, W이며
> 머시닝센터의 절대지령 G90 X_ Y_　　증분지령은 G91 X_ Y_이다.

32_ 머시닝센터에서 절대지령(absolute)으로 프로그래밍한 것은?

㉮ G90 G00 X10. Y10. Z50. ;　　㉯ G90 G00 U10. V10. W50. ;
㉰ G91 G00 X10. Y10. Z50. ;　　㉱ G91 G00 U10. V10. W50. ;

정답　27. ㉯　28. ㉰　29. ㉰　30. ㉰　31. ㉰　32. ㉮

33_ 위치와 속도의 검출을 서보모터의 축이나 볼나사의 회전각도로 검출하여 되먹임(feedback) 시키는 서보기구의 제어 방식은?

㉮ 개방회로 방식   ㉯ 폐쇄회로 방식   ㉰ 반폐쇄회로 방식   ㉱ 반개방회로 방식

34_ 현재 각종 공작기계에 이용되고 있는 서보기구의 제어방식이 <u>아닌</u> 것은?

㉮ 개방회로방식   ㉯ 반개방회로방식   ㉰ 폐쇄회로방식   ㉱ 반폐쇄회로방식

35_ 기계가공의 무인화의 지향에 따른 자동 조립, 자동 창고, 물류의 자동화를 통해 기계공장 전체의 무인화 시스템으로 발전하는 것을 무엇이라 하는가?

㉮ FMS(flexible manufacturing system)   ㉯ CMM(computer measuring maching)
㉰ CAD(computer aided design)   ㉱ DNC(direct numerical control)

36_ G □ □ X_ Y_ Z_ R_ Q_ P_ F_ L_ ; 는 머시닝센터의 고정사이클 구멍가공 모드 지령방법이다. 여기서 P가 의미하는 것은 무엇인가?

㉮ 구멍바닥에서 휴지시간을 지정   ㉯ 고정사이클 반복횟수를 지정
㉰ 절삭 이송속도를 지정   ㉱ 초기점에서부터 거리를 지정

37_ 머시닝센터에서 테이블 이송(F = mm/min)을 나타내는 공식으로 <u>맞는</u> 것은?
(단, f : 날당 이송(mm/teeth), fz : 회전당 이송(mm/rev), Z : 날수, N : 회전수(rpm)

㉮ $F = f_z \times Z \times N$ ㉯ $F = f \times Z \times N$
㉰ $F = (f \times Z) \times \pi N$ ㉱ $F = f \times Z \times \pi DN$

> [해설] $F = f \times Z \times N$, f : 날당 이송(mm/teeth), Z : 날수, N : 회전수(rpm)

38_ 머시닝센터에서 4날 ø20 엔드밀로 주축 회전수 2000rpm, 날당 이송을 0.05mm/tooth의 조건으로 가공하려면 테이블의 이송은 몇 mm/min로 해야하는가?

㉮ 100   ㉯ 200   ㉰ 250   ㉱ 400

> [해설] $F = f \times Z \times N$, F : 테이블 이송(mm/min), f : 날당 이송(mm/teeth), Z : 날수, N : 회전수(rpm)
> $F = 0.05 \times 4 \times 2000 = 400$

정답 33. ㉰   34. ㉯   35. ㉮   36. ㉮   37. ㉯   38. ㉱

39_ 다음 중 드릴 작업시 원추의 깊이를 구하는 식에서 K = 0.29일 때 P의 값은 얼마인가? (단, 드릴 직경은 ø12mm이다.)

㉮ 3.25
㉯ 3.48
㉰ 5.23
㉱ 4.23

해설 P = 드릴의 직경×K
     = 12×0.29 = 3.48

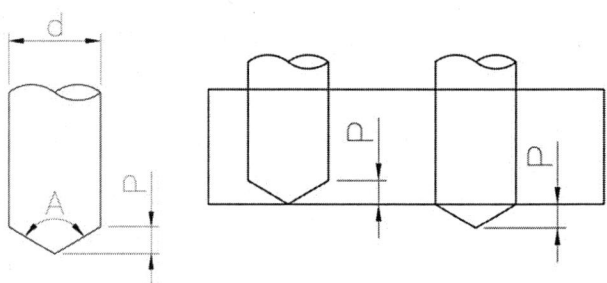

40_ SM20C의 소재를 ø20 HSS 드릴을 사용하여 구멍가공을 할 때 주축 회전수는 몇 rpm인가? (단, 절삭속도는 24m/min이다.)

㉮ 326   ㉯ 348   ㉰ 356   ㉱ 382

해설 V = πDN/1000   그러므로 N = 1000V/πD = 1000×24/3.14×20 = 382.16

41_ 날 수가 4개인 밀링 커터로 공작물을 1날당 0.1mm로 이송하여 절삭하는 경우 이송속도는 몇 mm/min인가? (단, 주축 회전수는 500rpm이다.)

㉮ 80   ㉯ 150   ㉰ 200   ㉱ 250

해설 F = f×Z×N   F = 0.1×4×500 = 200

42_ 머시닝센터에서 직경 25mm인 엔드밀로 주철을 가공하려고 할 때 주축의 회전수는 약 몇 rpm인가? (단, 주철의 추천 절삭속도는 50m/min이다.)

㉮ 393   ㉯ 593   ㉰ 637   ㉱ 897

해설 V = πDN/1000   그러므로 $N = \dfrac{1000V}{\pi D} = \dfrac{1000 \times 50}{3.14 \times 25} = 636.94$

43_ 머시닝센터 가공을 한 후 일감에 거스러미를 제거할 때 사용하는 공구는?

㉮ 바이트   ㉯ 줄   ㉰ 스크레이퍼   ㉱ 하이트게이지

정답 39. ㉮   40. ㉱   41. ㉰   42. ㉰   43. ㉯

44_ 머시닝센터에서 ø10mm 엔드밀로 ø50mm인 내경을 윤곽 가공시 절삭속도는 몇 m/min인가? (단, 프로그램은 다음과 같다.)

G97 S800 M03 ;   ㉮ 12.6   ㉯ 25.1
G02 I-25. F300 ; ㉰ 125.7 ㉱ 251

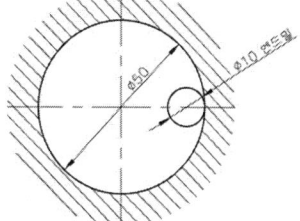

해설 $V = \dfrac{\pi DN}{1000} = \dfrac{3.14 \times 10 \times 800}{1000} = 25.12 \text{m/min}$

45_ 2날 엔드밀을 사용하여 머시닝센터로 공작물을 가공할 때 주축의 회전수가 1000rpm이고, 날당 이송량이 0.1mm/tooth 이라면 테이블의 이송은 몇 mm/min인가?

㉮ 100   ㉯ 200   ㉰ 1000   ㉱ 20000

해설 F = f×Z×N   F = 0.1×2×1000 = 200

46_ CNC 공작기계에서 이송 80mm/min, 절삭깊이 6mm, 절삭폭 4mm가 되도록 CNC 프로그램을 하였다. 절삭시 칩 배출량은 얼마인가?

㉮ 2.32cm³/min   ㉯ 1.92cm³/min   ㉰ 4.23cm³/min   ㉱ 5.32cm³/min

해설 칩 배출량(Q) = L×F×$\dfrac{d}{1000}$(L : 절삭폭, F : 이송속도, d : 절삭깊이)

= 4×80×$\dfrac{6}{1000}$ = 1.92cm³/min

47_ CNC에서 보조 프로그램 호출코드와 호출번호 어드레스(address)가 바르게 짝지워진 것은?

㉮ M98, P   ㉯ MPP, P   ㉰ M98, Q   ㉱ M99, Q

해설 M98 P1231의 형식으로 이루어진다.

48_ 다음 중 매크로 프로그램 호출 준비기능은 어느 것인가?

㉮ G21   ㉯ G51   ㉰ G65   ㉱ G68

해설 G65 → 단순호출 기능, G66 → 모달호출 기능

정답 44. ㉯ 45. ㉯ 46. ㉯ 47. ㉮ 48. ㉰

49_ ø8-2날 엔드밀을 이용하여 절삭속도는 20m/min로 카운터 보링 작업을 할 때 구멍바닥에서 3회전 드웰을 주려고 한다. 정시시간은 얼마인가?

㉮ 126 ㉯ 226 ㉰ 356 ㉱ 486

해설 $V = \pi DN/1000$에서 주축의 회전수 $N = \dfrac{1000V}{\pi D} = \dfrac{3.14 \times 20}{3.14 \times 8} = 796$

정지시간(초) $= \dfrac{60 \times (회)}{N(rpm)} = \dfrac{60 \times 3}{796} = 0.226$ 초

그러므로 프로그램은 G04 X0.226 또는 G04 P226

50_ NC에서 프로그램을 입력하거나 수정할 때 선택하는 모드는?

㉮ MDI(반자동) ㉯ MEMORY(자동) ㉰ EDIT(편집) ㉱ MPG(수동펄스 발생기)

해설 입력하거나 수정시에는 EDIT를 이용한다.

51_ DNC(Direct Numerical Control)시스템의 구성요소로서 틀린 것은?

㉮ CNC 기계 ㉯ 컴퓨터 ㉰ 통신선 ㉱ 테이프 펀치

52_ 다음은 CAD/CAM 정보처리 흐름도이다. ( ) 안에 알맞은 것은?

도면 → 곡면모델링 → ( ) → 전송 및 가공

㉮ 도형 정의 ㉯ 가공 데이터 생성 ㉰ 곡선 정의 ㉱ NC 가공

53_ 수치제어 공작기계의 특징이 아닌 것은?

㉮ 가공제품이 균일하다.   ㉯ 특수공구의 제작이 불필요하다.
㉰ 유지 보수비가 싸다.   ㉱ 복잡한 일감의 가공이 용이하다.

54_ CNC 공작기계의 운전시 일상 점검사항으로 틀린 것은?

㉮ 공구의 파손이나 마모상태 확인   ㉯ 가공할 재료의 성분분석
㉰ 공기압이나 유압상태 확인   ㉱ 각종 계기의 상태확인

정답 49. ㉯ 50. ㉰ 51. ㉱ 52. ㉯ 53. ㉰ 54. ㉯

부록 2 | 머시닝센터 예상문제

55_ 머시닝센터 가공시 안전 및 유의사항 중 잘못된 것은?
㉮ 사용할 기계의 최소입력 단위에 유의해야 한다.
㉯ 기계를 작동하기 전에 기계의 작동방법을 미리 알아야 한다.
㉰ 이송 중의 정지는 반드시 비상정지 버튼을 사용한다.
㉱ 공구경로의 확인은 보조기능을 로크(lock)시킨 상태에서 한다.

56_ 다음 기계 좌표계에 대한 설명중 잘못된 것은?
㉮ 기계의 원점을 기준으로 정한 좌표계이다.
㉯ 반드시 소재의 좌측 또는 우측 끝단에 설치한다.
㉰ 기계좌표의 설정은 전원 투입 후 원점복귀 완료시 이루어진다.
㉱ 기계에 고정되어 있는 좌표계이고, 금지영역 등의 설정기준이 된다.

   해설   소재의 좌측 또는 우측에는 공작물 좌표계를 설정(G92) 선택(G54-G59)시 사용된다.

57_ 서보기구에서 위치와 속도의 검출을 서보모터에 내장된 엔코드(encoder)에 의해서 검출하는 방식은?
㉮ 반폐쇄회로 방식   ㉯ 개방회로 방식
㉰ 폐쇄회로 방식   ㉱ 반개방회로 방식

58_ 머시닝센터에서 공구 길이 보정시 보정 번호를 나타내는 어드레스는?
㉮ A   ㉯ C   ㉰ D   ㉱ H

   해설   길이보정은 H, 직경보정은 D를 사용한다.

59_ NC 프로그램에서 한 개의 지령단위인 블록의 구별을 나타내는 것은?
㉮ WORD   ㉯ ADDRESS   ㉰ DATD   ㉱ EOB

60_ 유연생산 시스템(FMS : Flexible Manufacturing System)의 구성요소로 거리가 먼 것은?
㉮ CNC공작기계   ㉯ 무인운반차   ㉰ 볼 스크루   ㉱ 산업용 로봇

정답 55. ㉰   56. ㉯   57. ㉮   58. ㉱   59. ㉱   60. ㉰

61_ 다음 CAD/CAM 시스템의 구성 요소 중 시스템을 운용하는 관리자 및 각 장비를 조작하거나 유지 또는 인터페이스하는 전문요원, 설계 및 생산 업무에 필요한 실무 요원, 소프트웨어 개발이나 변형 또는 호환 업무에 종사하는 개발 요원 등을 일컫는 것은?

㉮ 하드 웨어(hard-ware)
㉯ 소프트 웨어(Soft-ware)
㉰ 휴먼 웨어(Human-ware)
㉱ 어플리케이션 웨어(Application-ware)

62_ 머시닝센터에서 "S1000M03 ;"이라는 프로그램이 되어있을 때 설명으로 올바른 것은?

㉮ 주축 회전수가 1000rpm이고 정회전이다.
㉯ 주축 회전수가 1000m/min이고 정회전이다.
㉰ 주축 회전수가 1000rpm이고 역회전이다.
㉱ 주축 회전수가 1000m/min이고 역회전이다.

63_ CNC 공작기계의 표준좌표계에 대하여 맞는 것은?

㉮ 오른손 좌표계이며 회전하는 축은 Z축
㉯ 왼손 좌표계이며 회전하는 축은 X축
㉰ 오른손 좌표계이며 회전하는 축은 X축
㉱ 왼손 좌표계이며 회전하는 축은 Z축

> **해설** CNC 공작기계에서 회전축의 방향은 모두 Z축으로 지정된다.

64_ NC기계의 안전에 관한 사항 중 옳지 않은 것은?

㉮ MDI로 프로그램을 입력할 때 입력이 끝나면 필히 확인하여야 한다.
㉯ 강전반 및 NC 장치는 압축공기를 사용하여 항상 깨끗이 청소한다.
㉰ 강전반 및 NC 장치는 어떠한 충격도 주지 말아야 한다.
㉱ 항상 비상 버튼을 누를 수 있는 마음가짐으로 작업한다.

> **해설** NC기계의 청소시 압축공기를 사용하면 칩이 비산하여 기계의 구석구석으로 달라 붙어 합선의 원인 및 마찰시 문제가 발생할 수 있으므로 솔로 청소한다.

정답 61. ㉰   62. ㉮   63. ㉮   64. ㉯

부록 2 머시닝센터 예상문제

65_ NC에 필요한 정보를 1대의 컴퓨터에서 여러대의 NC기계를 제어하는 시스템은 무엇인가?

㉮ CNC ㉯ DNC ㉰ CIMS ㉱ CAD/CAM

66_ NC프로그램에서 일반적인 명령절의 구성 순서를 나타낸 것 중. M기능에 해당하는 것은?
N_ G_ X_ Y_ Z_ F_ S_ T_ M_ ;

㉮ 준비기능 ㉯ 보조기능 ㉰ 이송기능 ㉱ 주축 기능

> [해설] 보조기능 → M, 준비기능 → G, 이송기능 → F, 주축기능 → S

67_ 다음 설명 중 틀린 것은?

㉮ G코드가 다른 그룹(group)이면 몇 개라도 동일 블록에 지령하여 실행시킬 수 있다.

㉯ 동일 그룹에 속하는 G코드는 동일블록에 2개 이상 지령하면 나중에 지령하는 G코드만 유효하다.

㉰ 00 그룹의 G코드는 연속유효(Modal) G코드이다.

㉱ G코드 일람표에 없는 G코드를 지령하면 경고가 발생한다.

> [해설] 연속유효 G코드(Modal G-code) → 동일 그룹의 다른 G코드가 지령될 때까지 유효한 기능 : "00" 이외의 그룹
> 1회 유효 G코드(One shot G-code) → 지령된 블록에서만 유효한 기능 : "00" 그룹

68_ 다음 중 공구기능에 속하는 어드레스는?

㉮ G ㉯ F ㉰ T ㉱ M

> [해설] 공구기능 → T, 보조기능 → M, 준비기능 → G, 이송기능 → F, 주축기능 → S

69_ 다음 어드레스(address) 중 주축기능은?

㉮ F ㉯ S ㉰ T ㉱ M

70_ 다음 어드레스(address) 중 이송기능은?

㉮ F ㉯ S ㉰ T ㉱ M

정답 65. ㉯ 66. ㉯ 67. ㉰ 68. ㉰ 69. ㉯ 70. ㉮

부록 2 | 머시닝센터 예상문제

71. CNC 공작기계의 준비기능 중 1회 지령으로 같은 그룹의 준비 기능이 나올 때까지 계속 유효한 G코드는?

㉮ G00　　㉯ G04　　㉰ G28　　㉱ G50

> 해설　G00 → 연속유효 G코드(Modal G-code)
> G04, G28, G50 → 1회 유효 G코드(One shot G-code)

72. 머시닝센터에서 공구교환을 지령하는 기능은?

㉮ G기능　　㉯ S기능　　㉰ F기능　　㉱ M기능

> 해설　T01 M06 ; → 1번 공구를 교환하라는 지령이다.

73. 다음에서 XY평면을 지령하는 명령은?

㉮ G17　　㉯ G18　　㉰ G19　　㉱ G92

> 해설　G17 → X, Y평면, G18 → X, Z평면, G19 → Y, Z평면

74. 머시닝센터에서 하향절삭을 할 때 사용되는 공구 반경보정에 해당되는 것은?

㉮ G40　　㉯ G41　　㉰ G42　　㉱ G43

> 해설　G41 → 하향절삭, G42 → 상향절삭

75. 다음에서 G10 P_X_Z_R_Q_;의 지령형식에서 G10의 의미는 무엇인가?

㉮ 오프셋량　　㉯ 보정량　　㉰ 가상인선번호　　㉱ 보정번호

> 해설　G10 → offset량, P → 보정번호, Q → 가상인선번호

76. 다음 보조기능(M기능)에 대한 설명 중 틀린 것은?

㉮ M02 - 프로그램 끝　　㉯ M03 - 주축 정회전
㉰ M05 - 주축정지　　㉱ M09 - 절삭유 공급 시작

정답　71. ㉮　72. ㉱　73. ㉮　74. ㉯　75. ㉯　76. ㉱

부록 2 | 머시닝센터 예상문제

77_ NC에서 제1원점으로부터 떨어진 양을 파라미터로 설정한 뒤, 지령된 축을 자동적으로 제2원점으로 복귀시키고자 할 때 사용하는 G코드는?

㉮ G30　　㉯ G29　　㉰ G28　　㉱ G27

> **해설** 보통 제2원점을 표현할 때는 공구의 교환위치를 말한다.
> G91 G30 Z0. M19 ; → 제2원점인 공구교환위치로 이동하라는 지령이다.

78_ 다음 중 절삭을 하지 않는 준비기능은?

㉮ G00　　㉯ G01　　㉰ G02　　㉱ G03

> **해설** G01 → 직선절삭, G02 → 시계방향 원호절삭, G03 → 반시계방향 원호절삭

79_ CNC 공작기계가 여러 가지 동작을 수행하도록 하며 각종모터의 제어와 ON/OFF의 기능을 주로 수행하는 것은?

㉮ M기능　　㉯ S기능　　㉰ G기능　　㉱ T기능

80_ M-코드 중 자동운전을 정지 시킬 수 있는 기능과 전혀 관계가 없는 것은?

㉮ M00　　㉯ M01　　㉰ M02　　㉱ M03

> **해설** M03 → 주축 정회전

81_ 다음 프로그램 중 (　)에 가장 적합한 명령은?

G90 G92 X0. Y0. Z50. ;　　　㉮ F80
G00 Z5. S1000 M03 ;　　　　㉯ R5.
G01 Z-5. (　) M08 ;　　　　　㉰ M09
G41 G01 X10. Y10. D01 ;　　㉱ L3
〈중략〉
M05 ;
M02 ;

> **해설** G01(직선절삭)에서는 F(feed = 이송)값을 주어야 명령을 수행한다.

정답 77. ㉮　78. ㉮　79. ㉮　80. ㉱　81. ㉮

부록 2 | 머시닝센터 예상문제

82_ 준비기능의 모달(modal) G-코드 설명 중 틀린 것은?

㉮ 모달 G-코드는 그룹 별로 나누어져 있다.

㉯ 모달 G-코드 G00이 반복 지령되면 다음 블록의 G00은 생략할 수 있다.

㉰ 같은 그룹의 모달 G-코드를 한 블록에 지령하여 동시에 실행시킬 수 있다.

㉱ 모달 G-코드는 같은 그룹의 다른 G-코드가 나올 때까지 다음 블록에 영향을 준다.

> **해설** 연속유효 G코드(Modal G-code) → 동일 그룹의 다른 G코드가 지령될 때까지 유효한 기능 : "00" 이외의 그룹
> 1회 유효 G코드(One shot G-code) → 지령된 블록에서만 유효한 기능 : "00" 그룹

83_ CNC 공작기계 운전시 유의사항 중 옳지 않은 것은?

㉮ 작업시 안전을 위하여 장갑을 낀다.

㉯ 절삭가공전 반드시 모의가공을 하여 프로그램을 확인한다.

㉰ 공작물 고정에 유의한다.

㉱ 공구경로에 유의한다.

84_ NC기계의 안전에 관한 사항 중 틀린 것은?

㉮ 기계 청소후 측정기와 공구를 정리하고 전원을 차단한다.

㉯ 항상 비상 버튼을 누를 수 있도록 염두에 두어야 한다.

㉰ 먼지나 칩 등 불순물을 제거하기 위해 강전반 및 NC유닛은 압축공기로 깨끗이 청소한다.

㉱ 강전반 및 NC유닛은 충격을 주지 말아야 한다.

85_ 다음 중 CAD/CAM의 처리 순서가 올바른 것은?

A : 형상모델의 작성	B : NC프로그램 작성
C : 절삭조건의 설정	D : 사용공구의 선택

㉮ B→C→A→D ㉯ A→D→C→B

㉰ D→C→A→B ㉱ A→B→C→D

정답 82. 다 83. 가 84. 다 85. 나

86 핸들을 돌려 펄스를 발생시켜서 CNC 기계의 각 축을 이동시킬 때 사용하는 모드(MODE)스위치는?

㉮ MPG ㉯ JOG ㉰ MDI ㉱ AUTO

87 G96 S120 M03 ;의 의미로 옳은 것은?

㉮ 절삭속도 120rpm으로 주축 역회전한다.
㉯ 절삭속도 120m/min으로 주축 역회전한다.
㉰ 원주속도 120rpm으로 주축 정회전한다.
㉱ 원주속도 120m/min으로 주축 정회전한다.

88 CNC 공작기계 구성에서 서보기구는 인간의 신체와 비교한다면 어느 부위에 해당하는가?

㉮ 머리 ㉯ 귀 ㉰ 눈 ㉱ 손, 발

89 CNC 공작기계에서 사람의 손과 발에 해당하는 것은?

㉮ 정보처리회로 ㉯ 볼 스크루 ㉰ 서보기구 ㉱ 조작판넬

90 머시닝센터에서 공구교환을 지령하는 기능은?

㉮ G기능 ㉯ S기능 ㉰ F기능 ㉱ M기능

> **해설** T01 M06 ; → 1번 공구를 교환하라는 지령이다.

91 준비기능(G기능)에 속하지 않는 것은?

㉮ 원호보간 ㉯ 직선보간 ㉰ 기어속도 변환 ㉱ 급속이송

> **해설** 준비기능 → G코드가 준비기능이다.
> 원호보간 → G02, G03, 직선보간 → G01, 급속이송 → G00

92 다음 중 CNC 공작기계에 사용되는 좌표계가 아닌 것은?

㉮ 기계 좌표계 ㉯ 원통 좌표계 ㉰ 공작물 좌표계 ㉱ 상대 좌표계

정답 86. 가 87. 라 88. 라 89. 다 90. 라 91. 다 92. 나

93_ 다음 준비기능(G)중에서 같은 그룹에 속하지 않는 것은?

㉮ G00　　㉯ G03　　㉰ G04　　㉱ G02

 G01그룹 → G00, G01, G02, G03, G00 그룹 → G04

94_ CNC 프로그래밍에서 사용되는 어드레스의 기능 중 보조 기능의 어드레스는?

㉮ O　　㉯ S　　㉰ M　　㉱ F

 O → 프로그램번호지정, S → 주축기능, F → 이송기능

95_ 머시닝센터에서 원점복귀 명령과 관계가 없는 G코드는?

㉮ G27　　㉯ G28　　㉰ G29　　㉱ G30

96_ 머시닝센터에서 공구길이 보정과 관계가 없는 것은?

㉮ G49　　㉯ G45　　㉰ G44　　㉱ G43

 G43 → 길이보정 +, G44 → 길이보정 -, G49 → 길이보정 해제

97_ 다음의 프로그램에서 T02(엔드밀)을 기준공구로 하고 T03(엔드밀)공구를 길이 보정하려고 한다. G43을 사용하여 T03의 공구를 길이 보정하려면 보정량으로 맞는 것은?

㉮ -18

㉯ 18

㉰ -63

㉱ 63

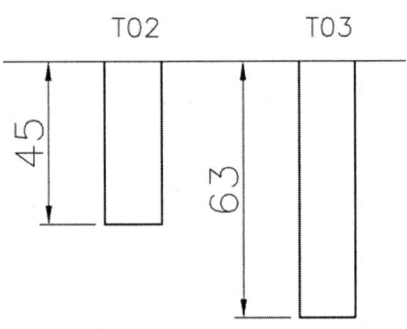

길이보정시 G43을 사용하면
공구 길이보정 + 방향이므로
기준공구보다 긴 길이를 + 로 보정하면 되므로
63 - 45 = 18이다.

정답 93. 다　94. 다　95. 다　96. 나　97. 나

부록 2 | 머시닝센터 예상문제

98_ 다음의 머시닝센터 프로그램에서 공구의 길이가 그림과 같을 때 길이보정 H03 바르게 표현한 보정값은?

T03 ;
G90 G44 G00 Z10. H03 ;
S950 M03 ;

㉮ 90 ㉯ −90
㉰ −40 ㉱ 40

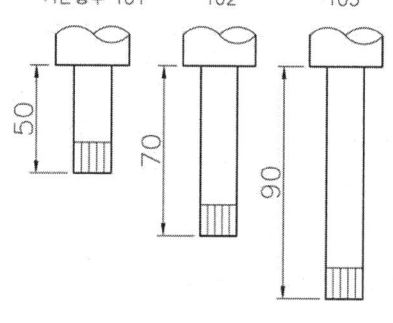

해설 길이보정시 G44를 사용하면
공구 길이보정 − 방향이므로
기준공구보다 긴 길이를 −로 보정하면 되므로 50 − 90 = −40이다.

99_ 그림과 같이 공구의 길이차가 있을 때 G43으로 공구의 길이 보정량으로 맞는 것은?

㉮ −57.2
㉯ 57.2
㉰ −22.8
㉱ 22.8

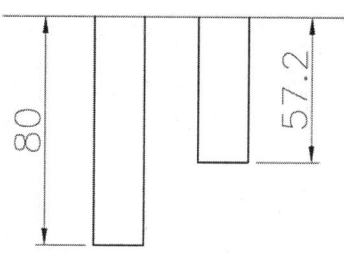

해설 G43 사용시 기준공구보다 길면 + 값,
기준공구보다 짧으면 − 값을 준다.

100 머시닝센터 고정사이클에서 태핑사이클로 적당한 G기능은 어느 것인가?

㉮ G81 ㉯ G82 ㉰ G83 ㉱ G84

해설 G81 → 스폿드릴링 사이클, G82 → 카운터 보링 사이클, G83 → 팩드릴링 사이클

101_ 다음 중 위급할 때 사용하는 비상정치 키는?

㉮ Optional Stop ㉯ Cycle Start ㉰ Emergency Stop ㉱ Reset

102_ CNC 프로그램에서 부프로그램(sub program)을 호출하는 보조기능은?

㉮ M01 ㉯ M09 ㉰ M98 ㉱ M99

해설 보조프로그램 호출 → M98 P_

정답 98. 다 99. 다 100. 라 101. 다 102. 다

104_ 머시닝센터의 좌표계 설정은 G92 코드로 지령하는데 공작물 좌표계 선택을 이용하면 G92 지령은 하지 않는다. 다음 중 공작물 좌표계 선택 G코드는?

㉮ G18　　　㉯ G20　　　㉰ G50　　　㉱ G55

 G92 → 공작물 좌표계 설정, G54-G59 → 공작물 좌표계 선택

104_ 머시닝센터의 장점이 아닌 것은?

㉮ 소형 부품을 테이블에 여러개 고정하여 연속작업을 할 수 있다.
㉯ 형상이 복잡하고 많은 공정이 함축된 공작물일수록 가공효과가 크다.
㉰ 한 사람이 여러대의 기계를 가동할 수 있기 때문에 인력을 줄 일 수 있다.
㉱ 다품종 대량생산에 적합하다.

105_ CNC 공작기계용 서보모터가 갖추어야 할 특성으로 맞지 않은 것은?

㉮ 큰 출력을 낼 수 있어야 한다.
㉯ 가감속 특성 및 응답성이 우수해야 한다.
㉰ 좁은 속도 범위에서 안정된 속도제어가 이루어져야 한다.
㉱ 온도상승이 적고 내열성이 좋아야 한다.

106_ CAM 시스템 정보의 흐름을 단계별로 나타낸 것 중 가장 타당한 것은?

㉮ 도형정의 → CL데이터 생성 → NC코드 생성 → DNC
㉯ CL데이터 생성 → 도형정의 → NC코드 생성 → DNC
㉰ 도형정의 → NC코드 생성 → CL데이터 생성 → DNC
㉱ CL데이터 생성 → NC코드 생성 → 도형정의 → DNC

107_ CNC 공작기계에서 정보처리회로의 지령을 받아 서보모터의 회전운동을 테이블 직선운동으로 바꾸는 기구는?

㉮ 볼 스크루　　㉯ 커플링　　㉰ 기어　　㉱ 타이밍 벨트

정답 103. ㉱　104. ㉱　105. ㉰　106. ㉮　107. ㉮

부록 2 | 머시닝센터 예상문제

108 그림은 블록과 블록의 구분을 보여주고 있다. G와 M의 의미는?

| ; | N_ | G_ | X_ | Y_ | Z_ | F_ | S_ | T_ | M_ | ; |

- ㉮ 준비기능, 보조기능
- ㉯ 준비기능, 공구기능
- ㉰ 보조기능, 주축기능
- ㉱ 주축기능, 공구기능

109 다음의 M 기능 중 주축의 회전방향과 관계되는 것은?

- ㉮ M02
- ㉯ M04
- ㉰ M08
- ㉱ M09

해설 M04 → 주축 역회전, M03 → 주축 정회전

110 프로그램의 끝을 표시하는 M코드가 아닌 것은?

- ㉮ M02
- ㉯ M30
- ㉰ M05
- ㉱ M99

해설 M02 → 프로그램 끝, M30 → 프로그램 끝&Rewind, M99 → 보조 프로그램 종료

111 수치제어 공작기계 운전 전에 주의해야 할 사항과 거리가 먼 것은?

- ㉮ 공작물을 견고하게 고정한다.
- ㉯ 모든 기능 버튼이 올바른 위치에 있는가 확인한다.
- ㉰ 자주 사용하는 공구와 재료는 기계위에 놓는다.
- ㉱ 습동유 등의 윤활 상태를 확인한다.

해설 공구와 재료는 어떠한 경우라도 기계위에 놓지 않는다.

112 CMC 공작기계 사용시 안전사항으로 틀린 것은?

- ㉮ 비상정지 스위치의 위치를 확인
- ㉯ chip으로부터 눈을 보호하가 위해 보안경 착용
- ㉰ 그래픽으로 공구경로 확인
- ㉱ 손의 보호를 위해 면장갑 착용

해설 기계작업시에는 절대로 장갑을 착용하지 않는다.

정답 108. ㉮ 109. ㉯ 110. ㉰ 111. ㉰ 112. ㉱

부록 2 | 머시닝센터 예상문제

113_ 다음은 CNC 공작기계 가공시 안전사항이다. 옳은 것은?

㉮ CNC 선반 가공시 칩 커버는 공작물이 잘 보이게 열어놓고 작업한다.
㉯ 시제품 가공시에도 완성품 가공과 같이 메모리(Memory)로 연속 가공한다.
㉰ 일감을 척에 고정 한 다음 확실하게 고정이 되었는지 반드시 확인한다.
㉱ 비상정지 스위치는 위험한 경우라도 절대 누르면 않된다.

114_ 머시닝센터에서 원호가공에 대한 설명으로 틀린 것은?

㉮ 원호가공시 이송속도는 기계의 정해진 속도에 따른다.
㉯ 원호의 반경은 출발점에서 중심까지의 거리를 증분값으로 지령한다.
㉰ 원호를 시계방향으로 가공할 경우 G02로 지령한다.
㉱ 원호를 반 시계방향으로 가공할 경우 G03로 지령한다.

> **해설** 원호가공의 이송속도는 G02, G03에 지정된 속도로 가공되며, G02, G03에 이송속도가 없으면 그전에 모달로 지정된 G01의 속도로 계속하여 지령된다.

115_ 머시닝센터에서 원호절삭시 I값의 의미는?

㉮ 원호의 종점에서 원호의 중심점까지 상대값이다.
㉯ 원호의 시점에서 원호의 중심점까지 X축 성분의 상대값이다.
㉰ X축 성분의 반지름 값이다.
㉱ 원호의 종점에서 원호의 시점값을 뺀 것이다.

> **해설** I, J, K는 R대신 사용하는 좌표값으로 반드시 원호의 시작점에서 원호의 중심점을 보고 증분값(상대값)으로만 사용할 수 있다.

116_ 머시닝센터에서 사용하지 않는 공구는?

㉮ 홈 바이트   ㉯ 센터드릴   ㉰ 엔드밀   ㉱ 페이스 커터

117_ 다음 입출력 장치 중 출력장치가 아닌 것은?

㉮ 하드카피장치(hard copier)   ㉯ 플로터(plotter)
㉰ 프린터(printer)   ㉱ 디지타이저(digitizer)

정답 113. ㉰   114. ㉮   115. ㉯   116. ㉮   117. ㉱

부록 2 | 머시닝센터 예상문제

118_ CNC 공작기계에서 조작반 버튼 중 한 블록씩 실행시키는데 사용되는 버튼은?

㉮ 드라이런(Dry run)   ㉯ 옵셔널 블록 스킵(Optional block skip)

㉰ 피드 홀드(Feed hold)   ㉱ 싱글블록(single block)

119_ 머시닝센터에서 공압이 사용되는 부분은?

㉮ X, Y, Z   ㉯ 서보모터

㉰ 테이블 이송장치   ㉱ 자동공구 교환장치(ATC)

> **해설** 공압을 이용하여 ATC를 이용하여 공구를 교체한다.

120_ CNC 프로그램의 워드는 어떻게 구성되어 있는가?

㉮ 어드레스+어드레스   ㉯ 어드레스+데이터

㉰ 블록+데이터   ㉱ 데이터+어드레스

> **해설** G30에서 G → 어드레스(Adress), 30 → 데이터(Data)

121_ 각 공정에 필요한 절삭공구의 교환이 자동으로 이루어지는 자동공구 교환장치(ATC)및 자동 팰릿 교환장치(APC)가 있는 것은?

㉮ 선반   ㉯ 드릴링 머신   ㉰ CNC밀링   ㉱ 머시닝센터

122_ 머시닝센터에서 X, Y, Z 축에 회전하는 부가축이 **아닌** 것은?

㉮ A   ㉯ B   ㉰ C   ㉱ D

> **해설** 좌표어에 대한 부가축은 다음과 같다
> X = A   Y = B   Z = C

123_ 다음 중 소수점 사용이 가능한 것만으로 이루어진 어드레스는?

㉮ S, P, X   ㉯ N, Y, Z   ㉰ X, U, I   ㉱ O, X, Y, T

정답 118. ㉱   119. ㉱   120. ㉯   121. ㉱   122. ㉱   123. ㉰

부록 2 | 머시닝센터 예상문제

124_ 준비기능(G기능)에 속하지 <u>않은</u> 것은?

㉮ 원호보간　　㉯ 직선보간　　㉰ 기어속도 변환　　㉱ 급속이송

> **해설** 원호보간 → G02, G03, 직선보간 → G01, 급속이송 → G00

125_ CNC 공작기계의 좌표계 중에서 기계좌표계에 대한 설명으로 가장 <u>알맞은</u> 것은?

㉮ 기계의 기준점으로 기계제작자가 파라미터에 의해 정한다.

㉯ 도면을 보고 프로그램을 작성할 때 기준이 되는 점이다.

㉰ 일감측정, 정확한 거리이동, 공구보정 등에 사용된다.

㉱ 현 위치가 좌표계의 기준이 되고 필요에 따라 위치를 0으로 지정한다.

> **해설** 기계좌표계는 변하지 않게 기계제작시 제작사에서 정한다.

126_ 다음은 머시닝센터 프로그램이다. 프로그램에서 사용된 평면은 어느 것인가?

G17 G40 G49 G80 ;　　　　　㉮ Y － Z

G91 G28 Z0. ;　　　　　　　　㉯ X － Z

G28 X0. Y0. ;　　　　　　　　㉰ Y － Z

G90 G92 X400. Y250. Z500. ;　㉱ X － Y

T01 M06 ;

127_ CNC 공작기계가 가지고 있는 M(보조기능)이 <u>아닌</u> 것은?

㉮ 스핀들 정, 역회전 기능　　　　㉯ 절삭유 On, off

㉰ 절삭속도 선택기능　　　　　　㉱ 프로그램의 선택적 정지기능

> **해설** 스핀들 정, 역회전 기능 → M03, M04, 절삭유 On, off → M08, M09
> 프로그램의 선택적 정지기능 → M01

128_ CAD/CAM 시스템에서 입력장치가 <u>아닌</u> 것은?

㉮ 라이트 펜(light pen)　　　　㉯ 마우스(mouse)

㉰ 태블렛(tablet)　　　　　　　　㉱ 플로터(plotter)

정답 124. ㉰　125. ㉮　126. ㉱　127. ㉰　128. ㉱

129_ 일반적인 CAM시스템의 정보 처리 흐름의 순서로 맞는 것은?

㉮ 곡선정의 → 곡면정의 → 공구경로생성 → NC코드생성

㉯ 곡면정의 → 곡선정의 → NC코드생성 → 공구경로생성

㉰ 곡선정의 → 공구경로생성 → NC코드생성 → 곡면정의

㉱ 곡면정의 → 곡선정의 → 공구경로생성 N → C코드생성

130_ CAD/CAM의 정보처리의 흐름으로 옳은 것은?

㉮ 도면 → 곡면정의 → 도형정의 → 곡선정의 → NC코드 생성

㉯ 도면 → 도형정의 → 곡선정의 → 공구경로 생성 → NC코드 생성

㉰ 도면 → 곡면정의 → 곡선정의 → 도형정의 → NC코드 생성

㉱ 도면 → 곡선정의 → 공구경로 생성 → 곡면정의 → NC코드 생성

131_ CNC 기계가공 중 충돌 사고가 발생할 위험이 있을 때, 응급처리 내용으로 가장 알맞은 것은?

㉮ 선택적 정지(Optional stop) 버튼을 누른다.

㉯ 원상복귀(reset) 버튼을 누른다.

㉰ 가공시작(cycle start) 버튼을 누른다.

㉱ 비상정지(emergency stop) 버튼을 누른다.

132_ CNC 공작기계가 여러 가지 동작을 수행하도록 하며 각종 모터의 제어와 ON/OFF의 기능을 주로 수행하는 것은?

㉮ M기능　　　㉯ S기능　　　㉰ G기능　　　㉱ T기능

133_ 머시닝센터 준비기능에 대한 설명 중 틀린 것은?

㉮ G17 – XY 평면지정　　　㉯ G21 – 메트릭 변환(metric-daya) 입력

㉰ G43 – 공구길이보정 +　　㉱ G54 – 로칼(local) 좌표계 설정

134_ 다음 중 소수점 입력이 가능한 어드레스로 구성된 것은?

㉮ X, I, R, F　　㉯ Y, J, G, F　　㉰ Z, K, T, S　　㉱ X, Y, Z, M

정답　129. 가　130. 나　131. 라　132. 가　133. 라　134. 가

135_ 다음 프로그램 중 ( ) 부분에 가장 적합한 명령은?

G90 G92 X0. Y0. Z50. ; ㉮ 9
　G00 Z5. S1000 M03 ; ㉯ F80
　G01 Z-5. ( ) M08 ;　 ㉰ R5.
　〈중략〉　　　　　　　 ㉱ L3
　M05 ;
　M02 ;

　해설 G01(직선보간)기능 다음에는 반드시 이송기능(F)의 값을 주어야 한다.

136_ 다음 머시닝센터 프로그램에서 경보(alarm)가 발생할 수 있는 블록의 전개번호는?

N001 G01 Z-5. F85. M08 ;　 ㉮ N001
N002 G02 X20. Y0. R10. ;　 ㉯ N002
N003 Y-20. ;　　　　　　　 ㉰ N003
N004 G90 G00 Z10. ;　　　 ㉱ N004

　해설 위에 모달기능으로 G02가 있는데 밑에도 모달이 되려면 R값을 주어야 한다.

137_ CNC 공작기계에서 전원 투입 후 기계운전의 안전을 위하여 첫번째로 해야 하는 조작은?
　㉮ 기계 원점 복귀　　　　　㉯ 공구보정값과 파라미터의 설정
　㉰ 작업 및 공구의 교환　　　㉱ 공작물 좌표계의 설정

　해설 모든 CNC공작기계는 최초에 기계를 ON할 때는 반드시 기계원점 복귀를 하여야 한다.

138_ 기계상에 고정된 임의의 지점으로 기계제작시 기계제조회사에서 위치를 정하는 점이며, 사용자가 임의로 변경해서는 안 되는 점을 무엇이라고 하는가?
　㉮ 프로그램 원점　㉯ 기계 원점　㉰ 공작물 원점　㉱ 상대 원점

139_ CAD/CAM의 주변기기에서 기억장치는 어느 것인가?
　㉮ 하드 디스크　㉯ 디지타이저　㉰ 플로터　㉱ 키보드

정답 135. ㉯　136. ㉰　137. ㉮　138. ㉯　139. ㉮

140. 다음 중 머시닝센터에서 제2원점 복귀지령(G30)으로 맞지 <u>않는</u> 것은?

㉮ G30 G91 T01 ; ㉯ G30 G90 X0. ;
㉰ G30 G91 P02 X0. Y0. Z0. ; ㉱ G30 G91 X0. Y0. Z0. ;

141. CAD/CAM 시스템의 출력장치가 <u>아닌</u> 것은?

㉮ 키보드   ㉯ 플로터   ㉰ 프린터   ㉱ 모니터(CRT)

142. CAD/CAM 시스템의 입·출력 장치가 <u>아닌</u> 것은?

㉮ 프린터   ㉯ 마우스   ㉰ 키보드   ㉱ 중앙처리장치

143. CNC 공작기계의 안전에 관한 사항으로 <u>틀린</u> 것은?

㉮ 절삭 가공시 절삭 조건을 알맞게 설정한다.
㉯ 공정도와 공구 세팅 시트를 작성 후 검토하고 입력한다.
㉰ 공구 경로 확인은 보조기능(M기능)이 열린(ON)상태에서 한다.
㉱ 기계 가동 전에 비상 정지 버튼의 위치를 확인한다.

144. CNC 공작기계에서 자동 원점 복귀시 중간 경유점을 지정하는 이유 중 가장 적합한 것은?

㉮ 원점 복귀를 빨리 하기 위해서   ㉯ 공구의 충돌을 방지하기 위하여
㉰ 기계에 무리를 가하지 않기 위하여   ㉱ 작업자의 안전을 위해서

145. 다음 보조 기능 중 주축 기능과 거리가 가장 <u>먼</u> 것은?

㉮ M02   ㉯ M03   ㉰ M04   ㉱ M05

146. 다음은 머시닝센터의 고정사이클 프로그램이다. 내용 설명으로 <u>바른</u> 것은?
G90 <u>G83</u> <u>G98</u> Z-25. <u>R3.</u> <u>Q6.</u> F100. M08 ;

㉮ R3. : 일감의 절삭 깊이   ㉯ G98 : 공구의 이송속도
㉰ G83 : 초기점 복귀 동작   ㉱ Q6. : 일감의 1회 절삭 깊이

정답 140. ㉮   141. ㉮   142. ㉱   143. ㉰   144. ㉯   145. ㉮   146. ㉱

부록 2 | 머시닝센터 예상문제

147_ CNC 공작기계 작업시 안전 사항 중 <u>틀린</u> 것은?
  ㉮ 조작시는 조작 순서에 따른다.
  ㉯ 칩 제거시는 기계를 정지 후에 한다.
  ㉰ CNC방전 가공기에서 작업시 가공액을 채운 후 작업을 한다.
  ㉱ 작업을 빨리하기 위하여 안전문을 열고 작업한다.

148_ 홈 가공이나 드릴 가공을 할 때 일시적으로 공구를 정지시키는 기능의 CNC용어는 어느 것인가?
  ㉮ 옵셔널 블로 스킵(Optional Block Skip)
  ㉯ 프로그램 정이(Program Stop)
  ㉰ 드웰(Dwell)
  ㉱ 드라이 런(Dry run)

149_ 머시닝센터에서 M10x1.5 나사를 가공하고자 한다. 탭의 이송속도는 몇 mm/min인가?
 (단, 회전수는 120rpm이다)
  ㉮ F180   ㉯ F160   ㉰ F140   ㉱ F120

  해설 $F = N \times P$ $F = 120 \times 1.5 = 180$

150_ CNC 공작기계 작업 중 경보(alarm)가 발생했을 경우 취해야 할 행동으로 <u>틀린</u> 것은?
  ㉮ 작업을 멈춘다.
  ㉯ 경보(alarm)를 무시하고 진행시킨다.
  ㉰ 경보(alarm) 발생의 원인을 찾아 해결한다.
  ㉱ 본인이 해결할 수 없을 경우 전문가에게 의뢰한다.

151_ CNC 공작기계에서 간단한 프로그램을 편집과 동시에 시험적으로 실행해 볼 때 사용하는 모드는?
  ㉮ MDI   ㉯ JOG   ㉰ EDIT   ㉱ AUTO

정답 147. ㉱ 148. ㉰ 149. ㉮ 150. ㉯ 151. ㉮

부록 2 | 머시닝센터 예상문제

152_ G □ □ X_ Y_ Z_ R_ Q_ P_ F_ L_ ;는 머시닝센터의 고정사이클 구멍 가공 모드 지령 방법이다. 여기서 P가 의미하는 것은 무엇인가?

㉮ 구멍 바닥에서 휴지 시간을 지정
㉯ 고정사이클 반복 횟수를 지정
㉰ 절삭 이송속도를 지정
㉱ 초기점에서부터 거리를 지정

153_ CNC 공작기계에 사용되는 좌표계에서 절대 좌표계에 대한 설명으로 옳은 것은?

㉮ 프로그램을 작성할 때 프로그램 원점을 기준으로 하는 좌표계
㉯ 기계 제작사에서 임의로 잡은 고정점에 정한 좌표계
㉰ 현재 좌표값이 좌표계 원점이 되는 좌표계
㉱ 지령의 시작점 위치에서 종점까지의 거리 중 이미 이동하고 남은 거리를 나타내는 좌표계

154_ CNC 지령 중 기계원점 복귀 후 중간 경유점을 거쳐 지정된 위치로 이동하는 준비 기능은?

㉮ G27   ㉯ G28   ㉰ G29   ㉱ G32

155_ 머시닝센터에서 가공물의 고정시간을 줄여 생산성을 높이기 위하여 부착하는 장치를 의미하는 약어는?

㉮ FA   ㉯ ATC   ㉰ FMS   ㉱ APC

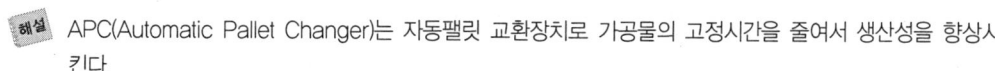
APC(Automatic Pallet Changer)는 자동팰릿 교환장치로 가공물의 고정시간을 줄여서 생산성을 향상시킨다.

156_ CNC 프로그램에서 지령된 블록 내에서만 유효한 준비 기능(One Shot G Code)은?

㉮ G04   ㉯ G00   ㉰ G01   ㉱ G40

157_ 머시닝센터에서 고정 사이클의 기능으로 부적절한 것은?

㉮ 드릴 가공   ㉯ 탭 가공   ㉰ 윤곽 가공   ㉱ 보링 가공

정답 152. ㉮ 153. ㉮ 154. ㉰ 155. ㉱ 156. ㉮ 157. ㉰

부록 2 | 머시닝센터 예상문제

158_ CNC선반 가공에서 안전 사항으로 <u>틀린</u> 것은?

㉮ 절삭공구와 공작물의 고정 상태를 확인한 후 가공한다.

㉯ 가공 중에는 안전문을 열거나 불필요한 조작을 하지 않는다.

㉰ 가공 중 쌓이는 칩은 절삭을 방해하므로 맨손으로 제거한다.

㉱ 가공 중 충돌의 우려가 있을 경우에는 비상정지 스위치를 누른다.

> **해설** 모든 기계 작업시에는 맨손으로 칩을 제거하여서는 절대로 안된다.

159_ 서보 구동부에 대한 설명 중 <u>틀린</u> 것은?

㉮ CNC 공작기계의 가공 속도를 결정하는 핵심부이다.

㉯ 서보 기구는 사람의 손과 발에 해당된다.

㉰ 입력된 명령 정보를 계산하고, 진행 순서를 결정한다.

㉱ CNC 공작기계의 주축, 테이블 등을 움직이는 역할을 한다.

160_ 프로그램을 컴퓨터의 기억장치에 기억시켜 놓고, 통신선을 이용하여 1대의 컴퓨터에서 여러대의 CNC 공작기계를 직접 제어하는 것을 무엇이라 하는가?

㉮ CNC   ㉯ DNC   ㉰ CAD   ㉱ CAM

> **해설** 여러대의 공작기계에 장착되어 있는 NC장치를 중앙컴퓨터에 입력하는 데이터로서 한 개의 군 시스템을 구성하여 전체적인 생산성을 향상시키는데 그 목적이 있다.

161_ 자동 공구 교환장치(ATC)가 부착된 CNC 공작기계는?

㉮ 머시닝센터   ㉯ CNC 성형연삭기

㉰ CNC 와이어컷 방전가공기   ㉱ CNC 밀링

> **해설** 자동 공구 교환장치(ATC : Automatic Tool Changer)는 공구의 교환시간을 줄일 수 있고 제품의 생산성을 향상시킬 수 있다.

162_ CNC 기계에서 속도와 위치를 피드백하는 장치는?

㉮ 서보 모터   ㉯ 컨트롤러   ㉰ 엔코더   ㉱ 주축 모터

> **해설** 속도와 위치를 피드백하는 장치로는 리졸버, 엔코더, 로터가 있다.

정답 158. ㉰   159. ㉰   160. ㉯   161. ㉮   162. ㉰

부록 2 | 머시닝센터 예상문제

163_ 준비기능의 그룹(group)에 대한 설명으로 맞는 것은?
- ㉮ 그룹에 관계 없이 준비기능(G코드)은 같은 명령절(block)에 한 개만을 사용할 수 있다.
- ㉯ 그룹에 관계 없이 준비기능(G코드)은 같은 명령절(block)에 2개 이상 사용하면 사용한 것 전부가 유효하다.
- ㉰ 그룹이 같은 준비기능(G기능)을 같은 명령절(block)에 2개 이상 사용하면 사용한 것 전부가 유효하다.
- ㉱ 그룹이 다른 준비기능(G기능)을 같은 명령절(block)에 2개 이상 사용하면 사용한 것 전부가 유효하다.

164_ 머시닝센터에서 공구를 교환할 때 자동 공구 교환 위치인 제2원점으로 복귀할 때 사용되는 G코드는?
- ㉮ G27
- ㉯ G28
- ㉰ G29
- ㉱ G30

165_ 다음 중 CAD/CAM 시스템의 입력장치가 아닌 것은?
- ㉮ 조이스틱(Joy stick)
- ㉯ 라이트 펜(Light Pen)
- ㉰ 트랙 볼(Track Ball)
- ㉱ 하드 카피 기기(Hard Copy Unit)

166_ 머시닝센터의 자동공구 교환장치(ATC)에서 툴 매거진에 공구를 사용할 순서대로 격납하는 배열 방식을 무엇이라 하는가?
- ㉮ 시퀀스 방식
- ㉯ 팰릿 방식
- ㉰ 랜덤 방식
- ㉱ 포트 방식

 시퀀스 방식 → 공구를 툴 매거진내의 배열순으로 주축에 장착
랜덤 방식 → 공구를 매거진 포트번호 또는 공구번호를 지령하는 것에 의해 임의로 주축에 공구를 장착

167_ CNC 공작기계의 안전을 위하여 기계가공을 준비하는 순서로 가장 적합한 내용은?
- ㉮ 전원투입 → 원점복귀 → 프로그램 입력 → 공구장착 및 세팅 → 공구경로 확인 → 가공
- ㉯ 전원투입 → 프로그램 입력 → 공구장착 및 세팅 → 공구경로 확인 → 원점복귀 → 가공
- ㉰ 전원투입 → 공구장착 및 세팅 → 프로그램 입력 → 공구경로 확인 → 원점복귀 → 가공
- ㉱ 전원투입 → 공구경로 확인 → 원점복귀 → 프로그램 입력 → 공구장착 및 세팅 → 가공

정답 163. ㉱ 164. ㉱ 165. ㉱ 166. ㉮ 167. ㉮

부록 2 | 머시닝센터 예상문제

168_ DNC 시스템의 구성요소가 <u>아닌</u> 것은?
　㉮ CNC공작기계　㉯ 중앙 컴퓨터　㉰ 통신선　㉱ 디지타이저

169_ CNC기계 운전 중 이상 발생시 응급처치 사항과 가장 관련이 <u>없는</u> 것은?
　㉮ 경고등이 점등 되었는지를 확인한다.
　㉯ 작업을 멈추고 원인을 확인한다.
　㉰ 비상스위치를 누르고 작업을 중단한다.
　㉱ 강전반 내의 회로 기판을 흔들어 본다.

170_ 보조 기능 중 기계조작반에 있는 선택 정지 스위치(Optional Stop Switch)를 ON으로 했을 때 프로그램을 일시 정지하는 지령은?
　㉮ M00　㉯ M01　㉰ M03　㉱ M04

171_ 수치제어 공작기계에서 위치결정(G00) 동작을 실행할 경우 가장 주의하여야 할 내용은?
　㉮ 절삭 칩의 제거　㉯ 충돌에 의한 사고
　㉰ 과절삭에 의한 치수 변환　㉱ 잔삭이나 미삭의 처리

172_ 머시닝센터에서 공구교환을 지령하는 기능은?
　㉮ G기능　㉯ S기능　㉰ F기능　㉱ M기능

173_ 도면상의 임의 점을 프로그램상의 절대좌표의 기준점으로 정한 점을 무엇이라 하는가?
　㉮ 프로그램 원점　㉯ 기계 원점　㉰ 공구 교환점　㉱ 제 2 원점

174_ 머시닝센터에서 공구지름 우측보정에 해당하는 것은?
　㉮ G41　㉯ G42　㉰ G43　㉱ G44

　해설 상향절삭(좌측보정) → G41, 하향절삭(우측보정) → G42

정답 168. ㉱　169. ㉱　170. ㉯　171. ㉯　172. ㉱　173. ㉮　174. ㉯

175_ 위치와 속도를 서보모터의 축이나 볼나사의 회전각도로 검출하여 피드백(feedback)시키는 서보기구로 일반 CNC 공작기계에서 주로 사용되는 제어 방식은?

㉮ 개방회로 방식　　　　　　　㉯ 폐쇄회로 방식
㉰ 반폐쇄회로 방식　　　　　　㉱ 반개방회로 방식

176_ 서보 제어방식 중 모터에 내장된 타코 제너레이터에서 속도를 검출하고, 기계의 테이블에 부착된 스케일에서 위치를 검출하여 피드백시키는 방식은?

㉮ 개방회로 방식　　　　　　　㉯ 반폐쇄회로 방식
㉰ 폐쇄회로 방식　　　　　　　㉱ 반개방회로 방식

177_ CNC 프로그램에서 어드레스(Address)의 의미 설명 중 <u>틀린</u> 것은?

㉮ G : 제어 장치의 내부기능을 제어하는 준비기능
㉯ M : 주축의 시동, 정지, 역전에 사용하는 보조기능
㉰ F : 이송의 수치와 속도를 관리하는 이송기능
㉱ S : 주축 회전수를 선택할 때 사용하는 주축기능

178_ 보조기능(M기능)에 대한 설명 중 <u>틀린</u> 것은?

㉮ M00 : 프로그램(program) 정지　㉯ M03 : 주축 정회전
㉰ M08 : 절삭유 ON　　　　　　㉱ M09 : 보조 프로그램 호출

179_ 머시닝센터에서 작업평면이 Y–Z일 때 지령되어야 할 코드는?

㉮ G17　　　㉯ G18　　　㉰ G19　　　㉱ G20

180_ 머시닝센터의 안전 중 <u>올바른</u> 것은?

㉮ 작업 중 보안경을 착용한다.
㉯ 일감을 정확하게 고정한다.
㉰ 드릴을 고정하거나 풀 때는 주축이 완전히 멈춘 후에 한다.
㉱ 얇은 판에 구멍을 뚫을 때는 손으로 누르고 드릴 작업을 한다.

정답　175. ㉰　176. ㉰　177. ㉯　178. ㉱　179. ㉰　180. ㉱

부록 2 | 머시닝센터 예상문제

181_ 드라이 런 기능 설명으로 맞는 것은?

㉮ 드라이 런 스위치가 ON 되면 이송속도가 빨라 진다.

㉯ 드라이 런 스위치가 ON 되면 프로그램의 이송속도를 무시하고 조작판에서 이송속도를 조절할 수 있다.

㉰ 드라이 런 스위치가 ON 되면 이송속도의 단위가 회전당 이송속도로 변한다.

㉱ 드라이 런 스위치가 ON 되면 급속 속도가 최고 속도로 바뀐다.

182_ 머시닝센터에서 도면의 치수대로 프로그램을 작성하고, 공구지름 보정 옵셋 값으로 설정하는 보정 값은?

㉮. 공구 지름의 0.5배 ㉯ 공구 지름의 1.0배

㉰ 공구 지름의 1.5배 ㉱ 공구 지름의 2.0배

183_ CNC가공 프로그램을 작성하기 위하여 공작물의 임의의 점을 원점으로 정한 좌표계는?

㉮ 기계 좌표계 ㉯ 절대 좌표계 ㉰ 상대 좌표계 ㉱ 잔여 좌표계

184_ CNC공작기계에서 "P/S_ALARM"이라는 메시지는?

㉮ 프로그램 알람 ㉯ 비상정지 스위치 ON 알람

㉰ 주축 모터 과열 알람 ㉱ 금지영역 침범 알람

185_ CAD/CAM 소프트웨어에서 작성된 가공 데이터를 읽어 특정의 CNC 공작기계 컨트롤러에 맞도록 NC 데이터를 만들어 주는과정은?

㉮ 도형 정의 ㉯ 가공 조건 ㉰ CL 데이터 ㉱ 포스트 프로세서

186_ 공구 보정에 대한 설명으로 틀린 것은?

㉮ G49는 공구 길이 보정 취소를 의미한다.

㉯ G41, G42는 중복하여 지령할 수 있다.

㉰ 공구인선 반경 보정을 시작하는 block을 Start-Up block이라 한다.

㉱ G40은 공구 지름 보정 취소를 의미한다.

정답 181. ㉯ 182. ㉮ 183. ㉯ 184. ㉮ 185. ㉱ 186. ㉯

187_ 다음의 CNC 프로그램 시트에서 F300의 의미는?

N	G	X	Y	Z	I	J	F
N1	G90						
N2	G00	X30.	Y20.	Z2.			
N3	G01			Z-5.			F300
N4	G01	X30.	Y70.				
N5	G01	X50.	Y70.				
N6	G03	X90.	Y70.		I20.	J0.	

㉮ 주축 회전수　㉯ 공구 선택번호　㉰ 공구 보정번호　㉱ 절입시 이송속도

188_ CNC 공작기계의 제어 방식이 아닌 것은?

㉮ 위치결정 제어　㉯ 모방 제어　㉰ 직선절삭 제어　㉱ 윤곽절삭 제어

189_ CNC밀링에서 나선 홈 절삭에 필요한 부가축(A, B, C)에 해당되는 범용 밀링머신의 부속장치는?

㉮ 아버　㉯ 수직축 장치　㉰ 분할대　㉱ 밀링 바이스

190_ CNC공작기계의 절삭가공에 따른 안전사항으로 틀린 것은?

㉮ 운전 중 비상시에는 비상정지 버튼을 누른다.

㉯ 충돌사고에 유의한다.

㉰ 공작물은 견고하게 고정하고 절삭을 하여야 한다.

㉱ 자동운전 중에 칩을 손으로 제거해도 된다.

191_ 여러 대의 CNC공작기계을 한 대의 컴퓨터에 연결해 데이터를 분배하여 전송함으로써 동시에 운전할 수 있는 방식은?

㉮ NC　㉯ CNC　㉰ DNC　㉱ CAD

192_ CAD/CAM 시스템의 입력장치에 해당하는 것은?

㉮ 스캐너　㉯ 플로터　㉰ 프린터　㉱ 모니터(CRT)

정답　187. ㉱　188. ㉯　189. ㉰　190. ㉱　191. ㉰　192. ㉮

부록 2 머시닝센터 예상문제

193_ 프로그램 작성자가 프로그램을 쉽게 작성하기 위하여 공작물 임의의 점을 원점으로 정해 명령의 기준점이 되도록 한 좌표계는?

㉮ 기계 좌표계   ㉯ 절대 좌표계   ㉰ 상대 좌표계   ㉱ 잔여 좌표계

194_ CNC프로그램 작성시, 시간을 단축하고 프로그램을 간단하게 하기 위해 사용할 기계가 채택하고 있는 사항들을 알아두어야 하는데 틀린 것은?

㉮ 계속 유효기능과 1회 유효기능   ㉯ 부 프로그램의 작성법과 용도
㉰ 고정사이클의 종류와 사용용도   ㉱ 볼스크루의 종류와 사양

195_ 머시닝센터 작업에서 같은 지름의 구멍이 동일 평면상에 여러 개 있을 때 공구를 R점 복귀 후 이동하여 가공하는 것은?

㉮ G99   ㉯ G49   ㉰ G97   ㉱ G96

해설 초기점 복귀 → G98, R점 복귀 → G99

196_ CAM 시스템의 가공 과정 흐름도로 올바른 것은?

㉮ 공구경로 생성 → 곡면 모델링 → NC데이터 생성 → DNC 전송
㉯ 곡면 모델링 → 공구경로 생성 → NC데이터 생성 → DNC 전송
㉰ 곡면 모델링 → NC데이터 생성 → 공구경로 생성 → DNC 전송
㉱ 공구경로 생성 → NC데이터 생성 → 곡면 모델링 → DNC 전송

197_ CNC 작업 중 기계에 이상이 발생하였을 때 조치사항으로 가장 적당하지 않은 것은?

㉮ 알람 내용을 확인한다.
㉯ 경보등이 점등 되었는지 확인한다.
㉰ 간단한 내용은 조작 설명서에 따라 조치하고 안되면 전문가에게 의뢰한다.
㉱ 기계가공이 안되기 때문에 무조건 전원을 끈다.

198_ CNC공작기계의 일반적인 특징이 아닌 것은?

㉮ 제품의 균일성을 유지할 수 있다.   ㉯ 작업자의 피로를 줄일 수 있다.
㉰ 특수공구비가 많이 들어간다.   ㉱ 생산성을 향상 시킬 수 있다.

정답 193. ㉯   194. ㉱   195. ㉮   196. ㉯   197. ㉱   198. ㉰

199_ 일반 공작기계에서 많이 사용되는 그림과 같은 NC서보기구의 종류는?

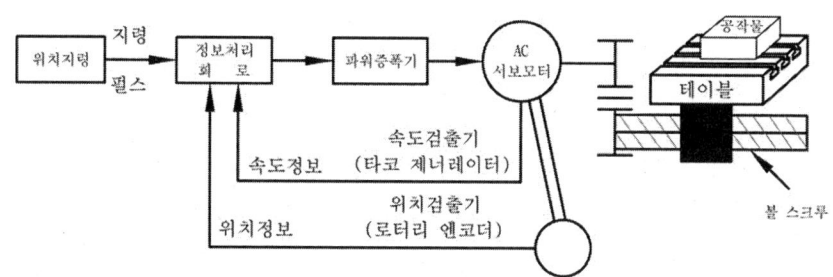

㉮ 개방 회로 방식   ㉯ 반폐쇄회로 방식
㉰ 폐쇄회로 방식   ㉱ 반개방 회로 방식

200_ 머시닝센터의 공구길이 보정과 관련이 없는 것은?

㉮ G40   ㉯ G43   ㉰ G44   ㉱ G49

 길이보정 + → G43, 길이보정 - → G44, 길이보정 취소 → G49

201_ 머시닝센터에서 공구길이 보정과 관계가 없는 것은?

㉮ G42   ㉯ G43   ㉰ G44   ㉱ G45

 좌측 공구경 보정 → G41, 우측 공구경 보정 → G42

202_ CNC기계의 일상 점검 중 매일 점검해야할 사항은?

㉮ 유량 점검   ㉯ 각부의 필터(Fitter) 점검
㉰ 기계정도 검사   ㉱ 기계 레벨(수평) 점검

203_ 머시닝센터의 기계일상 점검 중 매일 점검 사항과 거리가 먼 것은?

㉮ 각부의 유량 점검   ㉯ 각부의 압력 점검
㉰ 각부의 작동 상태 점검   ㉱ 각부의 필터 점검

정답 199. ㉯ 200. ㉮ 201. ㉮ 202. ㉮ 203. ㉱

부록 2 | 머시닝센터 예상문제

204_ 머시닝센터 프로그래밍에서 G73, G83 코드에서 매회 절입량을, G76, G87 지령에서는 후퇴(시프트)량을 지정하는 어드레스는?
㉮ R   ㉯ O   ㉰ Q   ㉱ P

205_ CNC 공작기계가 자동 운전 도중에 갑자기 멈추었을 때의 조치사항으로 잘못된 것은?
㉮ 비상 정지 버튼을 누른 후 원인을 찾는다.
㉯ 프로그램의 이상 유무를 하나씩 확인하며 원인을 찾는다.
㉰ 강제로 모터를 구동시켜 프로그램을 실행한다.
㉱ 화면상의 경보(alarm) 내용을 확인 후 원인을 찾는다.

206_ 다음은 CNC 공작기계와 범용공작기계에 의한 절삭가공의 특징을 비교한 것이다. 틀린 것은?
㉮ CNC 공작기계는 공정관리, 공구관리 등 작업의 표준화에 대응이 용이하다.
㉯ 범용 공작기계는 정밀가공을 위해 오랜 경험이 필요하다.
㉰ 범용 공작기계에서는 가공 노하우의 축적과 전송이 쉽다.
㉱ CNC 공작기계는 비교적 단기간에, 기계조작이나 가공이 가능하다.

207_ 범용 공작기계와 비교한 CNC 공작기계의 장점이 아닌 것은?
㉮ 유지보수 관리비용의 절감   ㉯ 리드 타임의 단축
㉰ 품질의 균일성   ㉱ 사용기계수의 절감 및 공장크기 축소

208_ 범용 공작기계와 CNC공작기계를 비교하였을 때 CNC공작기계가 유리한 점이 아닌 것은?
㉮ 복잡한 형상의 부품가공에 성능을 발휘한다.
㉯ 품질이 균일화 되어 제품의 호환성을 유지할 수 있다.
㉰ 장시간 자동운전이 가능하다.
㉱ 숙련에 오랜 시간과 경험이 필요하다.

209_ DNC 시스템의 구성요소가 아닌 것은?
㉮ CNC공작기계   ㉯ 중앙 컴퓨터   ㉰ 통신선   ㉱ 디지타이저

정답 204. ㉰ 205. ㉰ 206. ㉰ 207. ㉮ 208. ㉱ 209. ㉱

210_ CNC 공작기계의 조작판에서 선택적 프로그램 정지(optional program stop)를 나타내는 M기능은?

㉮ M00　　㉯ M01　　㉰ M02　　㉱ M05

211_ CNC기계 조작반의 모드 선택 스위치 중 새로운 프로그램을 작성하고 등록된 프로그램을 삽입, 수정, 삭제할 수 있는 모드는 무엇인가?

㉮ JOG　　㉯ AUTO　　㉰ MDI　　㉱ EDIT

212_ 수치제어공작기계에서 사용되는 서보기구로 볼 수 없는 것은?

㉮ 반 열린 루프 제어(semi-open loop control)
㉯ 반 닫힌 루프 제어(semi-closed loop control)
㉰ 닫힌 루프 제어(closed loop control)
㉱ 하이브리드 서보 제어(hybrid serve control)

213_ NC의 서보(servo)기구를 위치 검출방식에 따라 분류할 때 해당하지 않은 것은?

㉮ 폐쇄회로 방식(closed loop system)
㉯ 반폐쇄회로 방식(semi-closed loop system)
㉰ 반개방회로 방식(semi-open loop system)
㉱ 복합회로 방식(hybrid serve system)

214_ CNC 공작기계의 특징에 해당하지 않는 것은?

㉮ 제품의 균일성을 유지할 수 있다.
㉯ 생산성을 향상시킬 수 있다.
㉰ 제조원가 및 인건비를 절감할 수 있다.
㉱ 특수 공구제작의 불필요로 공구 관리비를 절감할 수 있다.

215_ CNC기계의 동력 전달 방법에 속하지 않는 것은?

㉮ 기어(gear)　　㉯ 타이밍 벨트(timing belt)
㉰ 커플링(coupling)　　㉱ 로프(lope)

정답 210. ㉯　211. ㉱　212. ㉮　213. ㉰　214. ㉮　215. ㉱

부록 2 | 머시닝센터 예상문제

216_ CAD/CAM 시스템의 입력, 출력 장치가 아닌 것은?

㉮ 프린터　　㉯ 마우스　　㉰ 키보드　　㉱ 중아처리장치

217_ 머시닝센터 프로그램에 관한 다음 설명 중 틀린 것은?

㉮ 절대 명령은 G90으로 지령한다.

㉯ 증분 명령은 G92으로 지령한다.

㉰ 증분 명령은 공구 이동 시작점부터 끝점까지 이동량(거리)으로 명령하는 방법이다.

㉱ 절대 명령은 공구 이동 끝점의 위치를 공작물 좌표계 원점을 기준으로 명령하는 방법이다.

> **해설** 절대명령 → G90, 증분명령 → G91

218_ CNC 기계 가공 중 충돌 사고가 발생할 위험이 있을 때 응급 처리 내용으로 가장 알맞은 것은?

㉮ 선택적 정지(optional stop) 버튼을 누른다.

㉯ 원상 복귀(reset) 버튼을 누른다.

㉰ 가공 시작(cycle start) 버튼을 누른다.

㉱ 비상 정지(emergency stop) 버튼을 누른다.

219_ 다음 설명에 해당하는 좌표계의 종류는?

> 상대값을 가지는 좌표로 정확한 거리의 이동이나 공구 보정시에 사용되며 현재의 위치가 좌표계의 원점이 되고 필요에 따라 그 위치를 0(zero)으로 설정할 수 있다.

㉮ 공작물 좌표계　　　　　㉯ 극 좌표계

㉰ 상대 좌표계　　　　　　㉱ 기계 좌표계

220_ 머시닝센터 프로그램에서 고정 사이클을 취소하는 준비기능은?

㉮ G76　　㉯ G80　　㉰ G84　　㉱ G87

정답 216. 라　217. 나　218. 라　219. 다　220. 나

부록 2 머시닝센터 예상문제

221_ EOB, CR은 무엇을 의미하는가?
- ㉮ 보조적인 NC기계의 기능을 지정하여 동작
- ㉯ 블록의 종료
- ㉰ 공구의 선택기능
- ㉱ 공작기계의 운동에서 각 축의 변위량을 지정

> **해설** CR(End of Block), CR(Carriage Return)으로 블록의 종료를 의미한다.

222_ 다음 G코드 중 공구의 최후 위치만을 제어하는 것으로 도중의 경로는 무시되는 것은?
- ㉮ G00   ㉯ G01   ㉰ G02   ㉱ G03

223_ CNC장비의 점검내용 중 매일 점검사항이 아닌 것은?
- ㉮ 외관 점검   ㉯ 유량 점검   ㉰ 압력 점검   ㉱ 기계본체 수평점검

224_ 보조 프로그램이 종료되면 보조 프로그램에서 주 프로그램으로 돌아가는 M-코드는?
- ㉮ M98   ㉯ M99   ㉰ M30   ㉱ M00

225_ 그림과 같이 M10 탭가공을 위한 프로그램을 완성시키고자 한다. ( ) 속에 차례로 들어갈 값으로 옳은 것은? (단, M10 탭의 피치는 1.5이다)

O7890 ;
N10 G90 G92 X0. Y0. Z100. ;
N20 ( ) M03 ;
N30 G00 G43 H01 Z30. ;
N40 G90 G99 ( ) X20. Y30.
Z-25. R10. F450 ;
N50 G91 X30. ;
N60 G00 G49 G80 Z300. M05 ;
N70 M02 ;

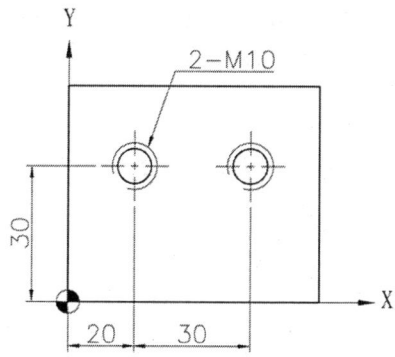

- ㉮ S200, G74   ㉯ S300, G84   ㉰ S400, G85   ㉱ S500, G76

정답 221. 나   222. 가   223. 라   224. 나   225. 나

부록 2 머시닝센터 예상문제

226_ 그림 A에서 B점까지 머시닝센터로 원호가공 프로그램으로 맞는 것은?

㉮ G03 G90 X-22.9129 Y10. I24.4949 J5. ;

㉯ G03 G90 X-22.9129 Y10. I-24.4949 J-5. ;

㉰ G03 G90 X-22.9129 Y10. I-24.4949 J5. ;

㉱ G03 G90 X-22.9129 Y10. I24.4949 J-5. ;

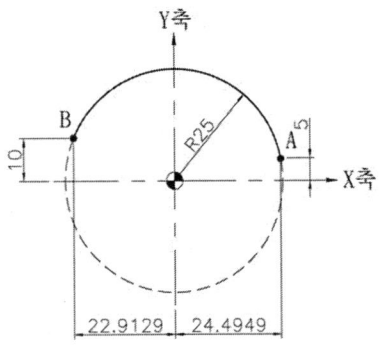

227_ 다음 그림은 공구경 보정시 공구의 위치와 진행방향에 관한 것으로 틀린 것은?

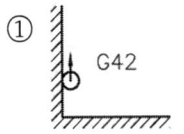 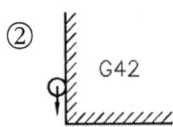 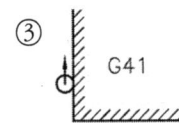 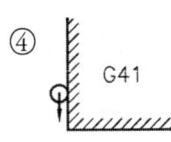

㉮ ① ㉯ ② ㉰ ③ ㉱ ④

 G40 → 공구인선 반지름 보정취소
G41 → 공구인선 반지름 좌측보정
G42 → 공구인선 반지름 우측보정

228_ 다음 그림은 머시닝센터의 도면이다. 절대방식에 의한 이동 지령을 바르게 나타낸 것은?

㉮ F1 : G90 G01 X40. Y60. F100 ;

㉯ F2 : G91 G01 X40. Y40. F100 ;

㉰ F3 : G90 G01 X10. Y0. F100 ;

㉱ F4 : G91 G01 X30. Y60. F100 ;

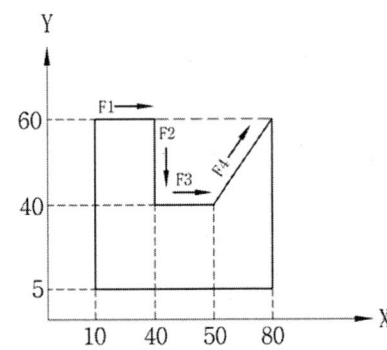

정답 226. ㉯ 227. ㉱ 228. ㉮

부록 2 | 머시닝센터 예상문제

229_ 다음 도면에서 A → B점의 프로그램 중 <u>틀린</u> 것은?

㉮ G17 G90 G02 X10. Y10. R11.18 F30 ;

㉯ G17 G91 G02 X0. Y-10. R-11.18 F30 ;

㉰ G17 G91 G02 X0. Y-10. I10. J-5. F30 ;

㉱ G17 G91 G02 Y-10. I 10. J-5. F30 ;

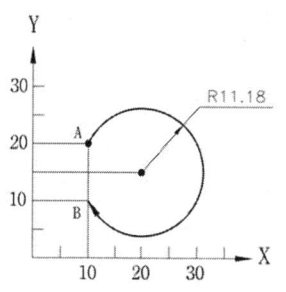

230_ 다음 그림의 머시닝센터 프로그램 방법이 <u>잘못된</u> 것은?

㉮ A → G90 G02 X50. Y30. R30. F80. ;

㉯ B → G90 G02 X50. Y30. R30. F80. ;

㉰ C → G90 G03 X50. Y30. R30. F80. ;

㉱ D → G90 G03 X50. Y30. R-30. F80. ;

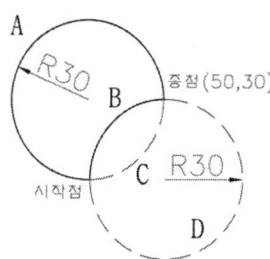

231_ 머시닝센터에서 그림과 같은 운동 경로의 원호보간은?

㉮ G16 G02

㉯ G17 G02

㉰ G18 G02

㉱ G19 G02

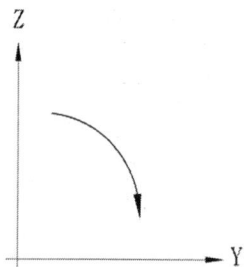

232_ 그림과 같은 X40. Y0. 위치에서 시작하여 반시계대방향으로 한 바퀴 도는 원호를 가공하자고 할 때 지령이 <u>올바른</u> 것은?

㉮ G03 I-40. ;

㉯ G03 X40. Y0. R40. ;

㉰ G02 I40. ;

㉱ G02 X40. Y0. R-40. ;

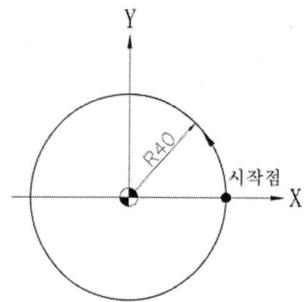

정답 229. ㉮   230. ㉮   231. ㉱   232. ㉮

233_ 머시닝센터에서 보조 프로그램을 이용하여 공작물을 가공하려 한다. 보조 프로그램을 호출하는 부분이 다음과 같을 때 보조 프로그램은 모두 몇 개가 필요한가?

O0101 ;
G17 G40 G49 G80 ;
G91 G00 G28 Z0. ;
G28 X0. Y0. ;
.
G90 G01 Z-10. F100 M08 ;
M98 P0102 ;
Z-30. ;
M98 P0102 ;
M98 90103

㉮ 2
㉯ 3
㉰ 4
㉱ 5

234_ 다음 그림과 같은 원호보간의 지령으로 옳은 것은?

㉮ G02 G91 X60. Y60. R50. ;
㉯ G02 G90 X60. Y60. R50. ;
㉰ G02 G91 X60. Y60. R-50. ;
㉱ G02 G90 X60. Y60. R-50. ;

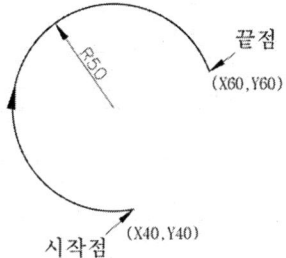

235_ 머시닝센터 프로그램에서 그림의 A(15, 5)에서 B(5, 15)로 이동할 때의 프로그램으로 바르지 못한 것은?

㉮ G90 G03 X5. Y15. J-15. ;
㉯ G90 G03 X5. Y15. R-15. ;
㉰ G91 G03 X-10. Y10. J10. ;
㉱ G91 G03 X-10. Y10. R-10. ;

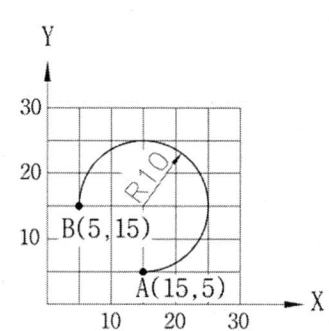

정답 233. ㉮ 234. ㉱ 235. ㉮

236_ A지점에서 B지점으로 절삭하고자 한다. 증분값으로 지령한 것으로 맞는 것은?

㉮ G01 X15. Y10. ;
㉯ G01 X-15. Y10. ;
㉰ G01 X-20. Y-15. ;
㉱ G01 X20. Y-15. ;

해설 절대방식으로 지령하면
G01 X-15. Y10. ; 이다

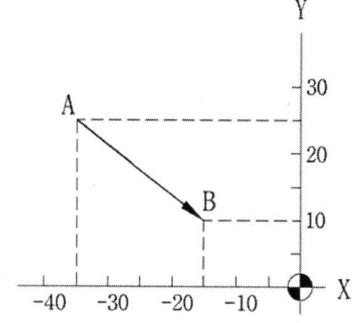

237_ 그림과 같이 공구가 진행할 때 머시닝센터 가공 프로그램에서 공구 지름 보정 G42를 사용해야 되는 것은? (단, → 는 공구 진행 방향임)

㉮ A, C
㉯ A, D
㉰ B, C
㉱ B, D

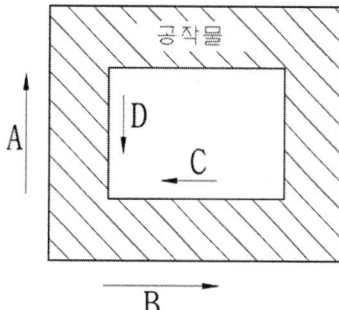

238_ 다음 그림의 A점에서 B점까지 원호 가공하려고 할 때 적당한 NC프로그램은?

㉮ G90 G03 X0. Y12. I12. F150 ;
㉯ G90 G03 X0. Y12. J12. F150 ;
㉰ G90 G03 X0. Y12. I-12. F150 ;
㉱ G90 G03 X0. Y12. J-12. F150 ;

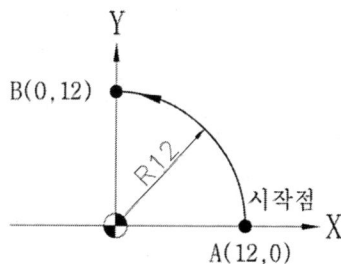

정답 236. ㉱ 237. ㉰ 238. ㉯

부록 2 | 머시닝센터 예상문제

239_ 그림에서 점 P1으로부터 점 P2에 이르는 원호보간을 이용한 머시닝센터 프로그램으로 올바르게 된 것은?

㉮ G90 G03 X50. Y50. R30. ;
㉯ G91 G03 X50. Y50. R30. ;
㉰ G90 G02 X50. Y50. R30. ;
㉱ G91 G02 X50. Y50. R30. ;

  시계방향은→ G02, 반 시계방향은→ G03
G90→절대, G91→증분

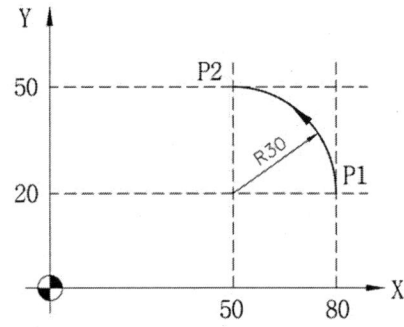

240_ 머시닝센터 프로그램에서 그림과 같은 증분좌표 지령으로 맞는 것은?

㉮ G90 X20. Y40. ;
㉯ G91 X-30. Y20. ;
㉰ G90 X50. Y20. ;
㉱ G91 X30. Y-20. ;

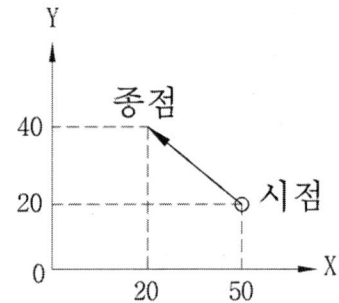

241_ 그림에서 A(10, 20)에서 시계방향으로 360° 원호 가공을 하려고 할 때 맞게 명령한 것은?

㉮ G02 X10. R10 ;
㉯ G03 X10. R10. ;
㉰ G02 I10. ;
㉱ G03 I10. ;

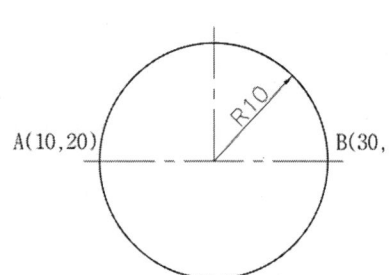

정답 239. ㉮ 240. ㉯ 241. ㉰

부록 2 | 머시닝센터 예상문제

242_ 다음 그림에서 B(25, 5)에서 반시계방향 360° 원호가공을 하려고 한다. 바르게 표현한 것은?

㉮ G02 J15. ;

㉯ G02 J-15. ;

㉰ G03 J15. ;

㉱ G03 J-15. ;

해설 반시계방향이므로 G03이고,
원호의 중심이 위에 있으므로 J15.이 된다.

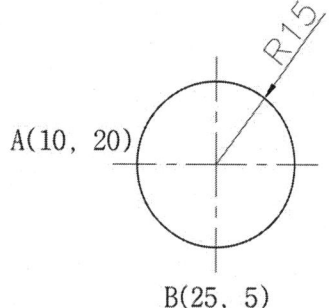

243_ 다음 그림에서 a에서 b로 가공할 때 원호보간 머시닝센터 프로그램으로 맞는 것은?

㉮ G02 G90 X0. Y15. R15. F100 ;

㉯ G03 G91 X-15. Y15. R15. F100 ;

㉰ G03 G90 X15. Y15. R15. F100 ;

㉱ G03 G91 X0. Y15. R-15. F100 ;

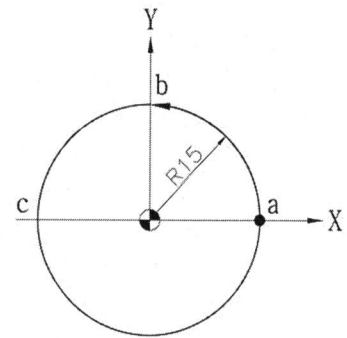

244_ 다음 그림에서 P1에서 P2까지 원호 가공하는 프로그램으로 맞는 것은?

㉮ G90 G03 X25. Y18. R-10. F100 ;

㉯ G90 G03 X25. Y18. R10. F100 ;

㉰ G90 G03 X25. Y18. I8. J5. F100 ;

㉱ G90 G03 X25. Y18. I-5. J-8. F100 ;

해설 원호보간 R지령에서 180° 까지는 R+,
180° 이상은 R-값을 준다.

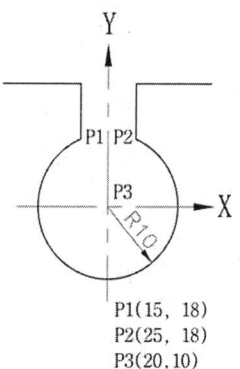

P1(15, 18)
P2(25, 18)
P3(20, 10)

정답 242. ㉰ 243. ㉯ 244. ㉮

부록 2 | 머시닝센터 예상문제

245_ 다음은 머시닝센터 가공 도면을 나타낸 것이다. B에서 C로 진행하는 프로그램으로 올바른 것은?

㉮ G02 X55. Y55. R150 ;

㉯ G03 X55. Y55. R15. ;

㉰ G02 X55. Y55. I-15. ;

㉱ G03 X55. Y55. J-15. ;

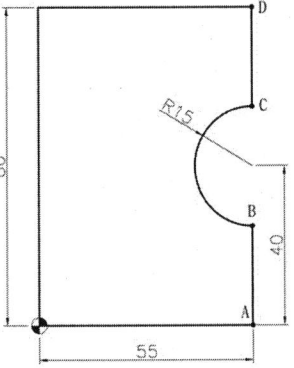

만약에 R지령 대신 I, J로 표현하려면
G17 X - Y평면이므로
G17 X_ Y_ R_는 G17 X_ Y_ I_ J_로 표현하면 된다.
위의 문제는 G02 X55. Y55. I0. J15. = G02 X55. Y55. J15.로 지령하여도 된다.

246_ 머시닝센터에서 ø12-2날 초경합금 엔드밀을 이용하여 절삭속도는 35m/min. 이송 0.5mm/날, 절삭깊이 7mm의 (　)에 적합한 데이터는?

G01 G91 X200. F (　) ;

㉮ 12.25　　　㉯ 122.5　　　㉰ 92.88　　　㉱ 928.8

F = f×Z×N F : 테이블 이송(mm/min), f : 날당 이송(mm/teeth), Z : 날수, N : 회전수(rpm)
F = 0.5×2×1000V/πD = 0.5×2×1000×35/3.14×12 = 928.87

247_ 그림과 같이 이동하는 머시닝센터 프로그램에서 증분방식으로 지령할 경우 올바른 지령은?

㉮ G00 G90 X20. Y20. ;

㉯ G00 G90 X-20. Y10. ;

㉰ G00 G91 X-20. Y10. ;

㉱ G00 G91 X20. Y20. ;

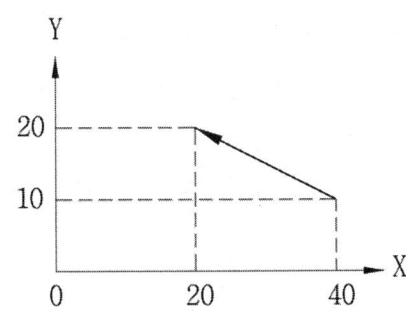

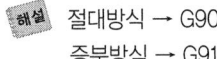
절대방식 → G90
증분방식 → G91

정답　245. ㉮　246. ㉱　247. ㉰

248_ 다음 중 1의 방향으로 원호보간 R지령으로 맞는 것은?

㉮ G02 X100. Y100. R-70. ;

㉯ G03 X100. Y100. R70. ;

㉰ G02 X100. Y100. R-100. ;

㉱ G03 X100. Y100. R100. ;

해설 원호보간 R지령에서 180°까지는 R+, 180° 이상은 R-값을 준다. 이 문제핵심은 R의 각도값을 구하는 것이 선결 문제인데 시작점 회전 R의 중심점 종점까지 선을 연결하여 회전각도를 찾으면 된다.

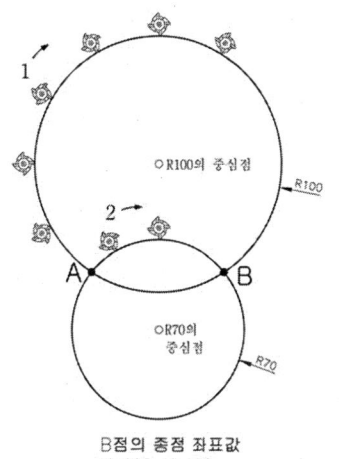

249_ 문제 248의 그림에서 2의 방향으로 원호보간 R지령으로 맞는 것은?

㉮ G02 X100. Y100. R-70. ;

㉯ G03 X100. Y100. R70. ;

㉰ G02 X100. Y100. R70. ;

㉱ G03 X100. Y100. R70. ;

해설 원호보간 R지령에서 180°까지는 R+, 180° 이상은 R-값을 준다.

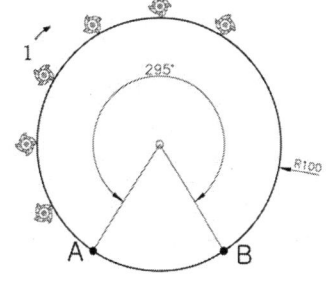

250_ 다음 중 원호보간을 I, J로 표현하고 싶다. 바르게 표현된 것은?

㉮ G03 X35. Y15. I-12.5 J0. ;

㉯ G02 X35. Y15. I-12.5 J0. ;

㉰ G03 X35. Y15. I12.5 J0. ;

㉱ G02 X35. Y15. I12.5 J0. ;

해설 원호값 R대신 사용할 수 있는 좌표어는 작업평면에 따라 다르다.
G17 X_ Y_ R_   G17 X_ Y_ I_ J_
G18 X_ Z_ R_   G18 X_ Z_ I_ K_
G19 Y_ Z_ R_   G19 Y_ Z_ J_ K_
R대신 I, J, K를 사용할 때 변화가 없는 값은 생략 가능하다.
G02 X35. Y15. I12.5 ; → J0. 값은 생략하여도 된다.

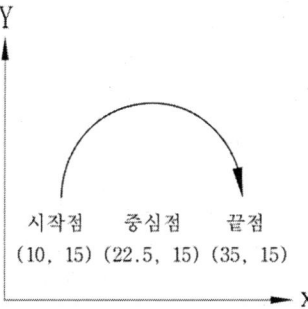

정답 248. ㉰ 249. ㉯ 250. ㉱

251_ 다음 중 원호보간을 절대좌표로 바르게 표현 한 것은?

㉮ G03 G90 X9. Y7. R12. ;

㉯ G03 G91 X18. Y-5. R-12. ;

㉰ G03 G90 X9. Y7. R-12. ;

㉱ G03 G91 X-18. Y5. R12. ;

원호보간 R지령에서 180°까지는 R+,
180° 이상은 R-값을 준다.
상대좌표로 표현하면
G03 G91 X-18. Y-5. R-12. ; 이다.

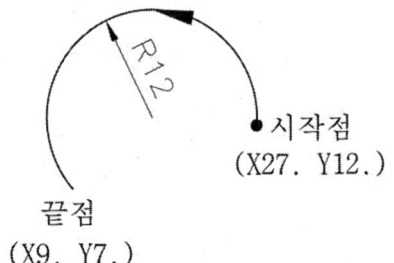

끝점
(X9. Y7.)

시작점
(X27. Y12.)

252_ A 지점에서 시계방향으로 I, J중 1개를 사용하여 프로그램을 바르게 표현한 것은?

㉮ G02 I-20. ;

㉯ G02 I20. ;

㉰ G03 J20. ;

㉱ G03 J-20. ;

I, J값의 부호 지령은
원호의 시작점에서 보았을 때
원호의 시작점이 I0., J0.로 인식하고
원호의 중심위치를 보고 지령한다.
A점에서 중심은 우측에 있으므로 I20.이다.

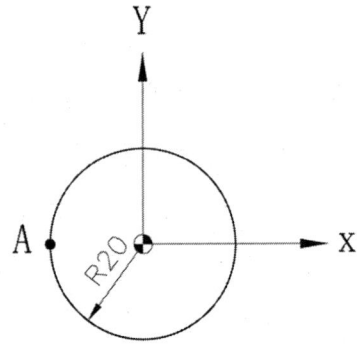

정답 251. ㉰ 252. ㉯

부록 2 | 머시닝센터 예상문제

253_ 다음 중 원호보간 지령으로 바르게 표현 한 것은?

㉮ G02 G90 X25. Y5. I15. J0. F100 ;

㉯ G02 G90 X15. Y5. J15. F100 ;

㉰ G90 X25. I0. J15. F100 ;

㉱ G02 G90 X-15. Y-15. J15. F100 ;

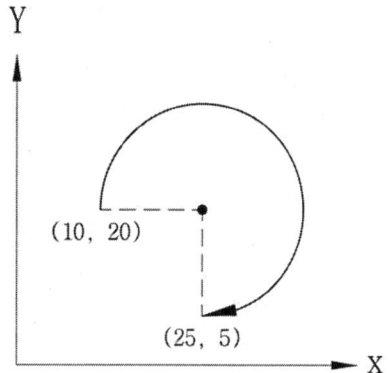

이 문제의 핵심은 시작점이 X10. Y20.을 이해하고
I, J중 I를 사용하여야 하는데,
R대신 I, J를 사용할 때에는
반드시 X10. Y20.점이 I0. J0.으로 생각하고
프로그램하여야 한다.

254_ 다음 중 그림의 A B C 이동지령 머시닝센터 프로그램에서 ①, ②에 들어갈 내용으로 맞는 것은?

```
A → B : N01 G01 G91 ① Y10. F120 ;
B → C : N02 G90 X40. ② ;
```

㉮ ① X-20. ② Y30. ;

㉯ ① X20. ② Y20. ;

㉰ ① X20. ② Y30. ;

㉱ ① X-20. ② Y20. ;

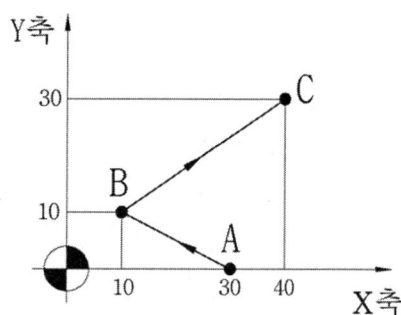

정답 253. ㉮ 254. ㉮

6 삼각함수

1. 특수각의 삼각함수

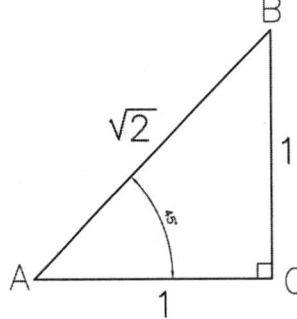

$$\sin 45° = \frac{1}{\sqrt{2}}$$

$$\cos 45° = \frac{1}{\sqrt{2}}$$

$$\tan 45° = 1$$

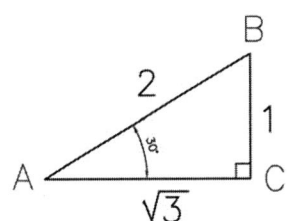

$$\sin 30° = \frac{1}{2}$$

$$\cos 30° = \frac{\sqrt{3}}{2}$$

$$\tan 30° = \frac{1}{\sqrt{3}}$$

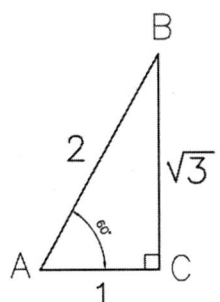

$$\sin 45° = \frac{\sqrt{3}}{2}$$

$$\cos 45° = \frac{1}{2}$$

$$\tan 45° = \sqrt{3}$$

부록 3

TNV – 40A Alarm Message

알람번호	메시지 및 내용
001	TOO MANY DIGITS OR OVERLIMIT 지령 한계이며 단어의 자릿수가 너무 크다.
002	ILL USE OF NEGATIVE VALUE 사용할 수 없는 곳에 "-"값을 지령했다.
003	ILL USE OF DECIMAL POINT 소숫점의 사용 방법에 이상이 있다.
004	IMPROPER G CODE 부적당한 G코드를 사용했다.
005	IMPROPER NC ADDRESS 부적당한 지령을 사용했다.
006	INVALID BREAK POINT OF WORD NC문자에 숫자가 지령되어 있지 않거나 EOB가 문자의 바로 뒤에 있다.
009	TOO MANY WORDS IN 1 BLOCK 1 BLOCK내의 문자수가 허용 범위(128문자)를 넘었다.
011	ILL MODE GOTO/WHILE DO 테이프 모드의 주 프로그램에 GOTO문 또는 WHILE DO문이 있다.
012	TOO LARGE OFFSET NO 공구 보정 번호가 너무 크다. (최대치가 파라미터 No.6002 "0D1", "0D2"로 설정할 수 있다.)
013	ILL TOOL NO. 공구 번호가 허용 범위를 넘었다.
020	S CODE OUT OF RANGE RIGID TAPPING중의 주축 최대회전수(파라미터5766번)를 넘는 주축속도가 지령되었다.
021	SQ NO. NOT FOUND GOTOn, M99 Pn에 지령된 점프 장소에 시퀀스 번호가 없다.
030	PROG NOT FOUND M98, G65, G66, G/M/T 코드에 의해 호출된 프로그램 번호의 프로그램을 찾을 수 없다. 또는 M99에 의해 복귀되는 프로그램을 찾을 수 없다.
031	PROG IN USE 백그라운드에서 편집중인 프로그램이 포어그라운드에서 실행하기 위해 호출되었다.
090	G10 FORMAT ERROR G10포맷에 오류가 있다.
101	ZERO RETURN NOT FINISHED 전원 투입 후 원점 복귀가 한번도 없었던 축이 이동 지령되었다. (G27, G29, G30, G53)
105	G27 ERROR G27에서 지령된 축이 원점에 복귀되지 않는다.

알람번호	메시지 및 내용
106	ILL PLANE SELECT 평면 선택 지령에 오류가 있다. (평행축을 동시에 지령하고 있거나 PARAMETER 1031번, 1032번, 2401번(G18)이 잘못 설정 되어 있다.)
107	FEED ZERO(COMMAND) 절삭 이송 속도 지령(F CODE)이 "0"이 되어 있다.
109	RPR IN TOOL OFFSET 공구 보정중에 원점 복귀를 하려고 했다. (G28, G30)
110	OVER TOLERNACE OF RADIUS 시점과 종점에서의 반경치 차이가 파라미터 설정치보다 큰 원호가 지령되었다. (PARA.2410)
112	ILL AXIS SELECTED PARA. DATA번호 5640값에 오류가 있다.
113	ILL DRILLING AXIS SELECT 구멍 가공 고정 사이클의 구멍 가공축의 선택이 바르지 않다.
114	ILLEGAL USE OF G12.1/G13.1 극좌표 보간 개시 또는 취소시의 조건이 틀렸다.
115	ILLEGAL USE OF G-CODE G12.1 MODE중에 지령할 수 없는 G코드가 지령되었다.
116	ILLEGAL G07.1 AXIS 원호 보간을 할 수 없는 축에 명령이 지령되었다.
117	ILLEGAL G-CODE USE(G07.1 MODE) 원호 보간 모드중에 사용할 수 없는 G코드가 지령되었다.
118	LEAD * S OUT OF RANGE 회전당 이송의 이송 속도가 최대치를 넘었다. (최대치는 파라미터 1422의 값)
120	RPR ERROR 디지털형 위치 검출기를 사용한 그리드(GRID)방식 원점 복귀에서 감속용 리밋 스위치가 ON인 동안에 1회전 신호가 없어 그리드 위치를 구할 수 없다.
121	OFFSET C START UP CANCEL BY CIR 인선 R보정(공구경 보정)의 스타트 업 또는 취소를 원호 보간으로 하고 있다.
122	OFFSET C ILL PLANE 인선 R(공구경)보정중에 평면이 바뀐다.
123	OFFSET C INTERFERENCE 인선 R보정(공구경)보정중에 과절삭된다.
124	OFFSET C NO SOLUTION 인선 R보정(공구경 보정)교점이 없다.
125	ILL COMMAND G5-G481N OFFSET C 공구경 보정중에 G45-G48을 지령하고 있다.

알람번호	메시지 및 내용
126	ILL COMMAND IN G41, G42 인선 R(공구경) 보정중에서 스타트 업, 취소.G41/G42절환과 같이 면취, 코너 R을 지령하거나 면취, 코너 R에서 과절삭하게 된다.
130	ILL ADDRESS PARA. 또는 피치 오차 보정 데이터의 테이프 등록에 사용할 수 없는 ADDRESS 지령이 있다.
131	MISSING ADDRESS PARA. 또는 피치 오차 보정 데이터의 테이프 등록에 필요한 ADDRESS 지령이 없다.
132	ILL DATA NUMBER DATA 번호의 지령에 오류가 있다.
133	ILL AXIS NUMBER 축 지령에 오류가 있다.
134	TOO MANY DIGITS PARA.또는 피치 오차 보정 데이터의 테이프 등록에서 데이터 자릿수가 허용치를 넘었다.
135	DATA OUT OF RANGE PARA. 또는 피치 오차 보정 데이터의 테이프 등록에 데이터 값이 허용치를 넘었다.
136	MISSING AXIS NUMBER 파라미터를 테이프로 설정할 때 축 지정 에 필요한 PARAMETER에 축 번호가 지정되어 있지 않다.
137	ILL USE OF MINUS SIGN PARA. 또는 피치 오차 보정 데이터의 테이프 등록에서 데이터 부호가 바르지 않다.
138	MISSING DATA PARA. 또는 피치 오차 보정 데이터의 테이프 등록에서 지령 다음에 수치 지령이 없다.
140	PROG NOT MATCH 테이프상의 프로그램과 메모리 내의 프로그램이 서로 조합되지 않는다.
141	G37 IMPRPER AXIS COMMAND 공구 측정 지령 블록에서 축의 지령이 없거나 중복 지령되어 있다.
142	G37 SPECIFIED WITH T-CODE T 코드가 공구 측정 지령과 같은 블록 내에 있다.
143	G37 OFFSET NO. UNASSIGNED 공구 측정 지령 앞에 T 코드의 지령이 없다.
144	G37 ARRIVAL SGNL NOT ASSERTED 공구 측정 지령의 파라미터 에서 지령된 영역 외에서 측정 위치 도달 신호가 [ON]이 되거나 혹은 끝까지 [ON]이 되지 않았을 경우

알람번호	메시지 및 내용
158	ILL FORMAT IN FREE CHAMFERING 임의 각도 면취, 코너 R지령의 FORMAT에 오류가 있다. 1), C와, R를 같은 블록에 사용 2), C(, R)과 같은 블록에 C, R을 사용 3), C(, R)과 I, J, K:를 동시에 사용 4), 후에 C, R 이외의 문자가 있다.
159	MISSING VALUE ATR(FRCHMF) 삽입하는 원의 반경치가 너무 크기 때문에 두 직선에 접하지 않는다.
160	TLL LIFE GROUP NO. 공구 그룹 번호가 허용 최대치를 넘었다.
161	NOT FOUND GROUP AT LIFE DATA 가공 프로그램속에서 지령된 공구 그룹이 설정되어 있지 않다.
162	OVER MAX TOOL TIMES 1 그룹내 공구수가 등록 가능한 최대치를 넘었다.
163	NOT FOUND T COMMAND 공구 그룹을 설정하는 프로그램 내에 T 코드가 없다.
164	NOT USE TOOL IN LIFE GROUP 그룹에 속하는 공구가 사용되지 않을 때 H99 지령이나 D 코드가 지령되어 있다.
165	ILL T COMMAND AT M06 가공 프로그램 내에서 M06 지령 뒤에 T 지령이 현재 사용중인 공구 그룹이 아니다.
166	NOT FOUND P, L COMMAND 공구 그룹을 설정하는 프로그램 선두에 P코드 또는 L코드가 없다.
167	OVER MAX LIFE GROUP TIMES 설정하고자 하는 공구 그룹수가 허용 최대치를 넘었다.
168	ILL L COMMAND 공구 그룹을 설정하는 프로그램 내의 L코드가 "0"이거나 수명 최대치를 넘었다.
169	ILL H D T COMMAND 공구 그룹을 설정하는 프로그램 내의 H, D, T 코드 중에 최대치를 넘는 것이 있다.
170	ILL TYPE OF TOOL CHANGE 공구 교환 방식 설정이 틀렸다.
171	ILL FORMAT AT LIFE DATA 공구 그룹을 설정하는 프로그램 내에 허용할 수 없는 코드가 지령되어 있다.
172	NO TOOL LIFE DATA 공구 그룹이 하나도 설정 되지 않았는데, 가공 프로그램에서 공구 그룹이 지령되었다.
175	SPINDLE OTHER AXIS MOVE 주축 위치 결정 지령과 같은 BLOCK 내에 다른 축 이동 지령이 있다.

알람번호	메시지 및 내용
176	SPINDLE NOT ZERO RETURN 주축 ORIENTATION(원점 복귀)을 하지 않고 주축 위치 결정 지령을 했다.
180	G68 FORMAT ERROR 절대치 지령을 1축만 했다.
190	DUPLICATE COMMAND NC & PLC PLC 축이 이동중에 그 축을 NC 축으로 절환하려고 했다.
200	NO OPTION 현재 사용하고 있는 NC에 들어 있지 않는 OPTION 기능을 사용하려고 했다.
300	TH ERROR TH ALARM(유의 정보 구간에 패러티가 틀린 문자로 지령되었다.)
301	TV ERROR TV ALARM(1블록 내의 문자수가 홀수이다.)
302	END OF RECORD 블록 도중에 EOR(END OF RECORD)코드가 지령되어 있다.
303	PARAMETER OF RESTART ERROR 프로그램 재개용 파라미터의 설정에 오류가 있다.
304	DUPLICATE PROG 이미 등록되어 있는 프로그램과 같은 프로그램 번호를 가진 프로그램을 등록하려고 했다. (PARAMETER 번호 2200 REP(bit1) = 0 경우)
305	NO O, N HEAD OF PROG 프로그램의 선두에 지령 O.N이 없다. (프로그램 선두에 프로그램 번호가 필요하다.)
306	PROGRAM IN OPERATION 외부 I/O 기기에서의 테이프 입력시, 현재 운전중인 프로그램과 같은 번호의 프로그램을 입력하고자 했다.
312	PARAMETER SET ERROR 옵션에서 선택하지 않는 입/출력 인터페이스가 지정되어 있거나 입/출력 인터페이스 관계 세팅/PARA.의 설정치가 바르지 않다.
331	RX TIME OUT(RS232C1) (통신중에 DATA가 5초동안 오지 않았다.)
332	OVERRUN ERROR(RS232C1) RS232C 인터페이스 1에서 수신된 문자를 읽기 전에 다음 문자가 수신되었다.
333	FRAMING ERROR(RS232C1) RS232C 인터페이스 1에서 수신된 문자의 정지 비트가 검출되지 않았다.
334	BUF OVERFLOW(RS232C1) NC측의 정지 코드(DC3)가 송신된 후 계속 10문자를 넘는 데이터가 RS232C 인터페이스 1로부터 수신되었다.

알람번호	메시지 및 내용
336	RX TIME OUT(RS232C2) RS232C 인터페이스 2에서 수신이 타임아웃이다.
337	OVERRUN ERROR(RS232C2) RS232C인터페이스 2에서 수신된 문자를 읽기 전에 다음 문자가 수신되었다.
338	FRAMING ERROR(RS232C2) RS232C인터페이스 2에서 수신된 문자의 정지 비트가 검출되지 않았다.
339	BUF OVERFLOW(RS232C2) NC측의 정지 코드(DC3)가 송신된 후 계속해서 10문자가 넘는 데이터가 RS232C 인터페이스 2로부터 수신되었다.
341	CANNOT RESTART BEFORE RPR 원점 복귀를 하기 전에 프로그램을 재개하고자 했다. (전원 투입이나 비상 정지 해제 후에 G28을 포함한 프로그램을 재개할 때)
500	+ OVERTRAVEL(SOFT 1) + 방향 이동중에(제한 구역 설정 기능 1)금지 영역으로 이동했다.
501	- OVERTRAVEL(SOFT 1) -방향 이동중에(제한 구역 설정 기능 1)금지 영역으로 이동했다.
502	+ OVERTRAVEL(SOFT 2) + 방향 이동중에(제한 구역 설정 기능 2)금지 영역으로 이동했다.
503	-OVERTRAVEL(SOFT 2) -방향 이동중에(제한 구역 설정 기능 2)금지 영역으로 이동했다.
506	+ OVERTRAVEL(HARD) + 측 제한 구역 설정 기능 스위치를 건드렸다.
507	- OVERTRAVEL(HARD) -측 제한 구역 설정 기능 스위치를 건드렸다.
536	DISCONNECTION POS CODER SPINDLE용 POSITION CODER의 단선이 검출되었다.
550	SRCH REQUEST NOT ACCEPTED 프로그램 번호, 시퀀스 번호의 탐색 요구가 접수되지 않는 상태이다. (메모리 모드나 리셋 상태가 아니기 때문)
551	SPECIFIED NUMBER NOT FOUND 공작물 번호 검색에서 지정된 프로그램 번호가 없다.
552	UNASSIGNED ADDRESS(HIGH) 외부 데이터 입·출력 인터페이스의 지령 신호 중 상위 4바이트(EIA4-EIA7)가 정의되지 않는 지령(대구분)이 지령되었다.
553	UNASSIGNED ADDRESS(LOW) 외부 데이터 입·출력 인터페이스의 지령 신호 중 상위 4바이트(EIA0-EIA3)가 정의되지 않는 지령(소구분)이 지령되었다.

알람번호	메시지 및 내용
556	OUTPUT REQUEST ERROR 외부 데이터의 입·출력중에 다시 출력 요구가 되었거나 출력 데이터가 없는 지령에 대해 출력 요구가 되었다.
558	SPECIFIED NUMBER NOT FOUND 외부 데이터 입력의 프로그램 번호, 시퀀스 번호 검색으로 지령된 번호가 없다.
559	DI. EIDHW OUT OF RANGE 외부 데이터 입력용 데이터 신호 EID32-EID47로 입력된 수치가 허용 범위를 넘었다.
560	DI. EIDLL OUT OF RANGE 외부 데이터 입력용 데이터 신호 EID0-EID31로 입력 된 수치가 허용 범위를 넘었다.

부록 4

CAM SOFT에서 NC DATA 출력하기

1. 솔리드웍스로 도면 그린 후에 솔리드캠에서 NC DATA출력하기
2. CAD에서 도면 그린 후에 솔리드캠에서 NC DATA출력하기
3. Hyper CAD에서 그린 후에 Hyper Mill에서 NC DATA출력하기
4. Catia에서 그린 후에 Catia에서 NC DATA출력하기

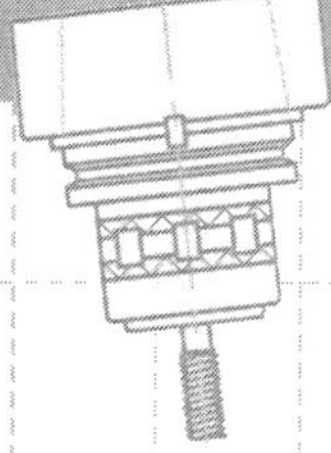

1 솔리드웍스로 도면 그린 후에 솔리드캠에서 NC DATA출력하기

가. SolidCAM 환경 설정하기

1) 주메뉴 - 솔리드캠 - 솔리드 캠 설정...을 누른다.

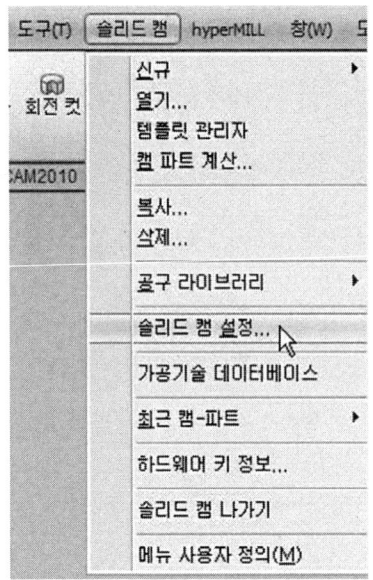

CAM작업때 마다 환경설정을 변경하면 번거롭기도 하지만 시간도 많이 소요 되므로 가능하면 CAM작업전에 기본조건을 설정하는 것이 바람직하다.

보통 기본으로 지정하는 것은 다음과 같다.
- 포스트 프로세스
- 압축 캠의 저장 위치
- 자동 캠-파트
  소재의 크기

2) 디폴트CNC-콘트롤러

CNC컨트롤러는 C:\Program File\SolidCAM2010 \Gpptool 폴더의 각 콘트롤러 이름의 gpp, mac, 파일을 등록 하여 추가할 수 있다.

다른 콘트롤러pp를 사용하려고 하면 기존 파일을 편집 하거나 설치CD의 Gpptool 폴더에 있는

파일을 해당 경로에 붙혀 넣기하여 sentrol과 fanuc 콘트롤러의 pp를 사용 할 수 있다.

3) 압축된 캠-파트

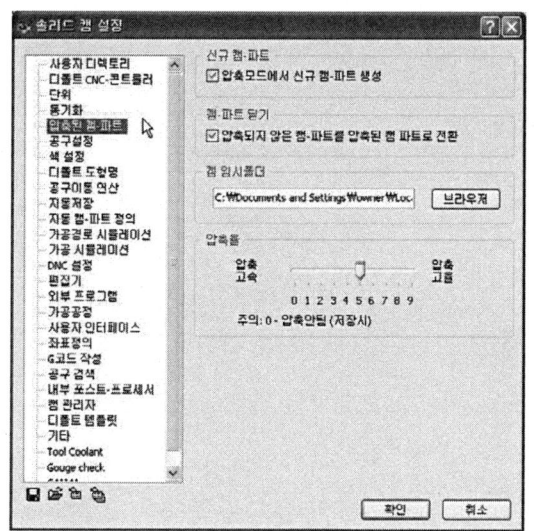

좌측 그림과 같이 체크를 하면 solidcam작업 파일 확장자인 *.prz파일에 모든 정보가 저장된다.

4) 자동 캠-파트 정의

모델링된 파트파일과 소재의 크기를 항상 동일한 크기로 생성하려면 좌측의 소재의 정의(3D박스)의 좌측 항목을 체크하고 확장의 모든 값을 0으로 지정하고 입력이 끝나면 소재의 정의(3D) 항목 체크를 해지한다.
확인을 누른다.

나. SolidCAM 실행하기

1) 주메뉴 – 솔리드캠 – 신규 – 밀링을 누른다.

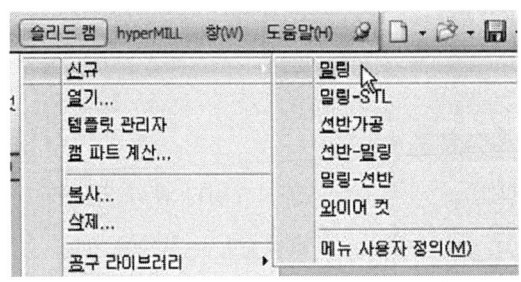

2) 신규 밀링파트설정

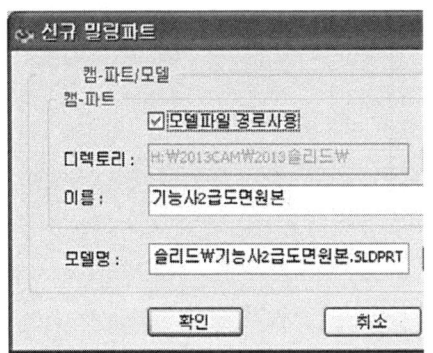

아래의 신규 밀링파트에서
모델파일 경로사용을 체크하고
확인을 누른다.
아래의 캠-파트/모델은 모델링이
저장된 폴더의 안에 모델링 파일
이름과 동일한 폴더가 생성된다는
의미이다.

3) 화면구성

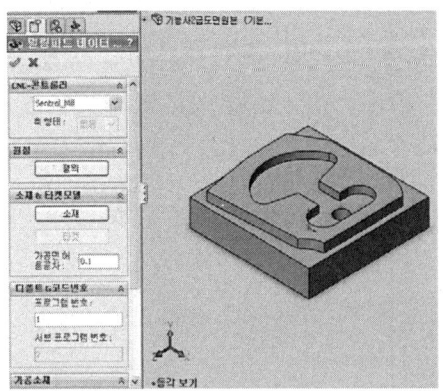

솔리드캠이 실행되면
솔리드캠 어셈블리 환경
에서 동작을 하며 스케치,
파트 편집을 하고자 할때는
솔리드와 동일한 방법으로
사용하면 된다.

다. 작업환경 설정하기

1) cnc콘트롤러

(1) CNC-콘트롤러에서 Sentrol_Mill을 선택한다.

(2) 원점

① 항목에서 정의버튼을 누른다.

② 모델링의 윗면을 클릭한다.

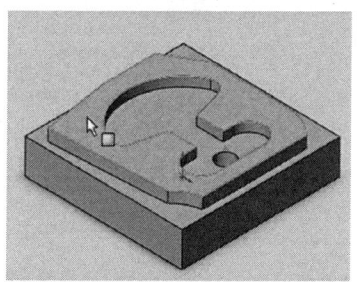

③ 상면과 하면의 크기가 자동으로 표시됨

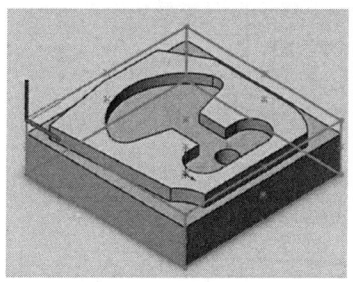

④ 원점관리자에 그래픽에 표시된 위치의 원점이 등록된다. 원점 아래의 확인을 누른다.

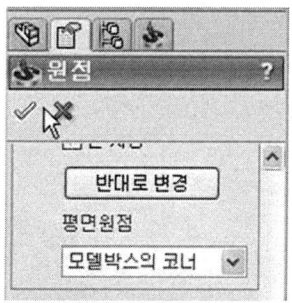

⑤ 아래의 원점 데이터에서 공구시작높이를 200으로 수정하고 아래의 확인을 누른다.

⑥ 원점관리자의 아래에 맥1 밑의 1-위치 정보창이 뜨면 원점관리자 아래의 확인을 누른다.

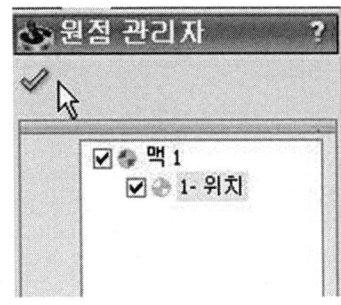

맥(가공원점)의 위치를 수정하는 방법
1-위치 항목을 클릭하고 우측 마우스를 클릭하고
편집을 누른다.
원점 데이터 정보상자가 뜨면 원점 편집 버튼을
클릭하고 원점 위치를 변경하여 주면 된다.

(3) 소재 정의하기

① 소재&타켓모델에서 소재를 누른다. ② 소재정의에서 정의를 누른다.

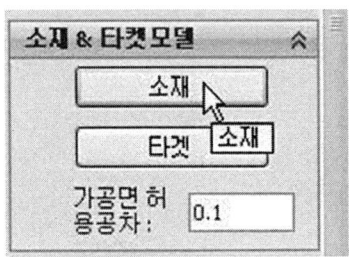 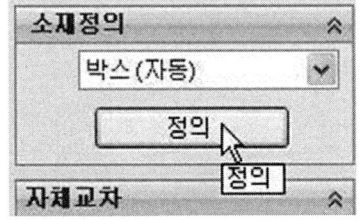

③ 솔리드를 선택하고 - 그래픽 화면상의 3D모델 윗면을 클릭한다.
소재의 크기를 형상에 맞게 정의하기 위해 박스확장 밑의 변수에 X, Y, Z옵셋값에 0을 입력한다. (보통 0이 자동으로 생성된다.)

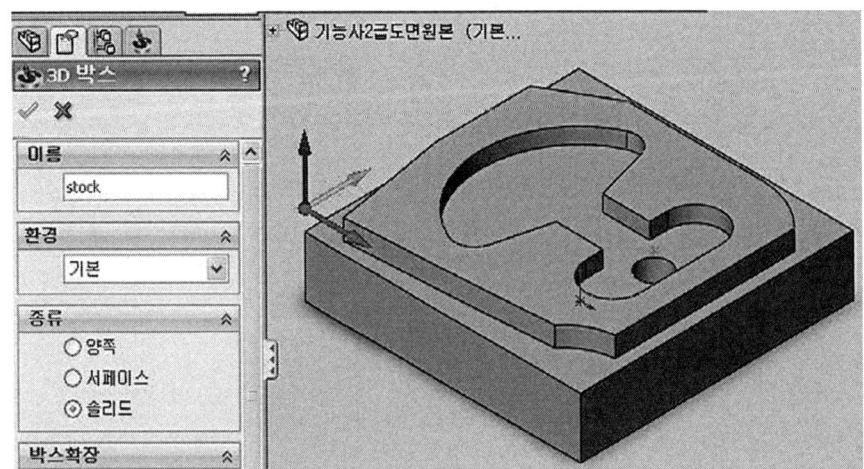

④ 3D박스 아래의 확인을 누르고 - 소재모델 아래의 - 확인을 누른다.

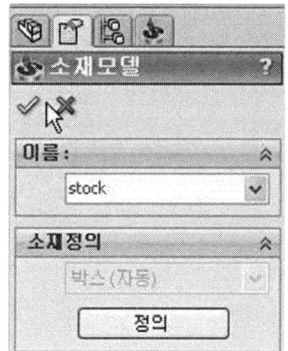

(4) 타켓 정의하기

밀링파트 데이터...? 아래의

① 소재&타켓모델에서 타켓을 누른다.   ② 타켓모델에서 3D모델정의를 누른다.

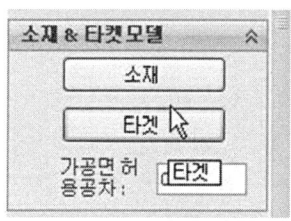
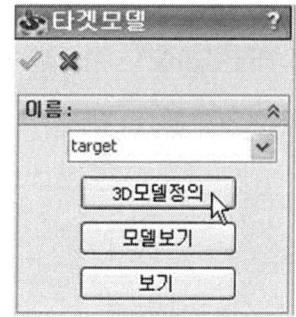

③ 3D도형의 아래 종류에서 솔리드를 선택하고 - 그래픽 화면상의 3D모델 윗면을 클릭한다.

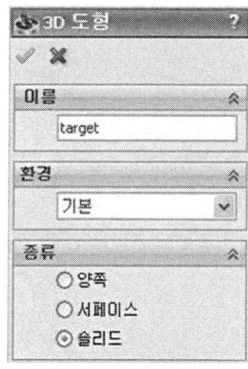
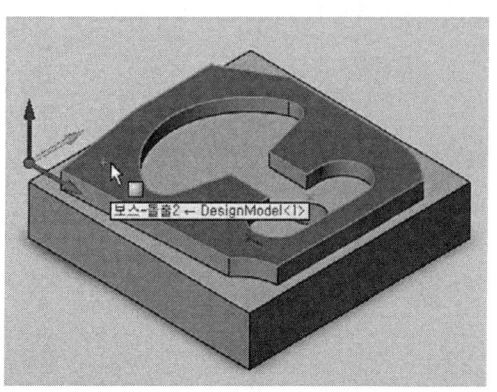

④ 3D도형 아래의 확인을 누르고 - 타켓모델에 아래의 확인을 누른다.

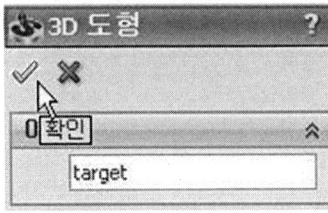 

⑤ 밀링파트 데이터...?의 아래에서 확인을 누른다.

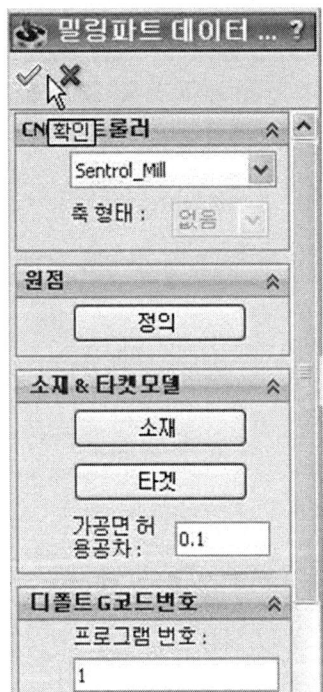

라. 공구 테이블 설정하기

1). 공구 테이블 열기

① 솔리드캠 관리자 창에서 - 공구를 클릭하고 우측 마우스를 클릭한다.

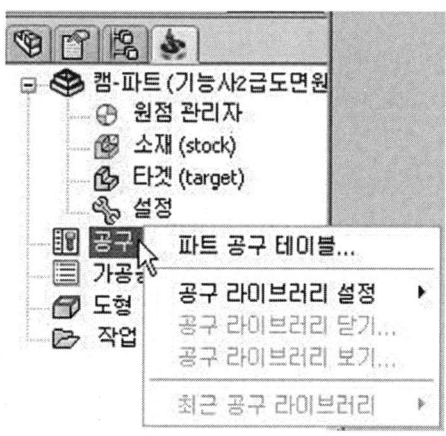

② 추가 버튼을 클릭하고 - DRILL을 누른다.

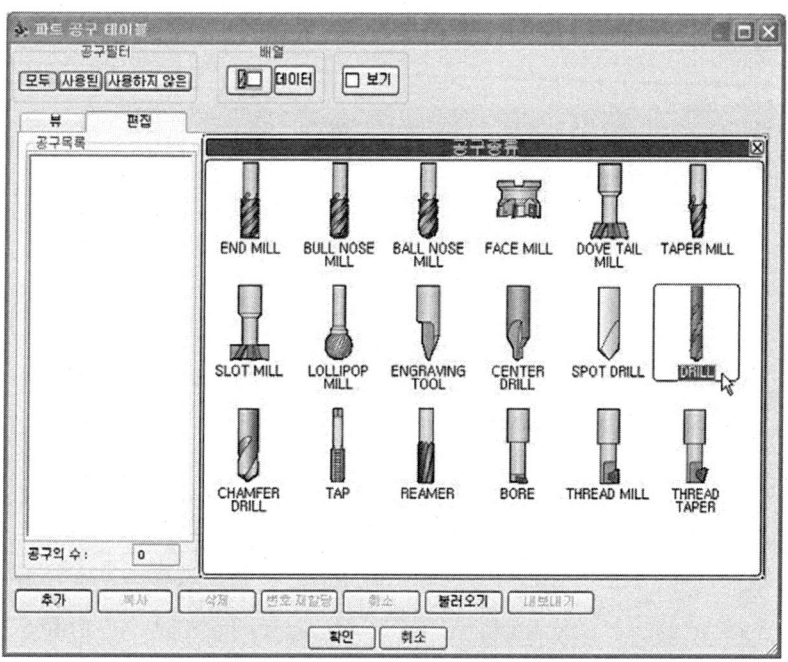

③ 직경 8을 입력하고 - 아버직경(AD)도 8을 입력한다.
　(아버 직경에 커어서가 가면 자동으로 위의 값과 동일한 값이 생성된다.)

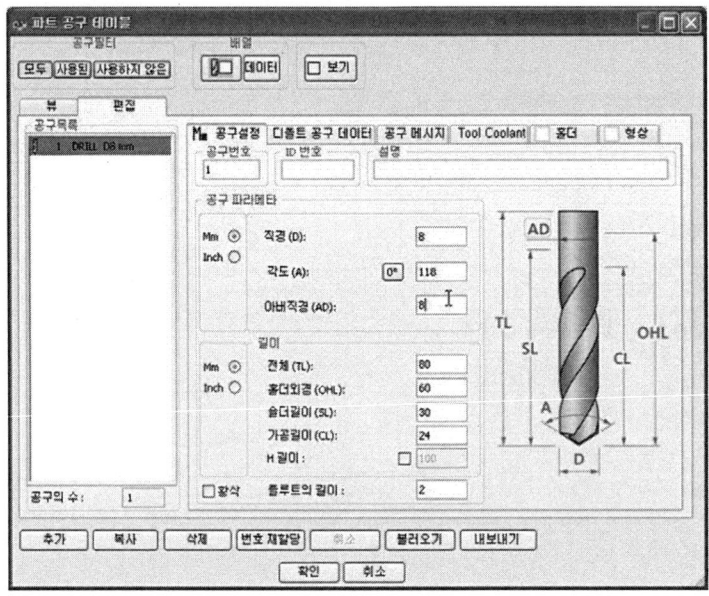

④ 디폴트 공구 데이터에서 - XY피트=100, Z피드=50 회전=800을 입력한다.

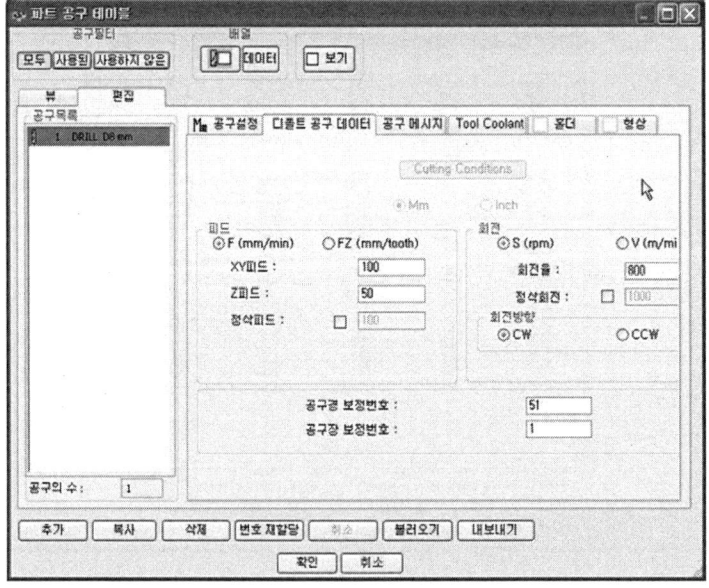

⑤ 추가 버튼을 클릭하고 - END MILL을 누른다.

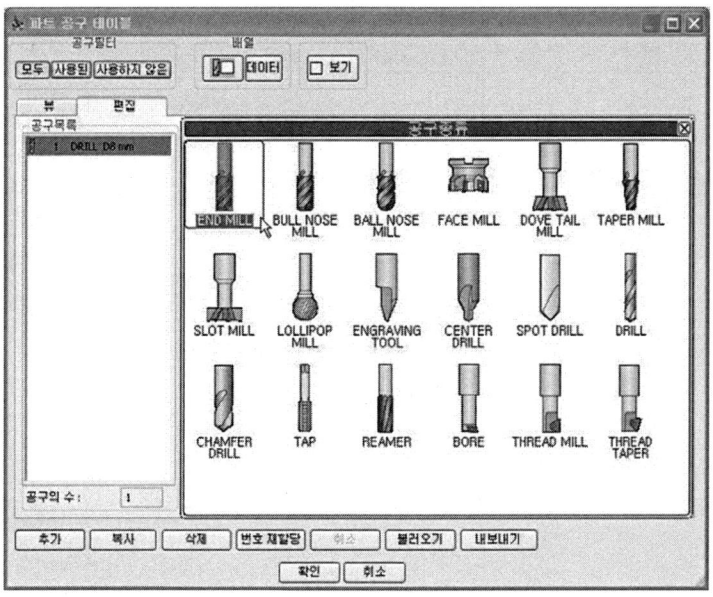

⑥ 직경 10을 입력하고 - 아버직경(AD)도 10을 입력한다.

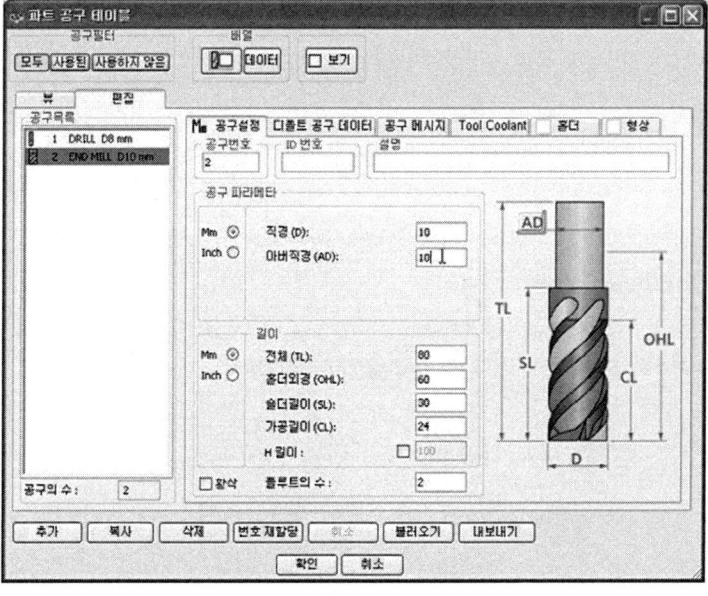

⑦ 디폴트 공구 데이터에서 - XY피트=80, Z피드=50 회전=1000을 입력한다.
확인을 누른다.

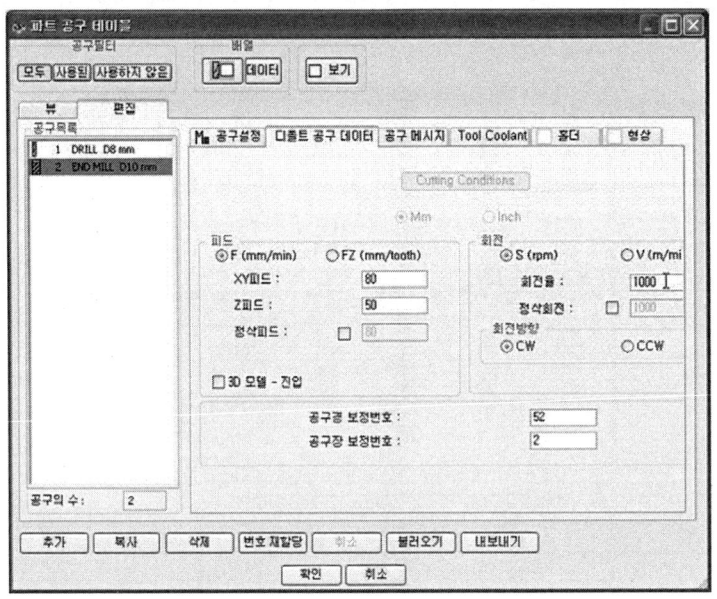

마. 가공데이타 생성

1) 드릴가공

SolidCAM 관리자에서 - 작업을 클릭하고 - 우측 마우스를 클릭하고 - 작업추가 - 드릴... 을 클릭한다.

(1) 정의버튼을 클릭한다.

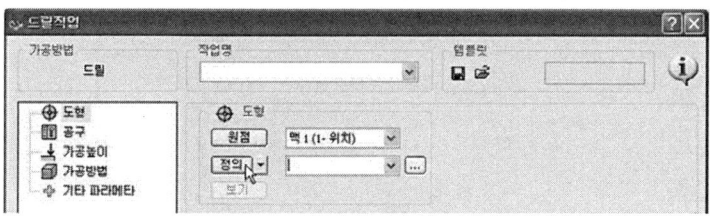

(2) XY 드릴도형선택 ?창이 뜬다.

3D도형의 드릴의 중심위치(가능하면 위쪽 중심점)의 점을 클릭한다.

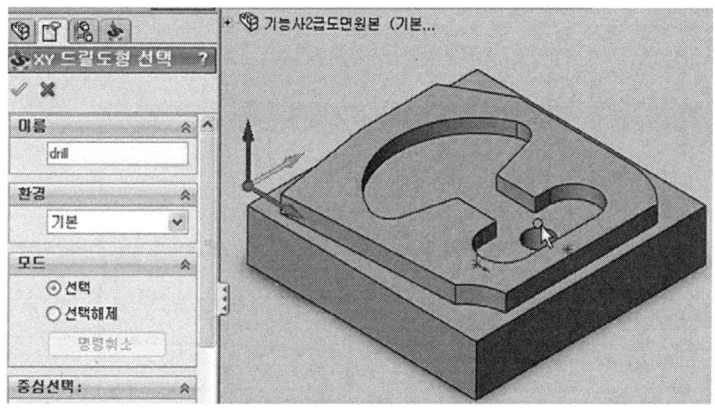

(3) XY 드릴도형선택 ?창에서 확인을 누른다.

드릴작업의 기본 대화상자로 다시 복귀한다.

(4) 대화상자에서 공구를 클릭하고 - 공구항목에서 선택을 누른다.

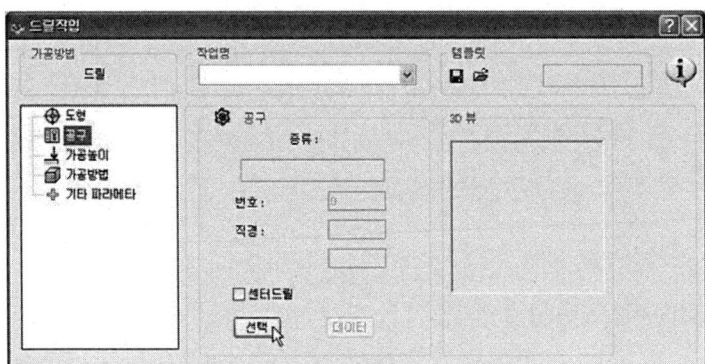

(5) 공구번호 1드릴을 선택하고 - 아래의 선택을 누른다.

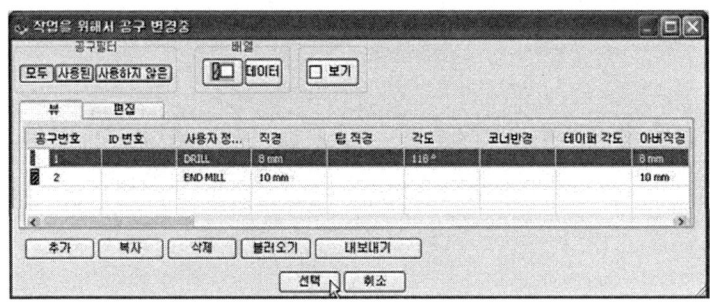

(6) 대화상자에서 가공높이를 클릭하고 - 드릴깊이에서 우측의 20을 드릴 원추 깊이값만큼 계산하여 입력한다. 여기서는 25를 입력한다. 깊이종류는 전체직경을 체크한다.

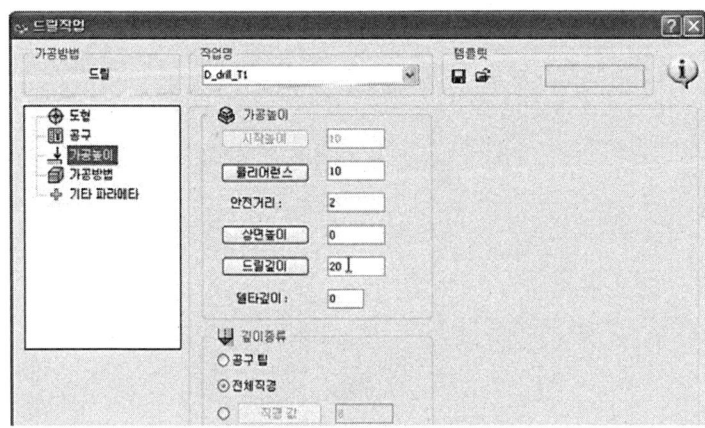

(7) 드릴 사이클 종류를 클릭한다.

(8) 드릴사이클은 Peck를 선택하고 - 데이터를 클릭하여 반복 절입깊이를 입력한다.

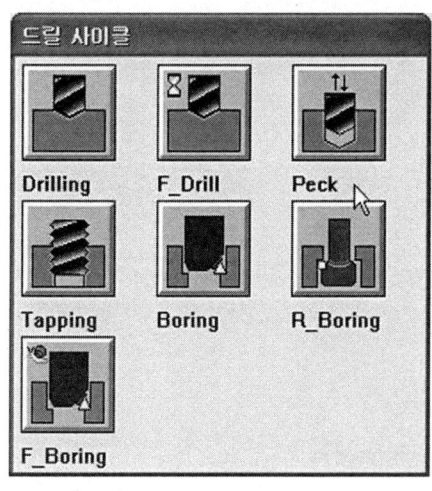 

(9) 반복절입깊이(Z피치)3.을 입력한다.)

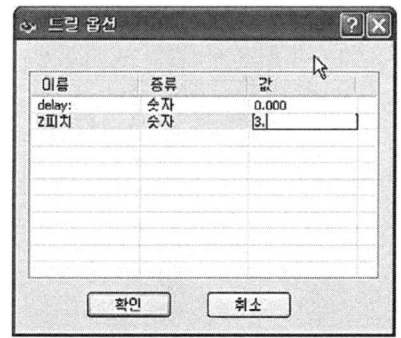

3.을 입력하고 확인을 누른다.

(10) 저장&계산을 누른다.

좌측의 작업 아래의 사각박스를 체크하면 가공궤적이 나타난다.

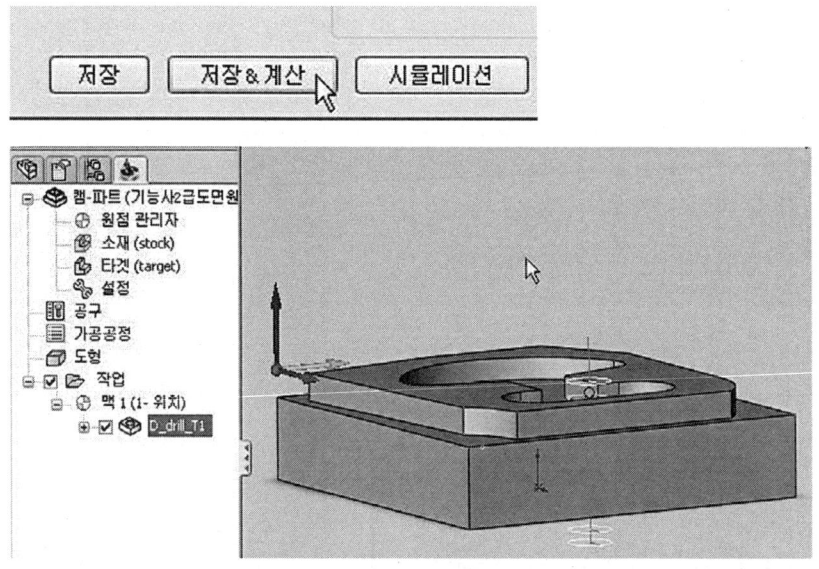

2) 윤곽가공1

(1) SolidCAM관리자에서 - 작업에서 - 우측 마우스를 클릭하고 - 작업추가 - 윤곽을 누른다.

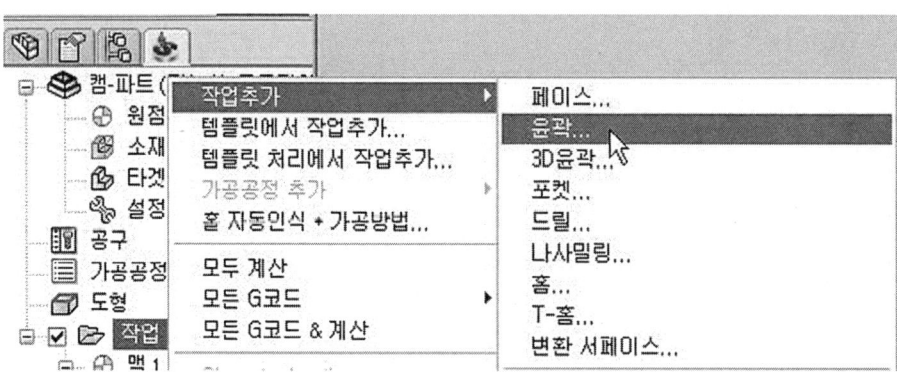

(2) 도형을 클릭한다. - 정의버튼을 클릭한다.

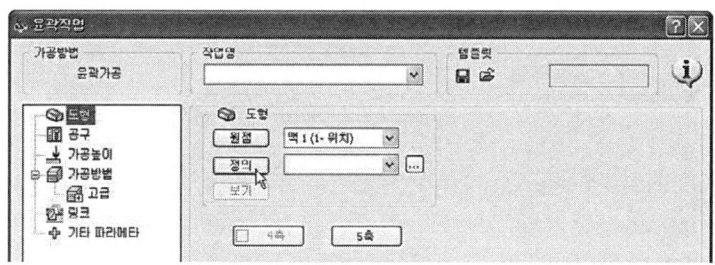

(3) 추가를 누른다.   (4) 루프를 누르고 - 내측루프 체크를 해제한다.

 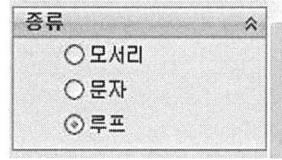 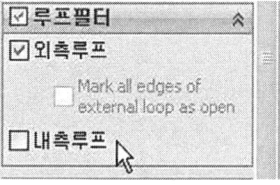

(5) 그래픽에서 모델의 윗면을 클릭한다.

선택된 면의 외측 모서리가 노란색으로 변한다.

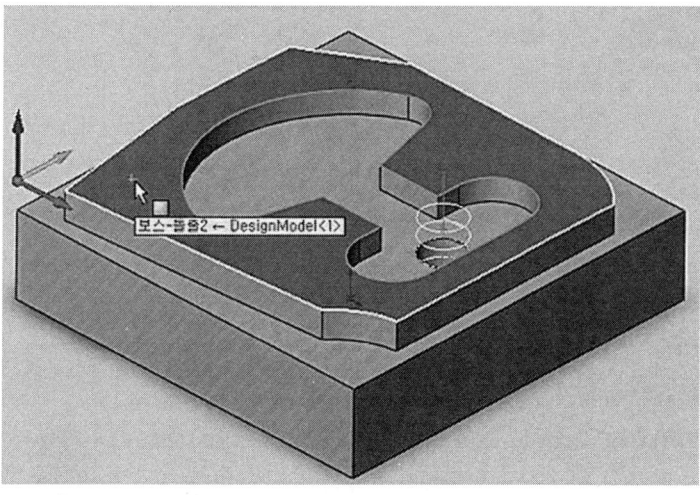

(6) 체인목록 아래에 1-체인이 추가된 것을 볼수 있으며
   - 도형편집 아래의 확인을 누른다.

윤곽대화상자의 도형에서 정의항목에
contour = 윤곽이 등록되었다.

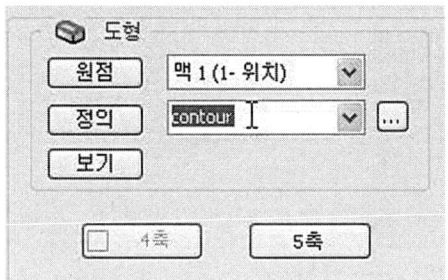

(7) 공구를 클릭한다. - 선택을 누른다.

(8) 공구번호 2번 END MILL을 선택하고 - 아래의 선택을 누른다.

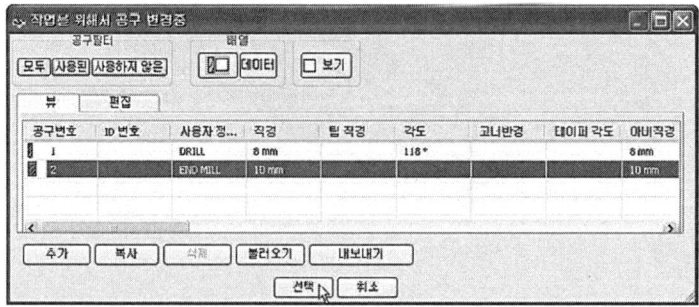

(9) 가공높이에서 - 윤곽깊이를 클릭한다.

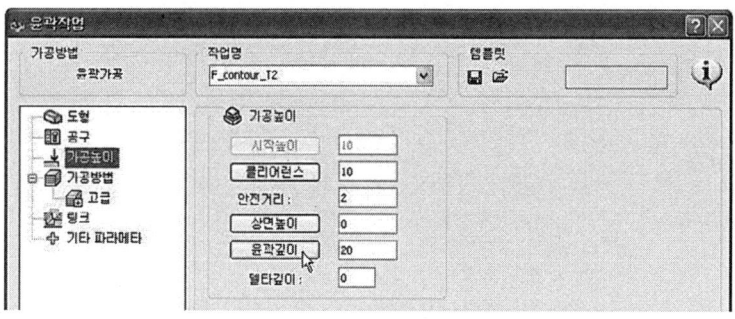

(10) 그래픽에서 윤곽가공을 할 부분인 바닥면을 클릭한다.
대화상자에서 확인을 클릭하면 - 윤곽깊이가 5로 설정된다.
하면높이 지정에서 - 아래의 확인을 클릭한다.

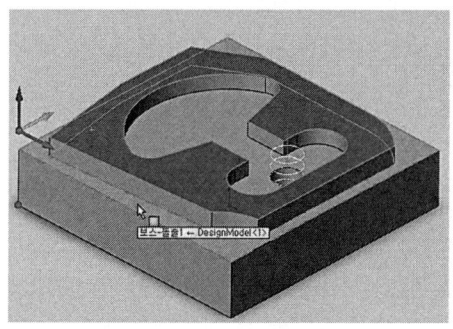 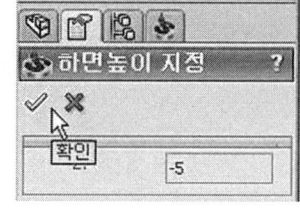

(11) 윤곽깊이가 5로 설정되어 진다.

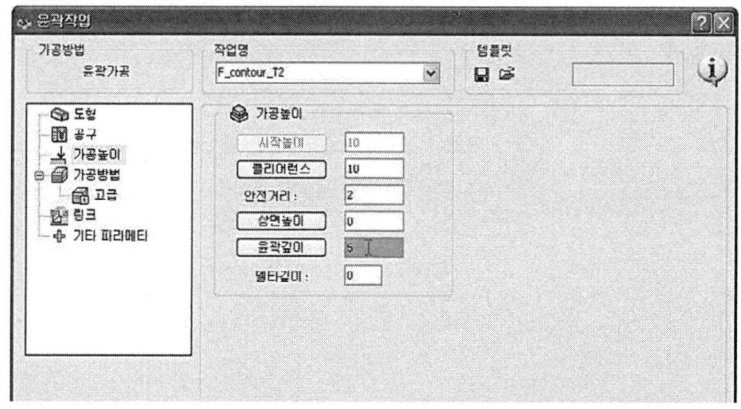

(12) 가공방법을 클릭한다. - 도형을 클릭한다.

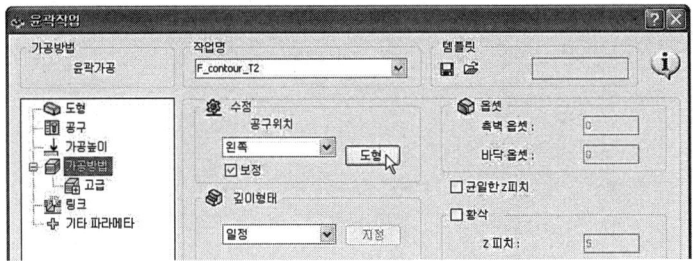

(13) 그래픽 화면에서 화살표 방향이 G41(시계방향=CW)인지 확인을 하여 반시계방향인 경우에는 도형수정의 체인 아래의 체인에서 우측 마우스를 클릭하여 반전을 누르면 방향이 G41로 변한다.

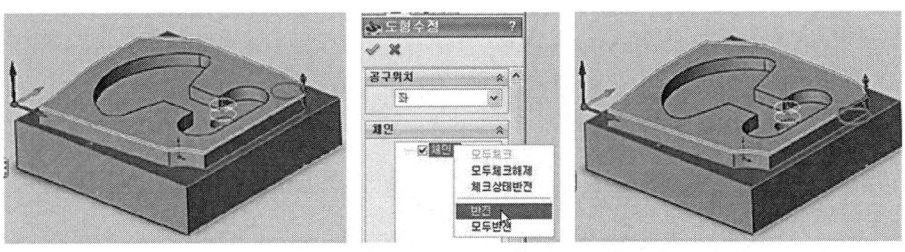

(14) 그리고 실제 가공이 시작되는 부분은 좌측이므로 시작위치에서 아래의 이동을 클릭하고 이동우측의 0에 커어서를 위치시키고 가공이 시작될 모서리의 위치는 좌측의 일직선 한 부분을 클릭하면 된다.

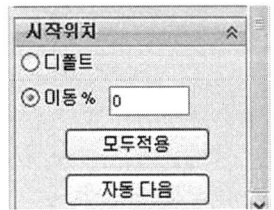 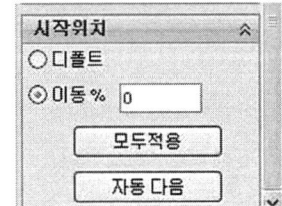

(15) 좌측의 일직선 부위를 클릭한 후의 형태이다.

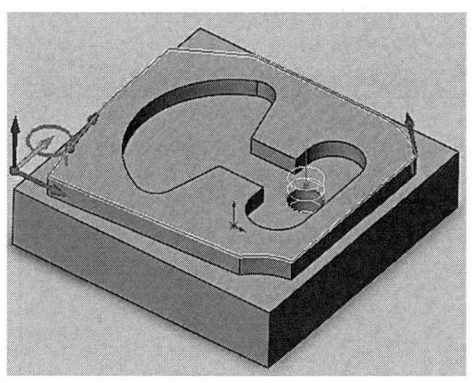

(16) 가공방법으로 다시 돌아오면 황삭을 체크하고 - Z방향 1회 절입량을 5를 입력하고 정삭은 체크를 해지하고 - 옵셋에서 1회에 정삭을 가공함으로 측벽옵셋, 바닥 옵셋을 0으로 한다.

클리어 옵셋을 체크하고 기능사 시험에서 윤곽가공을 하였을 때 외곽에 잔삭이 남는 경우에만 체크하고 사용한다. 옵셋을 8, X Y피치를 8을 주고 잔상이 남으면 이곳을 수정하여 사용한다.

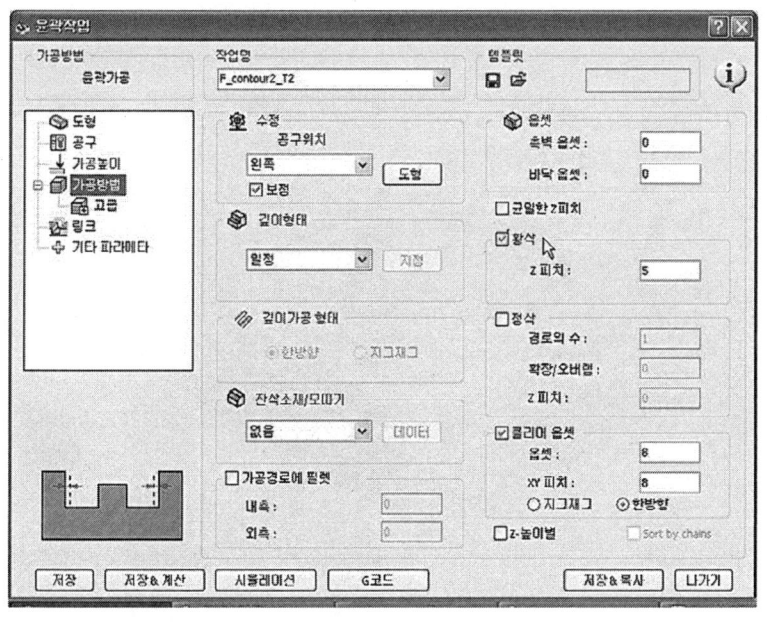

(17) 링크를 클릭하고 - 리드인의 탄젠트를 선택하고 - 값 8 수직 8을 주고
리드아웃 밑의 값 8 수직 8을 주고 리드인과 동일을 체크한다.

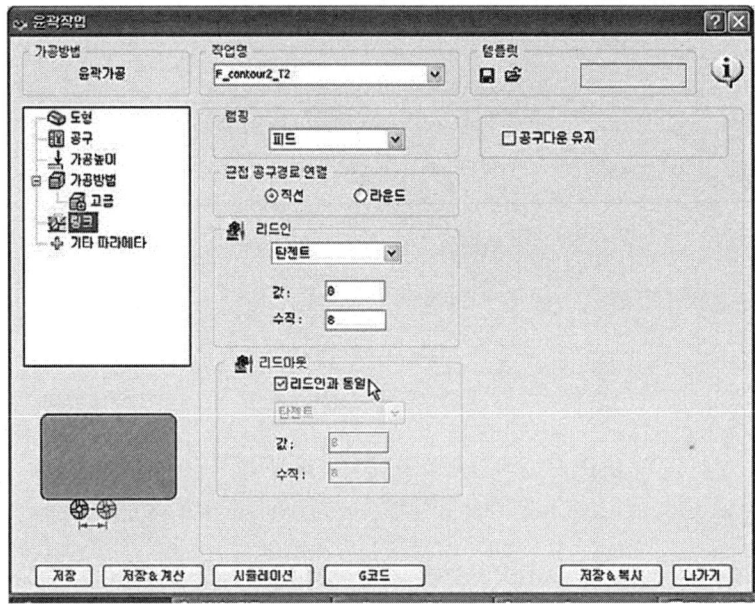

(18) 밑의 저장&계산을 클릭한다.
다음은 윤곽가공의 툴 패스 형태이다.

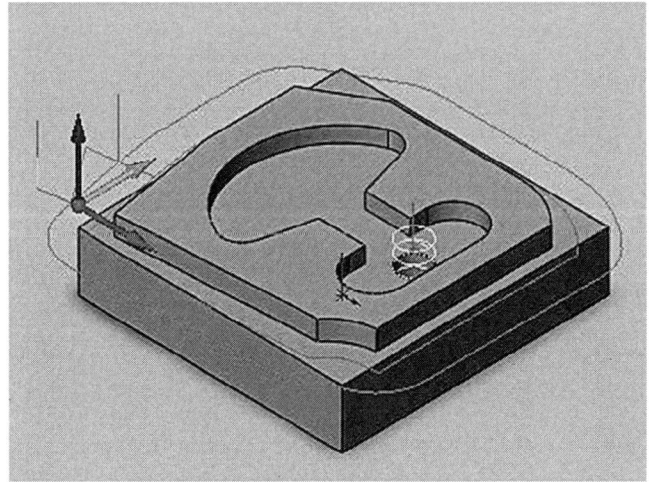

3) 윤곽가공2

(1) SolidCAM관리자에서 - 작업에서 - 우측 마우스를 클릭하고 - 작업추가 - 윤곽...을 누른다.

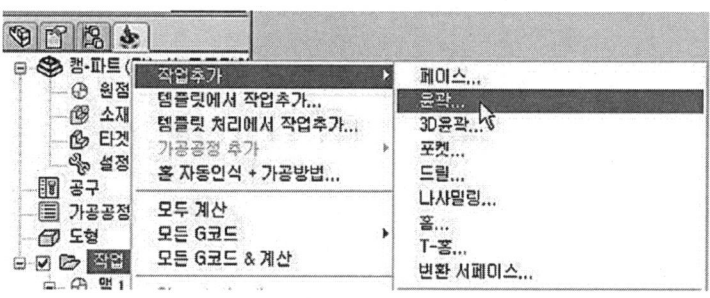

(2) 도형의 정의를 누른다.

(3) 멀티-체인 항목의 추가를 누르고 - 루프를 선택하고 - 외측루프의 앞의 사각안의 체크를 해제한다.

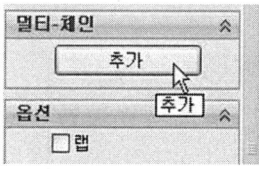 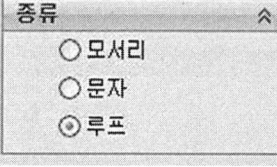 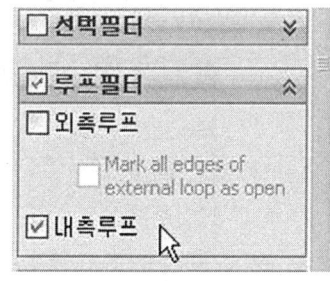

(4) 모델의 제일 윗면을 클릭하고 - 좌측의 체인선택 아래의 확인을 누른다.

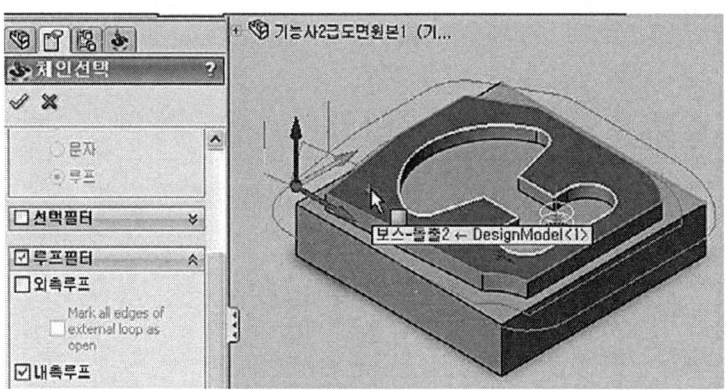

(5) 체인목록에 1-체인이 추가 되며 도형편집 아래의 확인을 누른다.

윤곽가공 대화상자에서 도형 정의 항목에 윤곽1이라는 도형 명칭이 등록된다.

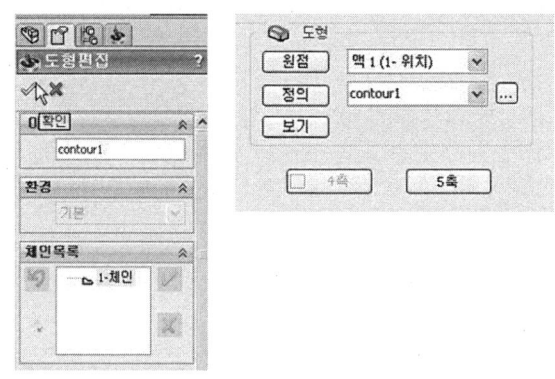

(6) 공구에서 선택을 누른다.

(7) 공구번호 2번 10 END MILL을 선택하고 아래의 선택을 누른다.

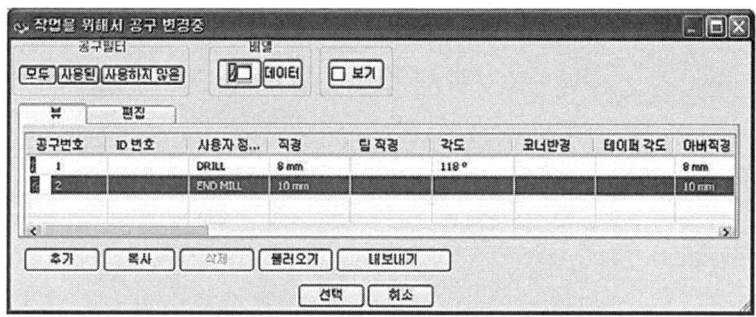

(8) 가공깊이를 클릭하고 - 포켓 가공할 깊이면을 클릭한다.

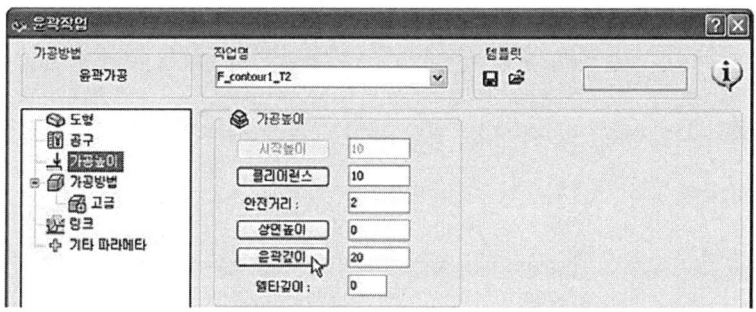

(9) 포켓의 가공깊이를 클릭한 후의 상태이다.

하면높이 지정 ?에서 아래의 확인을 클릭한다.

가공방법에서 - 수정의 보정을 체크하고 도형을 누른다.

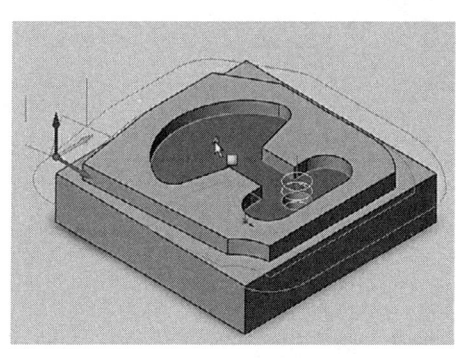
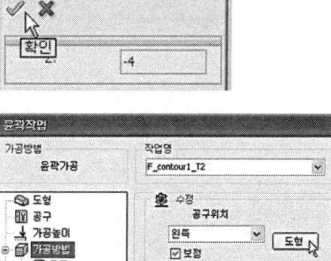

(10) 시작위치의 이동%를 클릭하고 - 이동% 우측의 0에 커어서를 클릭하고 시작점으로 만들어 준 점을 클릭한다.

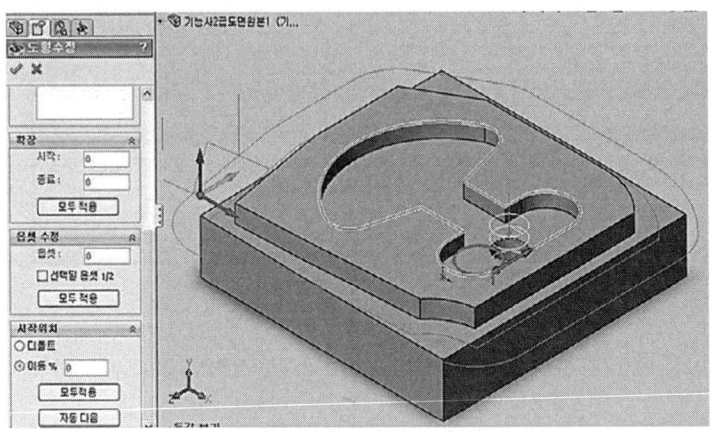

(11) 다음은 시작점으로 만들어 준 점을 클릭한 상태이다.
도형수정에서 아래의 확인을 클릭한다.

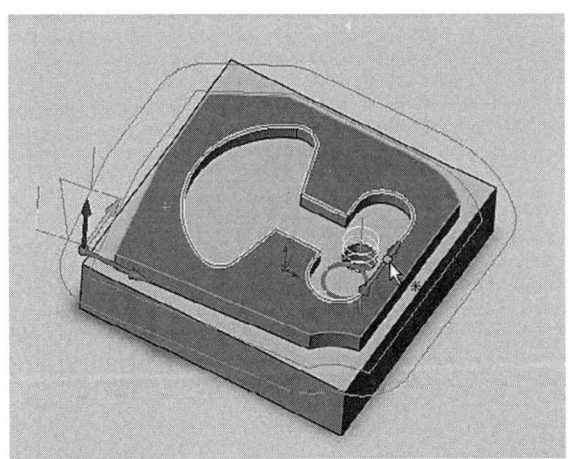
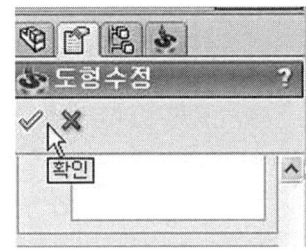

(12) 황삭을 체크하고 Z방향 1회 절입량 4mm를 입력하고 - 옵셋의 측벽옵셋, 바닥옵셋을 0으로 입력하고 - 클리어 옵셋에서 옵셋8, XY피치 8을 준다.
옵셋과 피치는 사용하는 엔드밀의 반경값을 입력한다.

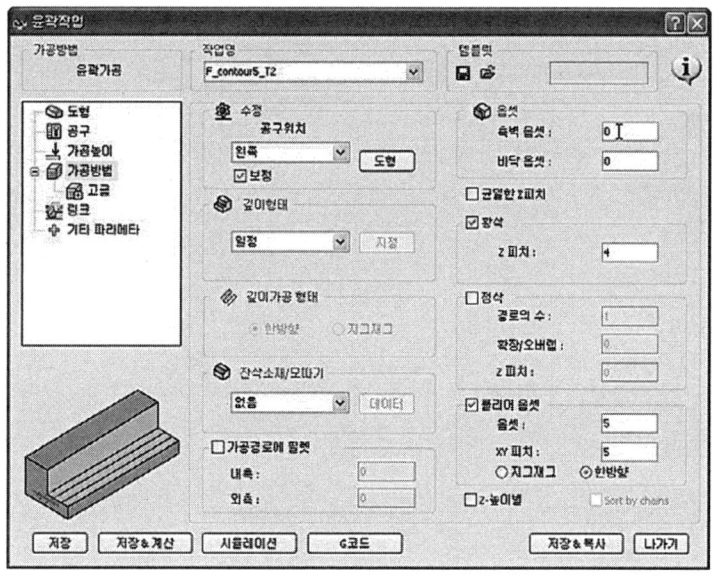

(13) 링크를 클릭하고 - 리드인의 밑에 점을 선택하고 - 지정을 클릭한다.

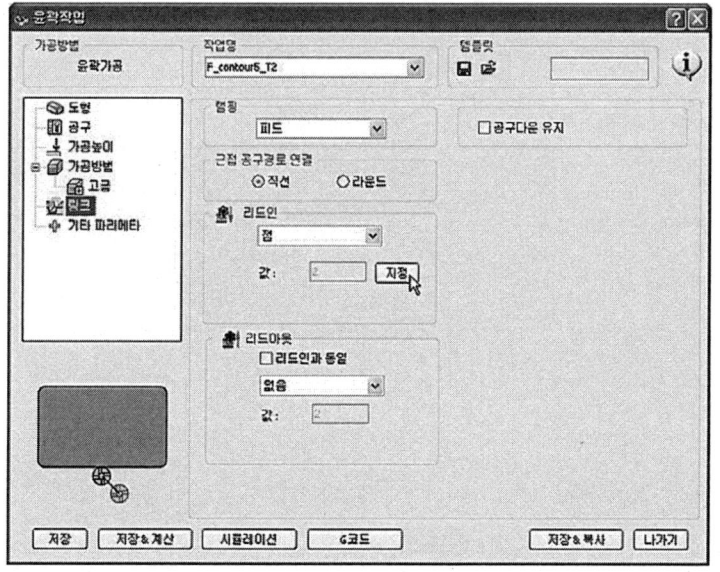

(14) 드릴의 중심점을 클릭한다.

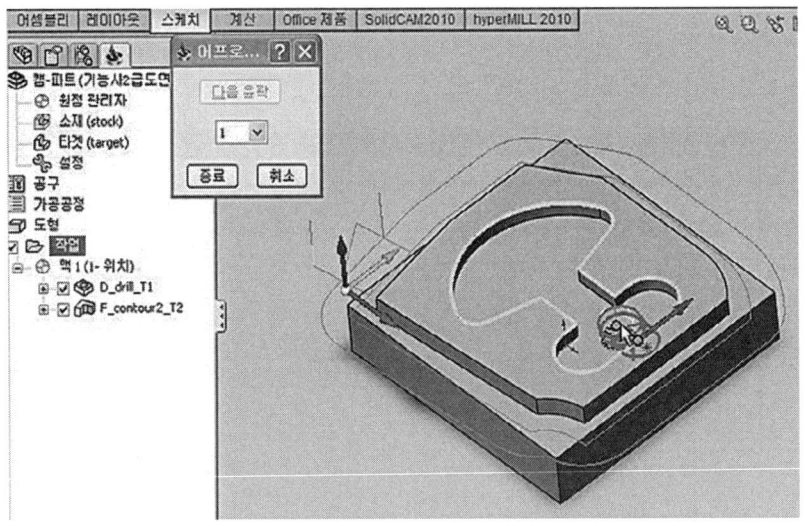

(15) 어프로치 대화상자에서 종료를 클릭한다.

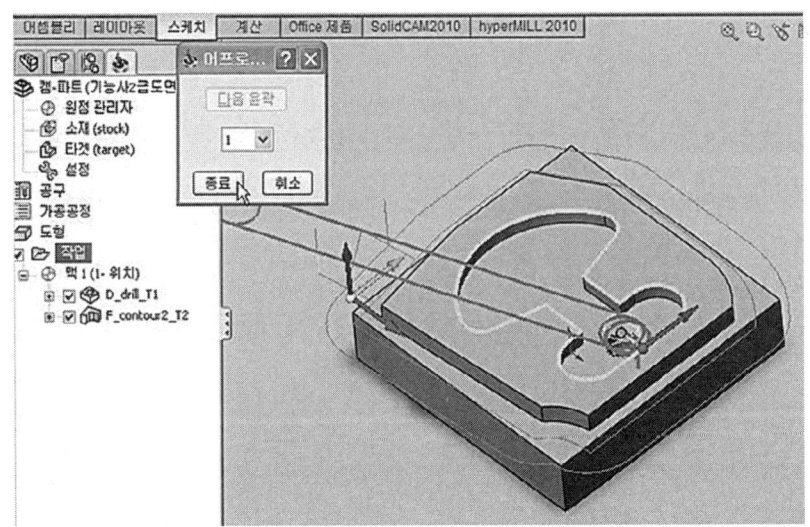

(16) 리드아웃은 리드인과 동일을 체크한다. - 저장&계산을 누른다. - 나가기를 누른다.

바. 시뮬레이션 및 NC 출력, 저장

1) 시뮬레이션

작업에서 - 우측 마우스를 클릭하여 - Solidverify을 클릭한다.

 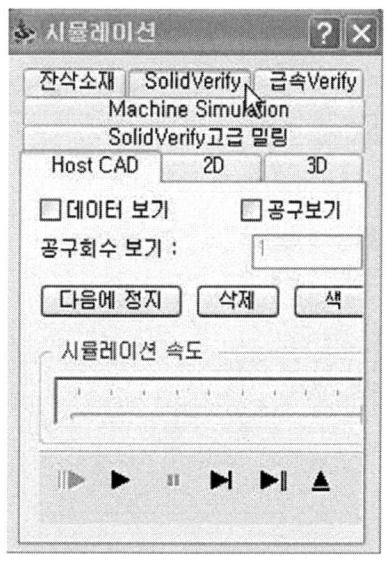

시뮬레이션 속도조절 바를 이동시킨 후 플레이 버튼을 눌러 모의가공한다.
나가기를 눌러 윤곽데이터 생성을 종료한다.

2) NC DATA 출력 및 저장

(1) 전체공정 NC DATA 출력

작업에서 - 모든 G코드에서 - 작성을 클릭한다.

NC DATA 가 출력되면 메모장의 프로그램을 수정한다.

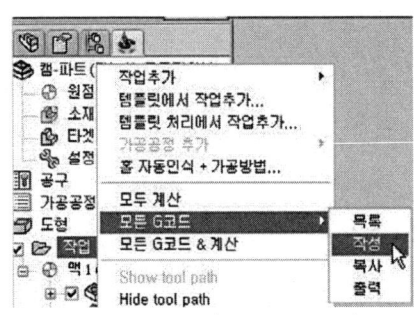 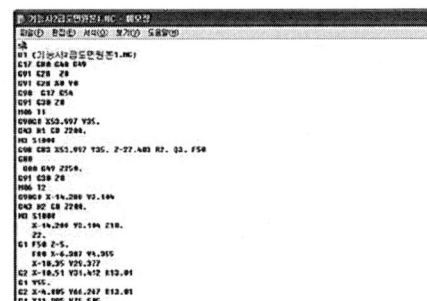

(2저장)

파일 - 다른이름으로 저장을 클릭하고

저장경로를 선택하여 - 컴퓨터응용밀링기능사.NC라 이름을 주고 - 저장 버튼을 누른다.

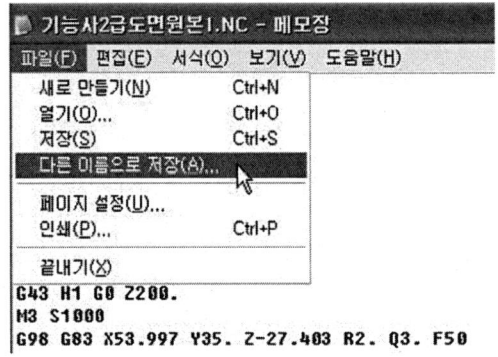

2. CAD에서 도면 그린 후에 솔리드캠에서 NC DATA출력하기

가. CAD도면 불러오기

1) 파일 – 열기 누른다.

2) CAD로 그려진 1.dwg파일을 지정하여 열기를 누른다.

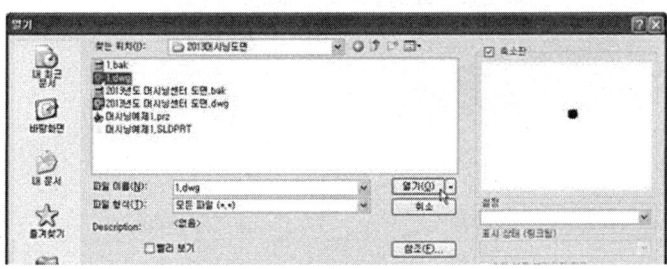

3) 다음 화면이 뜨면 새파트로 불러오기(P)를 체크하고 다음(N)을 누른다.

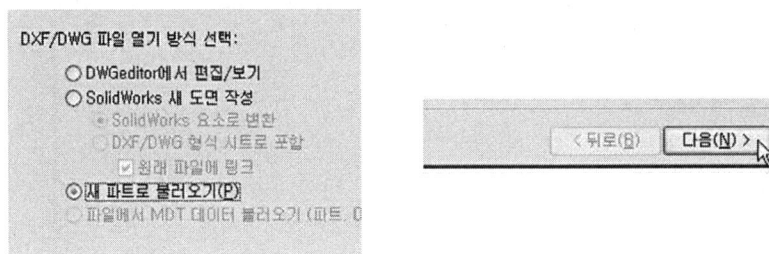

4) 선택한 모든 레이어에서 0번 레이어(치수), 외형선만 남기고 나머지의 레이어는 모두 해제한다.

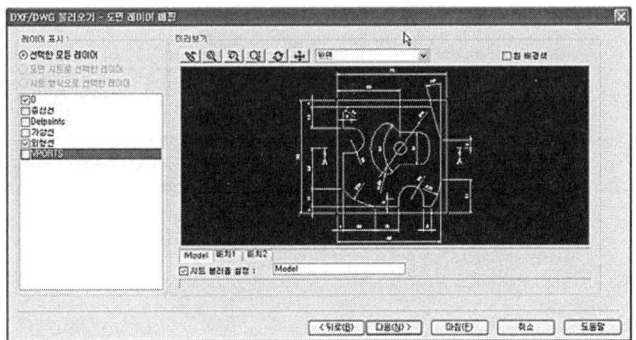

다음(N)을 누른다.

5) 다음의 화면에서 마침(F)를 누른다.

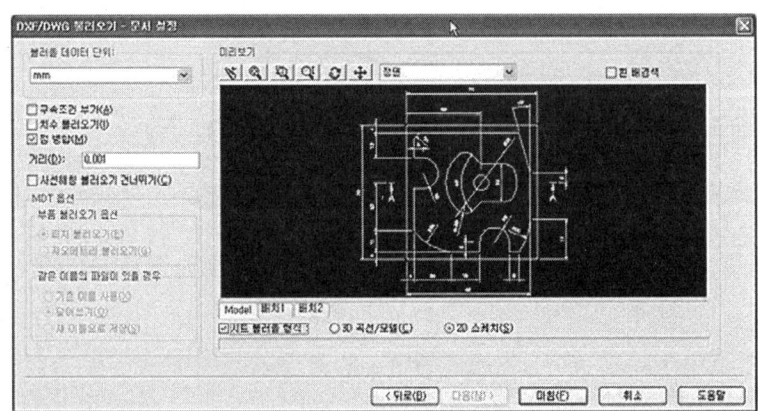

6) 전체 크기 아이콘을 눌러도 도면이 화면에 꽉 차게 나타난다.

또는, 가운데 스크롤바를 움직여 그림을 찾으면 다음과 같이 나타난다.

캠 작업시 외형선 외는 필요하지 않으므로 절단선 및 기타 치수선이 있으면 모두 DEL 한다.

모두 지웠으면 스케치 종료를 누른후 다른 이름으로 저장을 한다.

색이 회색으로 변한다.

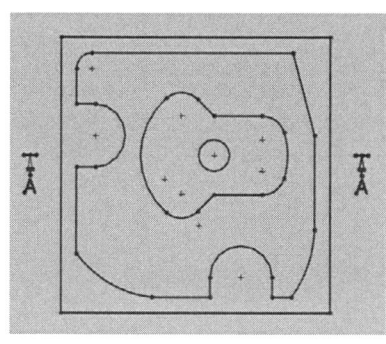
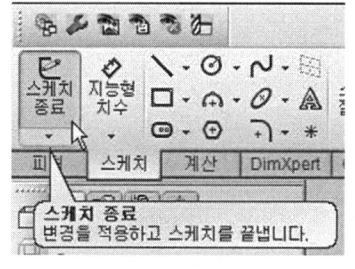

7) 적당한 위치에 다음의 파일 확장자(*.prt,*.sldprt)로 저장을 한다.

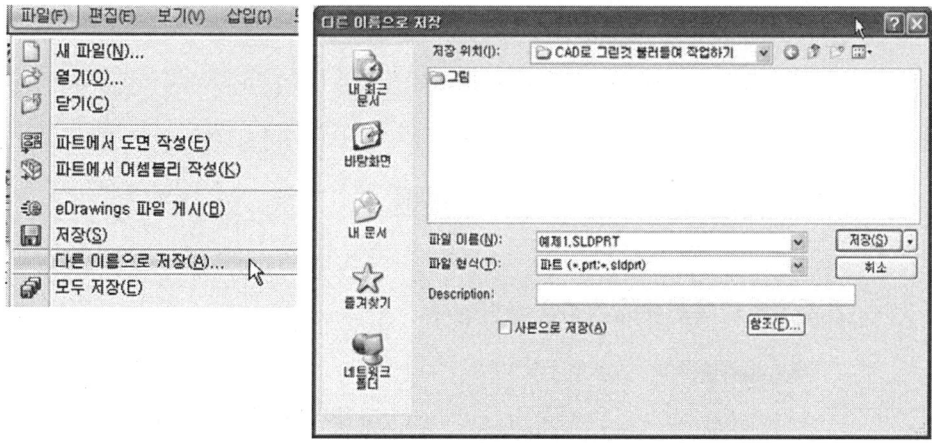

나. 원점정의 인식하기

1) 솔리드캠 - 신규 - 밀링을 지정한다.

신규 밀링파트에서 모델파일 경로사용을 지정하고 확인을 누른다.

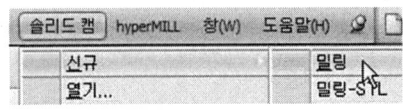
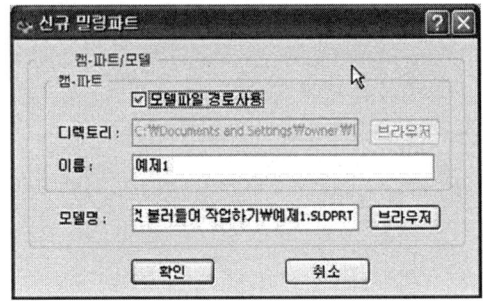

2) 먼저 공작물의 원점을 지정한다.

(1) CNC-콘트롤러의 Sentrol_Mill로 체크하고 원점의 정의를 클릭한다.
원점정의 옵션의 원점선택을 클릭하고 2D도면의 원점이 될 모서리로 다음과 같은 곳을 클릭한다.

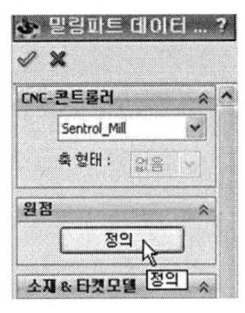
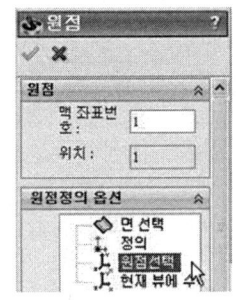
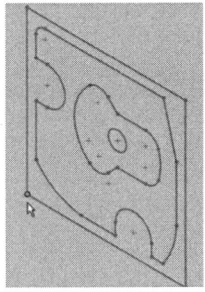

(2) 원점정의 옵션에서 정의를 클릭한다.

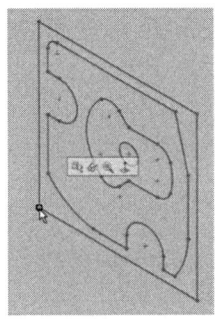

조금전의 원점선택에서 지정한 모서리를 다시 한번 더 지정한다.

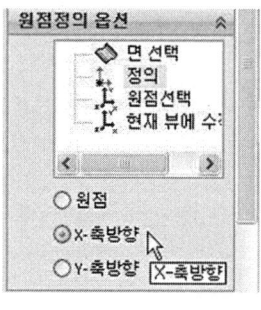 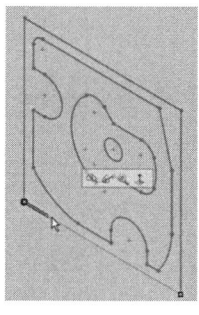

X-축방향이 자동 체크됨
2D도면의 X축선을 지정

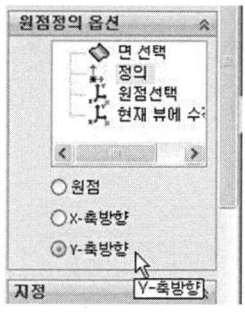 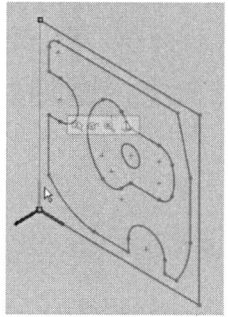

Y-축방향이 자동 체크됨
2D도면의 Y축선을 지정

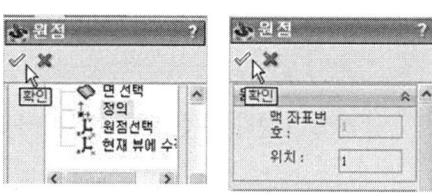

(3) 원점데이터에서 공구시작높이를 200을 주고 확인을 누른다.
원점관리자에서 확인을 누른다. 밀링파트 데이터의 확인을 누른다.

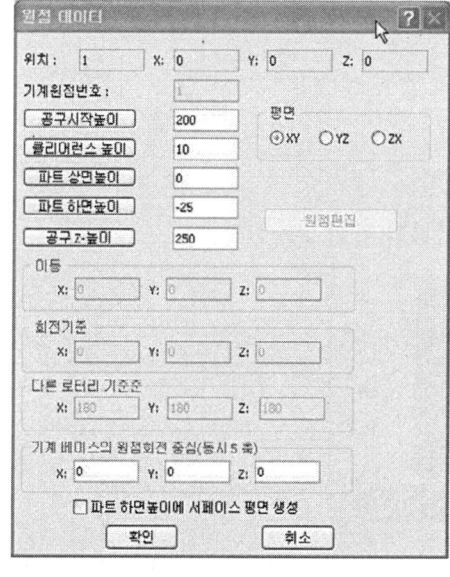

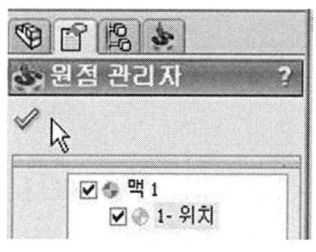

다. 공구 정의하기

1) 공구에서 우측 마우스를 클릭후 - 추가를 클릭 - DRILL을 클릭한다.

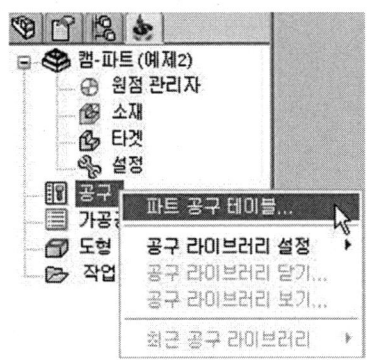 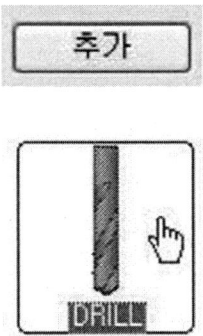

공구설정과 디폴트 공구 데이터를 아래와 같이 설정한다.

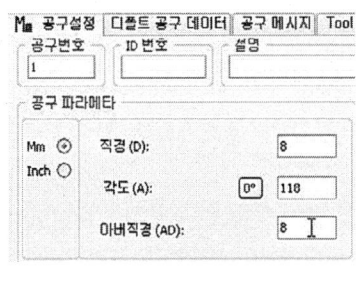 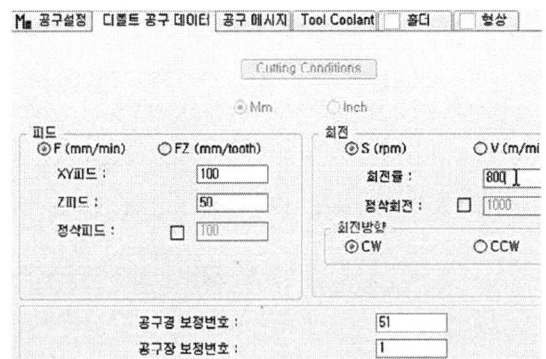

2) 추가를 클릭 - END MILL을 클릭한다.

공구설정과 디폴트 공구 데이터를 아래와 같이 설정한다.

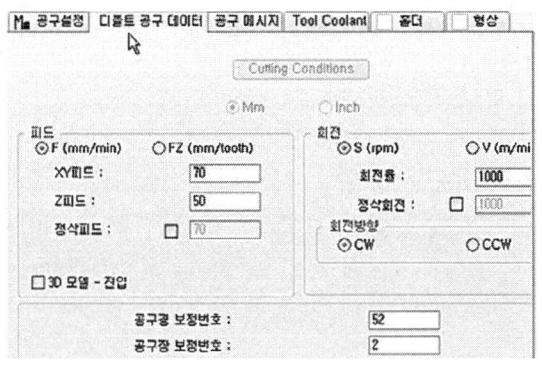
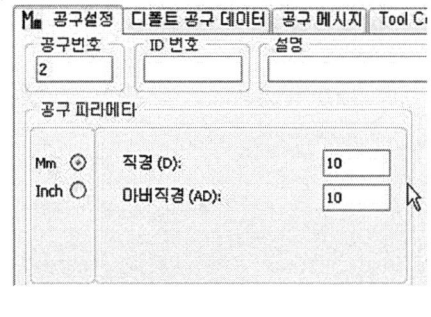

드릴, 엔드밀이 설정되면 확인을 누른다.

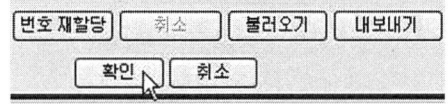

라. 작업 정의하기

1) 작업에서 우측 마우스를 클릭후 – 작업추가를 클릭 – 드릴...을 클릭한다.

(1) 도형에서 정의를 클릭한다.

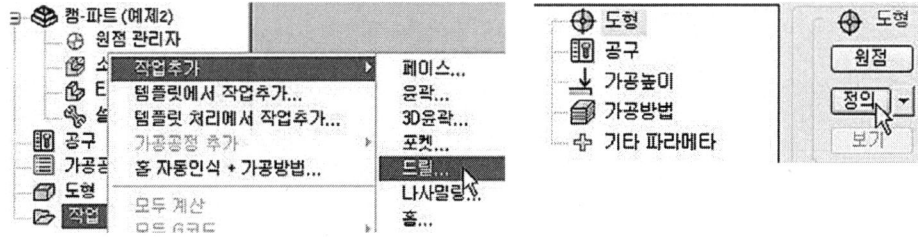

(2) 드릴의 중심을 클릭하고 ? XY 드릴도형 선택에서 아래의 확인을 누른다.

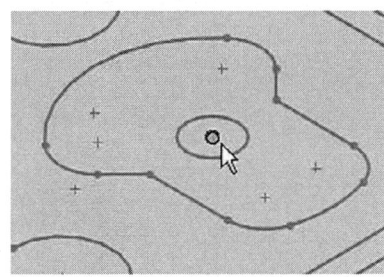

(3) 공구에서 선택을 클릭하고 - 1번 드릴을 선택하고 - 아래에서 선택을 클릭한다.

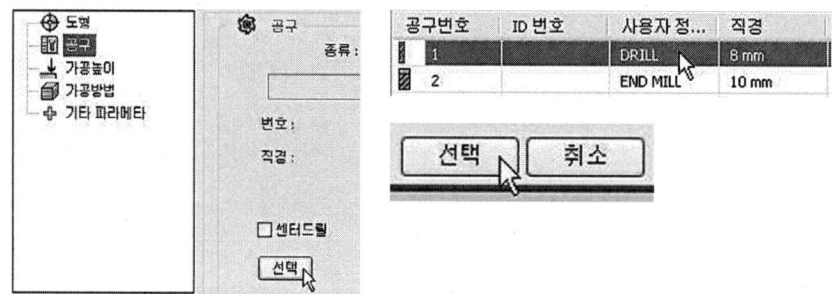

(4) 가공높이에서 드릴깊이는 20을 25정도 여유를 준다. 그러면 완전히 관통된다.
전체직경을 선택한다.

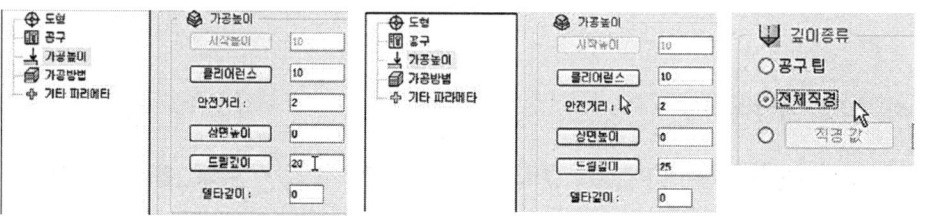

(5) 가공방법에서 드릴 사이클 종류를 선택하고 - Peck을 체크 - 데이터를 클릭한다.
드릴옵션에서 다음과 같이 지정하고 확인을 클릭하고 저장&계산을 누른다.

G코드를 누르면
우측과 같이 나타남
나가기를 클릭한다.

2) 작업에서 우측 마우스를 클릭후 - 작업추가를 클릭 - 윤곽...을 클릭한다.

(1) 도형에서 정의를 클릭한다.

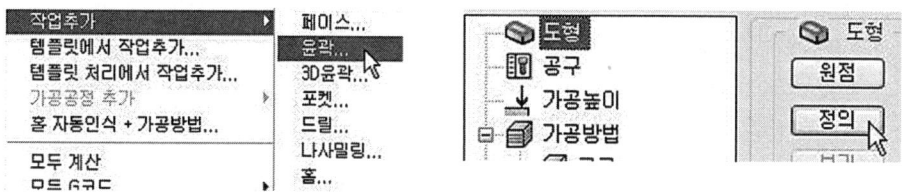

(2) 체인에서 Loop를 누른다. 다음 그림과 같이 차례로 지정한다.

두 번째선 지정후 우측 마우스를 클릭하고 체인선택을 지정한다.

전체가 체인으로 연결된다.

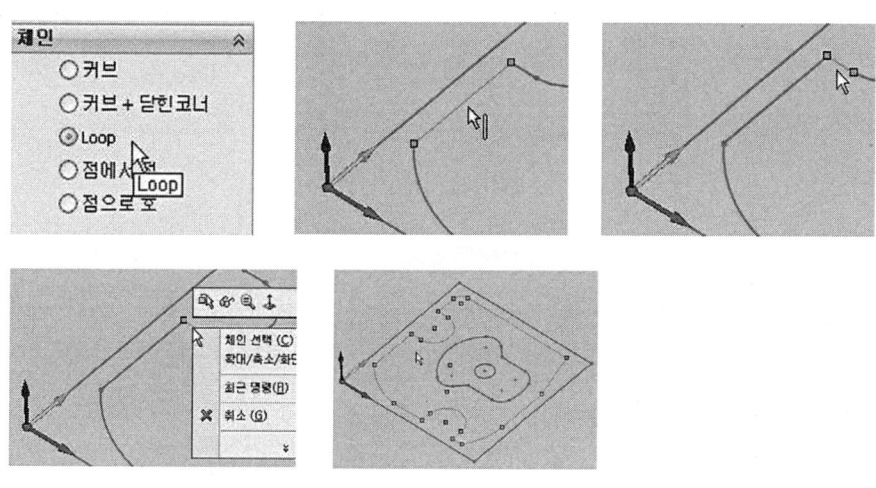

(3) 바탕화면의 아무곳이나 클릭하여, 전체선을 다시 회색으로 한다.

커브를 지정한다. 첫째선(A)을 지정하고 두번째선(A)을 지정한다.

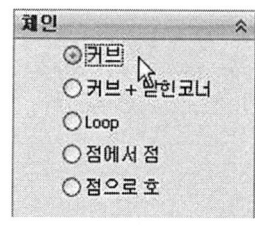 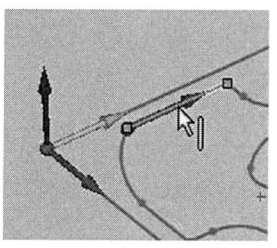 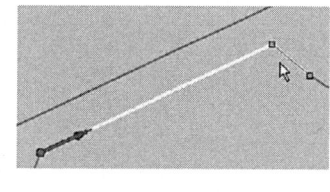

(4) 전체선을 마지막까지 지정하면 C와 같이 나타나는데 다시묻지 않음을 체크하고 예를 누른다. 도형편집의 확인을 누른다.

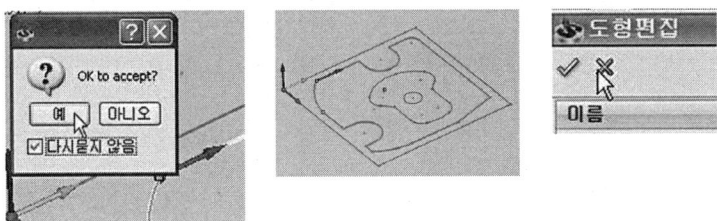

(5) 공구 - 선택 - 공구번호 2번(10mm) - 선택을 차례로 누른다.

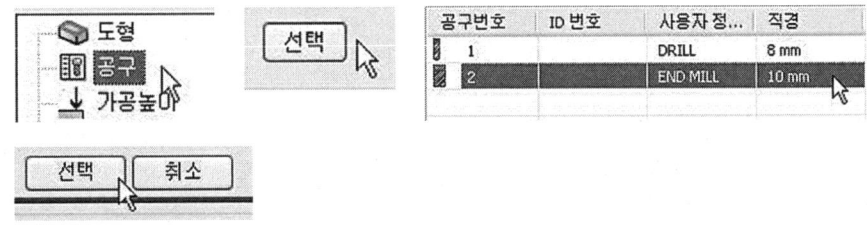

(6) 가공높이 - 윤곽깊이를 5를 입력한다.

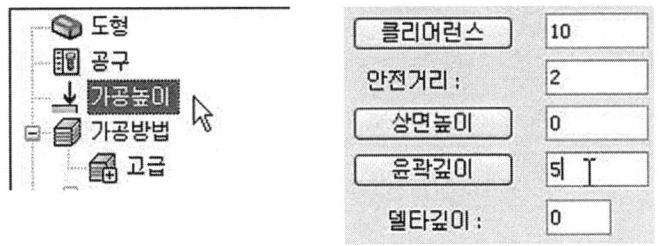

(7) 가공방법 - 보정을 체크하고 - 도형을 클릭한다.

(8) 다음과 같이 나타난다.

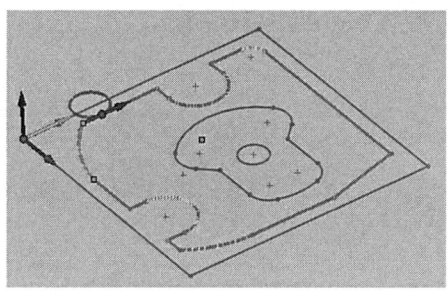

(9) 이동을 체크하고 우측의 0에 커어서를 클릭하면 제일 아래쪽으로 시작점이 이동한다. 도형수정에서 확인을 클릭한다.

 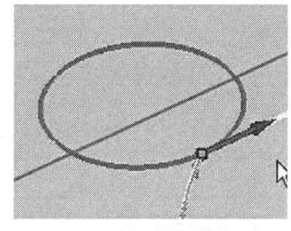 

(10) 가공방법을 클릭하고 아래와 같이 조정한다.

옵셋 : 0, 0

황삭 : 5

- 자동으로 생선됨

정삭 : 체크해제

클리어 옵셋 : 5, 5

(11) 링크를 클릭하고 아래와 같이 조정한다.

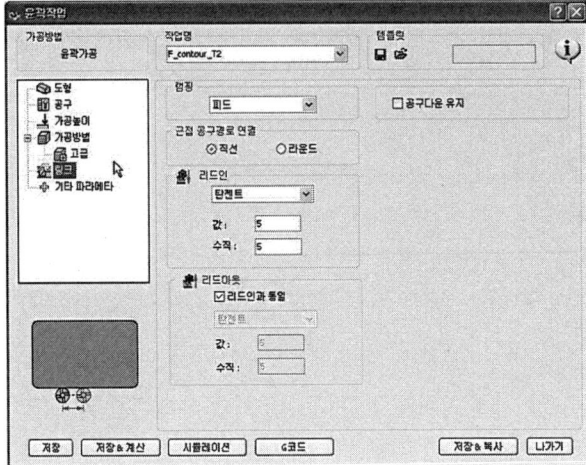

리드인 : 탄젠트
- 값 5
- 수직 5
 리드아웃 :
- 리드인과 동일에 체크

(12) 저장 계산을 누르고 - 나가기를 클릭한다.

(13) 작업의 F_contour_T2의 앞을 체크하면 우측과 같은 툴패스가 생성된다.

 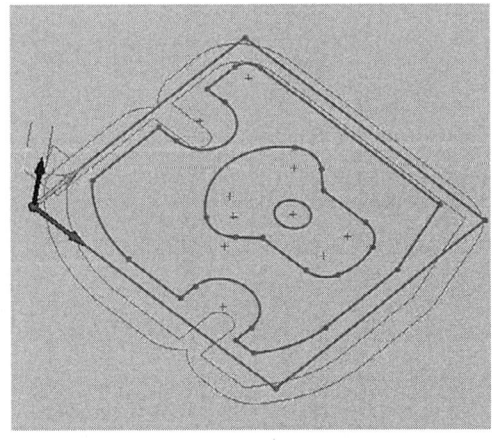

(14) 뷰 방향을 정면으로 보면 다음과 같다. 작업의 F_contour_T2의 앞의 체크를 해제한다.

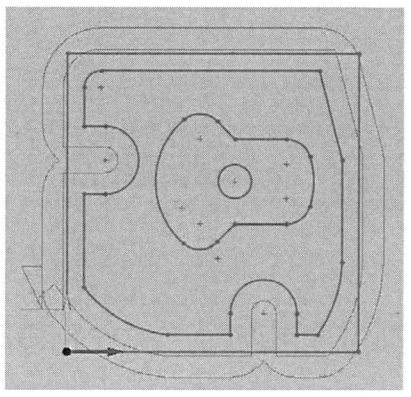

3) 작업에서 우측 마우스를 클릭후 - 작업추가를 클릭 - 윤곽...을 클릭한다.

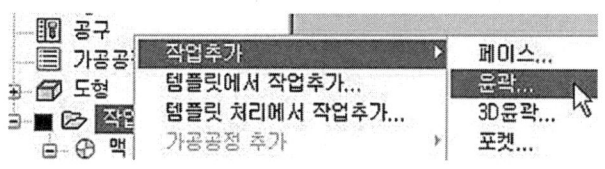

(1) 도형에서 - 정의 - 커브를 체크한다.

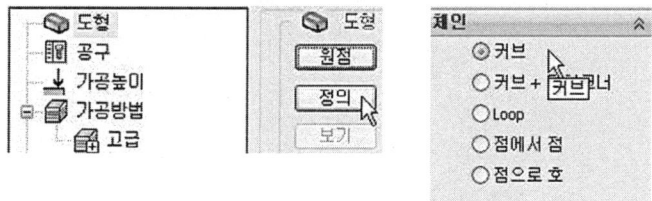

(2) 내측의 선을 체크하고 차례로 끝까지 클릭한다.

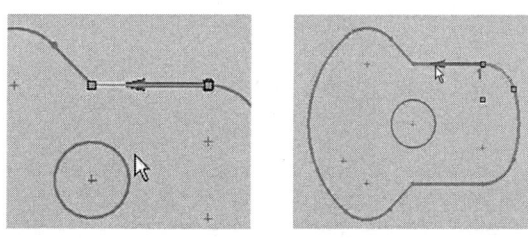

(3) 도형에서 확인을 클릭하고 - 공구에서 - 선택 - 2번공구선택 - 선택을 클릭한다.

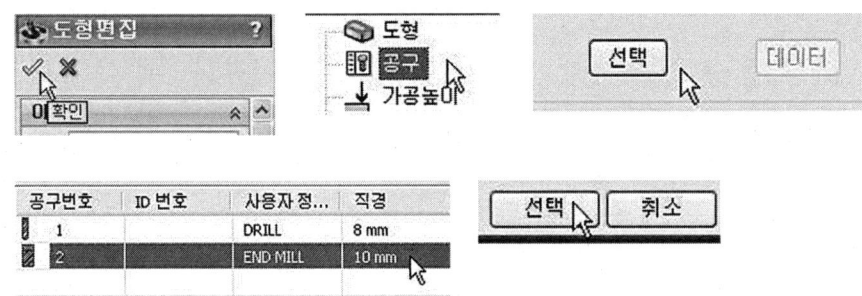

(4) 가공높이에서 - 윤곽깊이 4를 입력하고 - 가공방법에서 - 보정 - 도형을 클릭하고

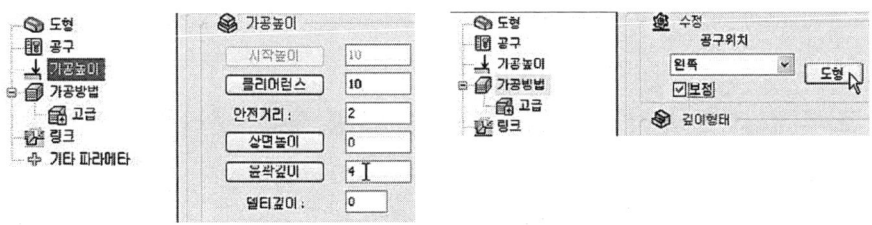

(5) 이동에서 - 0에 클릭하고 도형수정의 확인을 클릭한다. 옵셋은 0으로한다.
황삭을 체크한다.

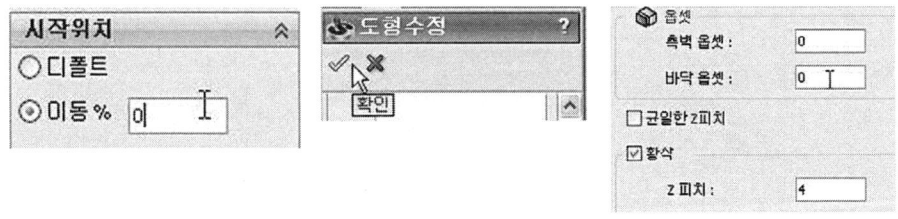

(6) 정삭은 체크해제를 하고 클리어 옵셋은 8, 3을 주고, 가공시물레이션에서 다시 조정
할 수 있다.
링크를 체크하고 - 리드인(진입) - 지정을 체크하고

(7) 드릴의 중심을 클릭하고 - 입력을 클릭하고 - 종료를 누른다.

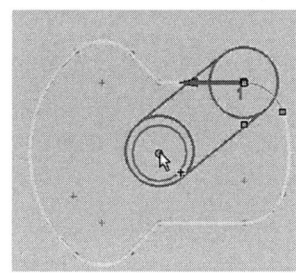

(8) 리드아웃은 리드인과 동일을 체크하고 작업의 3개를 툴패스 체크하고 작업에서 우측 마우스를 클릭하고 - 모든 G코드에서 - 작성을 클릭한다.

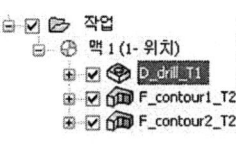
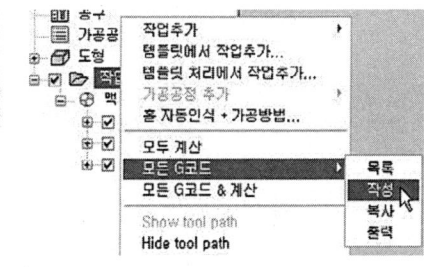

(9) 다음과 같이 NC DATA가 나타나면 다른 이름으로 저장을 한다.

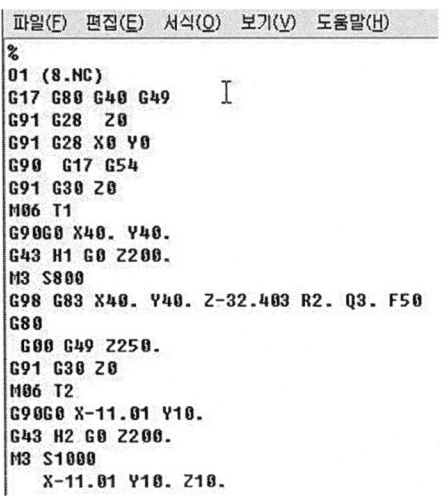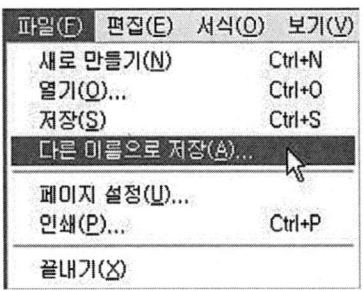

저장형식을 다음과 같다.

3 Hyper CAD에서 그린 후에 Hyper Mill에서 NC DATA출력하기

가. 좌표계를 이동한다.

1). UCS를 공작물좌표계의 원점으로 이동한다.

Z축을 클릭하면 A과 같이 회전축이 생성되는데 B상태에서 클릭하여
5를 입력하고 엔터를 친다.

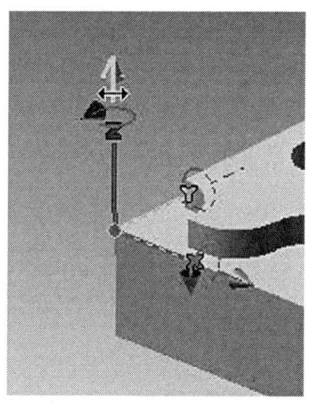 

2) 도구 - 정보 - 분석 - 엔티티크기를 클릭하면 아래와 같은 도움말이 뜨는데 윈도우로 객체전체를 드래그로 지정한다.

3) 드래그로 지정하면 공작물의 크기가 나타난다.

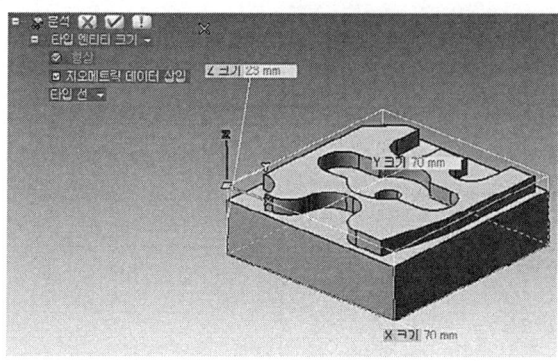

지오메트릭 데이터삽입의
앞의 사각박스를 체크한다.
확인을 누른다.

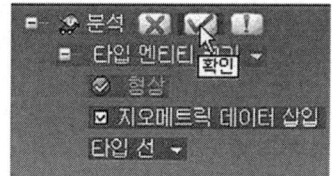

4) hyperMILL도구막대의
hyperMILL Browser를 클릭한다.

5) 아래와 같은 창이 형성된다.

5) 공정에서 신규 - 공정 리스트를 클릭한다.

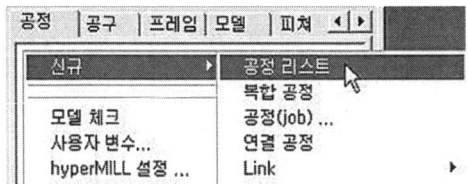

6) 다음 창이 뜨는데 공정리스트 설정을 클릭하면 기능사2급원본2_5이 생성된다.
공작물 원점(=NCS)과 CAD좌표의 원점을 동일한 위치에 맞추어 주어야 하는데 NCS의 우측 아이콘 원점계 편집을 클릭한다.

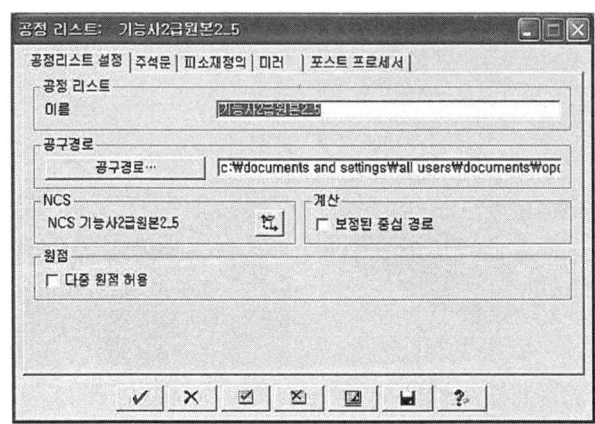

7) 아래와 같은 상태에서 이동을 클릭한다.

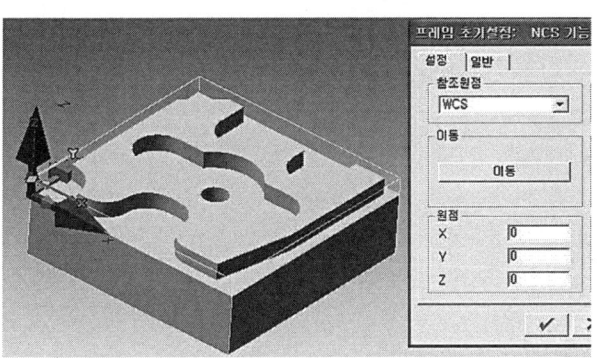

8) 아래의 A상태에서 아래쪽에 Select origin:이 생성되는데 이때 B와 같이 공작물의 원점을 클릭한다.

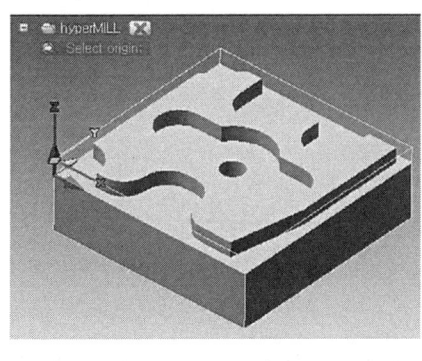 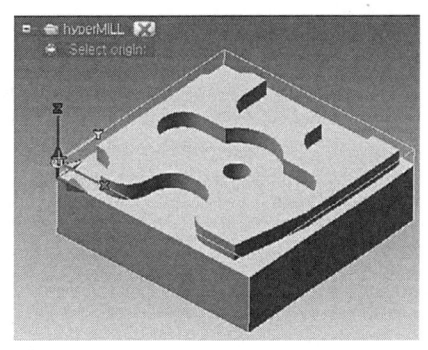

A   B

9) OK를 클릭하면 C와 같이 나타나야 정확히 지정한 것이다.

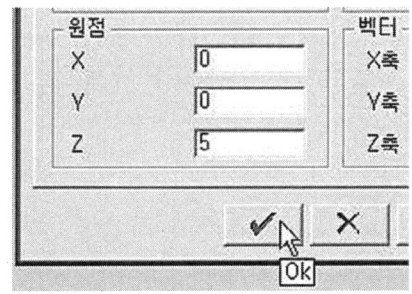 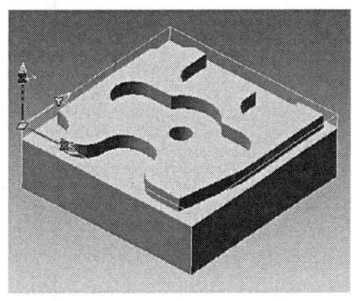

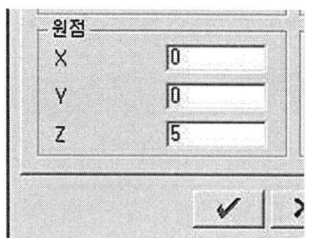

다시 원점계 편집을 클릭하면 Z5가 되는데 이 뜻은 최초의 UCS위치는 Z-5위치에서 아래로 솔리드한 흔적을 나타낸다.

나. 피소재정의

1) 피소재 정의를 클릭하고

(1) 소재(STOCK)모델의 아래 설정을 체크하고 우측의 신규 소재를 클릭한다.

(2) 아래와 같이 모드의 자동 계산
자동계산의 박스, 글로벌 옵셋을 체크하고 모드의 계산을 누른다.

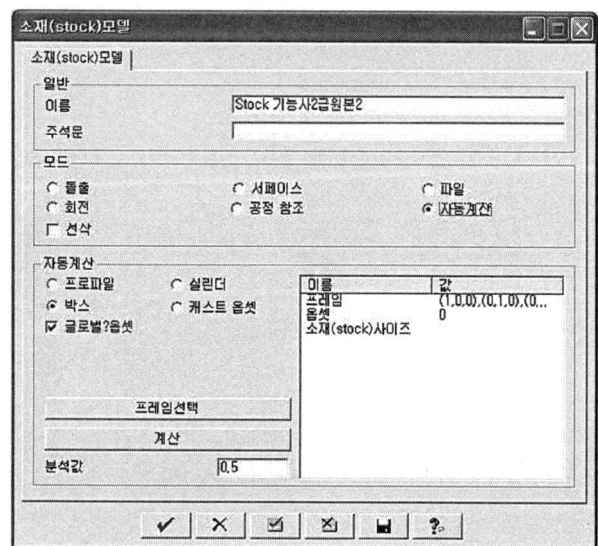

(3) 아래와 같이 소재의 크기가 자동 계산된다.

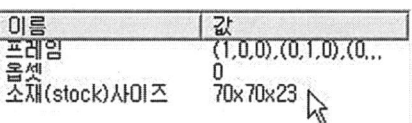

(4) 아래의 OK를 누른다.

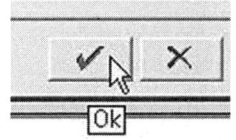

(5) 모델의 아래 설정을 체크하고 우측의 신규 절삭모델을 클릭한다.

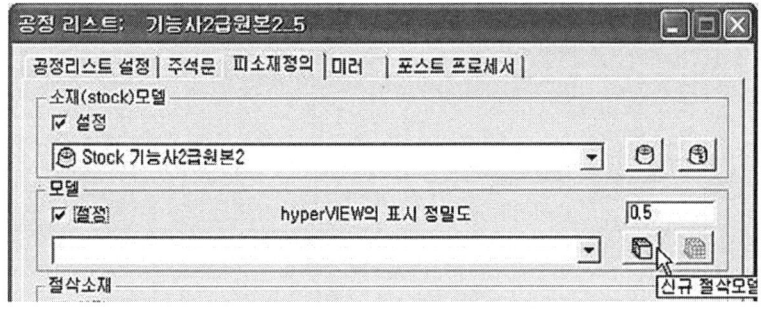

① 신규선택을 클릭한다.

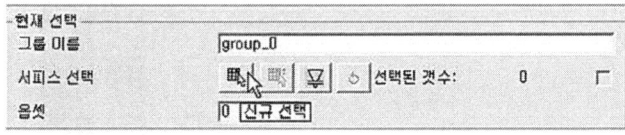

② 모델전체를 윈도우로 클릭하고 확인을 누르면 아래와 같이 요소에 38이 생성된다.

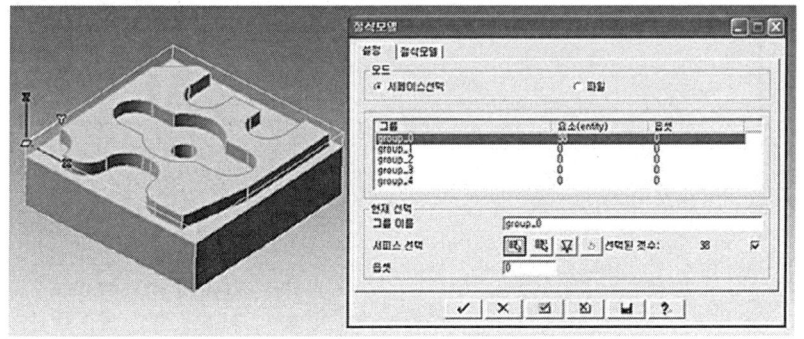

② 확인을 누른다 - 다시 확인을 누른다.

다. 공구 생성하기

1) 브라우저에서 공구탭을 클릭하여 우측 마우스를 클릭하고 - 신규

- Drilling tool을 선택한다.

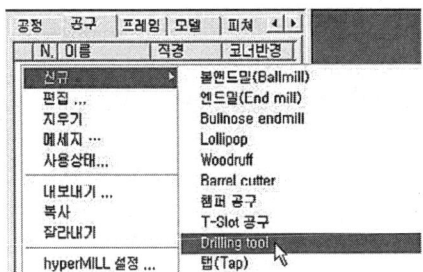

(1) 지오메트리에서 공구번호를 1번으로 하고 아래와 같이 조정한다.

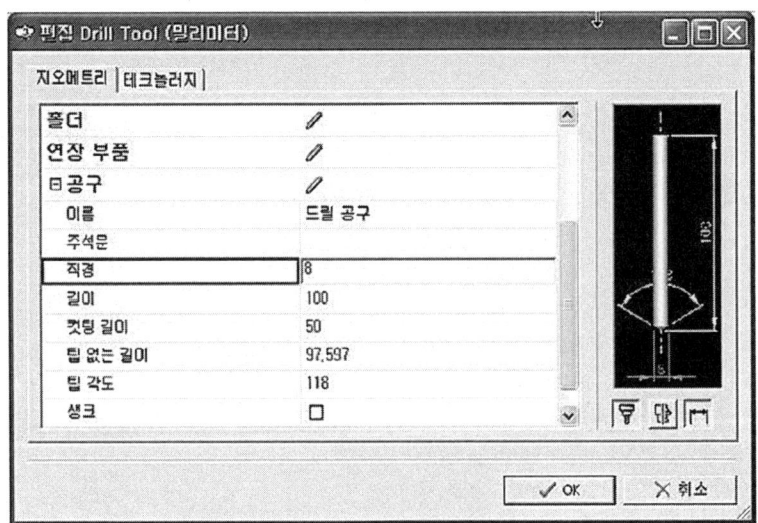

(2) 테크놀러지에서 아래와 같이 조정한다. 그리고 아래의 OK를 클릭한다.

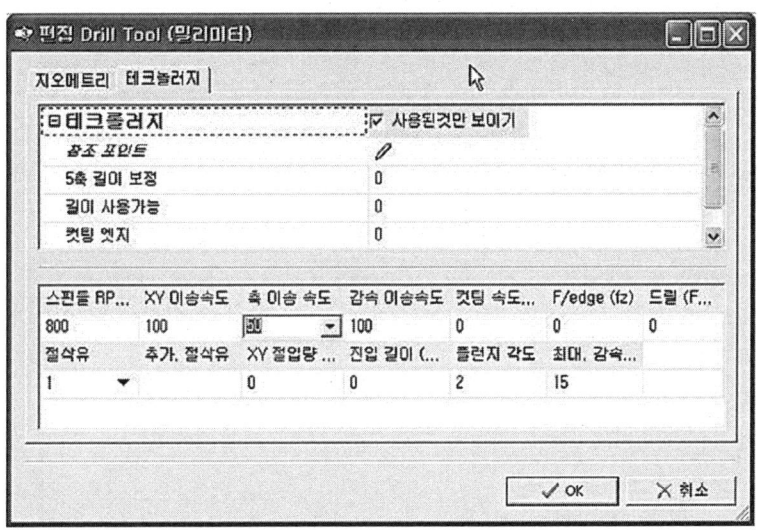

2) 공구탭에서 우측 마우스를 클릭하고 – 신규 – 엔드밀(End mill)을 선택한다.

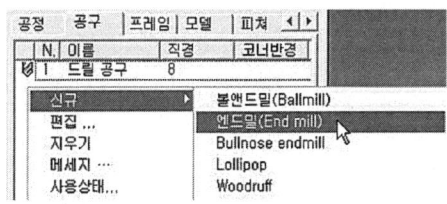

(1) 지오메트리에서 공구번호를 2번으로 하고 아래와 같이 조정한다.

(2) 테크놀러지에서 아래와 같이 조정한다. 그리고 아래의 OK를 클릭한다.

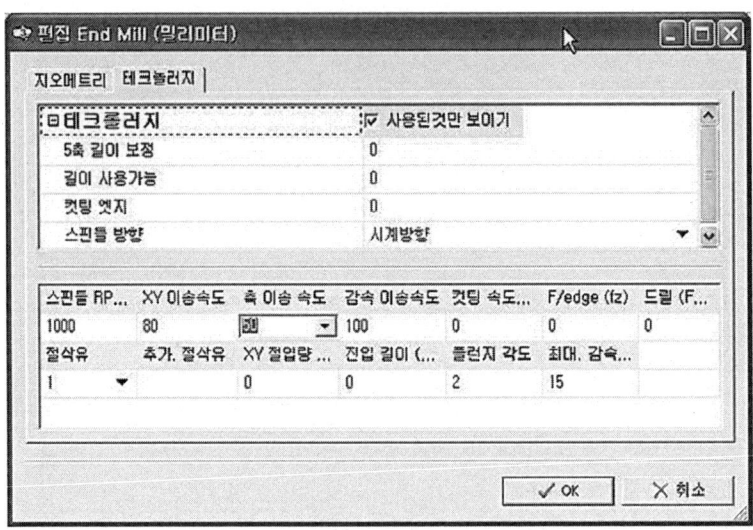

라. 가공공정 만들기

1) 피처공정

(1) 브라우저에서 피처탭을 클릭하여 우측 마우스를 클릭하고 - 신규 - 피처인식 - 포켓(솔리드)를 선택한다.

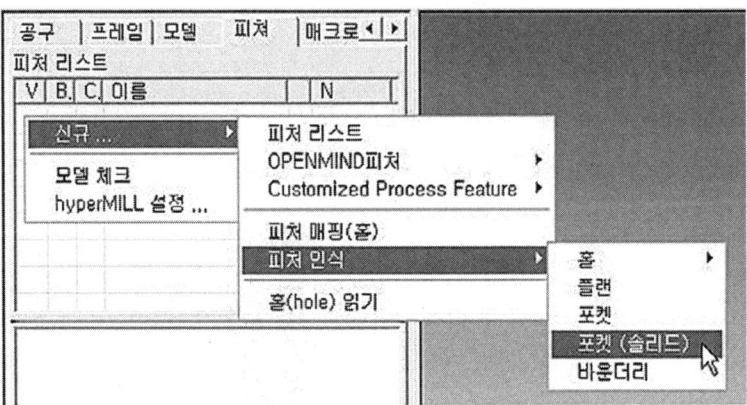

(2) 포켓 창이 뜨면 전체 선택을 클릭한다.

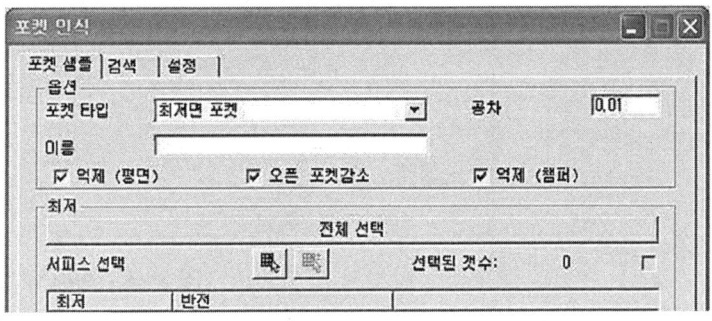

(3) 전체선택을 하면 아래와 같이 각 영역별 포켓의 깊이가 나타난다.
아래의 OK를 누른다.

위와 같은 창이 형성되는데 피처 리스트에 프레임과 피처가 인식된 것을 알 수 있다. 피처기능은 자동으로 자동으로 프레임을 인식하여 가공이 가능하고, 사용자가 경계를 따로 잡지 않아도 가공영역이 선택된다는 이점이 있다.

(4) 복합피처의 왼쪽 +표시를 클릭하면 연결되어 있는 형상들을 확인할 수 있다.

설명
- 심플포켓〈닫기 R7.5〉
  안쪽의 포켓 가공영역을 의미한다.
- 심플포켓〈닫기 R0〉
  바깥쪽의 2D 윤곽을 의미한다.

(5) 피처탭에서 우측마우스를 클릭하고 - 신규 - 피처매핑(홀)을 선택한다.
피처 매핑(홀)이 뜨면 다른 설정 없이 확인만 누른다.

 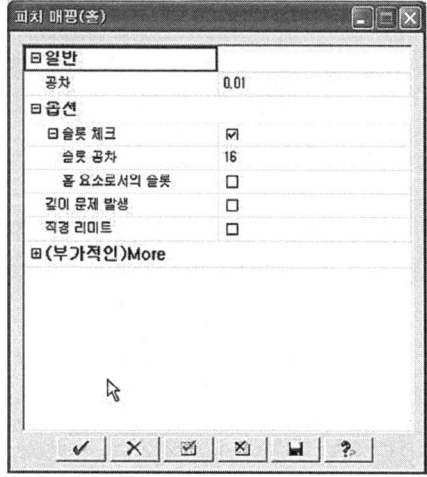

설명

싱크홀 〈SD26 D8 관통〉
홀의 정보를 나타낸다.

가공하려는 모델의 피처가
모두 인식 되었다.

2) 드릴가공

(1) 싱크홀〈SD26 D8 관통〉에서 - 우측 마우스 클릭 - 신규공정(피처) - 드릴사이클 - 드릴링,패킹...을 클릭한다.

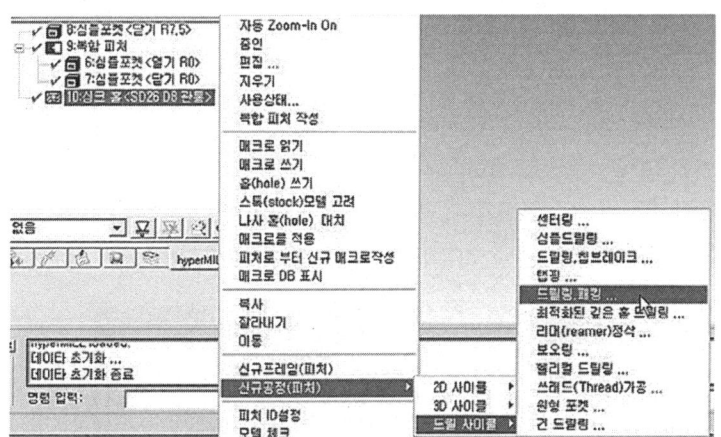

(2) 공구에서 드릴 공구 ø8을 선택한다.

(3) 윤곽설정에서 - 드릴링을 선택한다.

(4) 최적화에서 - 최단거리를 선택한다.

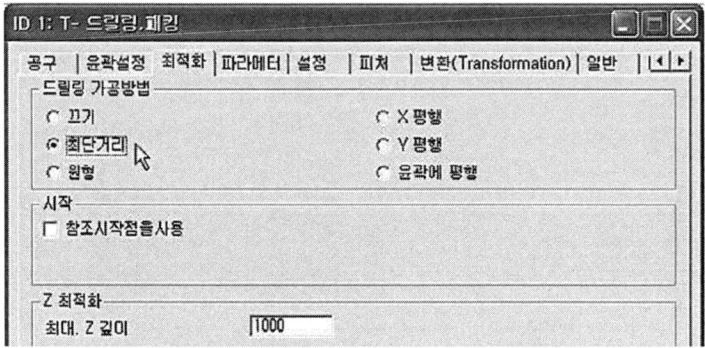

(5) 파라메터에서 - 패킹 깊이를 3으로 하고 - 계산을 누른다.

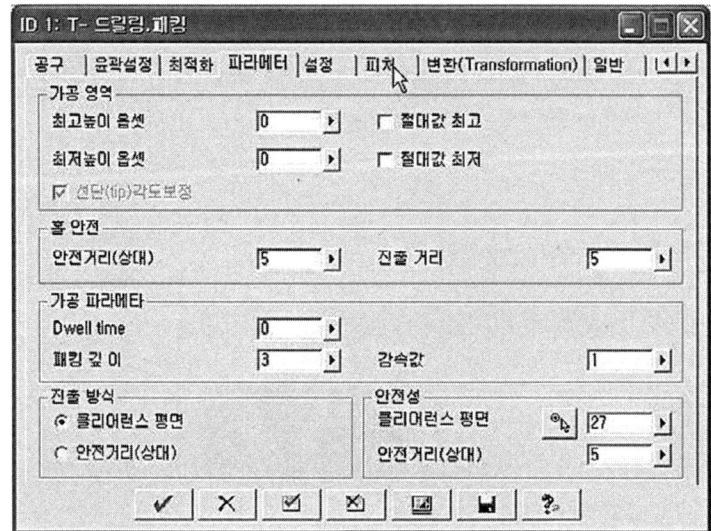

(6) 그림과 같이 툴패스가 생성되었다.

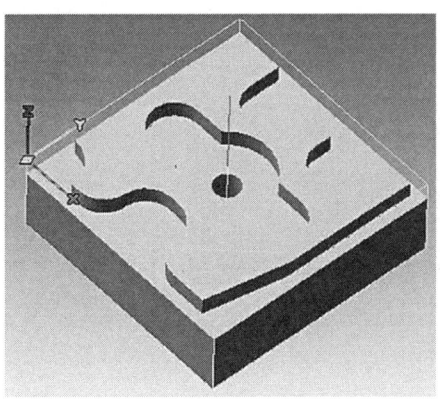

마. 포켓가공

1) 심플포켓〈닫기R7.5〉에서 우측 마우스 클릭 – 신규공정(피처) – 2D사이클 – 포켓가공을 지정한다.

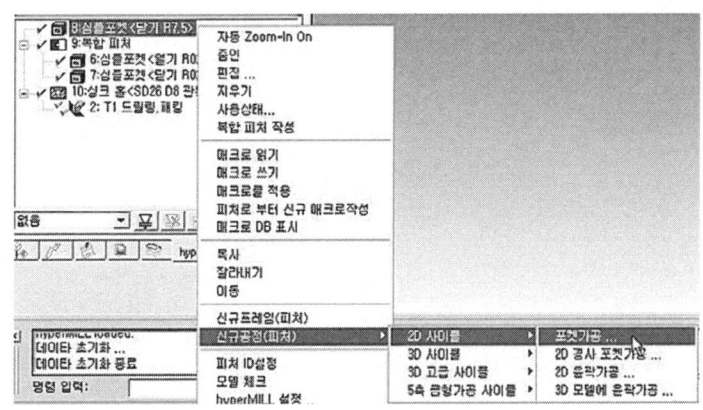

(1) 공구에서 Ø 10MM 엔드밀을 클릭한다.

(2) 가공방법에서 2D 모드 - 하향 가공 - 플런지 위치의 우측 포인트를 클릭한다.

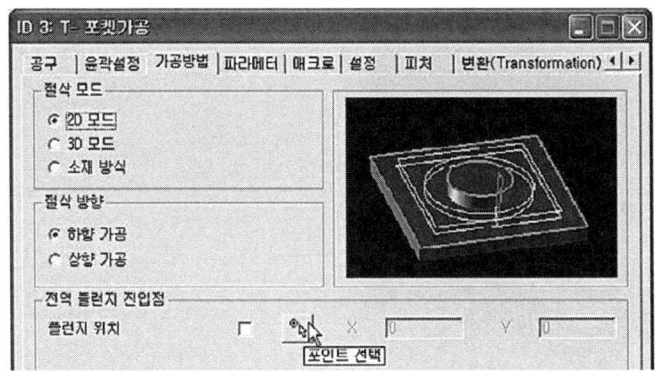

(3) 드릴의 중심 위치를 지정한다.

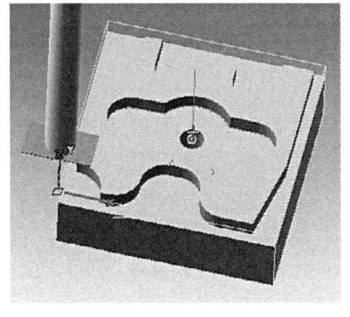

아래는
중심 지정후의 상태이다.

(4) 파라메터에서 다음과 같이 지정한다.

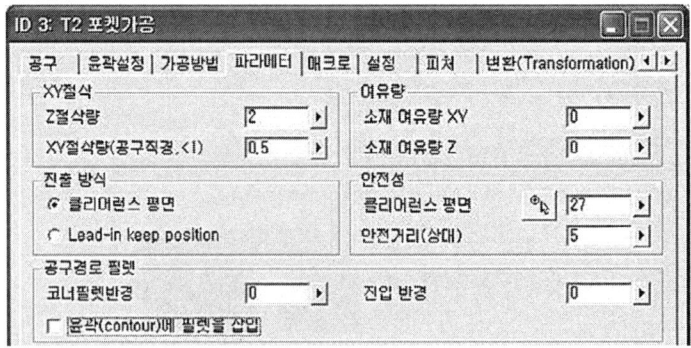

(5) 매크로에서 다음과 같이 지정하고 - 계산을 클릭한다.

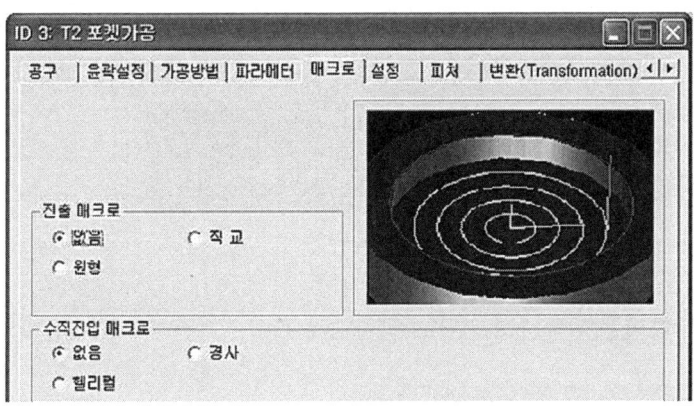

(6) 아래는 계산을 클릭한 후의 상태이다.

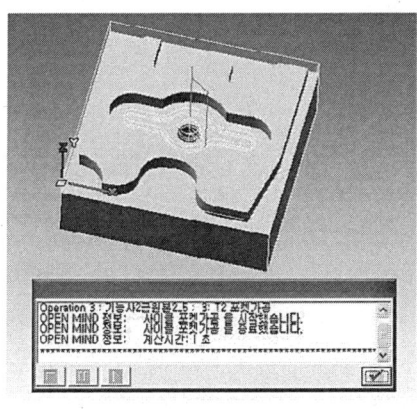

계산의 우측  을 클릭한다.

2) 심플포켓<닫기R0>에서 우측 마우스 클릭 - 신규공정(피처) - 2D사이클 - 2D윤곽가공...을 지정한다.

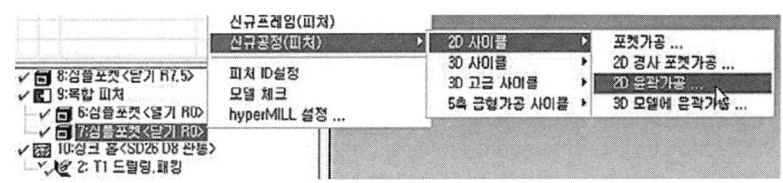

(1) 공구에서 Ø 10MM 엔드밀을 클릭한다.

(2) 공구의 진행방향을 확인하기 위하여 모델링의 표시를 와이어 프레임 보기로 한다.

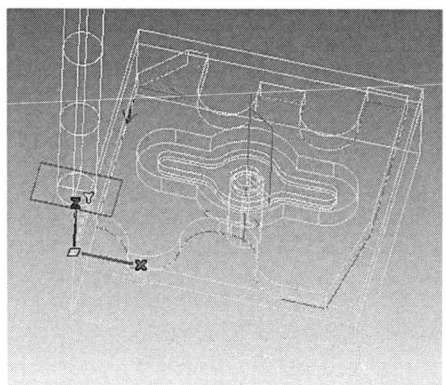

좌측에서 보면 공구의
보정방향이 윤곽 G42의
방향이므로 반전을 통해
변경해 주어야 한다.

파란색 화살표: 공구진행 방향
빨간색 화살표: 공구보정 방향

(3) 공구 보정방향을 변경하려면 피처탭에서 반전을 선택하고 No를 Yes로 한다.

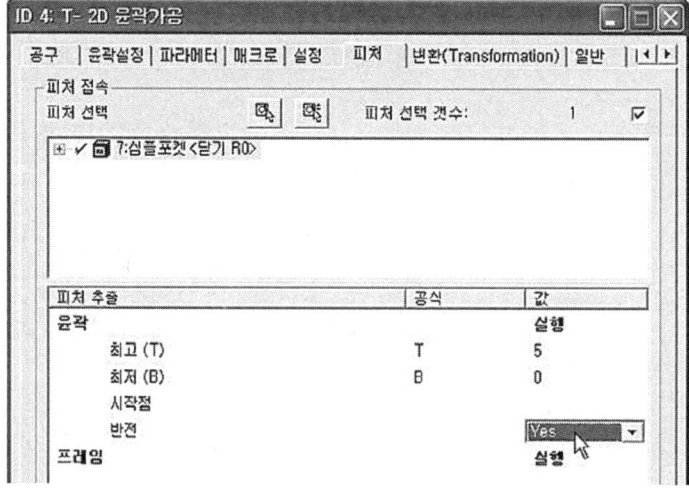

(4) 아래는 Yes후의 상태이다.

(5) 매크로에서 다음과 같이 지정한다.

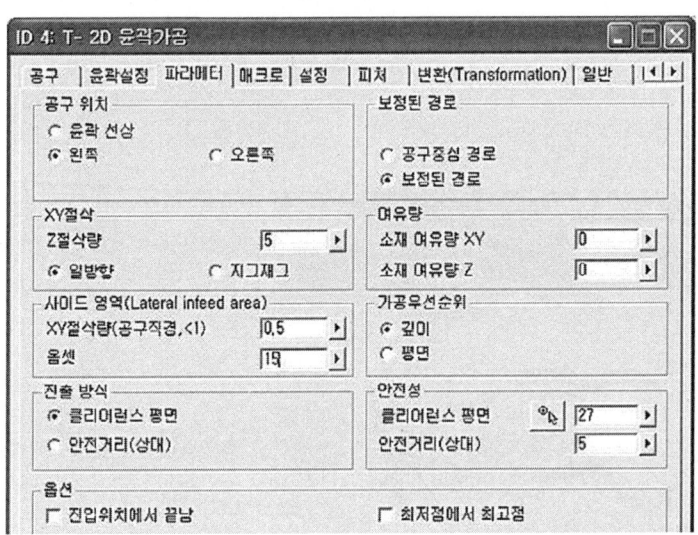

옵셋을 15mm로 주는 이유?

10mm로 가공을 하면 소재가 모두 가공되지 않고 잔삭이 남으므로 나중에 잔삭처리를 하면 불편하므로, 잔삭처리를 한꺼번에 해주기 위하여 가공윤곽으로부터 옵셋영역을 설정해 그 영역 안에 있는 남은 소재를 잔삭처리 하기 위하여 해주는 절차이다.

(6) 매크로에서 좌측과 같이 지정하고 계산을 클릭한다.

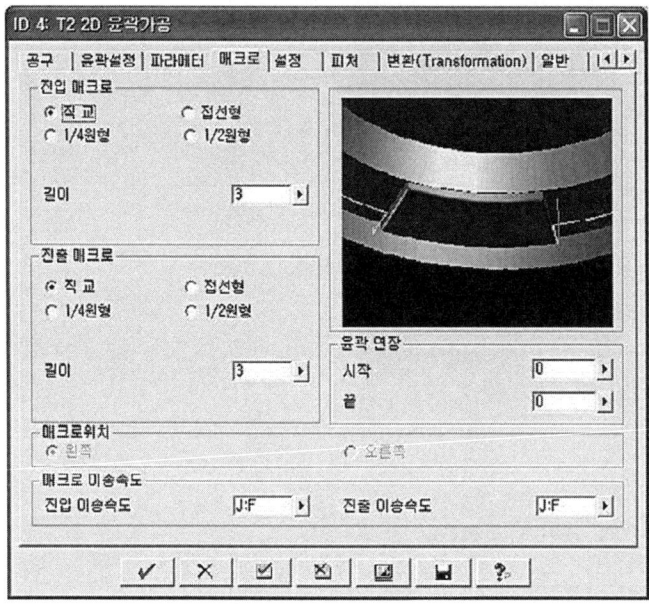

(7) 아래는 계산후의 상태이다.

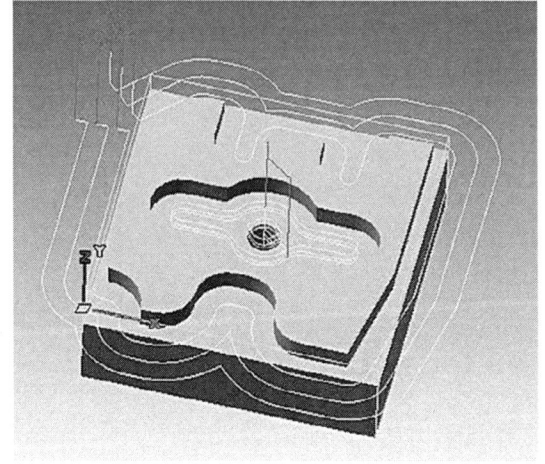

바. NC DATA 출력

1) 다음과 같이 지정한다.

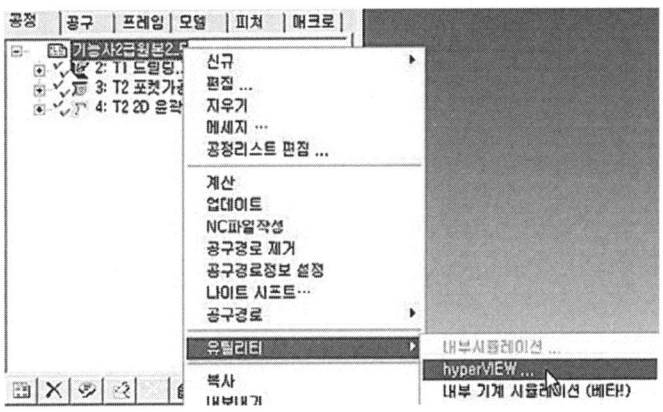

2) 시뮬레이션을 클릭한다. 우측과 같이 고속 앞으로 이동을 클릭한다.

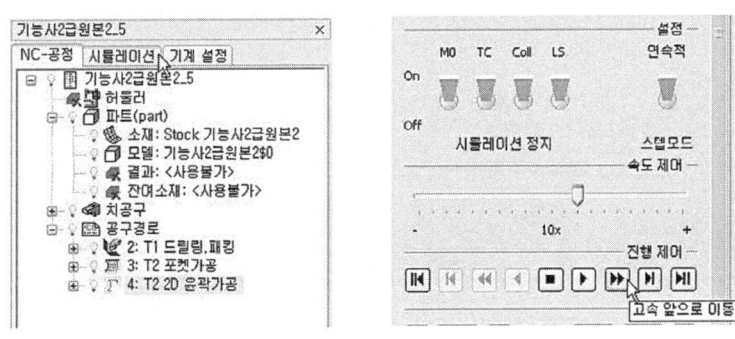

3) 아래는 시뮬레이션 후의 최종 상태이다.

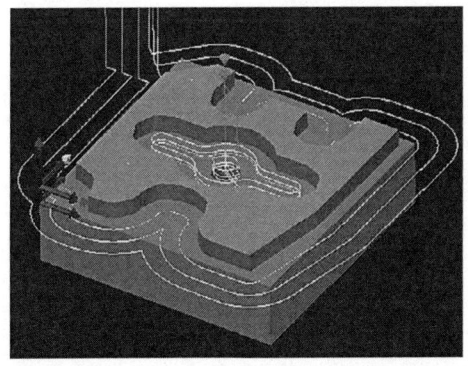

4) NC - 공정에서 - NC파일로 변환 아이콘을 클릭한다.

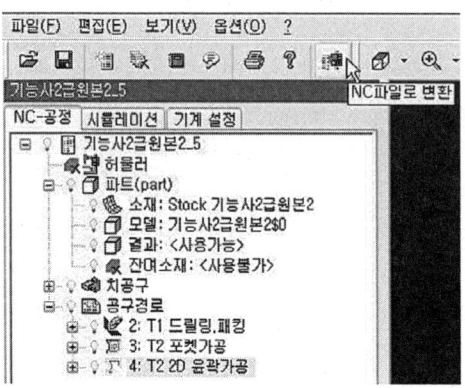

5) 다음의 상태에서 - OK를 클릭한다.

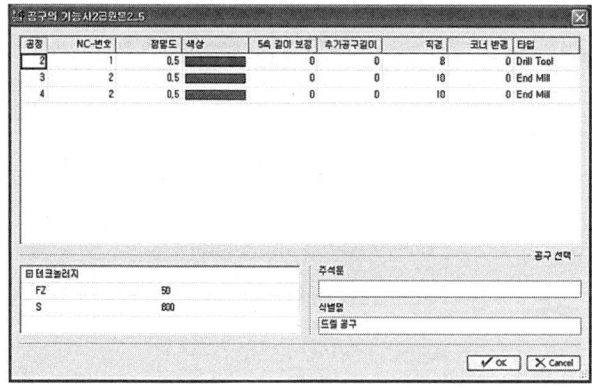

6) 기계설정에서 센트롤을 지정하고 기본값을 클릭하고 - 닫기를 클릭한다.

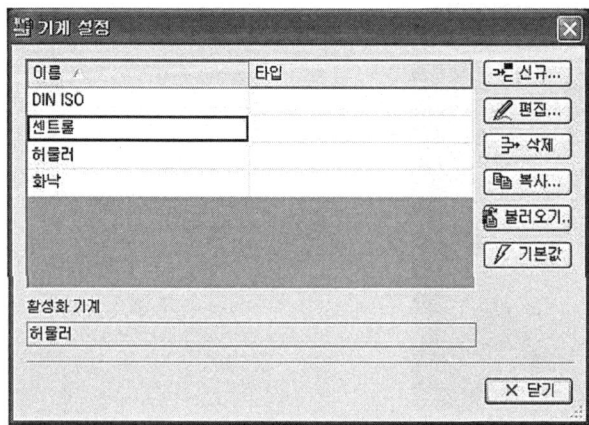

7) 다음의 포스트 프로세서에서 - OK를 클릭한다.

8) NC DATA의 출력 형태이다.

```
%
O1

N2

G90G80G40G49
G91G30Z0.
M06T1
S800M03
G92G90G0
G0X35.Y35.M08
G43Z27.H01
G83G99X35.Y35.R5.Z-25.40Q3.F50
G80
M09

N3

G91G30Z0.
M06T2
S1000M03
G92G90G0
X35.Y35.M08
G43Z22.H02
Z5.
G01Z-2.F50
X37.491Y33.24F80
G02X39.08Y35.R9.95
X37.491Y36.76R9.95
G03X32.509R3.05
G02X30.92Y35.R9.95
X32.509Y33.24R9.95
```

4. CATIA에서 그린 후에 CATIA에서 NC DATA 출력하기 (CATIA V5R16에서 NC DATA 출력하기)

가. 초기조건 설정

1) 바탕화면의 CATIA V5R16 아이콘을 더블 클릭한다.

또는 시작 - 프로그램 - CATIA - CATIA V5R16을 클릭한다.

2) 현재의 화면 상태는 다음과 같다.

3) 파일/열기/mc_6.CATPart를 지정하여 열기(O)를 클릭한다.

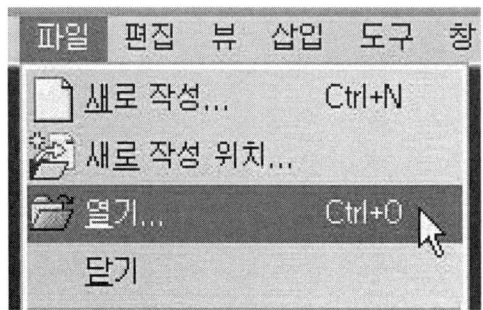

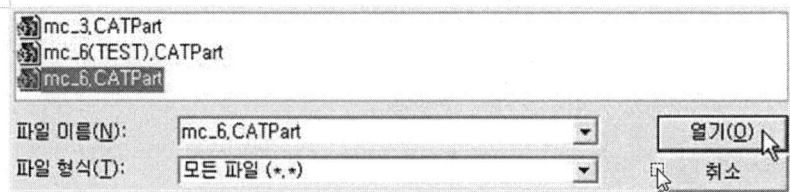

4) 화면의 상태는 다음과 같다.

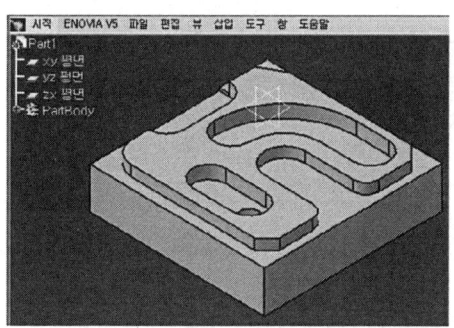

5) 차후에 NC DATA 및 기타 자료가 자동으로 저장될 수 있도록 폴더를 만들어 현재의 파일을 다른 이름으로 저장한다.

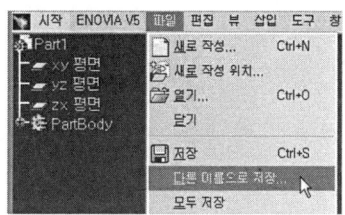

6) 2014카티아 밑에 CAM연습으로 폴더를 만들어 여기에 파일명 1로 저장한다. 현재 창의 상태는 다음과 같다.

7) Reference... 도구막대의 Plane 아이콘을 클릭한다.

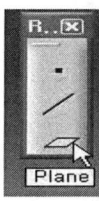

공작물의 윗면에 안전높이를 만들어야 하는데, π Plane으로 작업 평면을 만들어야 한다.

8) Plane을 클릭하면 화면과 같은 상태가 생성된다.

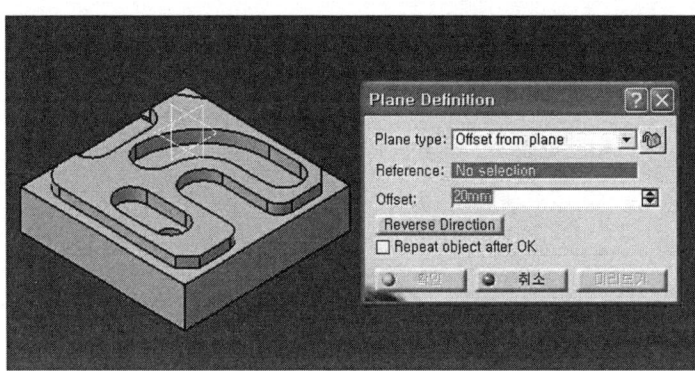

9) 공작물의 제일 윗면의 그림과 같은 위치를 클릭한다.

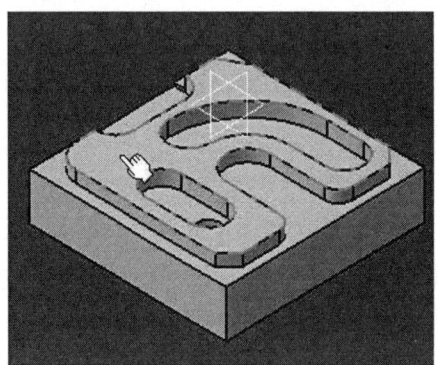

10) 윗면을 클릭하고 Plane Difinition박스의 offset : 우측에 50을 주면 아래의 그림과 같은 형상이 나타난다.

확인을 누르면 공작물 위의 50mm 위치에 안전 평면이 생성된다.

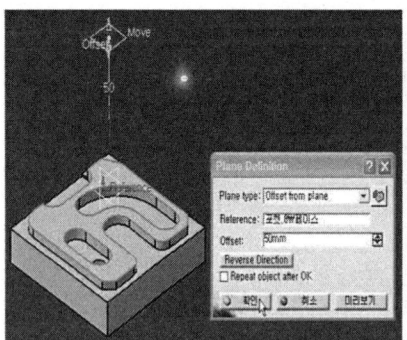 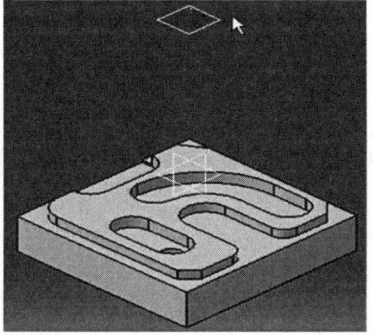

11) 시작/기계/Surface Machining을 클릭한다.

NC Manufacturing Mode로 전환한다.

Tool Path정보, Mode정보, Tool정보 구조로 서로 분리되어 있다.

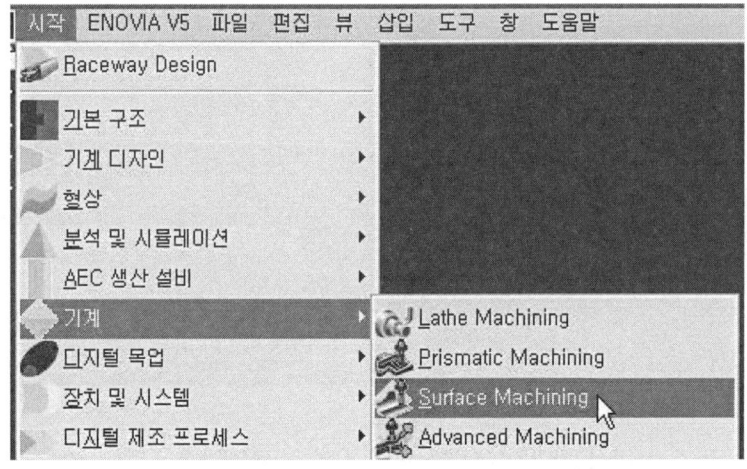

12) 이후의 창의 형태는 다음과 같다.

새로운 2 Process1 : … 이 생성된다.

View 도구막대의 Fit All In 아이콘을 클릭하여 도면을 화면의 중간에 배치한다.

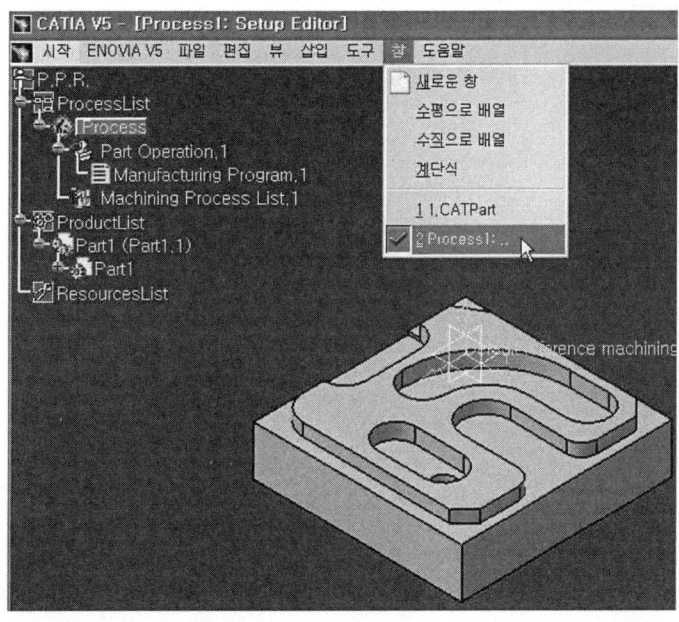

나. 소재 만들기

1) Manufacturing Program.1을 클릭하고 Geometry Management 도구막대의 Creates rough stock(소재)를 클릭한다.

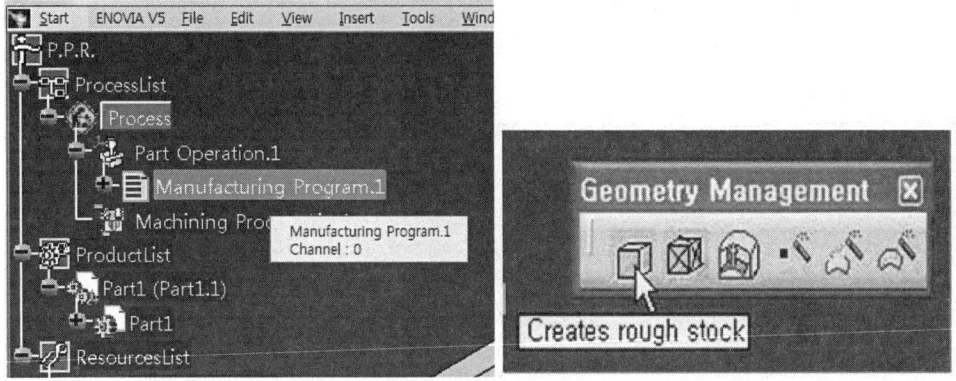

2) Rough Stock Creation 박스에서 공작물의 윗면을 클릭한다.

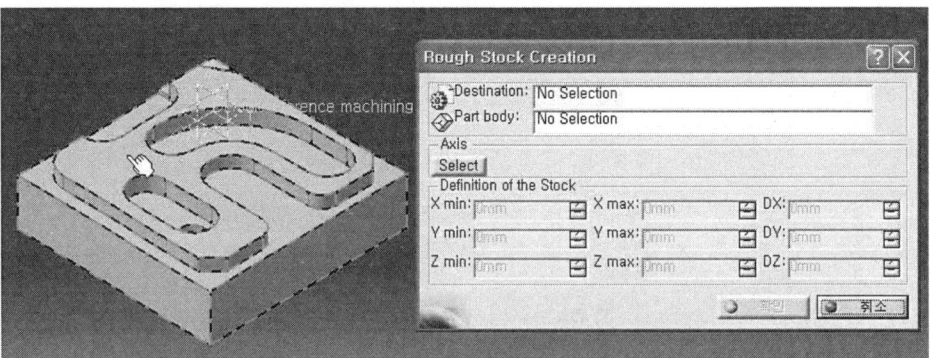

3) 다음의 문장이 나오면 예(Y)를 클릭한다.

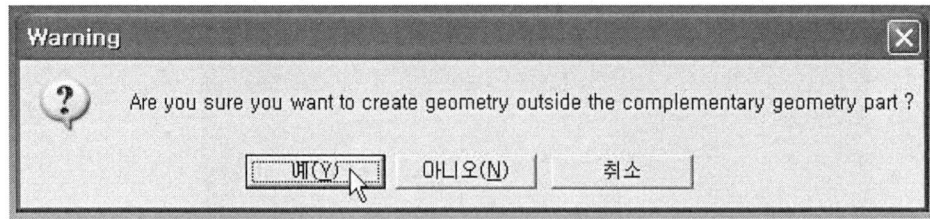

4) 공작물의 윗면을 한 번 더 클릭한다.

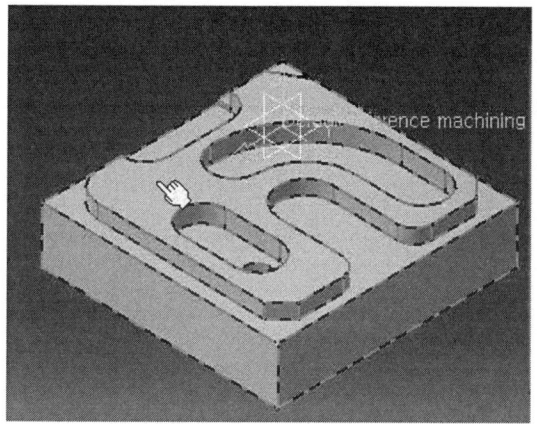

5) 공작물의 윗면을 한 번 더 클릭하면 공작물에 소재의 가상 형상이 표시되는데, Rough Stock Creation 박스 아래의 확인을 클릭한다.

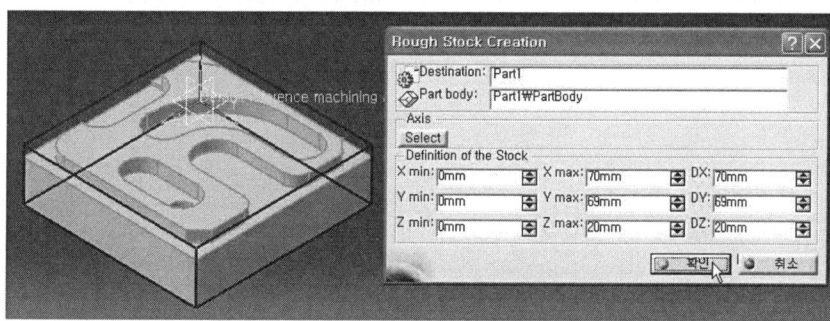

6) 그리고 닫기를 클릭한다.

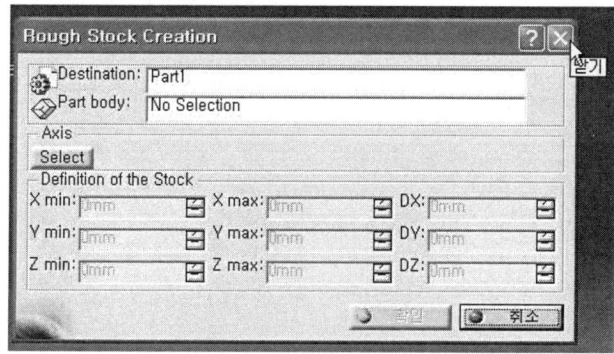

7) 공작물의 소재를 지정한 후 최종의 형태는 다음과 같으며 좌측에는 Rough Stock.1이 생성된다.

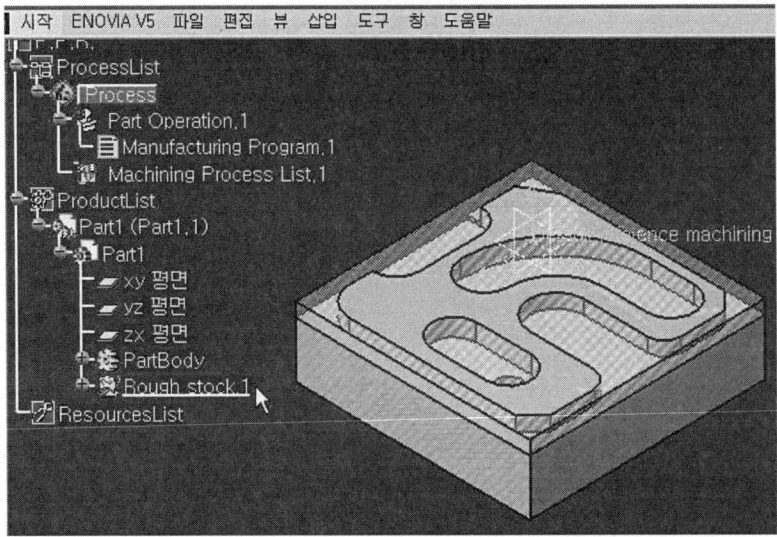

다. 공작물의 원점 인식시키기

1) 좌측의 Process 밑의 Part Operation.1을 더블 클릭한다.

여기서는 기계, 공작물의 원점, 부품 Model, 소재 등을 설정한다.

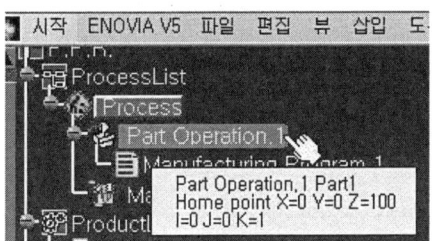

2) 다음과 같은 Part Ooeration 박스가 뜬다.

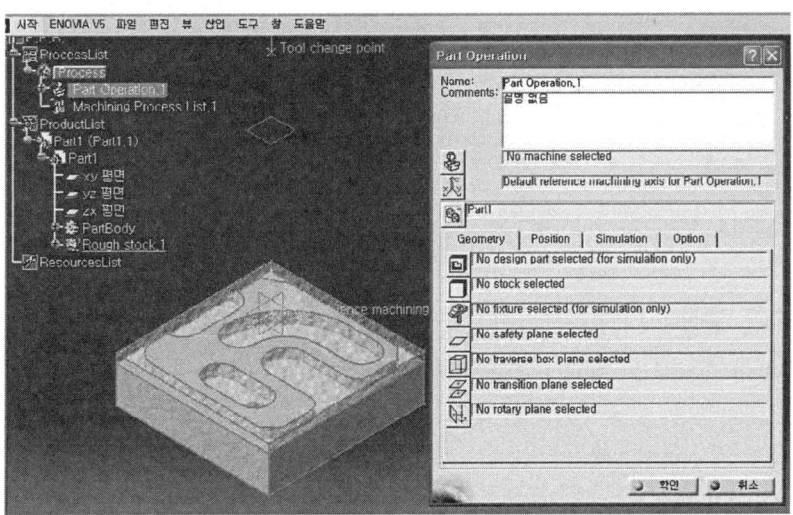

3) 기계를 설정하기 위하여 Machine 아이콘을 클릭한다.

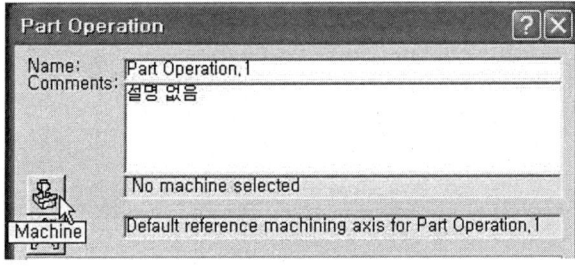

4) 첫 번째 아이콘을 클릭하여 3-axis Machine.1이 나타나면 확인을 클릭한다.

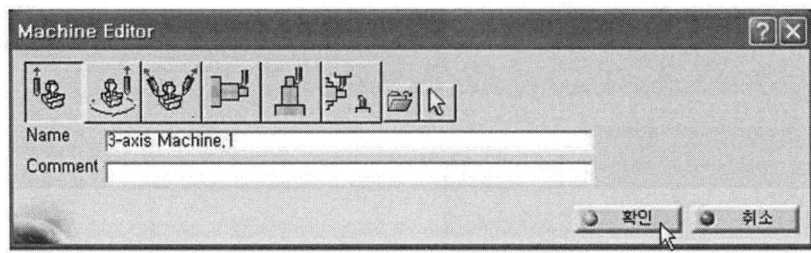

5) 원점을 설정하기 위하여 Reference machining axis system 아이콘을 클릭한다.

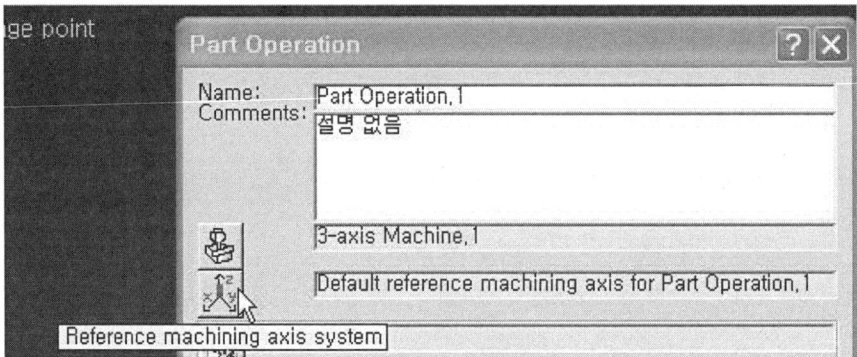

6) 다음과 같은 형상이 나타나는데 중앙의 적색은 원점이 지정되지 않았다는 경고의 표시이다. 중앙의 적색 작은 원은 좌표축의 원점을 의미한다.

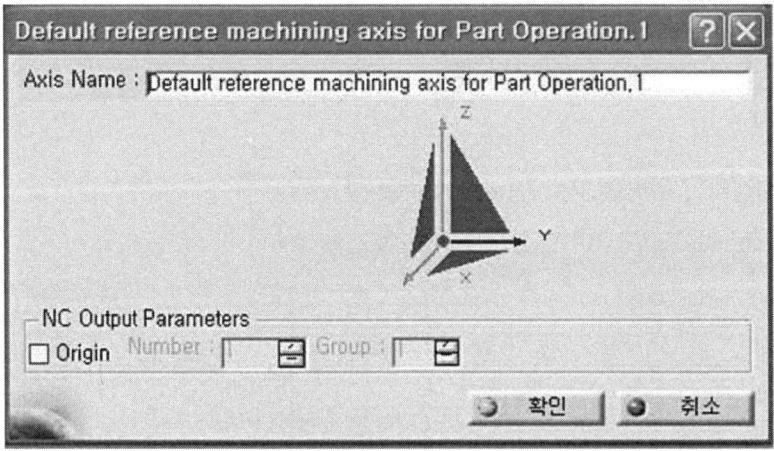

7) 원점을 지정하기 위하여 원형의 적색 원점 포인트로 가까이 가면 주황색이 되는데, 이때 클릭한다. 그러면 적색이 주황색으로 변한다.

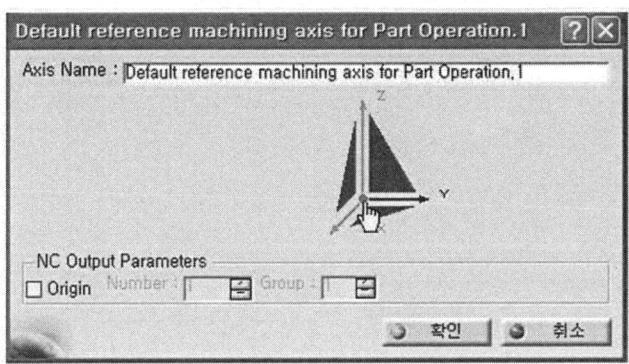

8) 그리고 다음과 같은 공작물에서 등각 투상도로 놓고 제일 위쪽의 꼭지점으로 가면 흑색의 점이 생성되는데 이때 클릭한다.

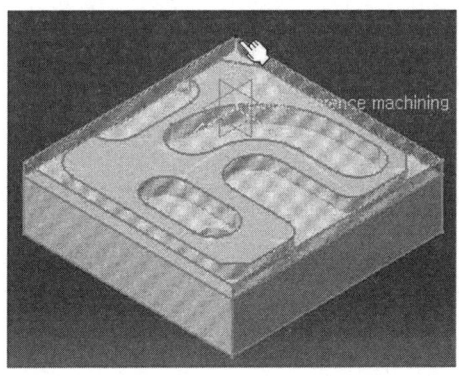

9) 다음과 같은 형상이 나타나는데, 모두 초록으로 변한 것은 원점 지정이 되었다는 의미이다.

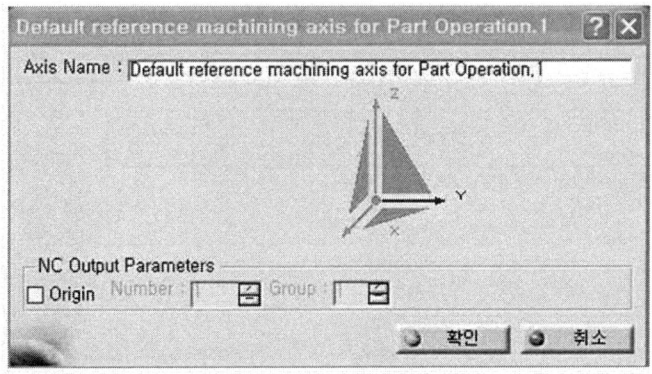

487

10) 다음과 같이 확인을 클릭한다.

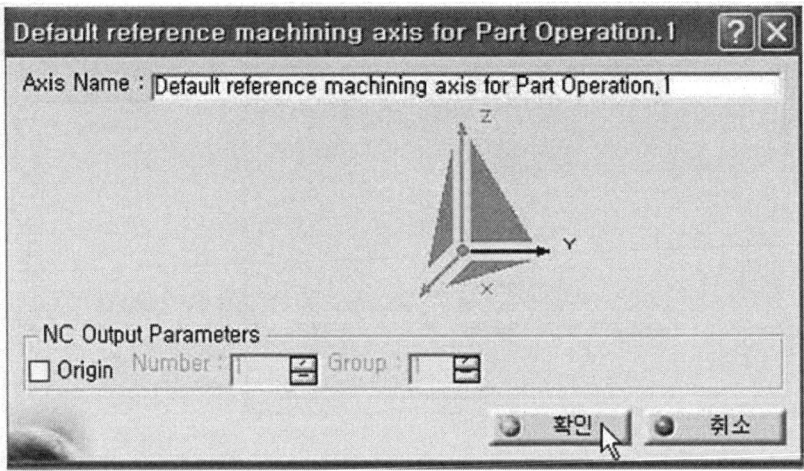

11) 공작물(Model)을 지정하기 위하여 Design part for simulation 아이콘을 클릭한다.

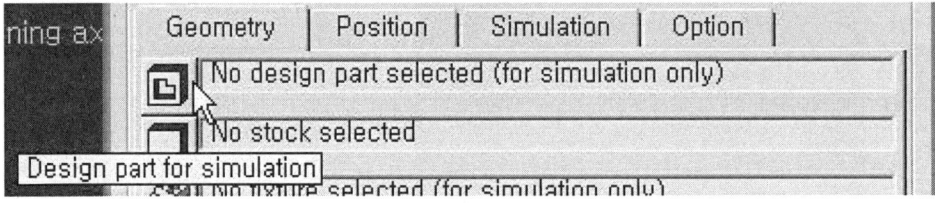

12) 좌측에서 PartBody를 클릭한다. 그리고 바탕화면을 더블 클릭한다.

즉, 바탕화면의 임의의 빈 공간을 더블 클릭하면 부품 Model이 설정된다.

13) 소재(Stock)를 지정하기 위하여 Stock 아이콘을 클릭한다.

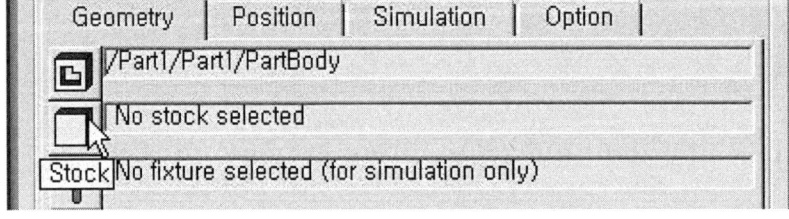

14) 좌측에서 Rough stok.1(황삭소재 즉, 미가공된 소재)을 클릭한다.
그리고 바탕화면을 더블 클릭한다.

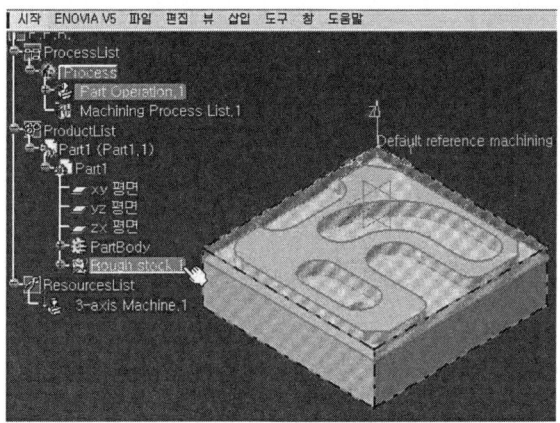

15) 안전높이를 설정하기 위하여 safety plane 아이콘을 클릭하고, PartBody에 생성한 Plane을 선택한 후 확인을 클릭한다.

라. 드릴 작업하기

1) Manufacturing Program.1을 더블 클릭한다.

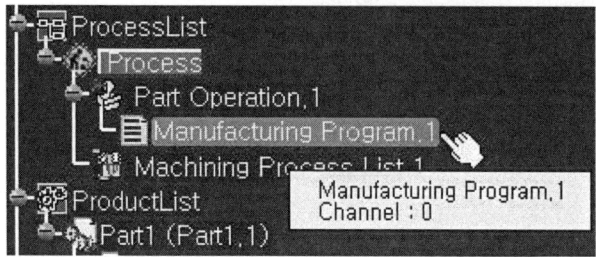

2) Manufacturing Program.1 박스에서 좌측의 Rough stok.1(황삭소재 즉, 미가공된 소재)에서 우측 마우스를 클릭하여 숨기기를 한다.

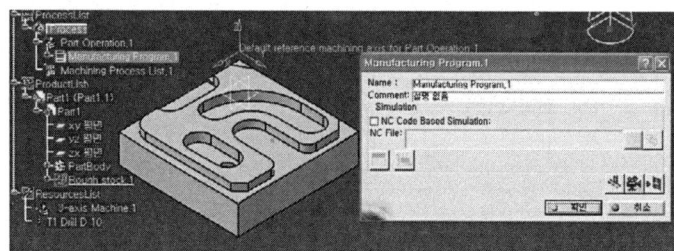

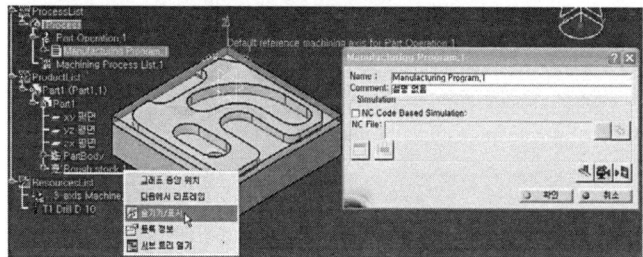

3) 확인을 클릭한다.

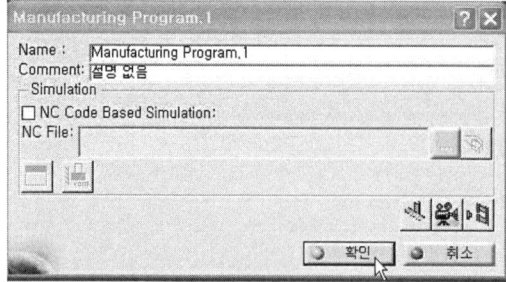

4) Machining Operations 박스에서 Drilling 아이콘을 클릭한다.

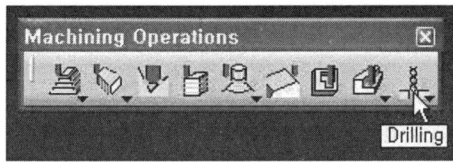

5) No point를 클릭한다.

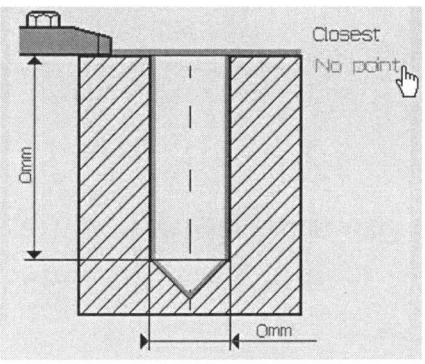

6) 중간의 드릴 구멍을 클릭한다. 드릴 구멍 주위에 주황색 원이 생성되면 드릴이 지정되었다는 의미의 주황색 화살표가 위로 생성된다.

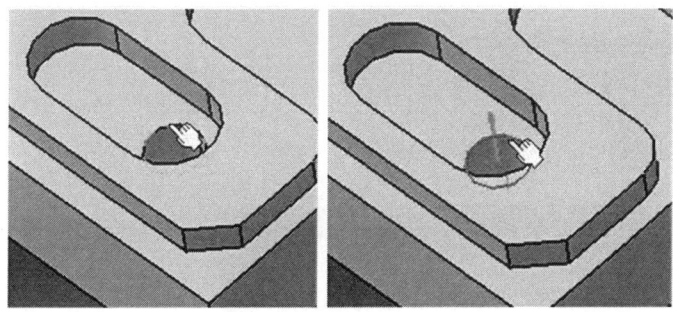

7) Pattern Selection 박스를 닫는다.

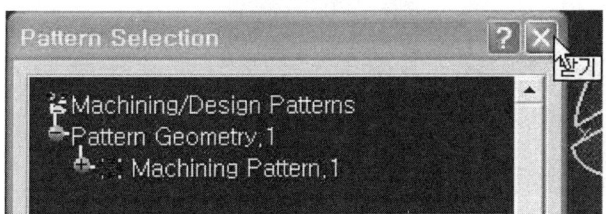

8) 바탕화면을 더블 클릭하면 다음과 같은 화면으로 나타난다.

드릴이 정확히 지정되면 8mm의 좌우 선이 초록색으로 변한다.

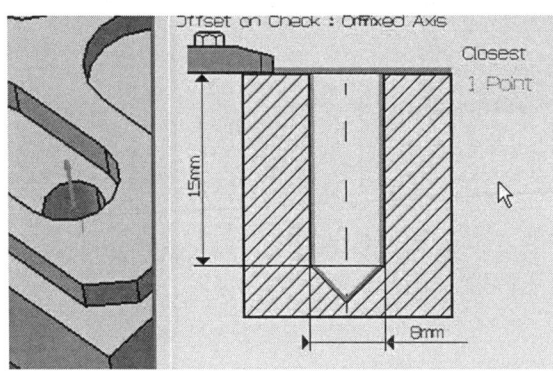

9) 드릴 위 최상면에 가까이 가면 주황색으로 변하는데 이때 클릭한다.

그리고 공작물의 윗면을 클릭한다.

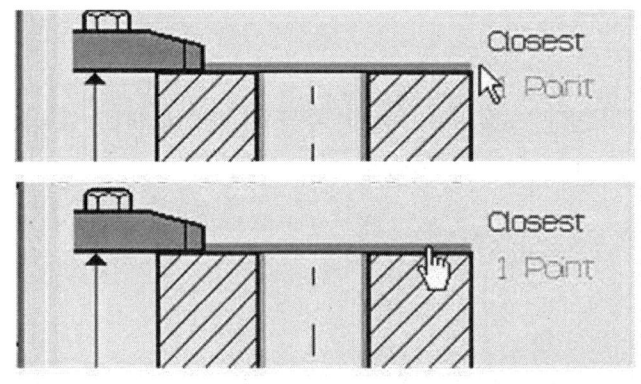

10) 그리고 바탕화면을 더블 클릭하면 다음과 같이 초기화면으로 지정된다. 조금 전의 클램프 상면이 초록색으로 변한다.

클램프 밑의 15mm를 클릭한다. 절삭 깊이를 지정하려고 한다.

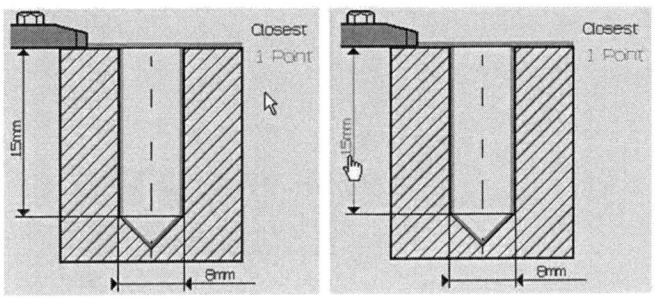

공작물의 두께가 20mm이므로 Depth를 25를 주고 확인을 누른다.

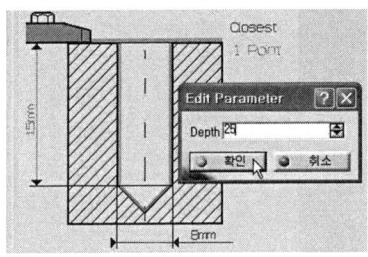

11) Jump distance : 0mm를 더블 클릭한다.

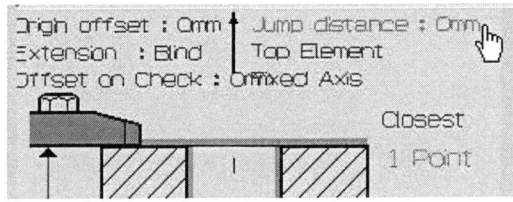

Jump distance에 200을 주고 확인 클릭, 다음과 같이 나타나야 정상이다.

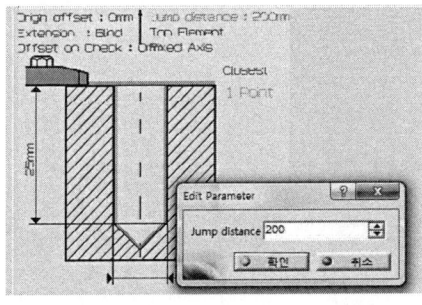 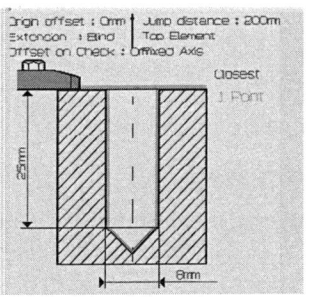

12) 3번째 아이콘을 클릭한다.

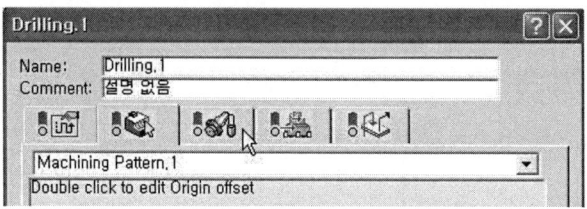

13) D=10mm를 더블 클릭한다.

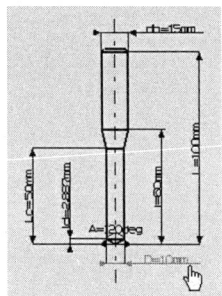

14) 8을 주고 확인을 누른다.

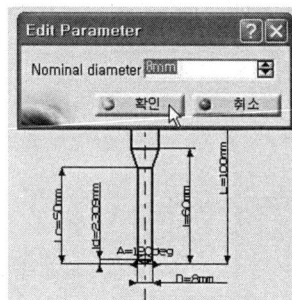

15) 4번째 아이콘을 클릭하여 다음과 같이 조정한다.

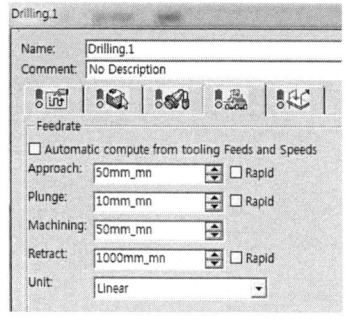
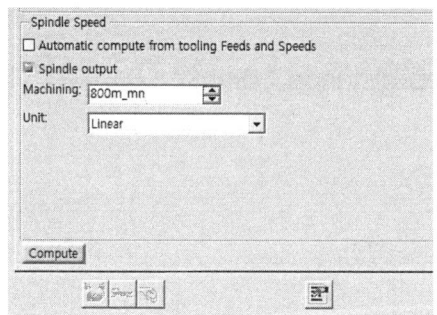

16) 다음과 같이 □안을 해제한다. Feedrate, Spindle Speed를 해제한다.

즉, Automatic 앞을 해제한다.

Feedrate의 Approach : 50을 주고 엔터한다.

        Machining : 50을 주고 엔터한다.

Spindle Speed의 Machining : 800을 주고 엔터한다.

Unit를 Linear로 지정한다.

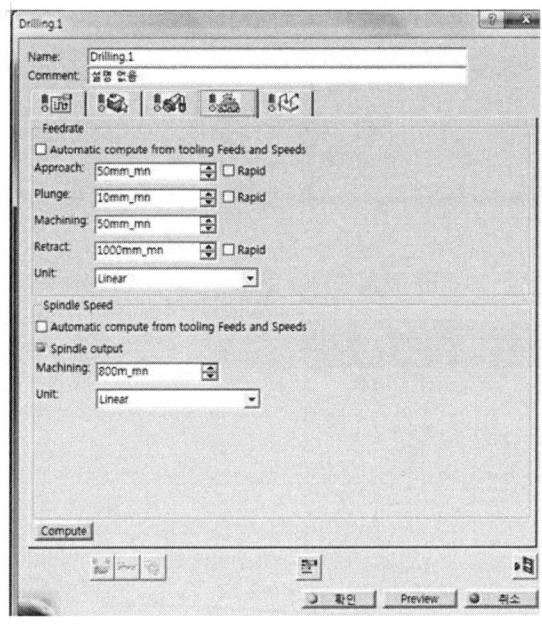

그리고 취소 바로 위의 Tool Path Replay를 누른다.

다음과 같이 나타난다.

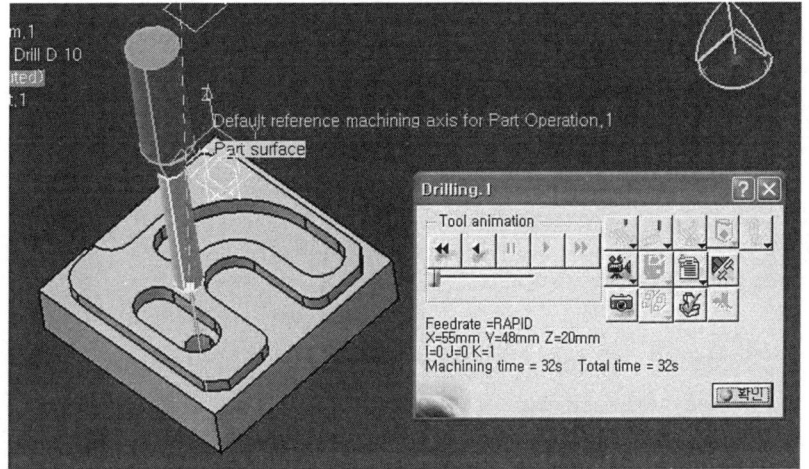

17) Backward replay(F6)를 누른다. 그러면 드릴가공을 준비한다.

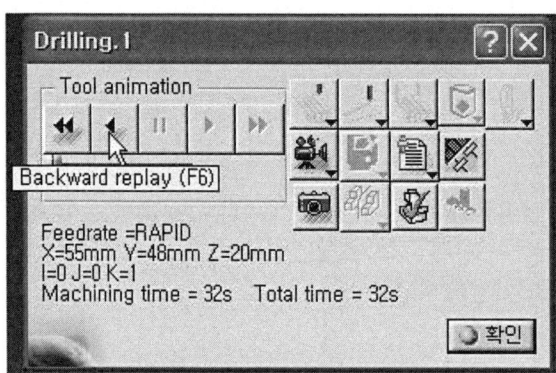

18) Forward replay(F7)를 누른다. 그러면 드릴가공을 한다.

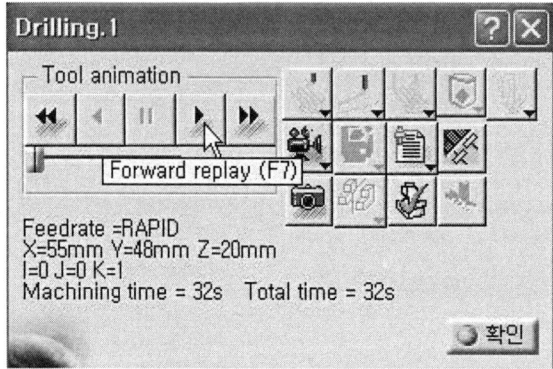

19) Video from last saved result를 누른다.

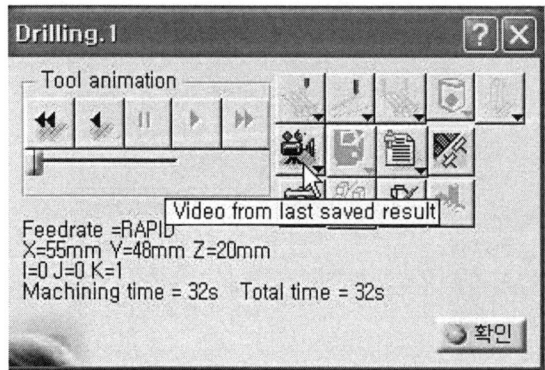

20) 다음과 같은 화면이 나온다.

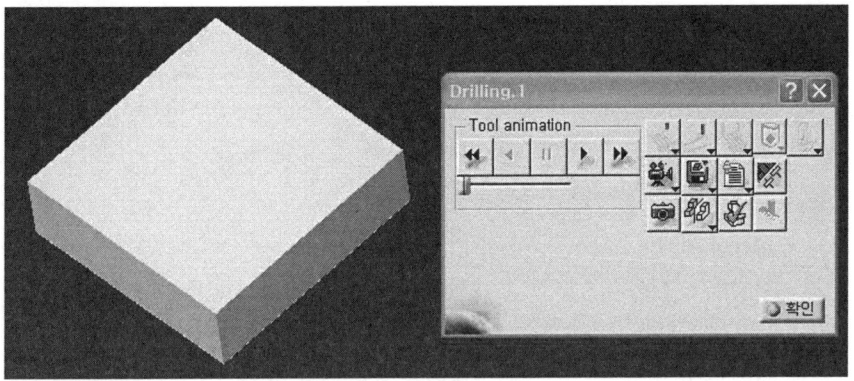

Forward replay(F7)를 누른다.

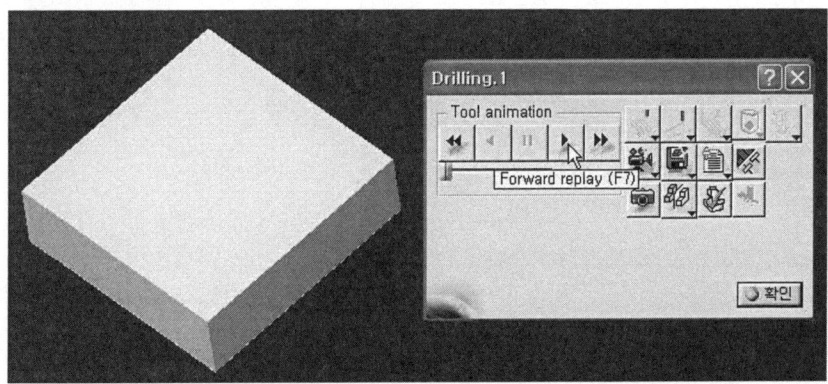

다음과 같이 가공 모습이 나타나면 우측 아래의 확인을 누른다.

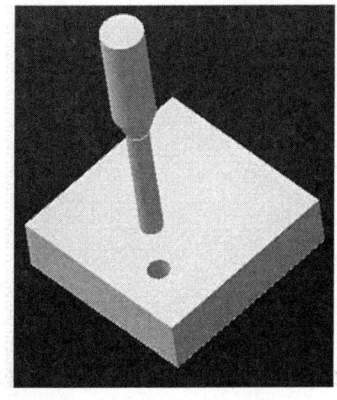
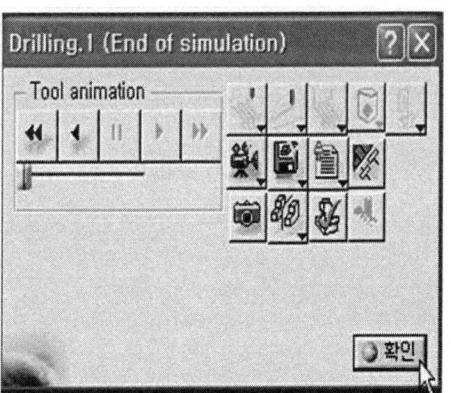

21) 제일 아래의 Preview 좌측의 확인을 누른다.

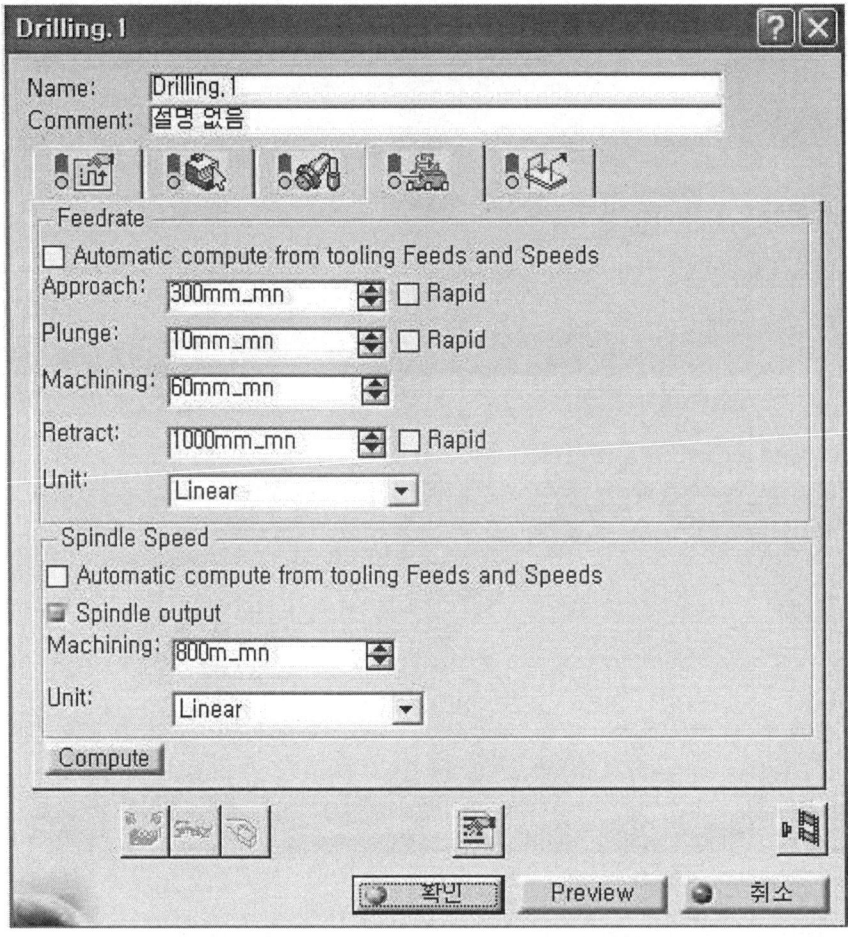

마. 포켓 및 윤곽 가공하기

1) Drilling.1(Computed)을 클릭한다.

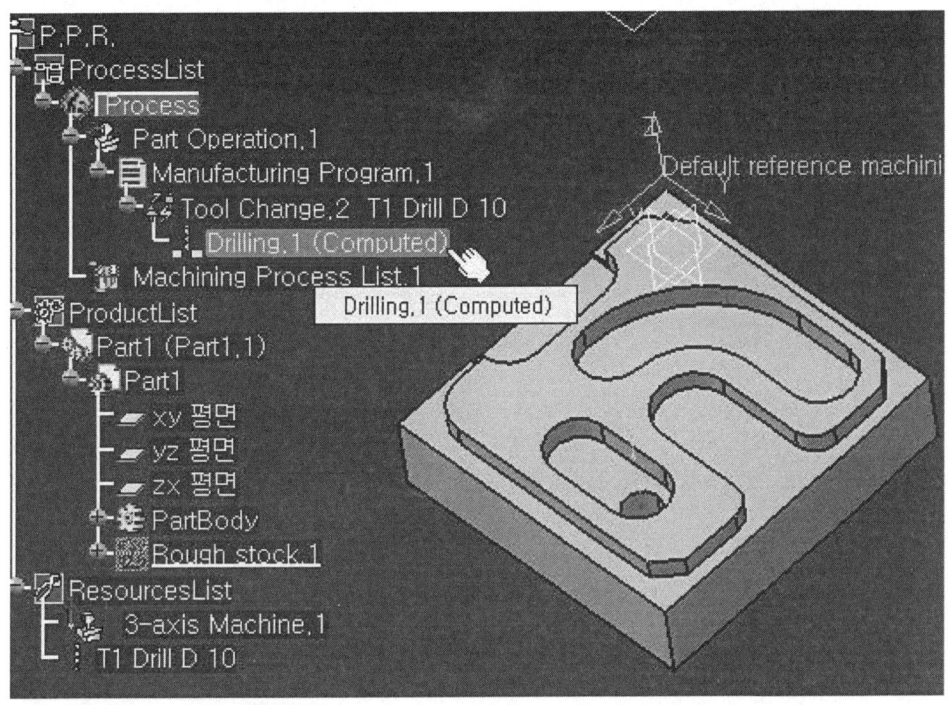

2) Roughing을 클릭한다.

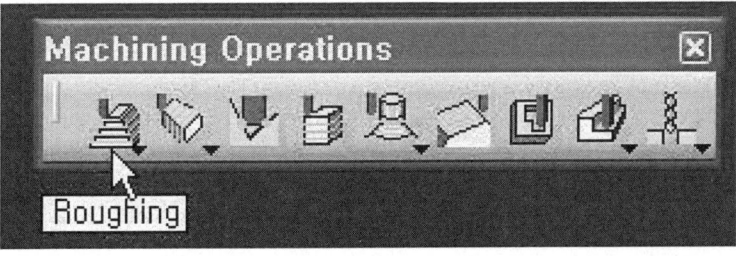

3) 다음과 같이 나타난다.

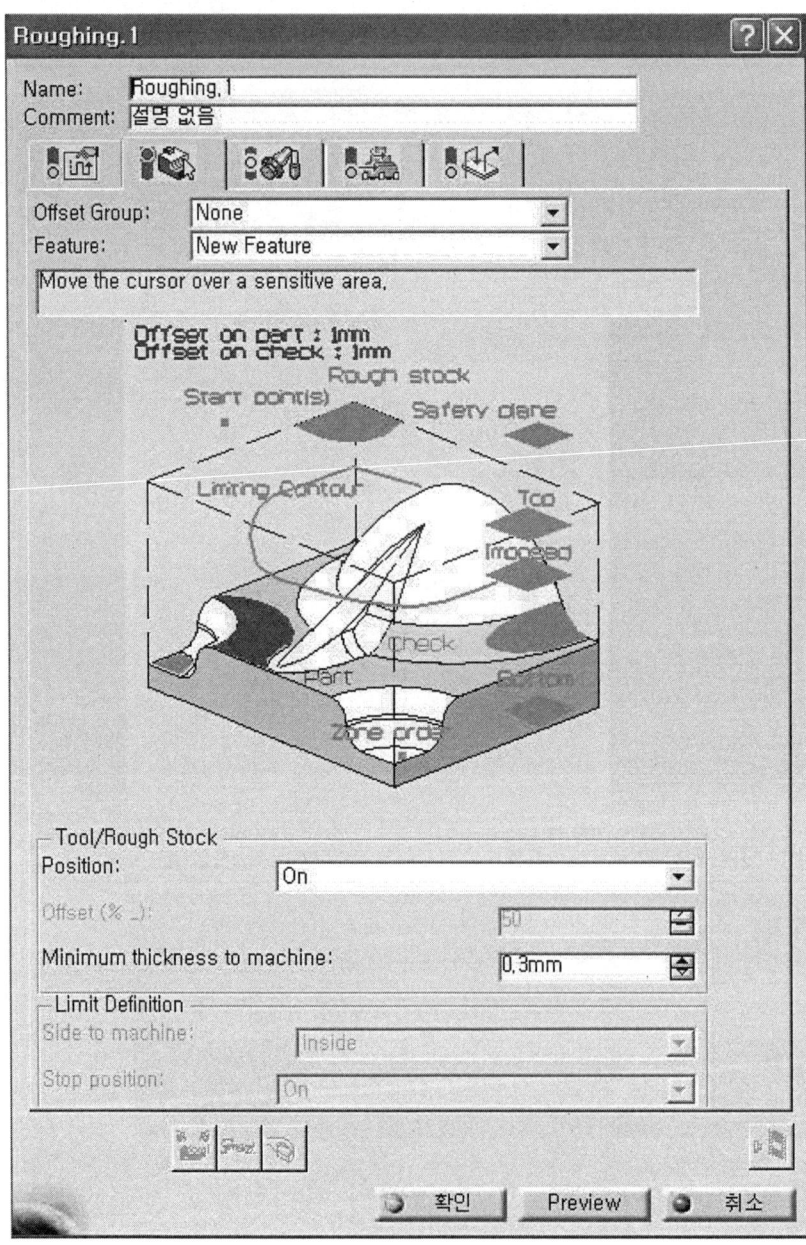

4) 빨간 그림(화살표)을 클릭한다. 공작물을 지정하겠다는 의미이다.

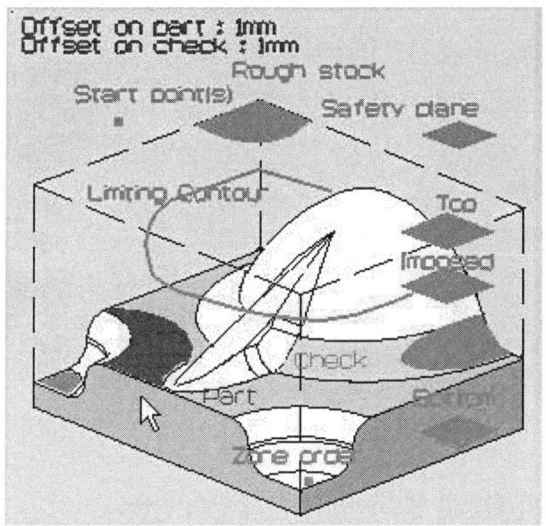

5) 좌측의 PartBody를 클릭한다. 또는 바탕화면의 물체를 클릭해도 된다.

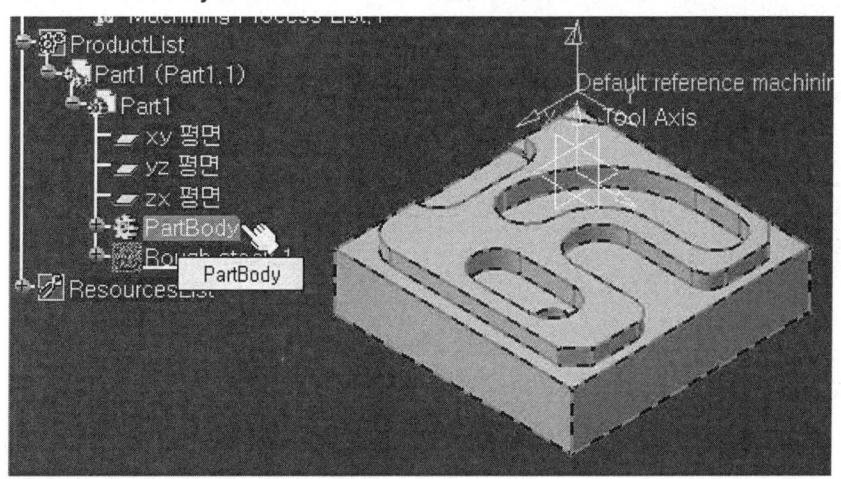

원래의 화면으로 돌아가려면 바탕화면을 더블 클릭한다.

6) 색이 초록색으로 변한다.

7) Offset on Part : 1mm를 더블 클릭한다.

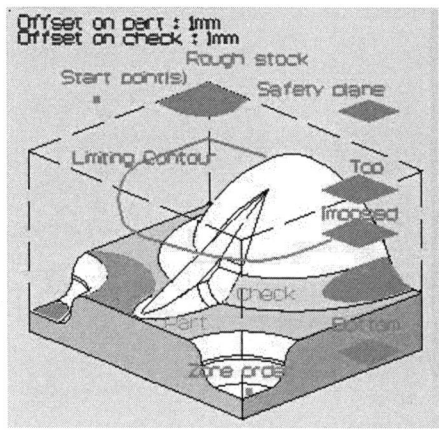
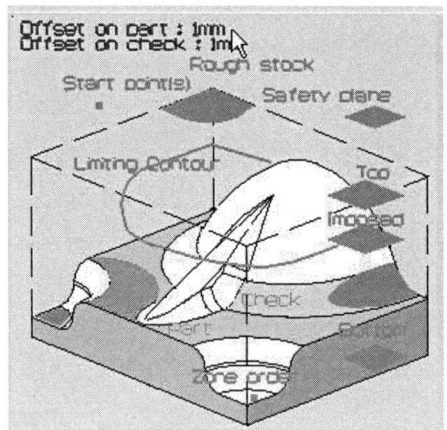

8) 0을 주고(정상여유 없음의 의미) 확인을 클릭하면, 다음과 같이 변한다.

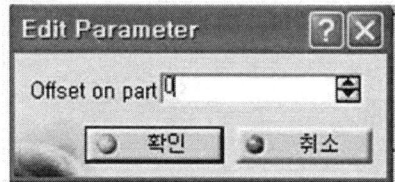
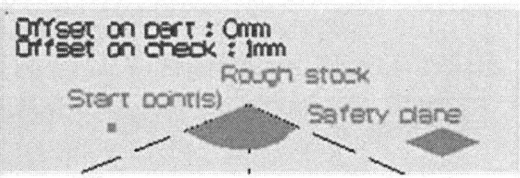

9) Safety plane을 클릭한다.

10) 바탕화면의 안전 평면을 클릭한다.

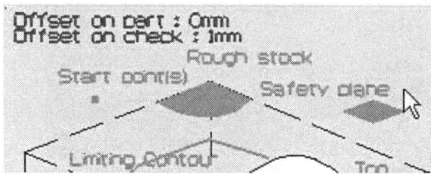
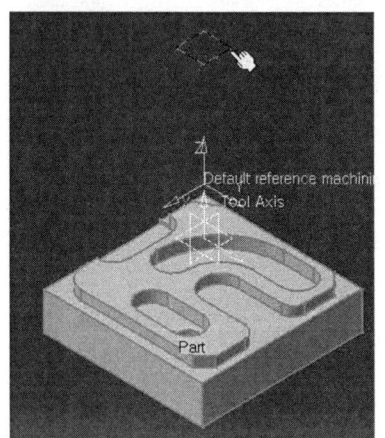

11) 안전 평면이 초록색으로 변한다.

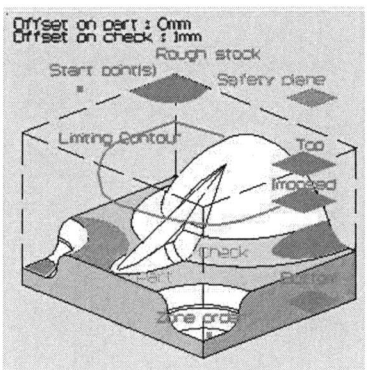

12) 첫 번째 아이콘을 클릭한다.

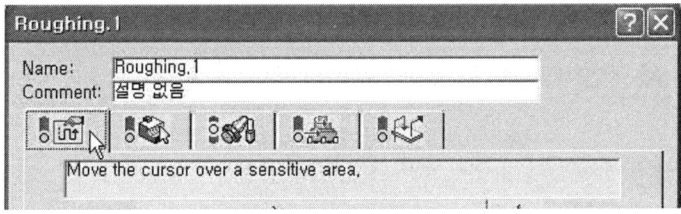

13) Machining의 Tool path style : Spiral로 한다.

Machining tolerance : 0.01을 주고 엔터한다.

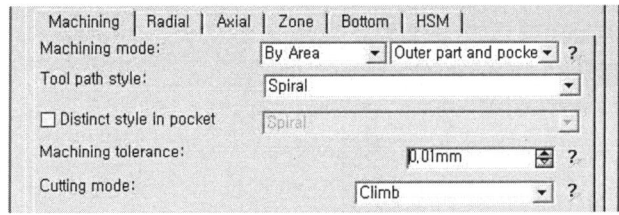

14) Radial의 Tool diameter ratio : 50의 값을 주고 엔터한다.

공구가 겹치는 비율.

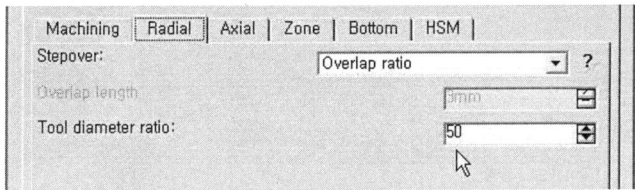

15) Maximim cut depth : 1을 주고 엔터한다.

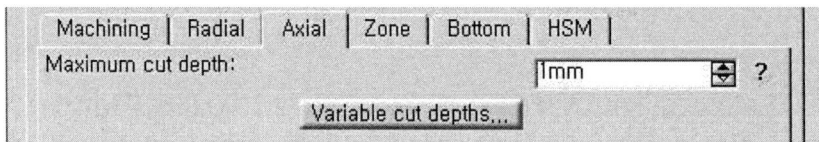

16) Variable cut depths...를 클릭한다.

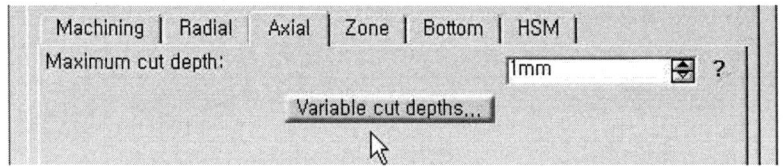

17) Distance from top : 4를 주고 입력한다. 절대로 엔터하면 안 된다.

Max, cut depth : 4를 주고 입력한다. 절대로 엔터하면 안 된다.

Add를 클릭한다.

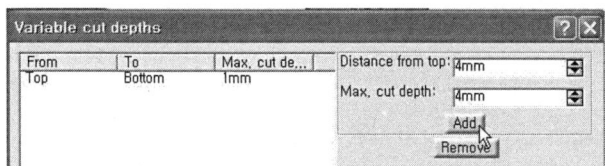

Add를 클릭한 상태의 형태이다. 확인을 클릭한다.

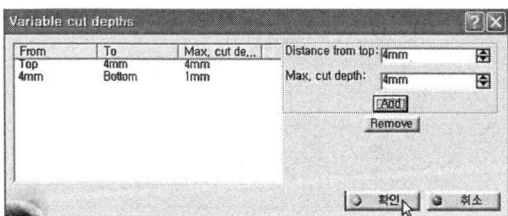

18) 3번째 아이콘을 클릭한다.

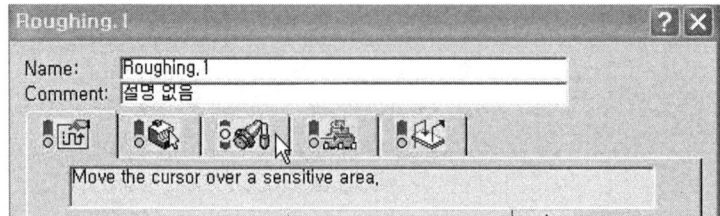

19) Ball-end tool로 되어 있으면 현재의 상태는 활성화 상태이다.

즉, Ball-end tool을 해제한다.

20) Ball-end tool을 해제한다.

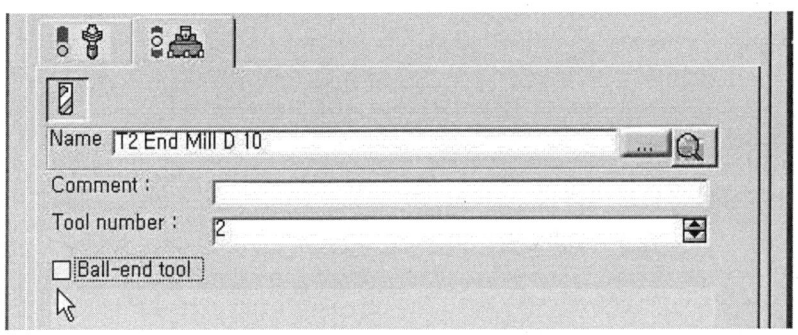

21) Rr=5mm를 더블 클릭한다.

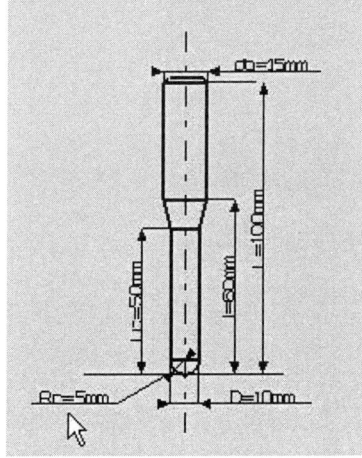

22) 0을 주고 확인을 누른다.

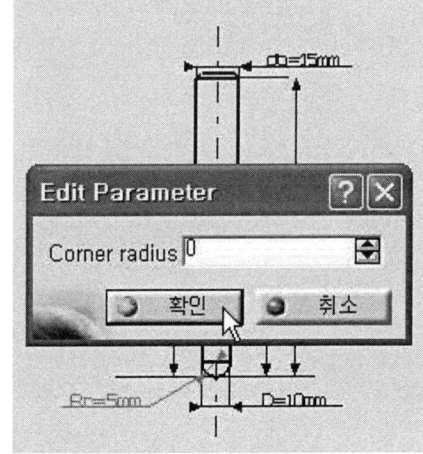

23) 4번째 아이콘을 클릭한다.

Feedrate의 Approach를 50주고

Machining : 80을 주고 엔터한다. 절대로 엔터하면 안 된다.

Spindle Speed의 Machining : 1000을 주고 엔터한다.

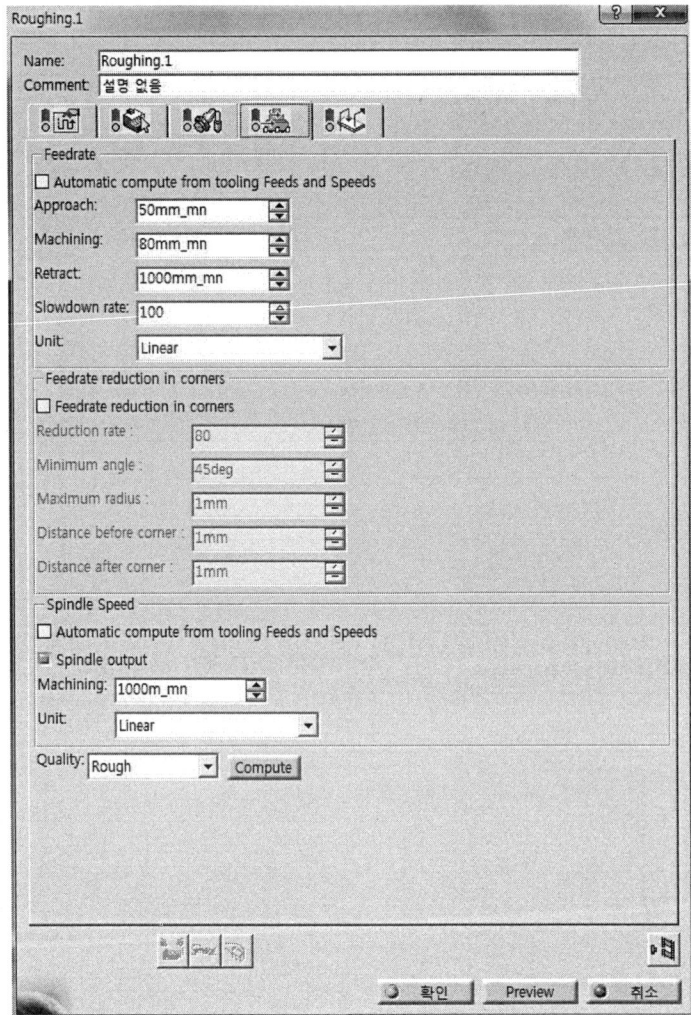

그리고 취소 바로 위의 Tool Path Replay를 누른다.

모든 입력된 사항을 확인 후 확인을 클릭한ㄴ다.

바. NC DATA 출력하기

도구(Tools)

옵션(options)

좌측의 shape/기계(machining)

우측의 output tab의

post processor controller emulator folder

IMS

다음을 확인 후 OK를 클릭한다.

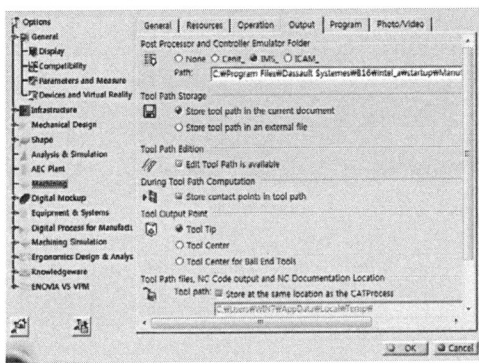

NC output Management 도구막대의 Generate NC Code Interactively를 클릭한다.

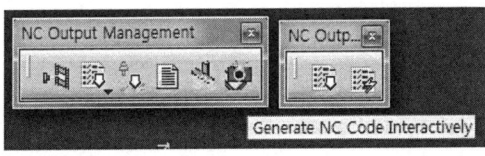

다음과 같이 조정한다.

우측의 ⋯ 를 클릭한다.

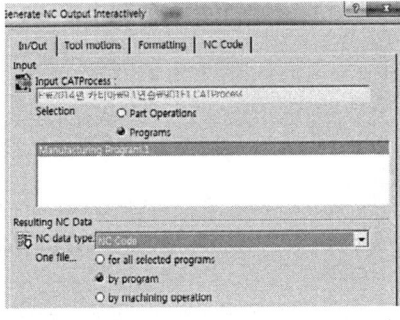
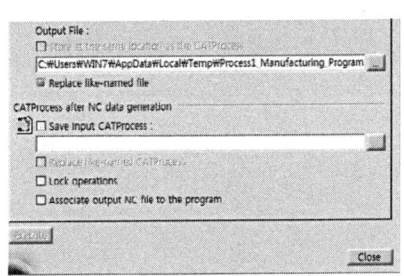

바탕화면에서 새폴더를 만들고 본인의 번호를 기록한다.
예) 11월 11일 시험자 비번호 15번인 경우
파일이름(N) : 1115로 파일이름을 준다. 우측의 저장(S)을 누른다.

NC Code를 클릭한다.

▼를 클릭하여　　　　　　　　　　fanuc11m을 클릭한다.

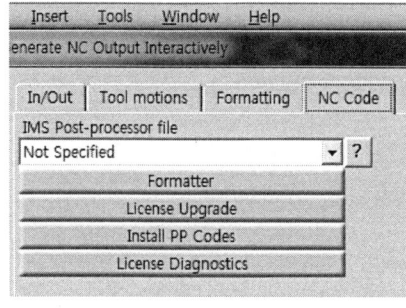 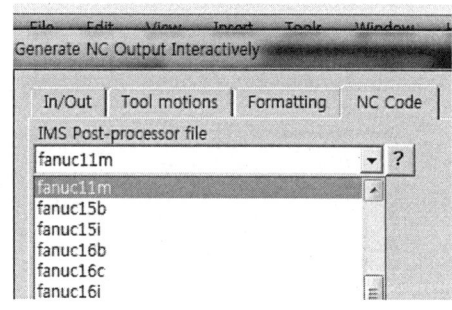

제일 아래의 Excude를 클릭한다.　　이 상태에서 확인을 누른다.

 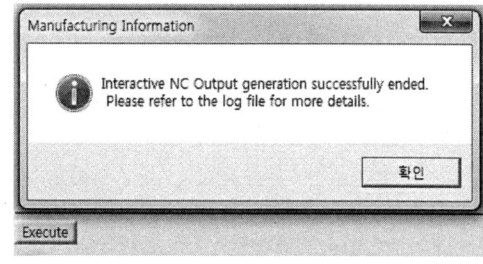

한 번 더 Excude를 클릭한다.

한 번 더 이 상태에서 확인을 누른다.

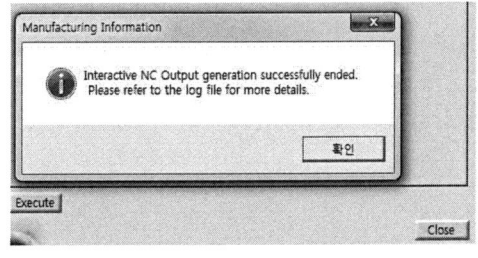

우측의 Close를 누른다.

post NC지정한 곳에 가면 NC DATA가 출력되어 있다.

메모장으로 연다.

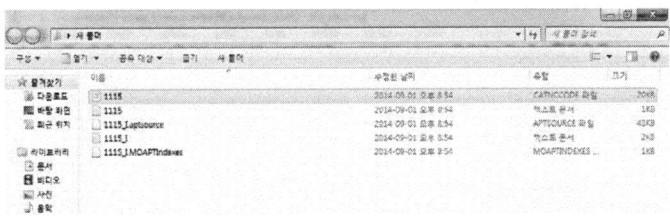

제일 위의 1115이다. 우측의 유형을 보면 CATNCCODE로 되어 있다.

기계에 따라 CATNCCODE는 조금씩 다를 수 있다.

제일 위의 1115을 더블 클릭하면 다음과 같다.

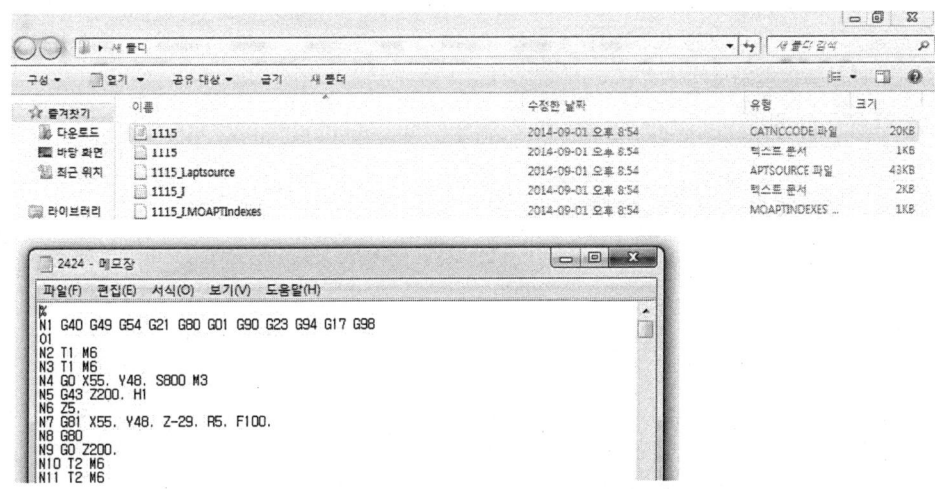

%
N1 G40 G49 G54 G21 G80 G01 G90 G23 G94 G17 G98
O1
N2 T1 M6
N3 G0 X55. Y48. S800 M3
N4 G43 Z200. H1
N5 Z5.
N6 G81 X55. Y48. Z-29. R5. F50.
N7 G80
N8 G0 Z200.
N9 T2 M6
N10 X27.978 Y77.01 S800 M3
N11 G43 Z50. H2
N12 Z6.01
N13 G1 Z-4. F50.
N14 Y69.
N15 X42.008 F80.

다음과 같이 편집한다.
%
O1115
N1 G40 G49 G54 G21 G80 G01 G90 G23 G94 G17 G98
N2 G91 G30 Z0. M19
N3 T1 M6
N4 G90 G0 G43 X55. Y48. Z200. H01 S800 M3
N5 Z5. M08
N6 G73 X55. Y48. Z-29. Q3. R5. F50.
N7 G80 G49 G00 Z200. M05
N8 G91 G30 Z0. M19
N9 T2 M6
N10 G90 G00 G43 X27.978 Y77.01 Z200. S800 M3
N11 Z50.
N12 Z6.01
N13 G1 Z-4. F50.
N14 Y69.
N15 X42.008 F80.

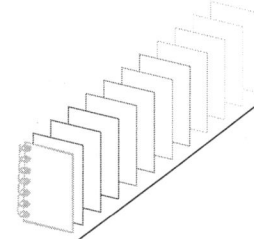

참고 문헌 및 인용자료

1. 이영식 CNC공작법(한국산업인력공단. 2002)

2. 이영식 머시닝센터 기초실기(한국산업인력공단. 2005)

3. 이영식 머시닝센터 응용실기(한국산업인력공단. 2005)

4. 이희문 CNC프로그램과 가공(원창출판사. 2009)

5. 이봉구 CNC프로그램 및 가공(도서출판 과학기술. 2008)

6. 박효열, 이명신 CNC프로그래밍(도서출판 대가. 2005)

7. 하종국 CNC공작법(일진사. 1997)

8. 하종국 수치제어 선반밀링기능사(일진사. 1995)

9. 하종국 컴퓨터응용 선반밀링기능사(일진사. 2010)

10. 박종열, 장용호 CNC 프로그래밍&가공기술(일진사. 1999)

11. 배종외 머시닝센타 프로그램과 가공(성안당. 2003)

12. 한국OSG(주) 드릴(안내서), 탭(안내서), 엔드밀(안내서), 초경엔드밀(안내서)

13. YG-1(주) 엔드밀(안내서)

컴퓨터응용밀링(머시닝센터) 프로그램과 가공

정가 | 21,000원

지은이 | 윤 경 욱
펴낸이 | 차 승 녀
펴낸곳 | 도서출판 건기원

2012년 10월 30일 제1판 제1쇄 발행
2014년 2월 5일 제2판 제1쇄 발행
2015년 2월 25일 제2판 제2쇄 발행
2017년 3월 20일 제2판 제3쇄 발행
2019년 5월 10일 제2판 제4쇄 발행

주소 | 경기도 파주시 산남로 141번길 59 (산남동)
전화 | (02)2662-1874~5
팩스 | (02)2665-8281
등록 | 제11-162호, 1998. 11. 24

- 건기원은 여러분을 책의 주인공으로 만들어 드리며 출판 윤리 강령을 준수합니다.
- 본서에 게재된 내용 일체의 무단복제·복사를 금하며 잘못된 책은 교환해 드립니다.

ISBN 979-11-85490-19-9 13560